Cinema 4D
材质与灯光速查手册

向欣 编著

電子工業出版社
Publishing House of Electronics Industry
北京·BEIJING

内容简介

本书分为两篇：第 1 篇，材质篇，主要介绍玻璃材质、布料材质、发光材质、化妆品材质、金属材质和矿石材质等多种材质的制作方法；第 2 篇，布光篇，主要介绍产品布光、室内外场景布光、各类灯光和阴影的设置方法。

本书配套资源及作者在线教学服务如下。

- 赠送 2000 分钟“C4D 基础建模、渲染、动画大系”视频教学。
- 赠送 1000 分钟“C4D Octane 电商产品高级建模及渲染”视频教学。
- 赠送 6.5GB 本书案例的工程文件及材质库。
- 赠送 20GB Octane 渲染器资源预置库。
- 添加 QQ（172769660）及微信（huahuadi999）为读者提供在线指导。

图书在版编目（CIP）数据

Cinema 4D材质与灯光速查手册 / 向欣编著. —北京：电子工业出版社，2021.12

ISBN 978-7-121-41583-8

Ⅰ. ①C… Ⅱ. ①向… Ⅲ. ①三维动画软件－手册 Ⅳ. ①TP391.414-62

中国版本图书馆CIP数据核字（2021）第138366号

责任编辑：张艳芳　　　　特约编辑：田学清
印　　刷：北京天宇星印刷厂
装　　订：北京天宇星印刷厂
出版发行：电子工业出版社
　　　　　北京市海淀区万寿路173信箱　　邮编：100036
开　　本：787×1092　1/16　　印张：15　　字数：384千字
版　　次：2021年12月第1版
印　　次：2021年12月第1次印刷
定　　价：98.00元

凡所购买电子工业出版社图书有缺损问题，请向购买书店调换。若书店售缺，请与本社发行部联系，联系及邮购电话：（010）88254888，88258888。

质量投诉请发邮件至 zlts@phei.com.cn，盗版侵权举报请发邮件至dbqq@phei.com.cn。

本书咨询联系方式：（010）88254161～88254167转1897。

前言

三维渲染图是电商设计、产品设计、建筑室内外设计或影视设计行业必不可少的，无论是洽谈、竞标，还是验收都会涉及它，所以三维制作成为一个非常热门的行业。仅从经济方面来讲，该行业的市场广阔、利润高、见效快，非常值得计算机爱好者、设计单位等个人和团体从事。另外，随着市场的完善，该行业的竞争日趋激烈。没有人能违背优胜劣汰的自然法则，所以只有不断更新技术，力求做得最好才会有更大的生存空间。

使读者掌握最新的技术、制作出更好的三维渲染图是本书的宗旨。令人欣喜的是，随着 Octane 等高级渲染器的出现，Cinema 4D 能更加淋漓尽致地表现其强大的功能。Cinema 4D 结合这些渲染器插件制作的三维渲染图非常逼真。Cinema 4D 在建模、光线、材质、渲染等各方面的长足进步，促进了三维渲染图行业的蓬勃发展。

本书将常见的 104 例材质的调整技巧和 16 例灯光的设置方法与便捷查找等特点集于一身，基于 Cinema 4D R19 中文版和 Octane 3.07 操作平台，综合其速查智能及编排合理等多方面特征，可以有效地帮助读者在材质制作方面快速提高。同时，本书版面安排紧凑，便于携带及翻阅，更是一本极为实用的材质制作工具用书。此外，本书语言精练、信息丰富、数据翔实，并且每个材质案例都有所拓展，从而使读者在深入理解调整原理的基础上，迅速达到举一反三、触类旁通的境界。

软件的发展促进了三维渲染图的质量，但它们毕竟只是工具，只有人的能力的全面提高才能更好地提升三维渲染图的制作水平。三维渲染图是设计师思想的一种展现，所以设计师不仅要懂产品设计、建筑装潢设计，还要具有一定的艺术修养和绘画的基本功。因此，设计师除了要熟练掌握计算机操作技术，还要不断地学习最新的设计理念、提高艺术欣赏力、练习绘画的基本功，只有这样做才能不落人后。希望本书能够对读者在制作效率和渲染效果上有所帮助。

由于时间仓促，错误之处在所难免，敬请广大读者朋友批评指正。

前言

目录

第1篇：材质篇

目录

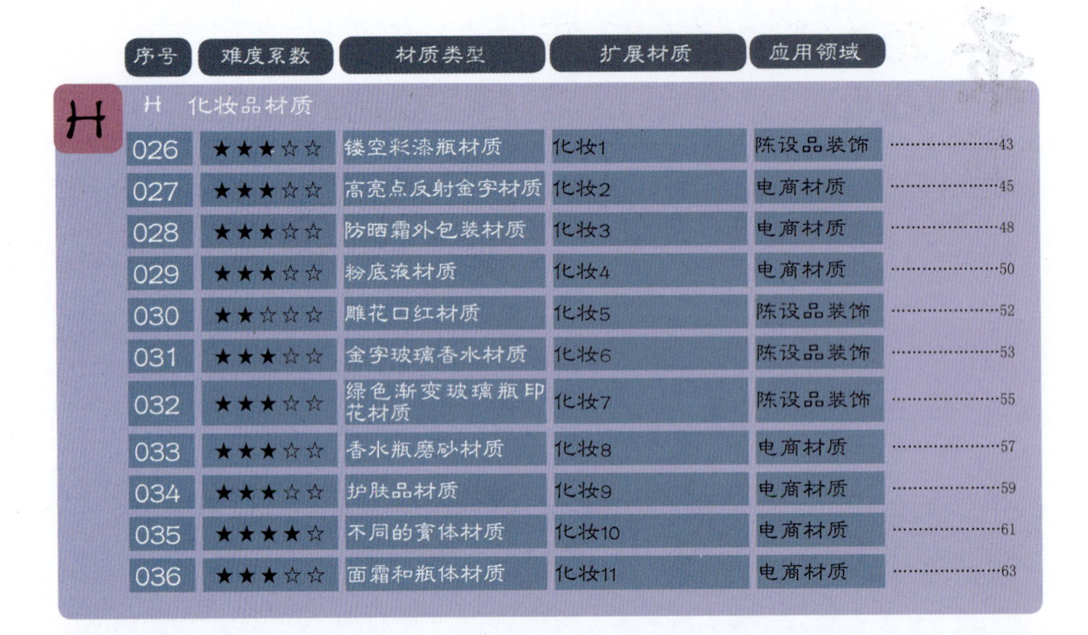

第2篇：布光篇

第 1 篇

材质篇

玻璃材质——001~010

不同种类玻璃的实际功效已经由外在单一的功能性逐步向内敛装饰性转化。即便如此，无论玻璃材质的形式如何变化，其制作要点始终不会脱离折射参数的相关设置。同时，在此基础上还应该综合光影的变化才能渲染出酷似真实的玻璃材质效果。

001 平板玻璃材质

应用领域：家居装饰

技术要点：

通过设置反射强度参数来表现玻璃的反射效果；通过设置折射率来控制玻璃的透明度；使用噪波贴图表现平板玻璃的随机表面。

思路分析：

设置折射率和反射强度参数+设置噪波贴图参数。

难度系数：★★☆☆☆

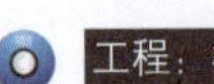
工程：材质文件\B\001

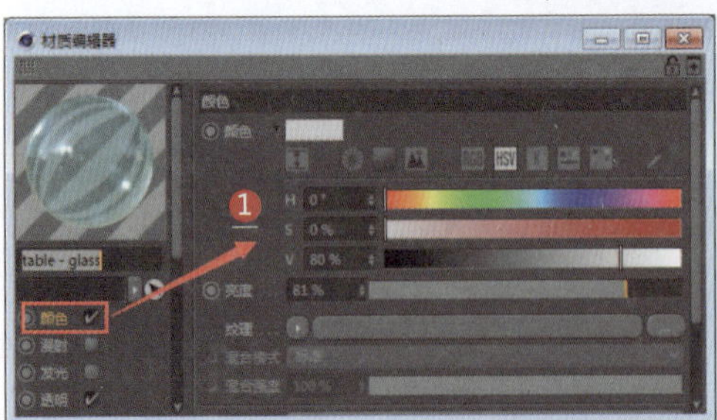

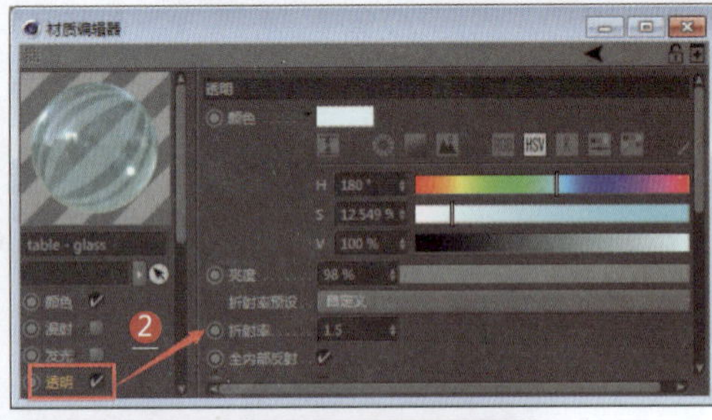

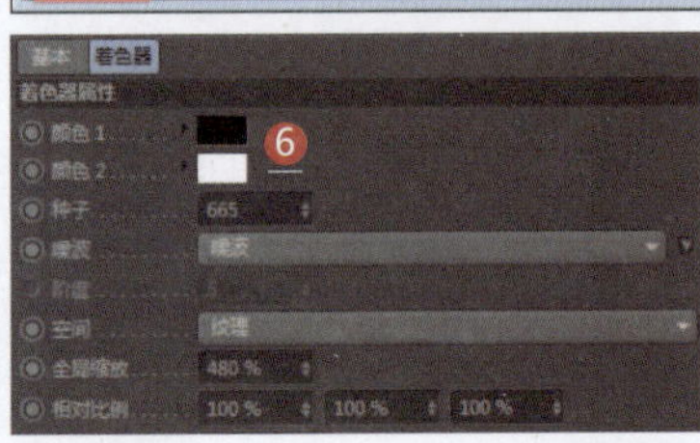

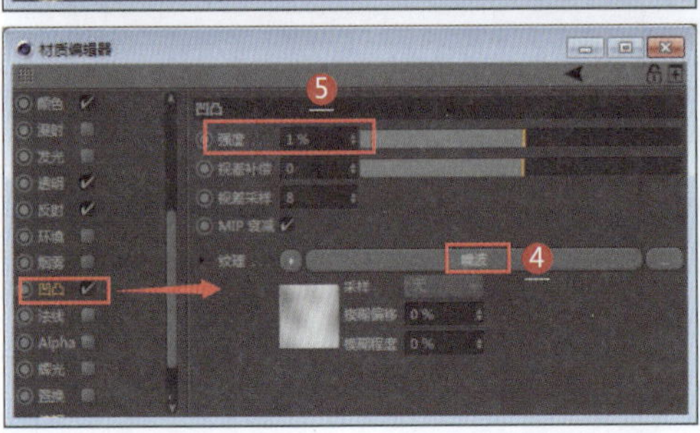

扩展材质\玻璃1、玻璃2

1 设置玻璃的颜色
2 设置玻璃的折射率
3 设置玻璃的反射强度
4 设置凹凸通道的纹理为噪波
5 设置凹凸通道的强度参数
6 设置噪波贴图参数

002 玻璃镂空标志材质

应用领域：电商材质

技术要点：

通过折射率来控制玻璃的透明度；通过设置传输通道中的颜色参数来控制玻璃的颜色；给玻璃上的标志使用单独的材质球，设置镂空贴图。

思路分析：

设置折射率和玻璃颜色+镂空贴图。

难度系数：★★☆☆☆

工程：材质文件\B\002

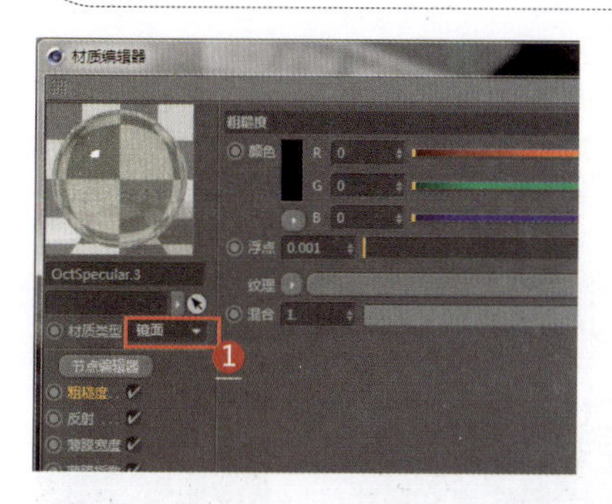

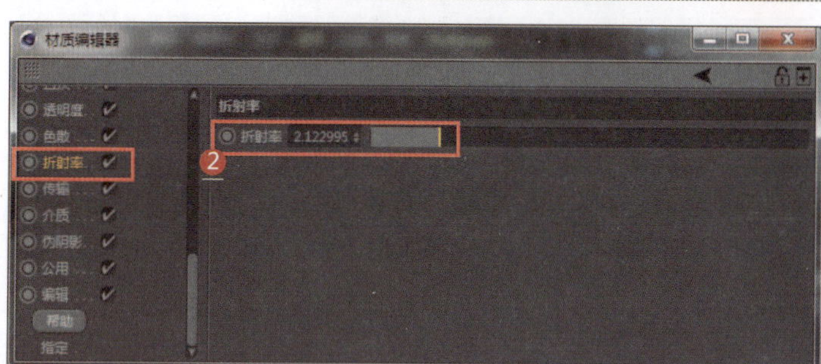

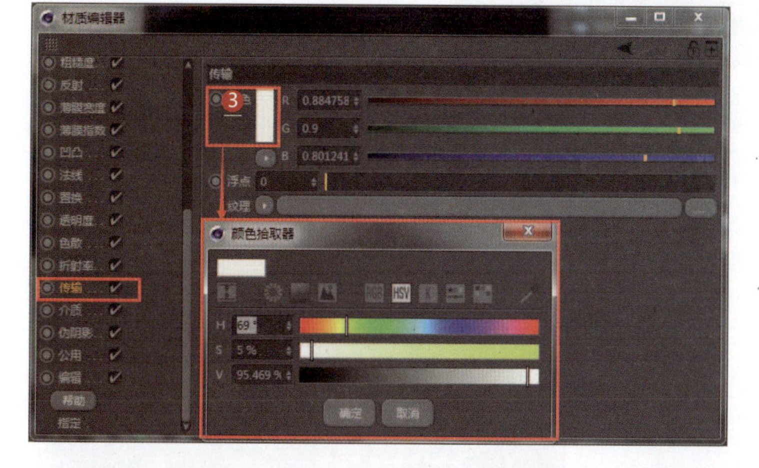

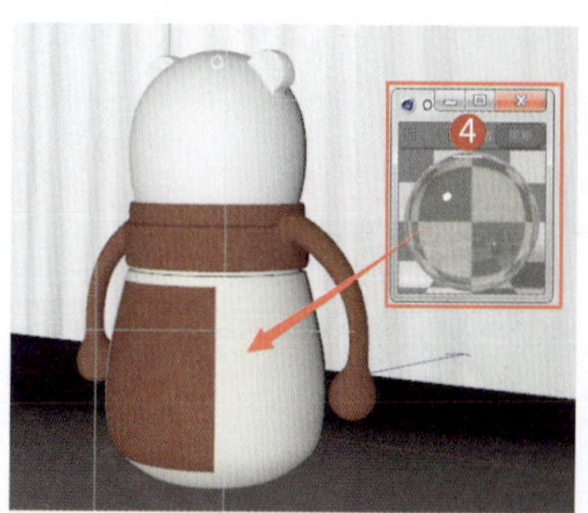

1. 设置材质类型为镜面
2. 设置玻璃的折射率
3. 设置玻璃的颜色
4. 将材质应用到瓶身
5. 设置标志的颜色
6. 设置粗糙度参数

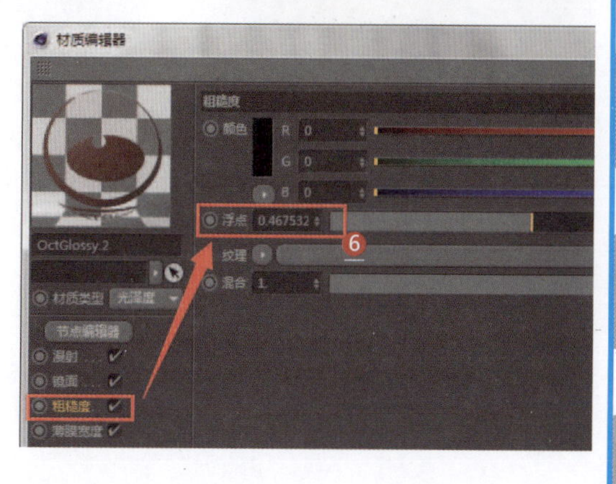

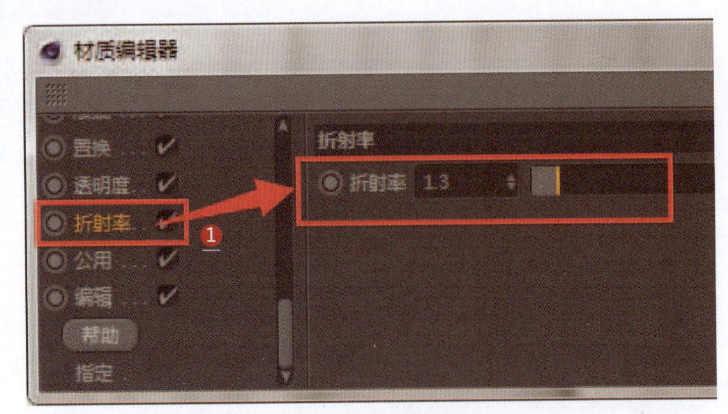

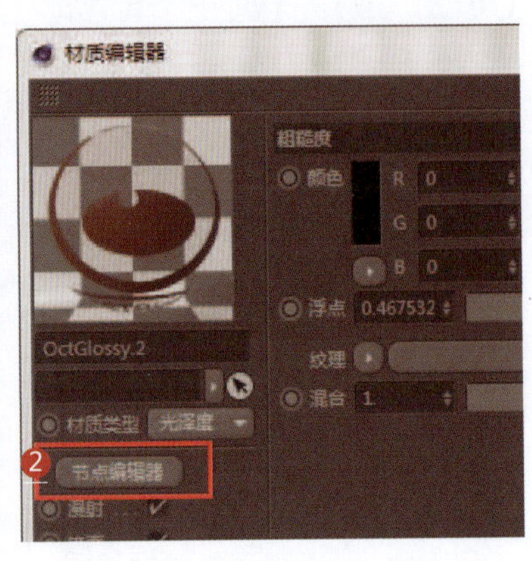

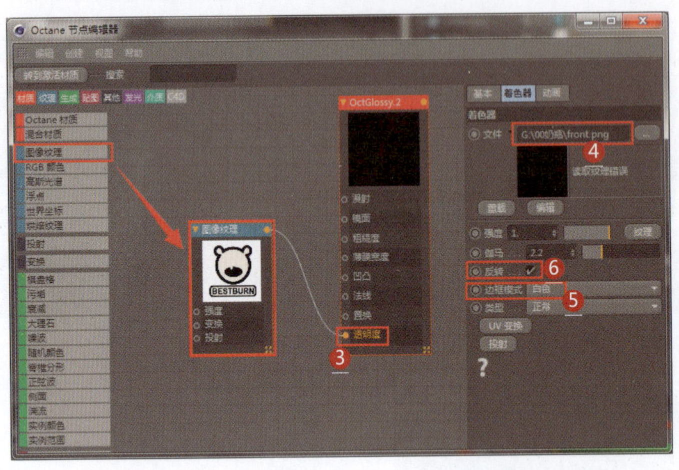

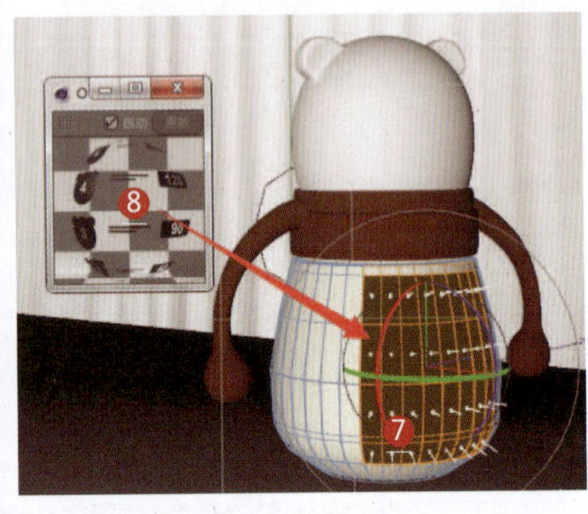

1 设置折射率为1.3（默认值）

2 单击“节点编辑器”按钮

3 在透明度通道中添加图像纹理标志

4 设置图像纹理标志

5 设置边框模式

6 勾选“反转”复选框设置图像纹理标志黑白反转

7 选择要贴图的区域

8 拖动材质到选择区域

003 咖啡杯玻璃材质

应用领域：电商材质

技术要点：

利用凹凸贴图控制咖啡杯水汽痕迹；利用混合材质配合泡沫贴图展开，区分咖啡液体和咖啡泡沫。

思路分析：

设置折射率+利用凹凸贴图制作咖啡杯水汽痕迹

难度系数：★★☆☆☆

工程：材质文件\B\003

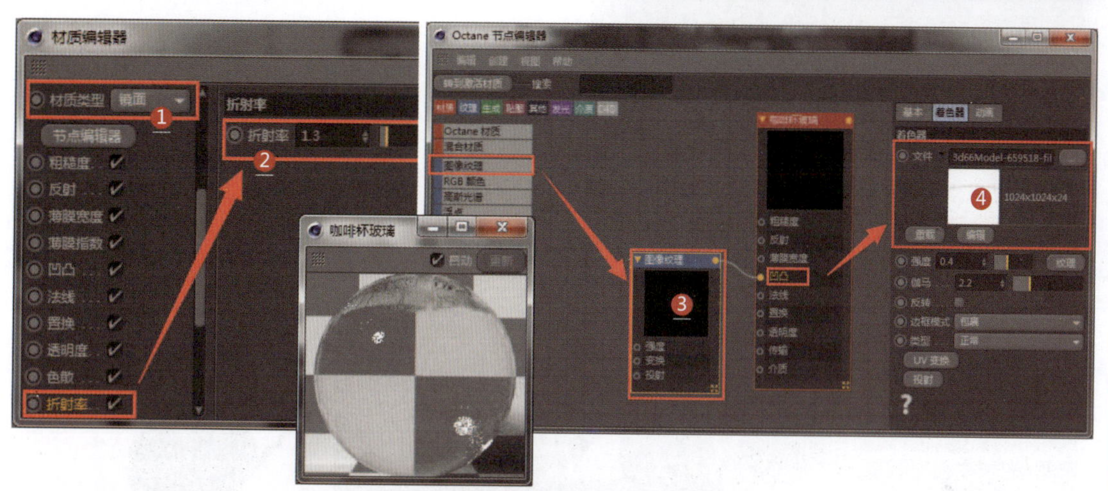

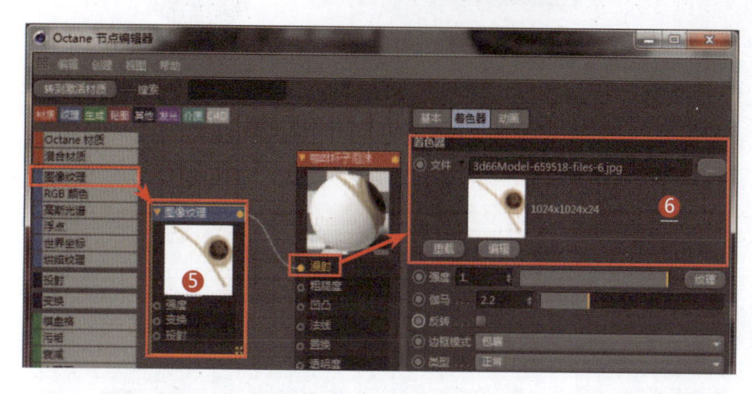

1 设置咖啡杯玻璃的材质类型为镜面

2 设置咖啡杯玻璃的折射率为1.3

3 在凹凸通道中添加图像纹理节点

4 设置凹凸贴图（表现水汽）

5 设置咖啡的材质类型为镜面，在漫射通道中添加图像纹理节点

6 设置咖啡的泡沫贴图

7 咖啡杯内的咖啡造型

8 泡沫贴图展开后的效果

9 绘制对应的咖啡贴图

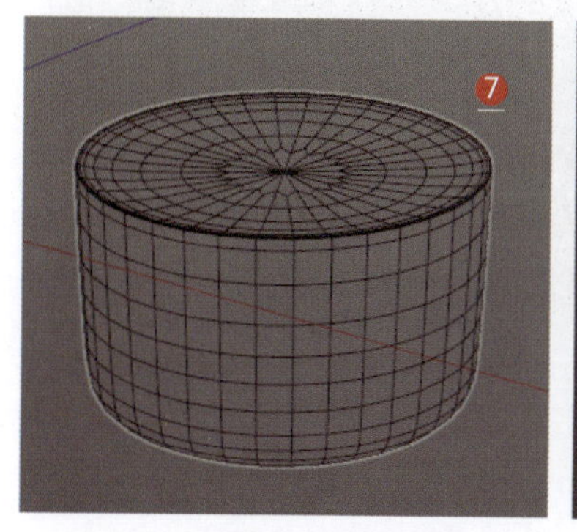

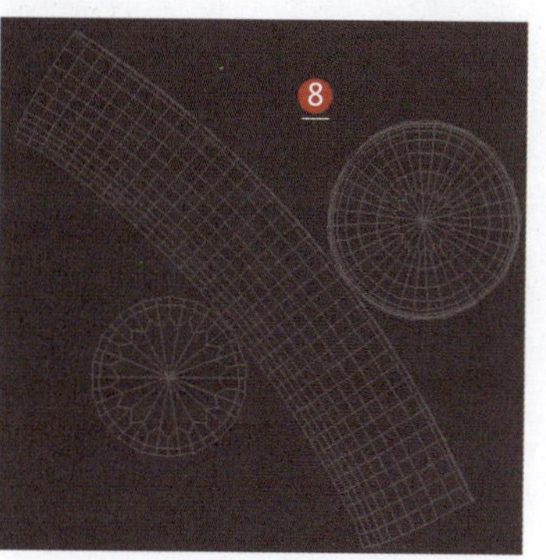

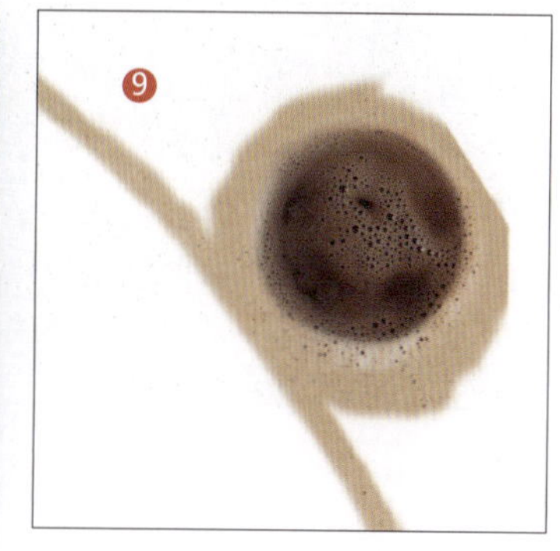

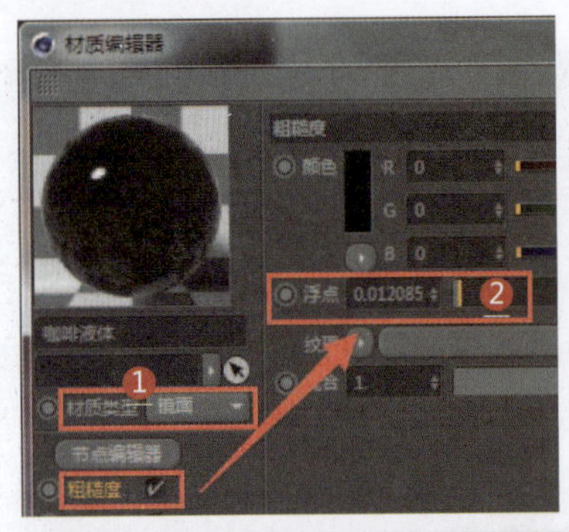

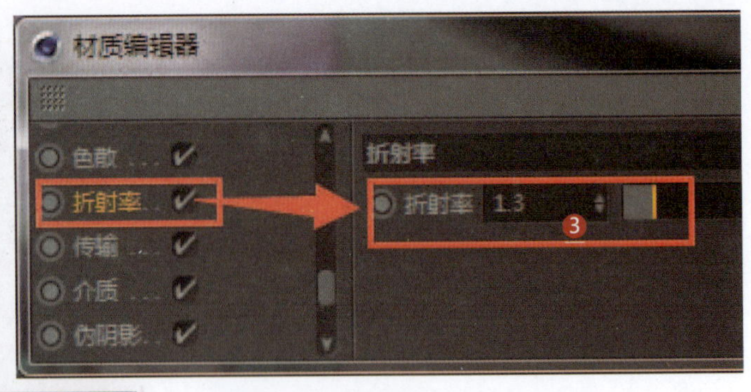

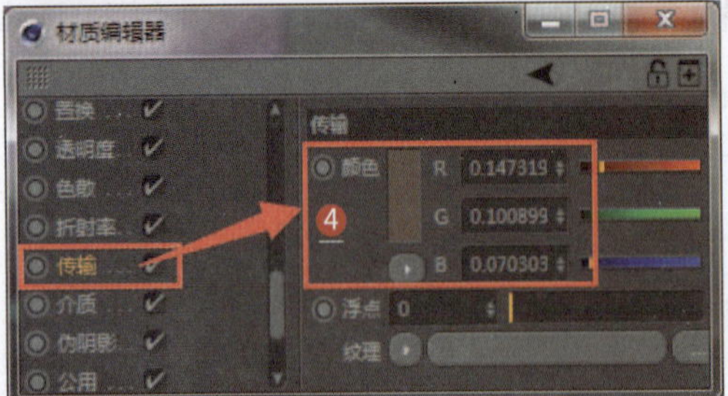

1 设置咖啡液体的材质类型为镜面
2 设置粗糙度参数
3 设置折射率
4 设置传输通道的颜色参数
5 咖啡液体效果
6 选择“材质|Octane混合材质”命令
7 设置混合材质通道参数

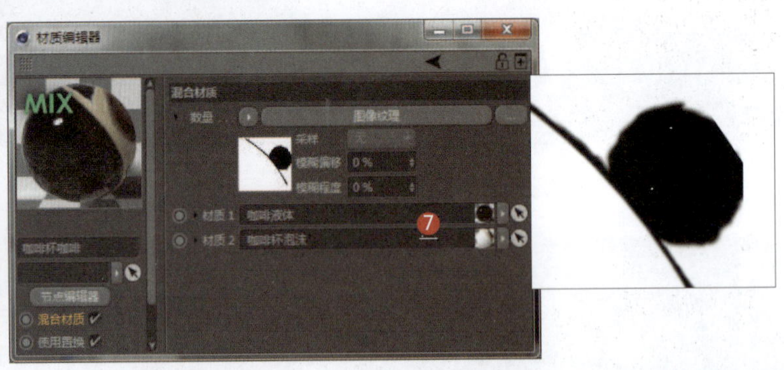

扩展材质\玻璃4、玻璃5

004 彩色渐变玻璃材质

应用领域：陈设品装饰

技术要点：

通过设置折射率来控制玻璃的透明度；在传输通道中通过设置渐变颜色来表现玻璃的渐变效果。

思路分析：

设置折射率和传输通道中的渐变颜色+调整U和V方向控制渐变类型。

难度系数：★★☆☆☆

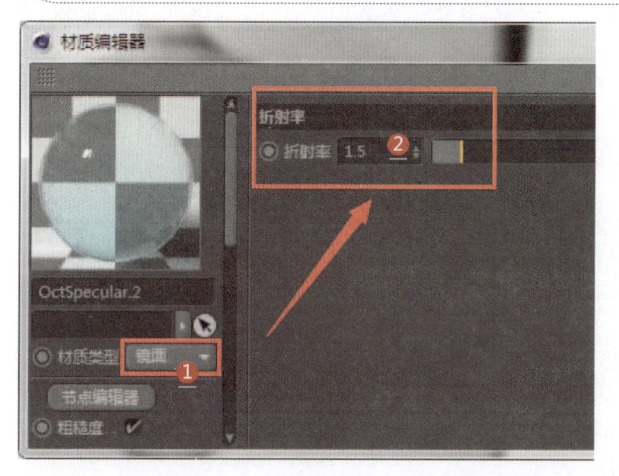

1. 设置材质类型为镜面
2. 设置玻璃的折射率
3. 设置传输通道的纹理为渐变
4. 设置渐变颜色
5. 不同的渐变颜色展示

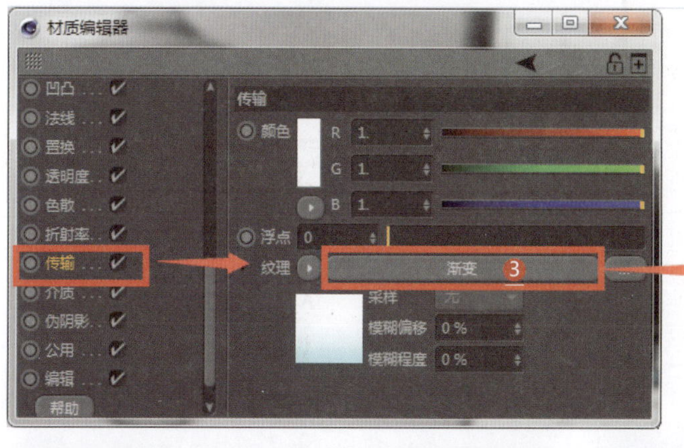

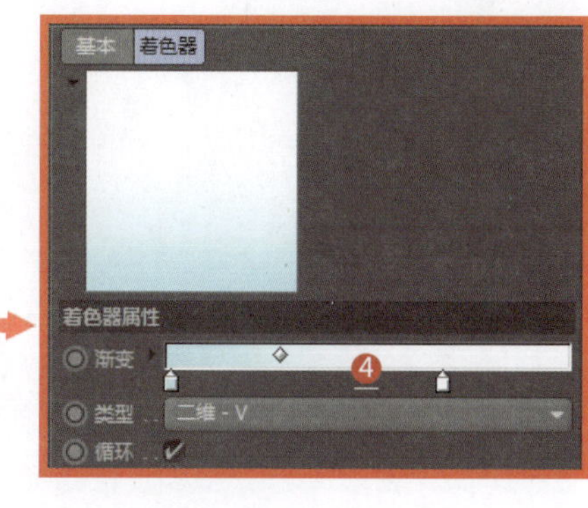

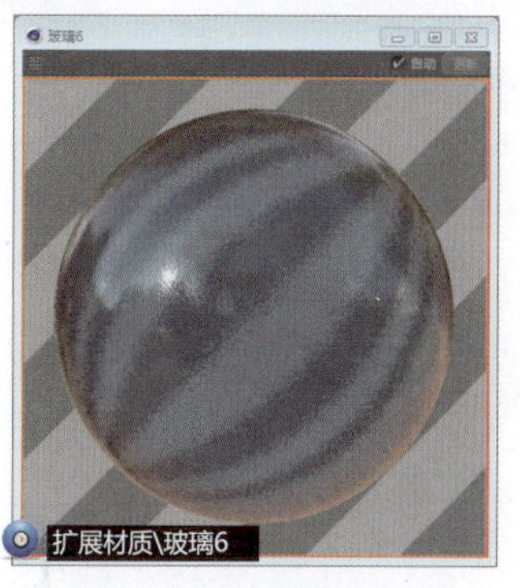

005 绿啤酒瓶烫金玻璃材质

应用领域：陈设品装饰

技术要点：

利用粗糙度通道和传输通道设置绿色玻璃效果；利用镜面通道和折射率通道设置金属效果；利用混合材质配合遮罩贴图控制两个材质的分配。

思路分析：

设置绿色玻璃材质和金属材质+设置混合材质。

难度系数：★★★☆☆

工程：材质文件\B\005

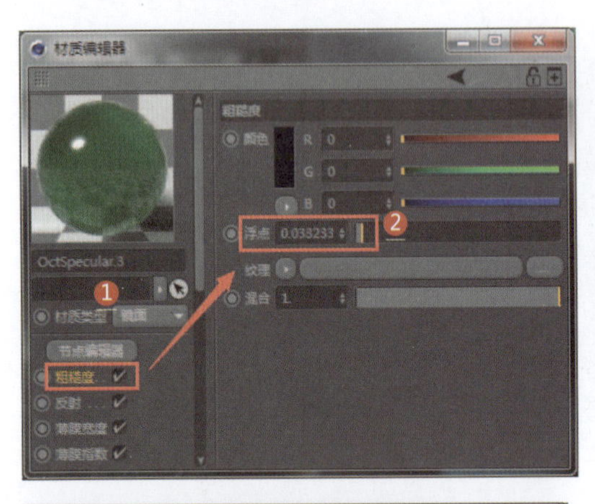

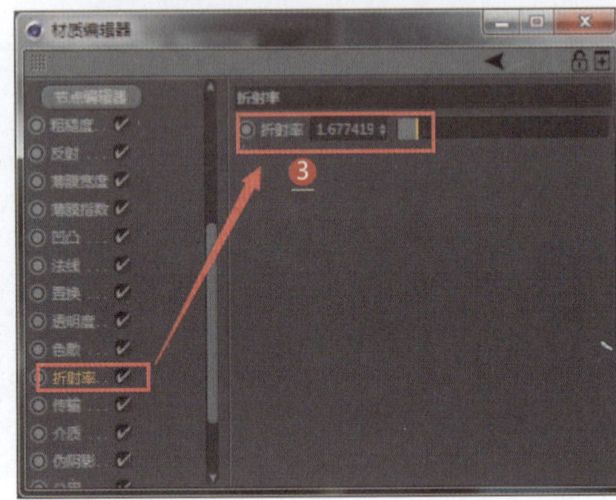

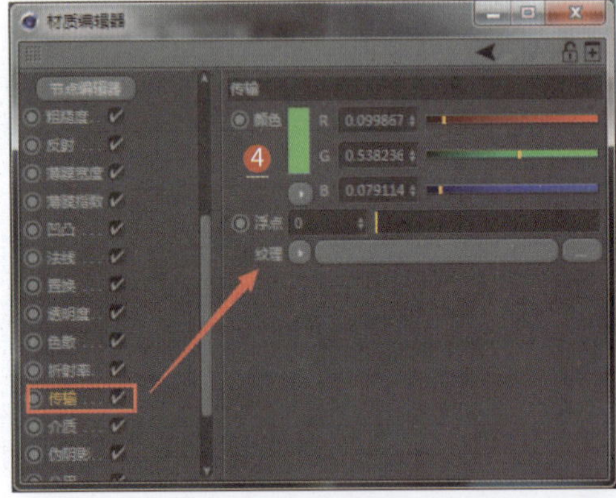

1. 设置材质类型为镜面
2. 设置粗糙度参数
3. 设置玻璃的折射率
4. 设置玻璃的颜色
5. 设置介质通道的纹理为散射介质
6. 勾选“反转吸收”复选框可以使玻璃产生绿色渐变效果
7. 设置玻璃吸收参数
8. 设置玻璃散射参数

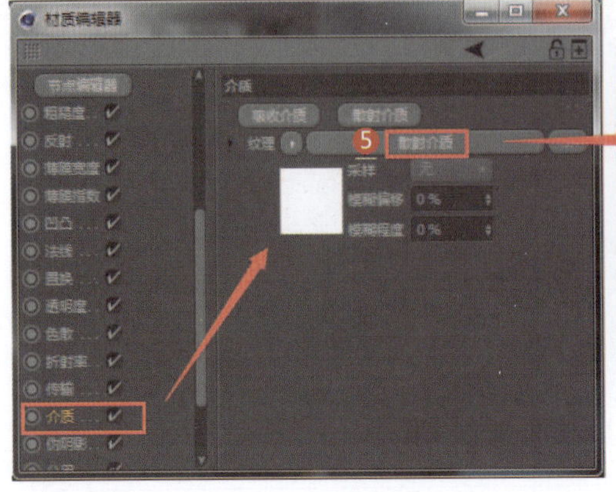

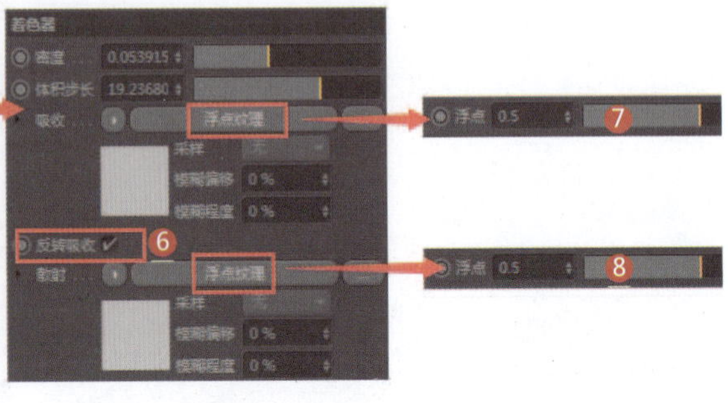

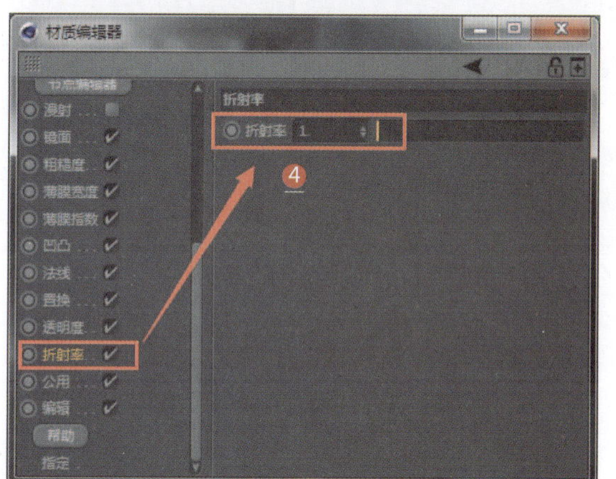

1 设置材质类型为光泽度
2 设置金属镜面反射的颜色为金色
3 设置磨砂金属效果（将浮点参数设置为0.075145）
4 设置高亮度金属表面（将折射率设置为1）
5 新建一个混合材质
6 设置混合材质的图像纹理
7 材质1（球体）放置绿色玻璃材质
8 材质2（球体上的金字）放置金属材质

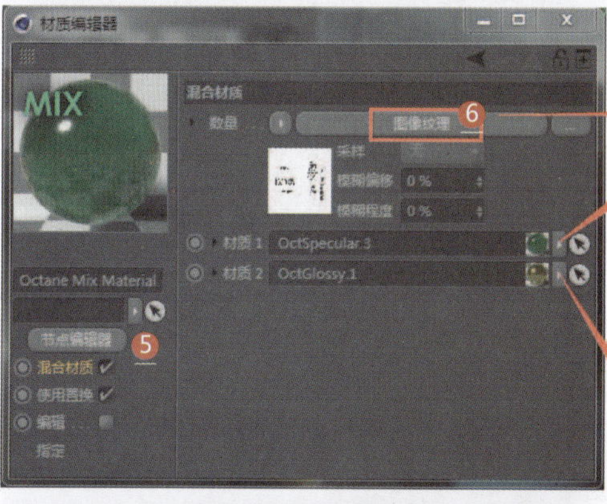

Dr.SOMCHAI®

BEAUTY CREAM

skin renewal system

006 斑驳玻璃材质

应用领域：陈设品装饰

技术要点：

利用传输通道设置玻璃的颜色；利用粗糙度通道的图像纹理设置玻璃表面的磨砂效果；利用介质通道的散射介质设置玻璃表面的散射效果。

思路分析：

设置图像纹理+设置散射介质参数。

难度系数：★★☆☆☆

工程：材质文件\B\006

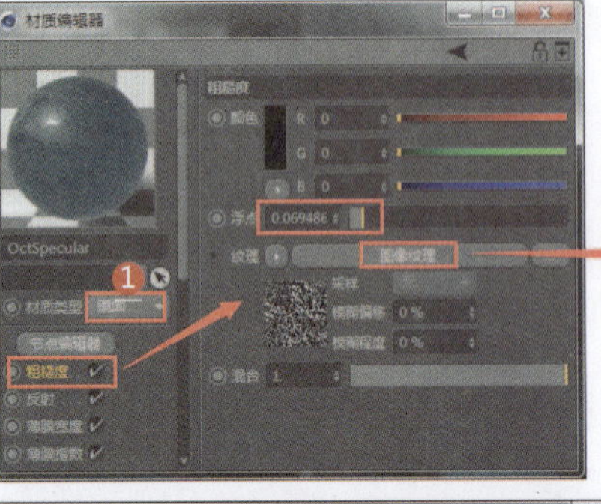

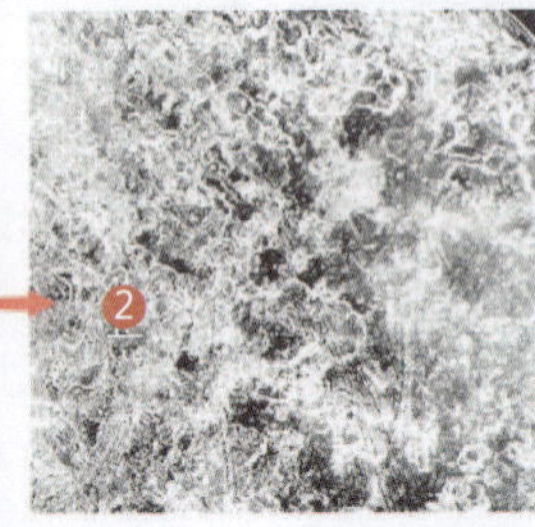

1. 设置材质类型为镜面
2. 设置粗糙度参数及图像纹理
3. 设置玻璃的折射率
4. 设置玻璃的颜色
5. 设置散射介质参数
6. 设置吸收参数
7. 设置散射参数

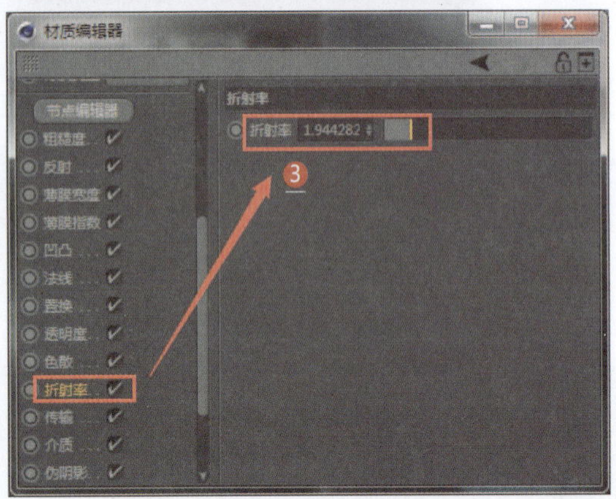

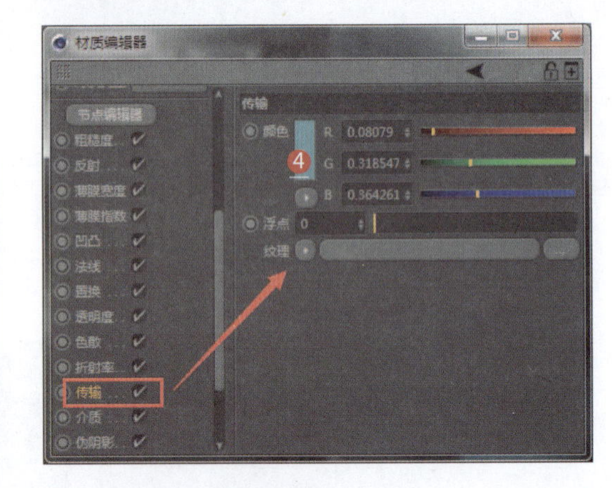

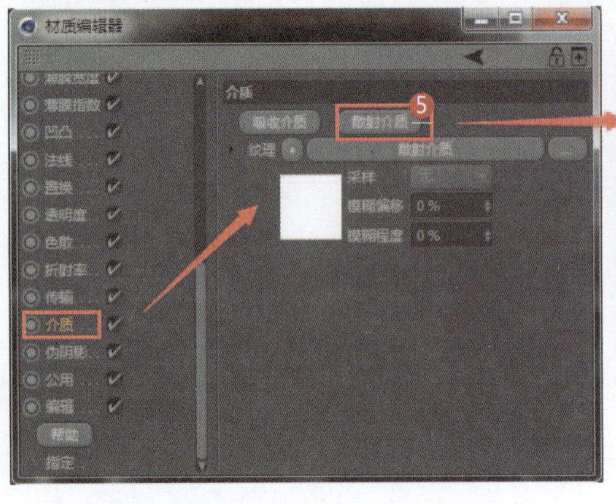

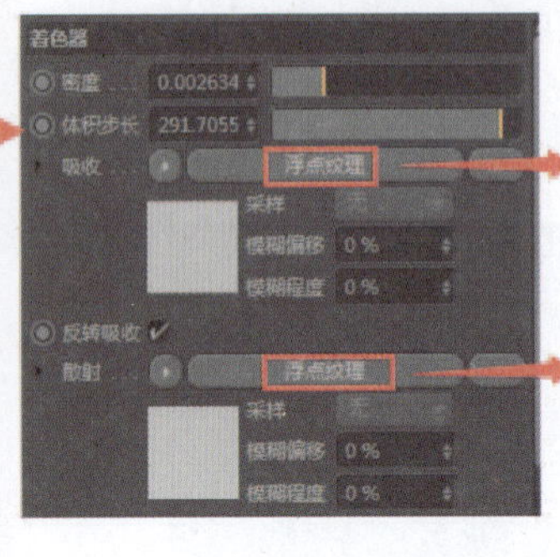

扩展材质\玻璃8

007 挡风玻璃材质

应用领域：电商材质

技术要点：

利用反射参数控制玻璃的透明度；通过设置折射率和传输通道的颜色参数表现玻璃表面的反光效果。

思路分析：

设置反射参数+设置折射率。

难度系数：★★☆☆☆

工程：材质文件\B\007

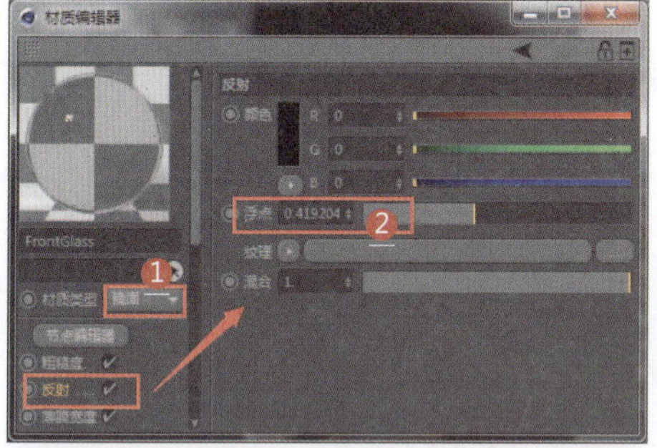

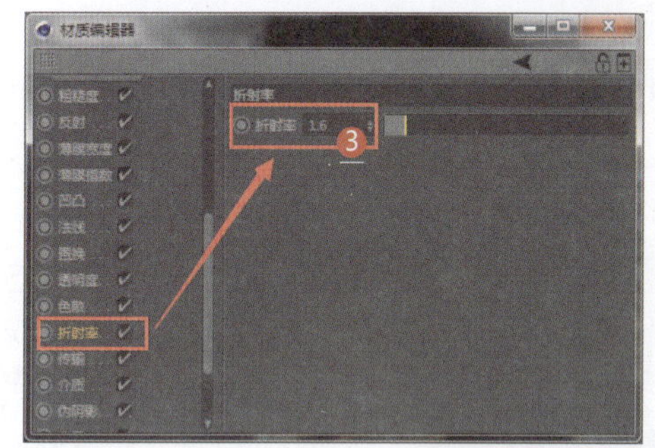

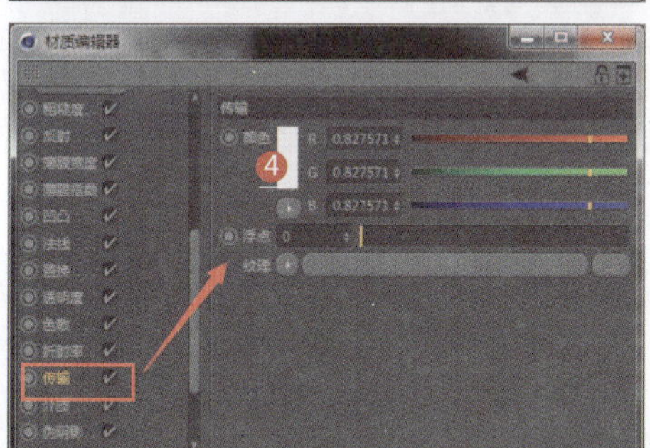

1 设置材质类型为镜面
2 设置反射参数
3 设置玻璃的折射率
4 设置玻璃的颜色
5 挡风玻璃材质效果

扩展材质\玻璃9

008 镀膜玻璃材质

应用领域：家居装饰

技术要点：

利用折射率和透明度参数控制玻璃的反射效果；通过设置薄膜宽度参数和薄膜指数参数控制玻璃表面的彩虹反射效果。

思路分析：

设置薄膜宽度和薄膜指数参数+设置透明度纹理为菲涅耳（Fresnel）。

难度系数：★★☆☆☆

工程：材质文件\B\008

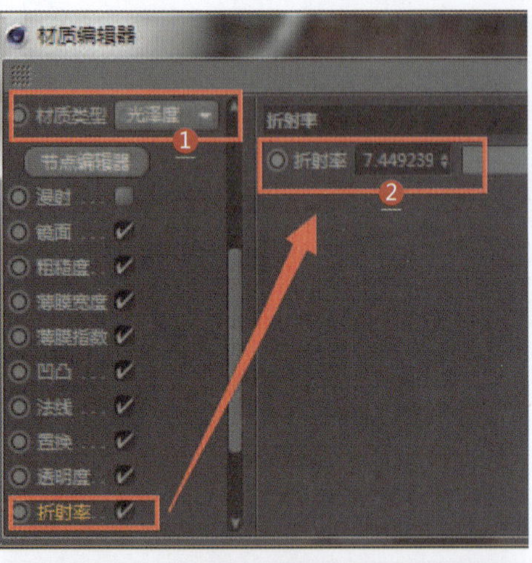

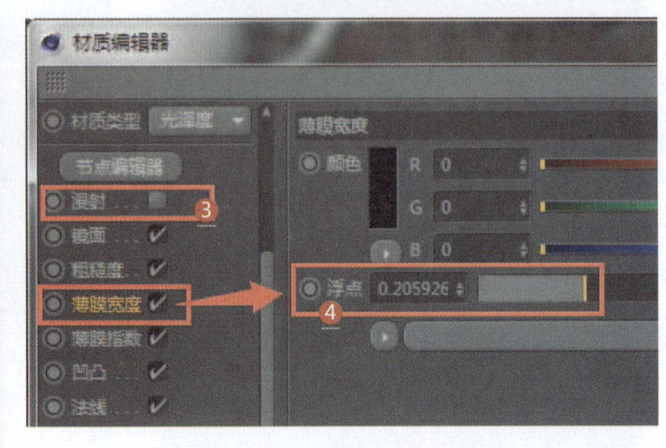

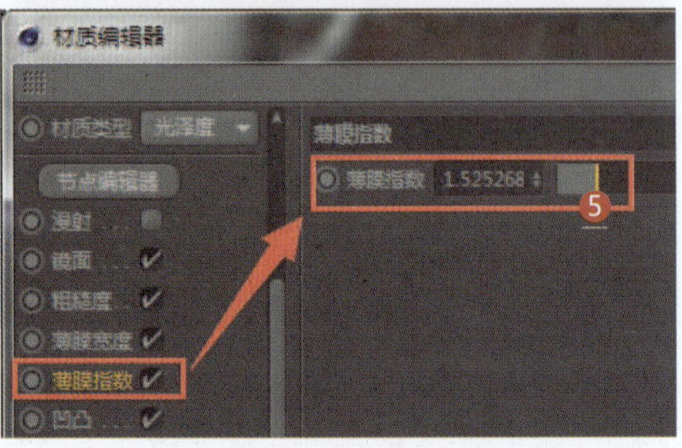

1. 设置材质类型为光泽度
2. 设置玻璃的折射率
3. 关闭玻璃的漫射参数
4. 设置薄膜宽度参数
5. 设置薄膜指数参数
6. 设置透明度参数
7. 设置透明度通道的纹理为菲涅耳（Fresnel）
8. 设置着色器属性

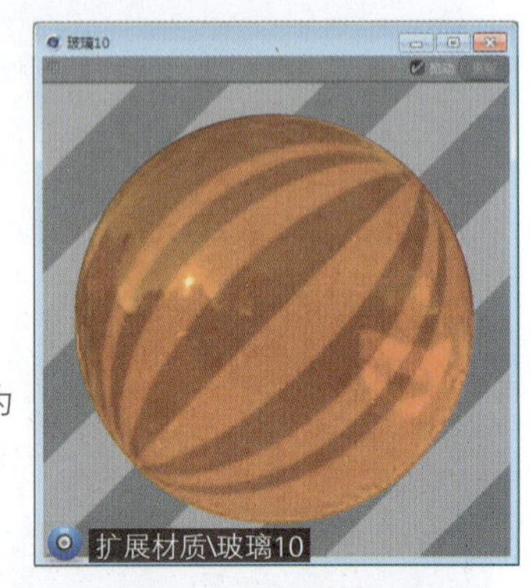

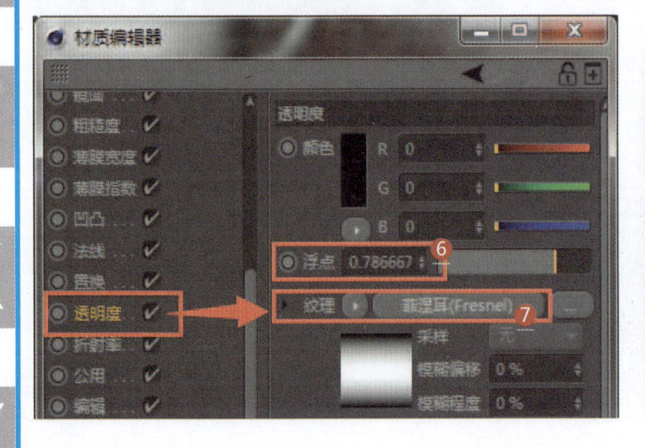

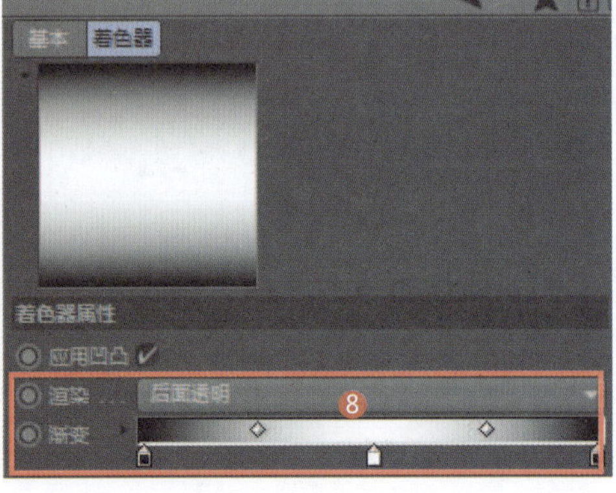

009 玻璃上的划痕和指纹

应用领域：陈设品装饰

技术要点：

利用折射率和反射参数控制玻璃的透明度；添加划痕纹理贴图和指纹纹理贴图表现玻璃上的痕迹。

思路分析：

设置折射率和反射参数+设置划痕和指纹参数。

难度系数：★★★★☆

工程：材质文件\B\009

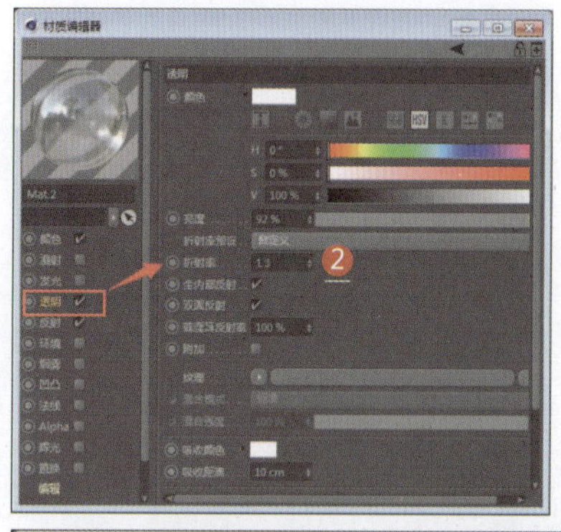

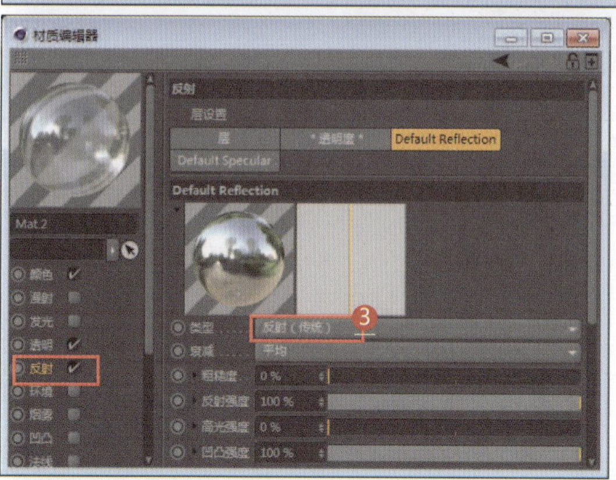

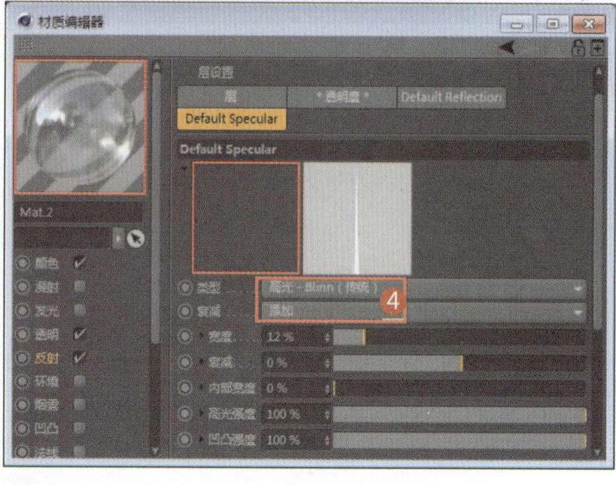

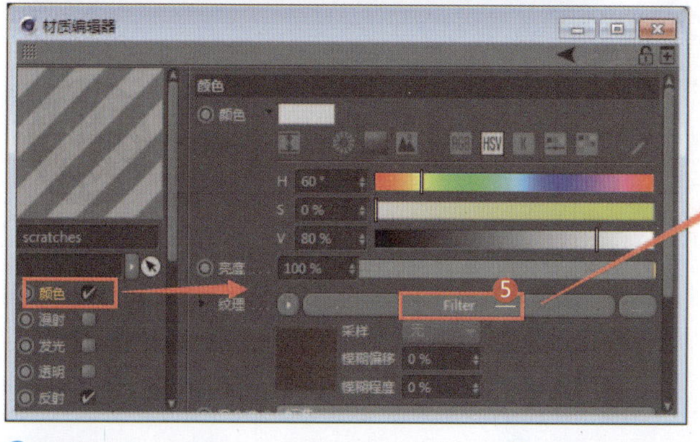

❶ 新建材质（玻璃），设置玻璃的颜色

❷ 设置玻璃的折射率

❸ 设置玻璃反射参数

❹ 设置反射通道类型参数和衰减参数

❺ 新建材质（划痕），设置颜色通道的纹理为Filter

❻ 设置Noise贴图参数

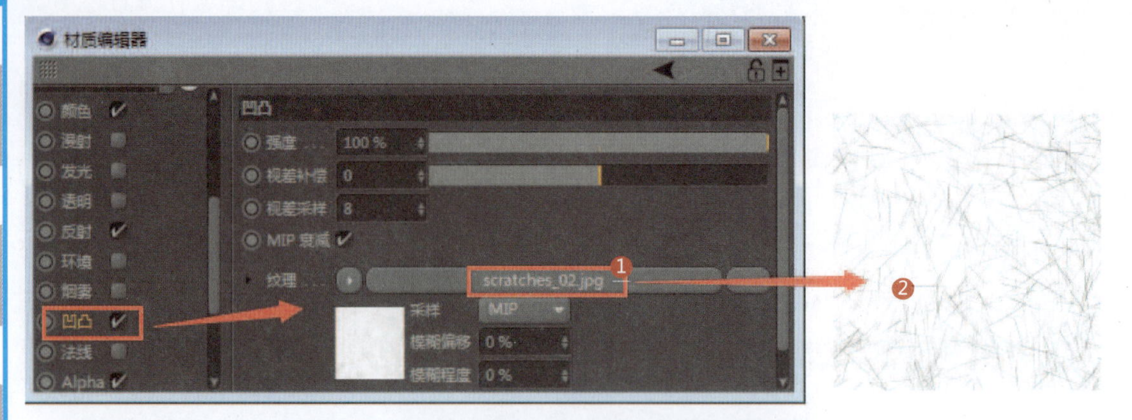

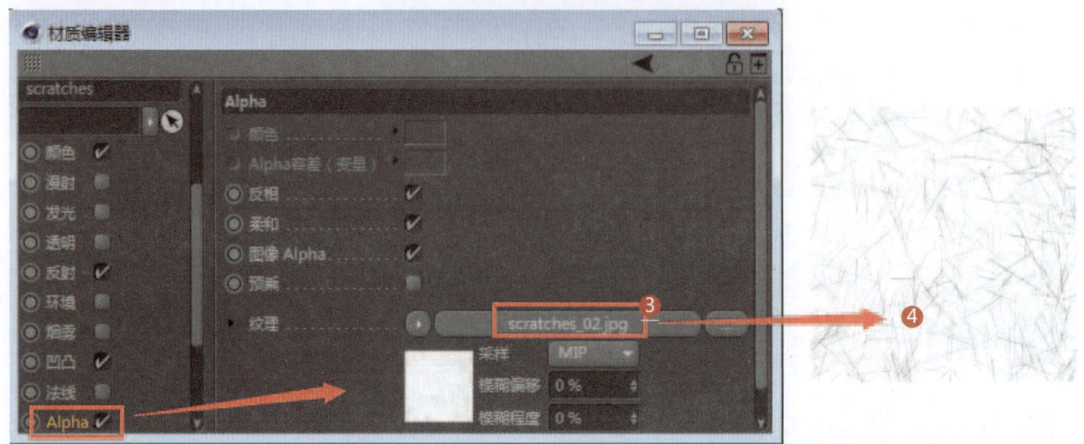

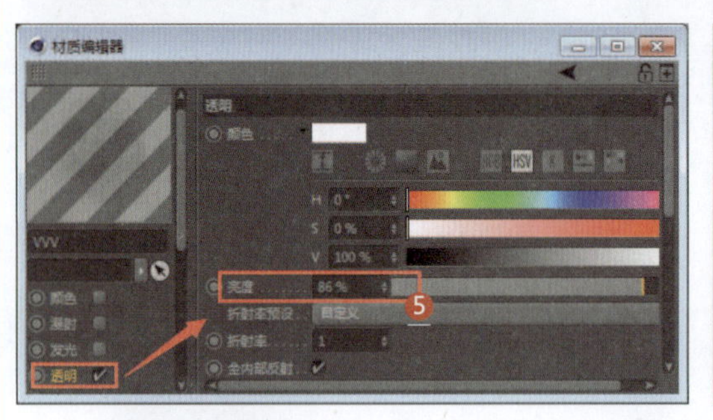

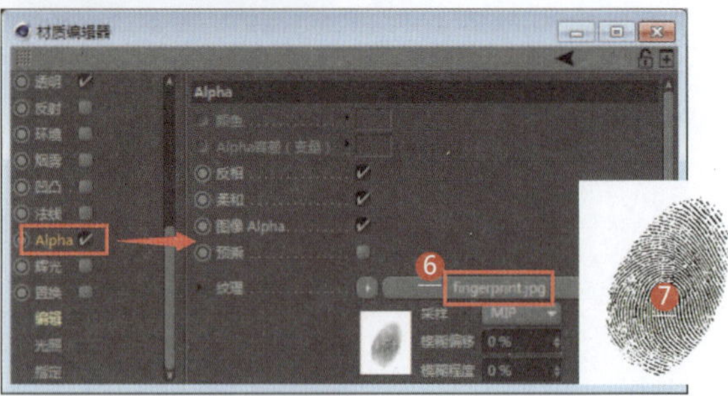

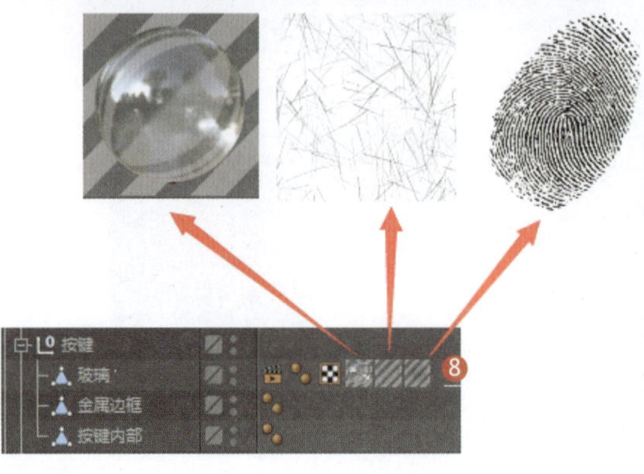

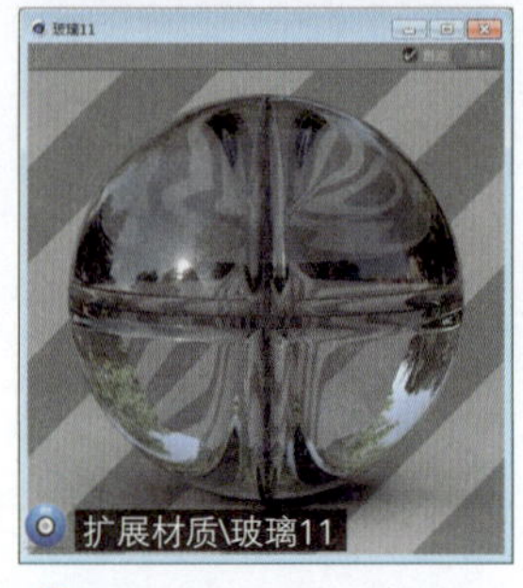

1 设置凹凸通道的纹理
2 添加划痕纹理贴图
3 设置Alpha通道的纹理
4 添加划痕纹理贴图
5 新建材质（指纹），设置亮度参数
6 设置Alpha通道的纹理
7 添加指纹纹理贴图
8 将玻璃材质、划痕材质和指纹材质都应用到玻璃

010 高硼玻璃材质

应用领域：陈设品装饰

技术要点：

利用折射通道的菲涅耳贴图控制高硼玻璃的透明效果；利用反射通道的菲涅耳贴图控制玻璃的通透效果。

思路分析：

设置透明通道参数+设置反射通道参数。

难度系数： ★★☆☆☆

工程：材质文件\B\010

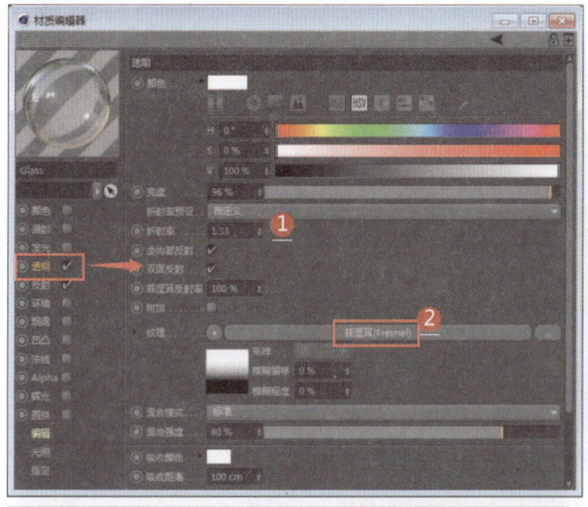

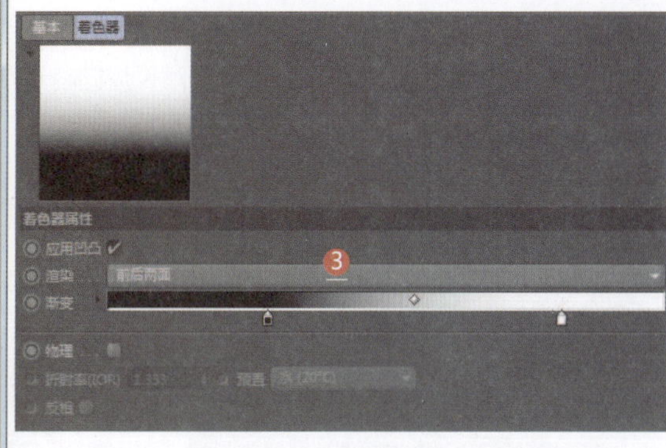

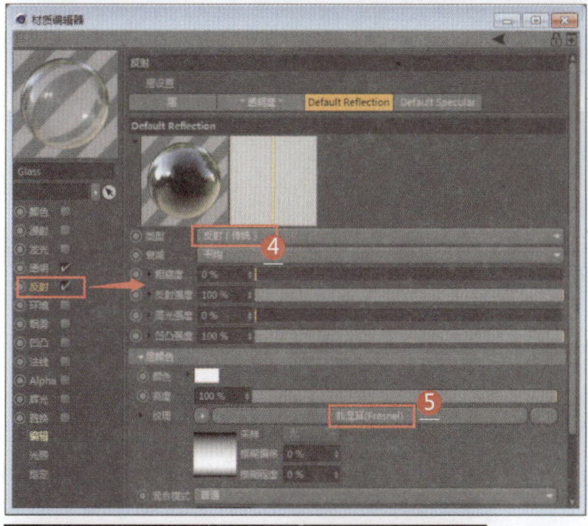

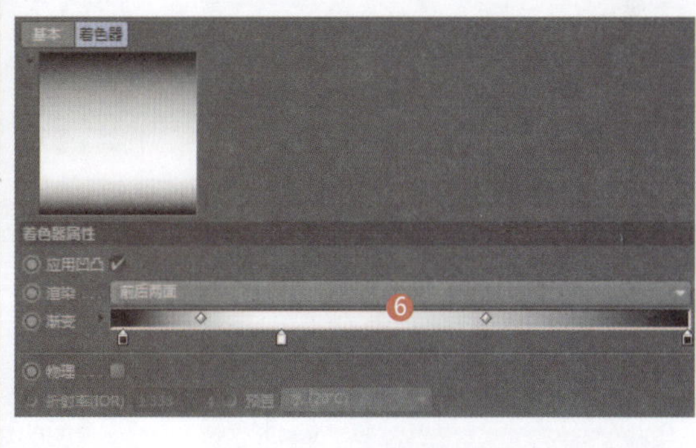

1. 设置折射率
2. 设置透明通道的纹理为菲涅耳（Fresnel）
3. 设置着色器属性
4. 设置反射通道的类型为反射（传统）
5. 设置反射通道的纹理为菲涅耳（Fresnel）
6. 设置着色器属性
7. 渲染效果

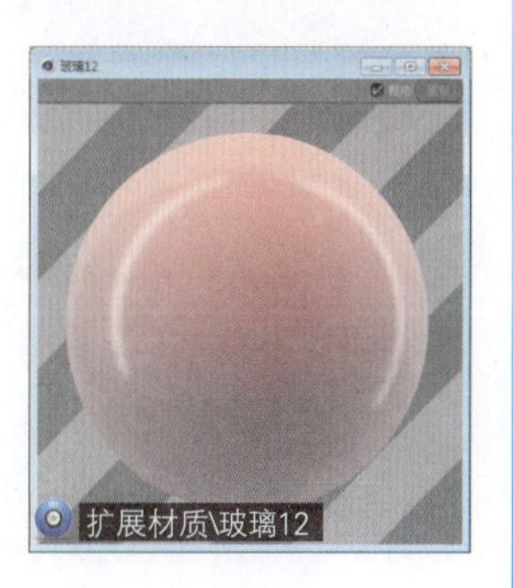

布料材质——011~017

布料材质在我们的日常生活中无处不在，其表面纹理图案非常丰富。

布料材质的制作核心是使用衰减贴图，同时再结合凹凸、置换或透明度等通道的设置，模拟出质感多变的布料材质。

011 丝带材质

应用领域：陈设品装饰

技术要点：

通过设置薄膜宽度参数表现丝带七彩光效果；通过设置丝带纹理贴图表现丝带边缘的花纹；通过设置贴图的长度U和长度V参数改变长条形的贴图方式。

思路分析：

设置薄膜宽度参数+设置丝带纹理贴图。

难度系数：★★☆☆☆  工程：材质文件\BB\011

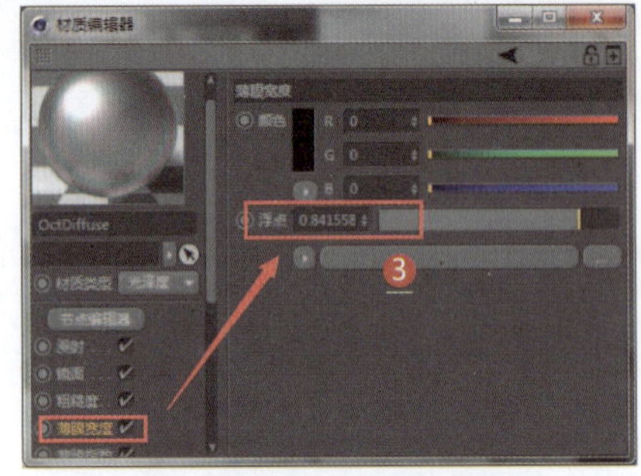

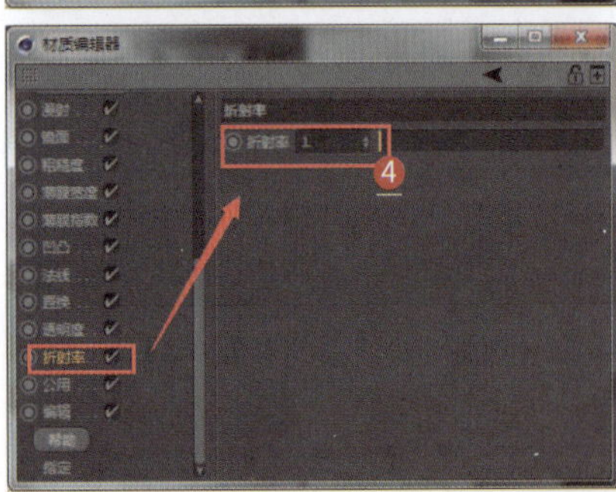

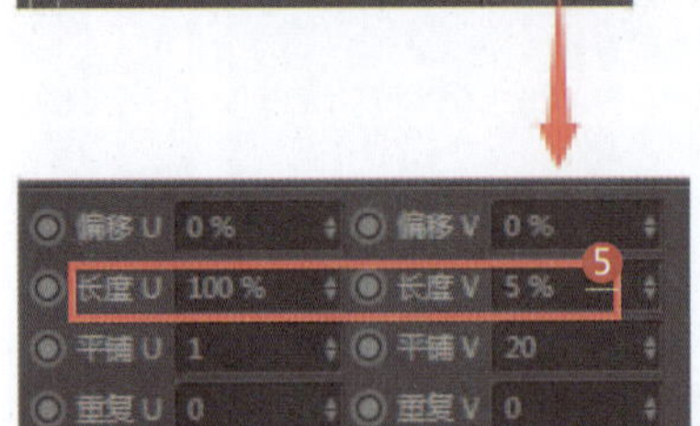

1. 设置材质类型为光泽度
2. 设置粗糙度参数
3. 设置薄膜宽度参数（表现丝带七彩光效果）
4. 设置折射率
5. 在对象面板中选择贴图标签，设置贴图的长度U和长度V参数

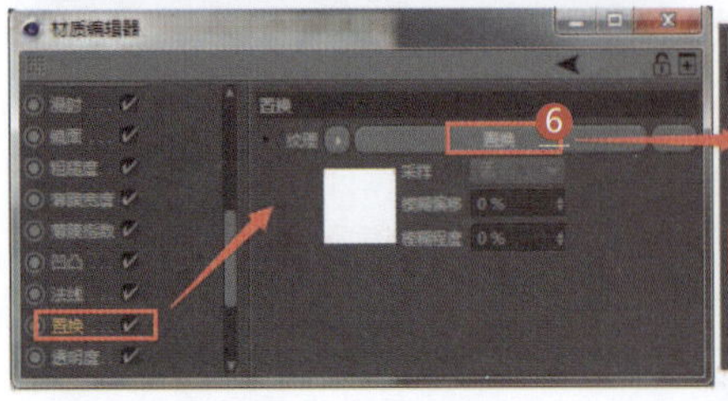

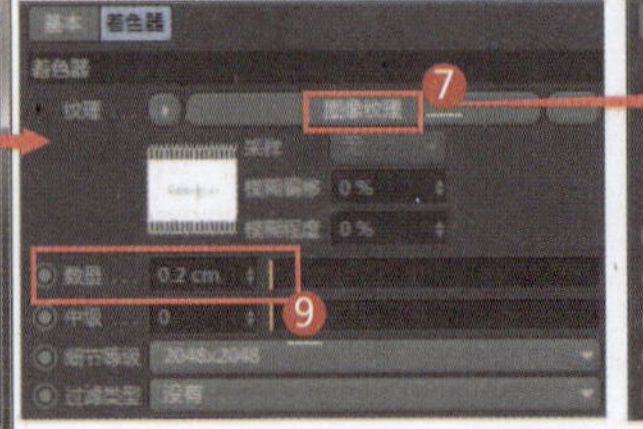

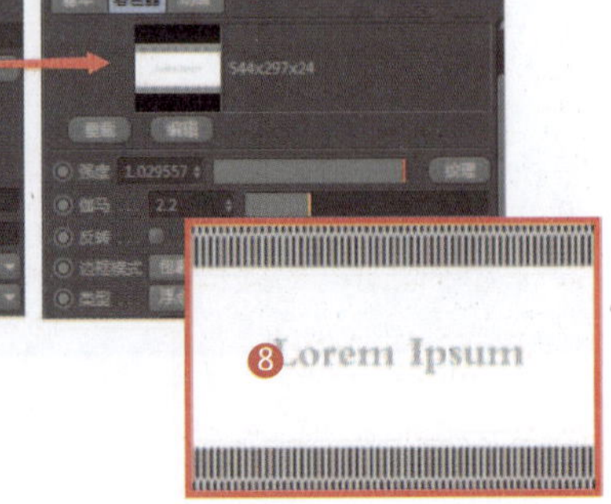

6. 设置置换通道的纹理为置换
7. 设置纹理为图像纹理
8. 设置丝带纹理贴图
9. 设置数量参数

012 布料材质

应用领域：陈设品装饰

技术要点：

设置法线贴图使布料产生凹凸感；通过设置镂空贴图制作布料的网眼效果。

思路分析：

设置粗糙度参数和法线贴图+设置镂空贴图。

难度系数：★★★☆☆

工程：材质文件\BB\012

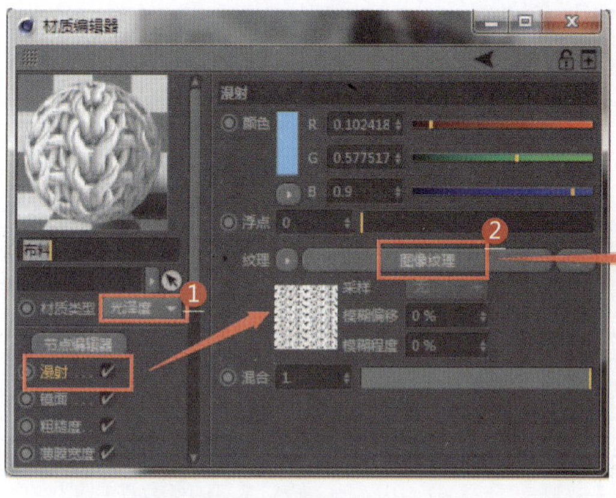

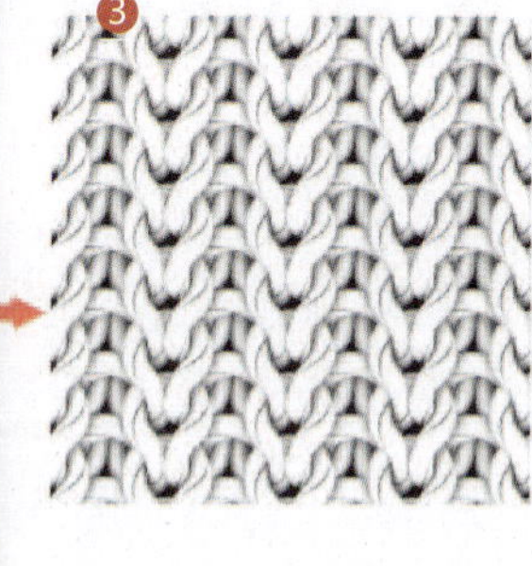

1. 设置材质类型为光泽度
2. 设置漫射通道的纹理为图像纹理
3. 设置编织贴图
4. 设置粗糙度参数
5. 设置法线通道的纹理为图像纹理
6. 设置法线贴图（产生凹凸感）

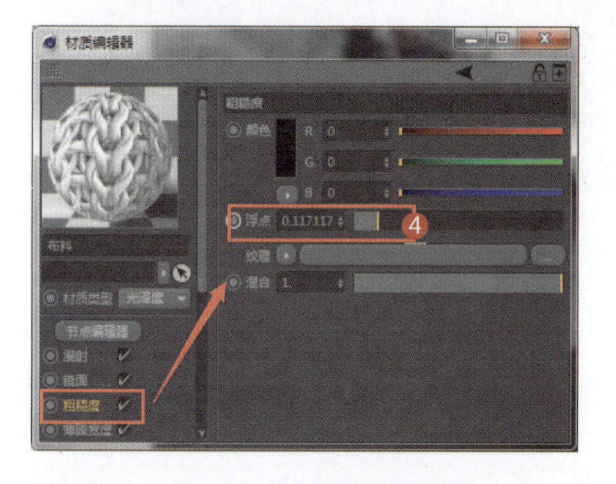

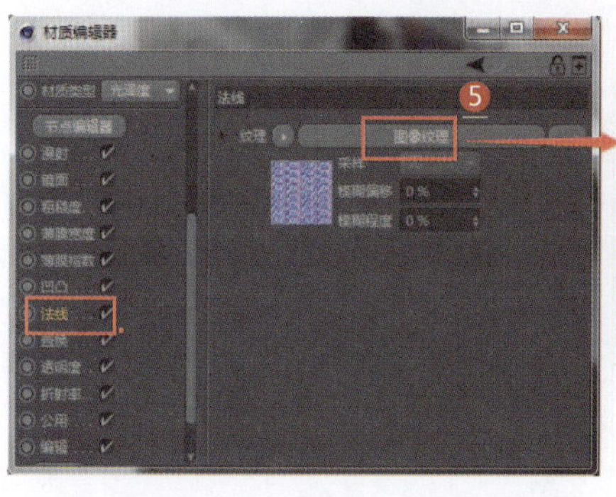

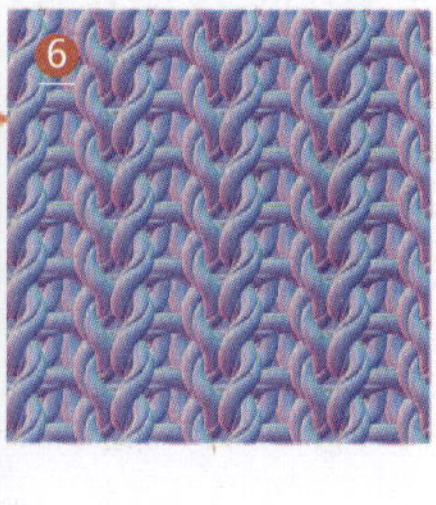

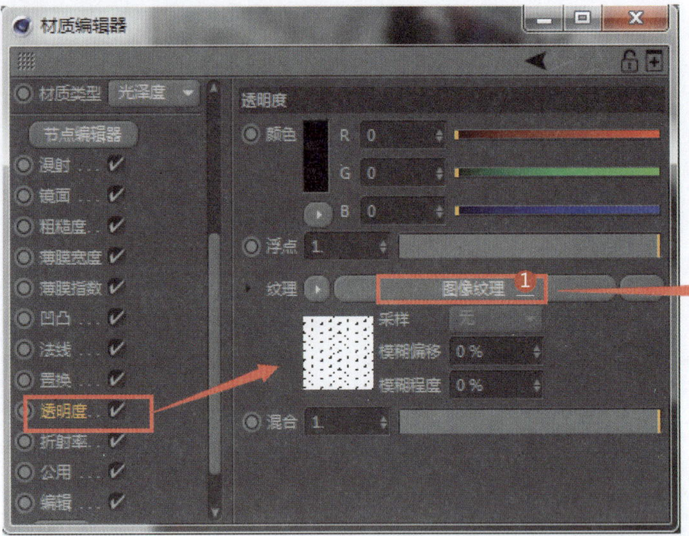

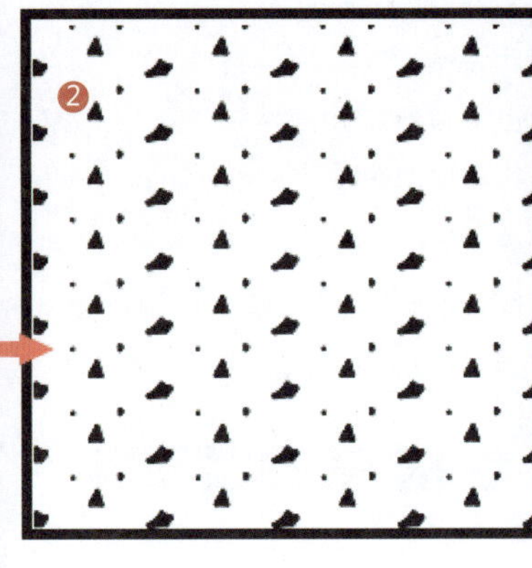

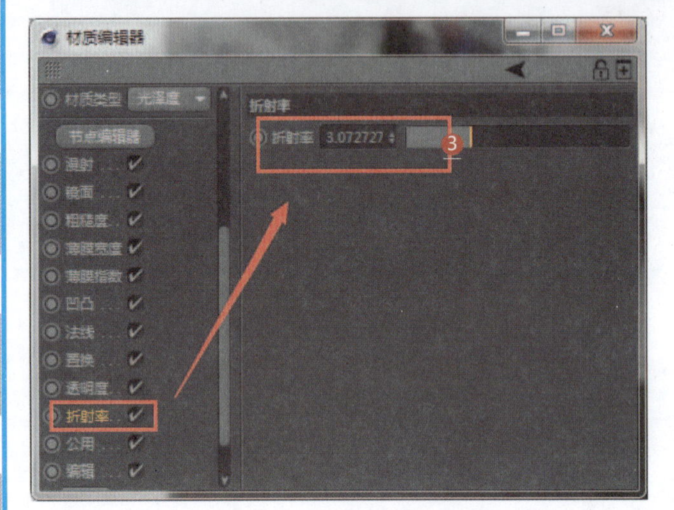

1 设置透明度通道的纹理为图像纹理
2 设置镂空贴图
3 设置折射率

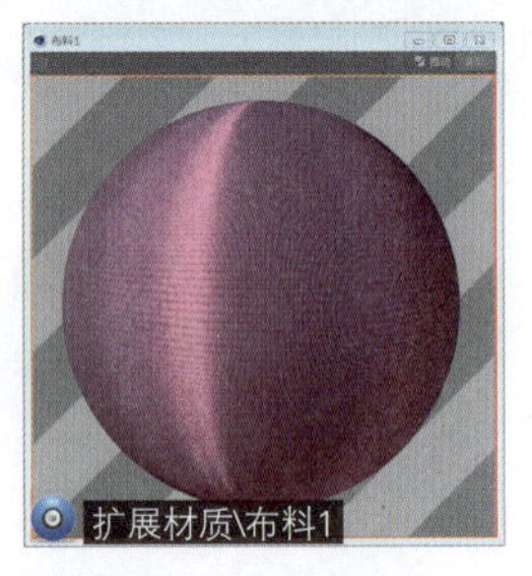

013 纱网材质

技术要点：

通过设置镜面贴图控制纱网的高光反射；通过设置凹凸贴图表现纱网的质感。

思路分析：

设置粗糙度参数和镜面贴图+设置凹凸贴图。

难度系数：★★★☆☆

工程：材质文件\BB\013

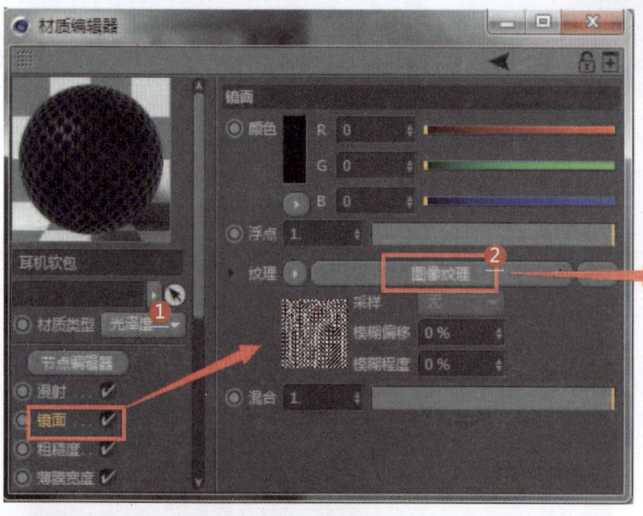

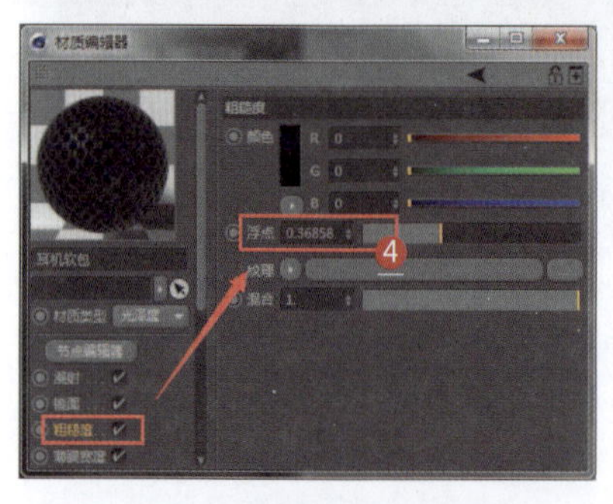

1. 设置材质类型为光泽度
2. 设置镜面通道的纹理为图像纹理
3. 设置镜面贴图
4. 设置粗糙度参数
5. 设置凹凸通道的纹理为图像纹理
6. 设置凹凸贴图（表现纱网的质感）
7. 设置强度参数

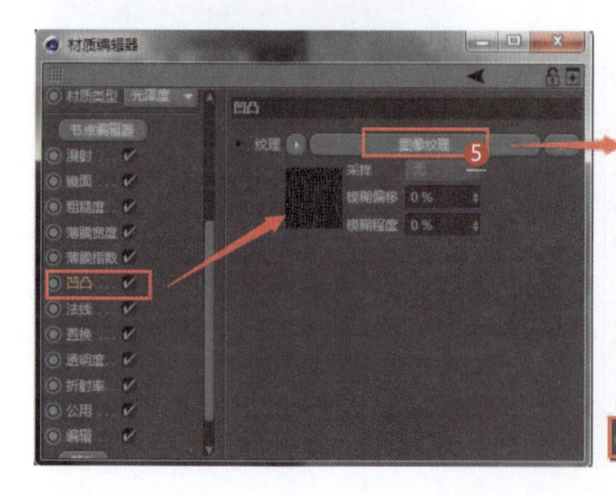

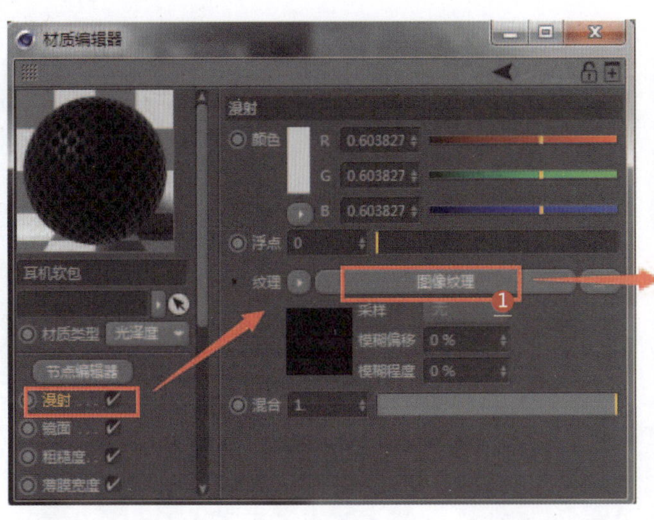

❶ 设置漫射通道的纹理为图像纹理

❷ 设置编织贴图

❸ 编织贴图平面效果

❹ 渲染效果

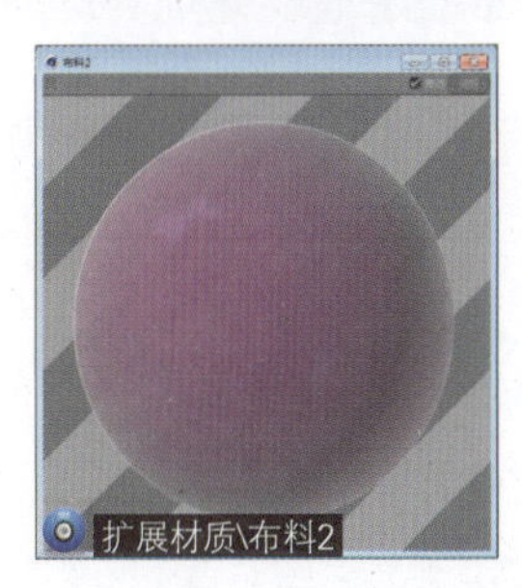

014 散光飘带材质

应用领域：CG影视

技术要点：

设置第一次混合材质产生蓝色透明光泽效果；设置第二次混合材质产生复杂的散光飘带效果。

思路分析：

设置材质类型+设置两次混合材质。

难度系数：★★★★☆

工程：材质文件\BB\014

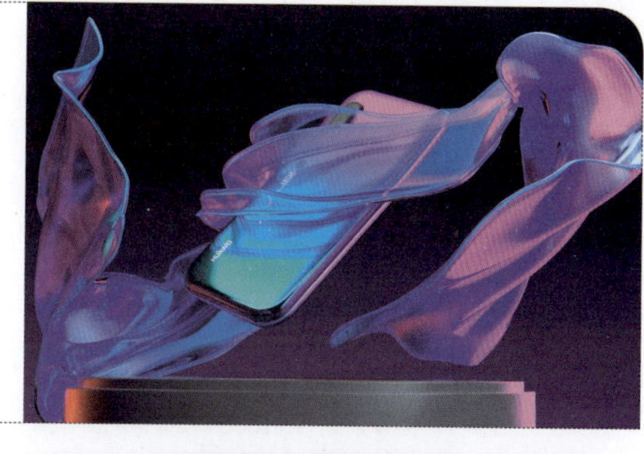

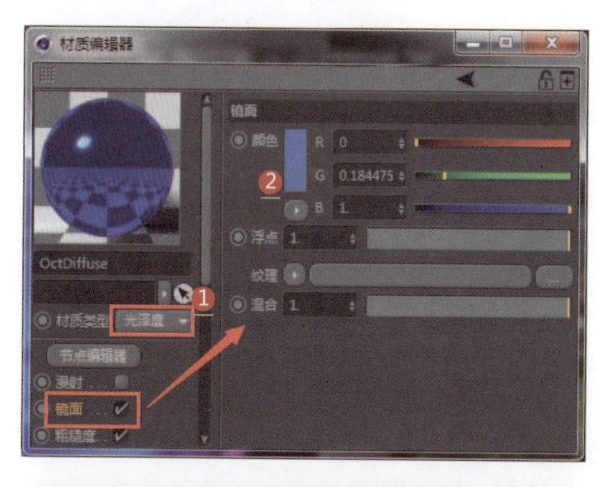

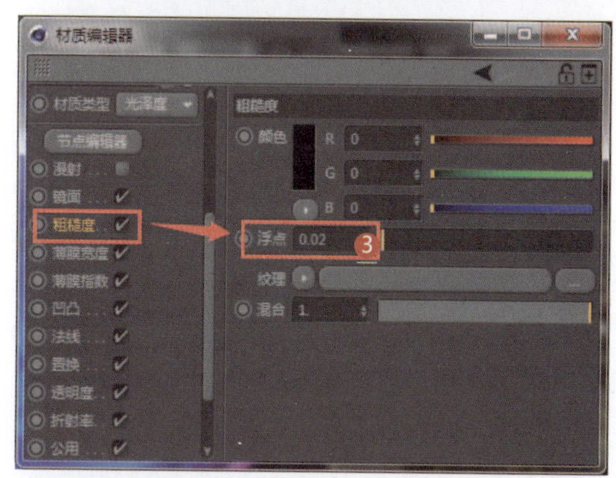

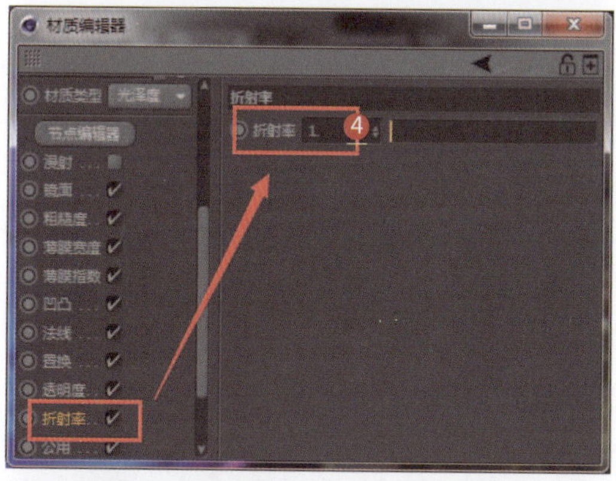

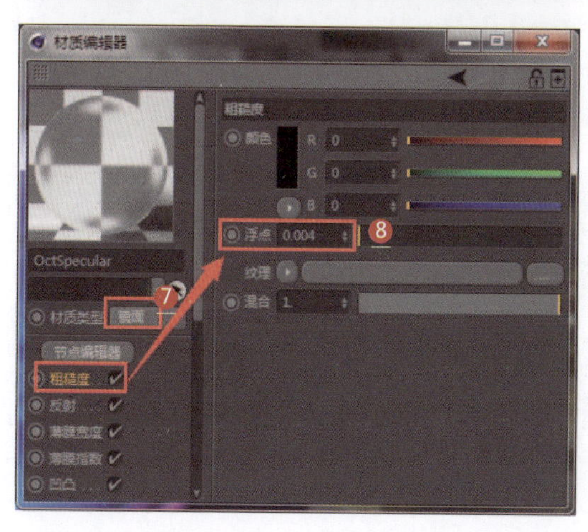

1. 设置材质类型为光泽度（蓝色反射）
2. 设置镜面通道的颜色为蓝色
3. 设置粗糙度参数
4. 设置折射率
5. 设置材质类型为漫射（不反光蓝色）
6. 设置漫射通道的颜色为蓝色
7. 设置材质类型为镜面（透明色）
8. 设置粗糙度参数

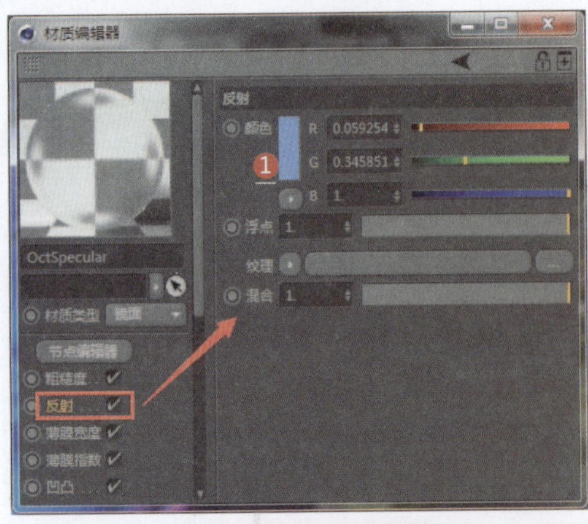
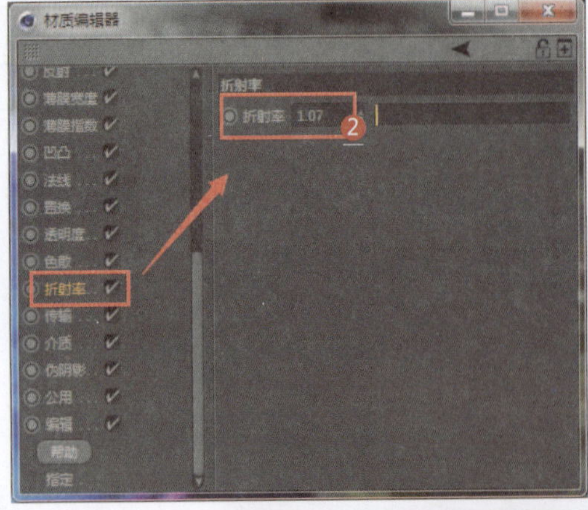
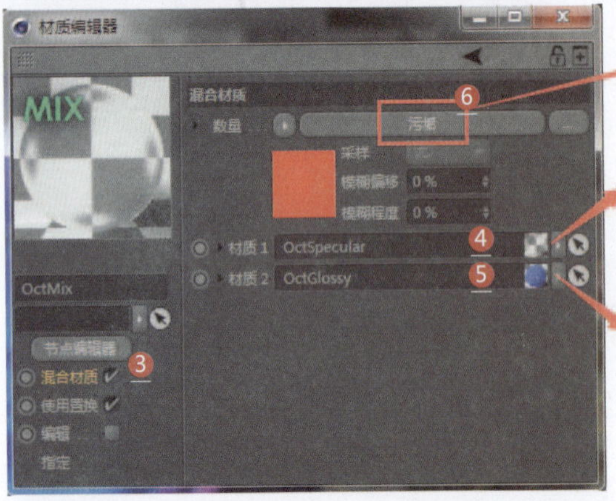
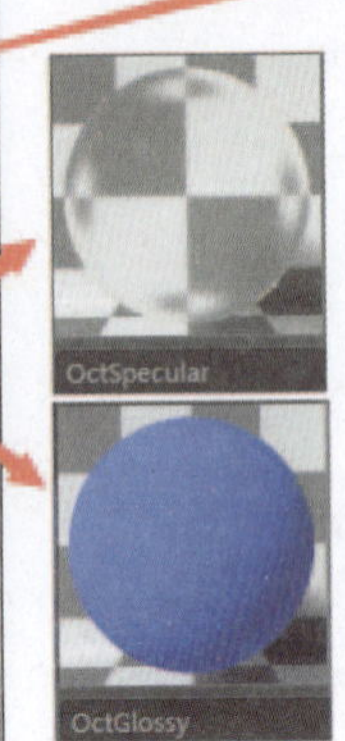
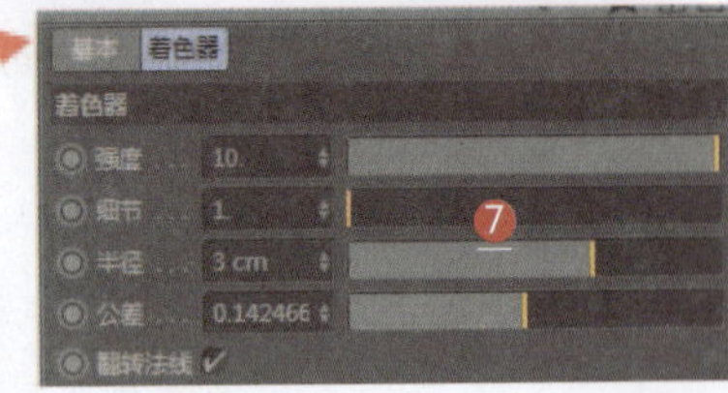

1. 设置反射通道的颜色为蓝色
2. 设置折射率
3. 新建一个混合材质（用于混合透明材质和不反光蓝色材质）

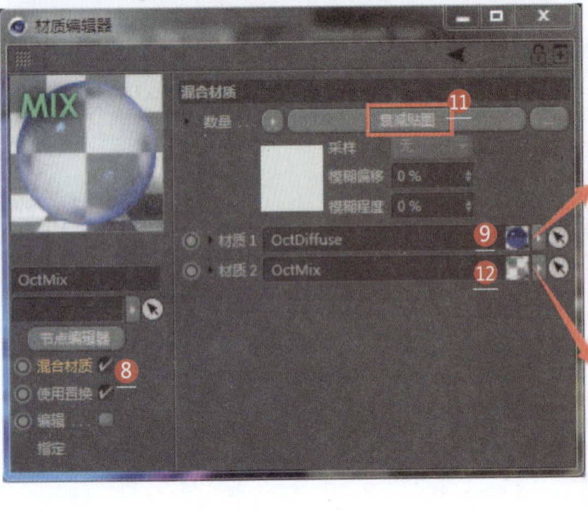

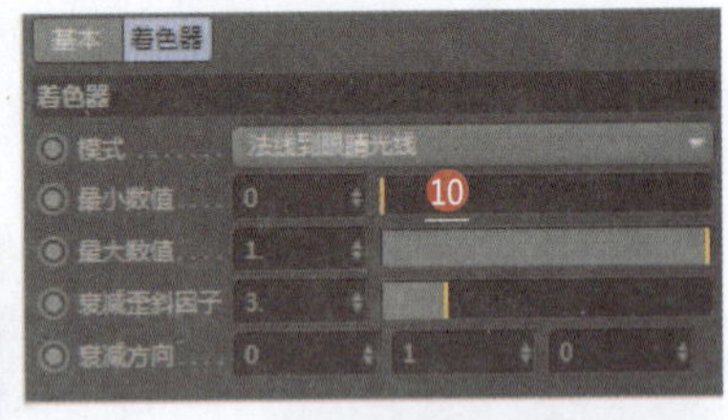
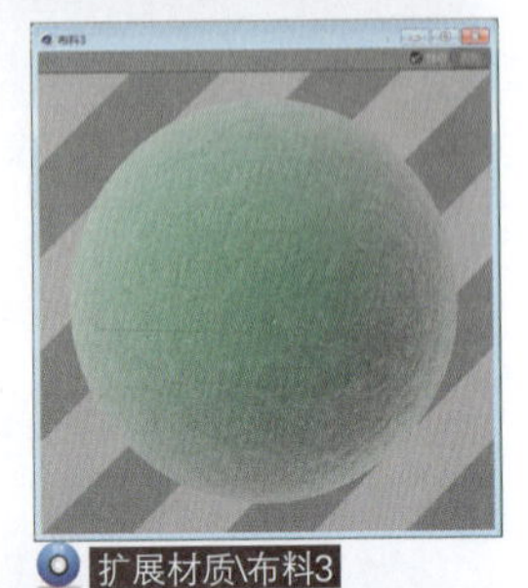

扩展材质\布料3

4. 设置材质1为透明材质
5. 设置材质2为不反光蓝色材质
6. 设置混合材质为污垢
7. 设置污垢贴图参数
8. 新建一个混合材质（用于二次混合反光蓝色材质）
9. 设置材质1为反光蓝色材质
10. 设置材质2为第一次的混合材质（3）
11. 设置混合材质为衰减贴图
12. 设置衰减贴图参数（产生复杂的蓝色反射材质）

015 绸缎材质

技术要点：

通过设置背光参数绸缎产生发光效果；通过设置反射类型制作绸缎纹理。

思路分析：

设置背光参数+设置反射类型。

难度系数：★★☆☆☆

工程：材质文件\BB\015

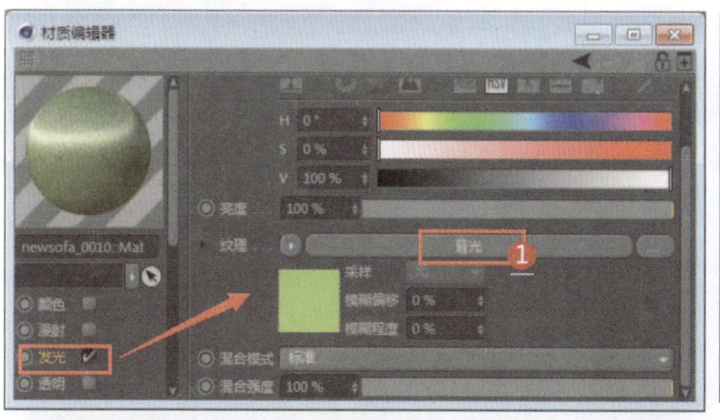

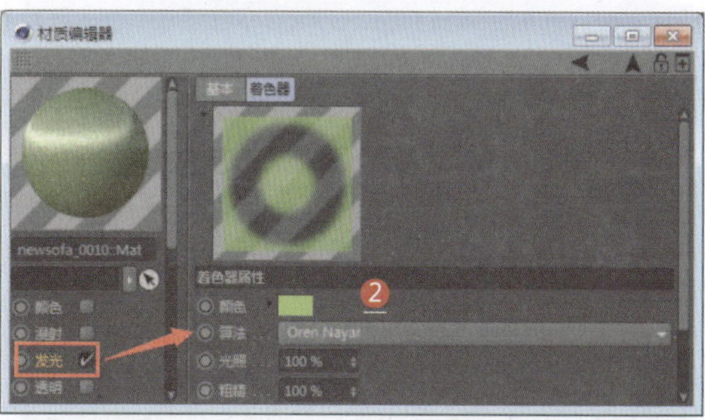

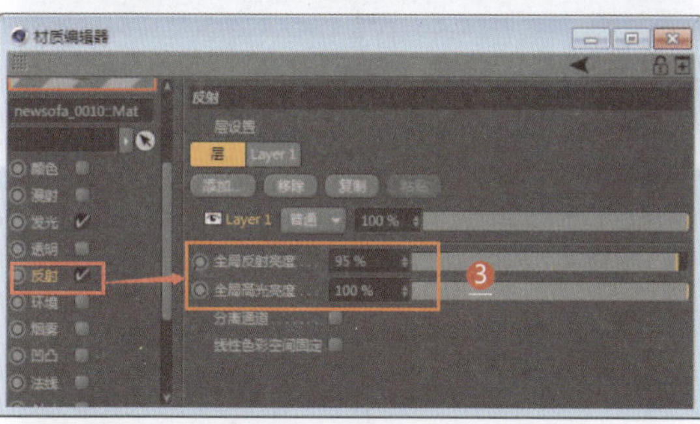

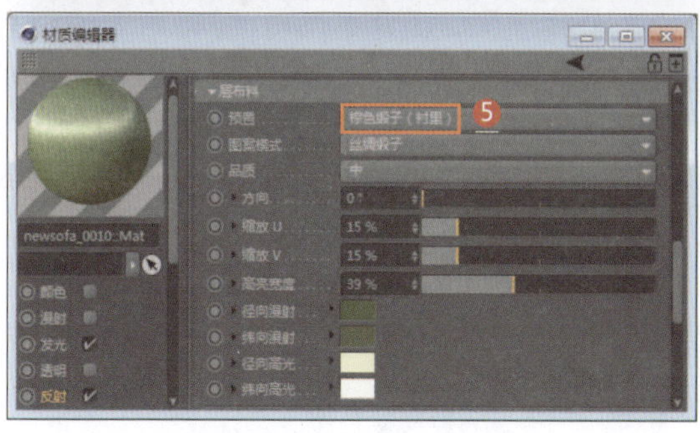

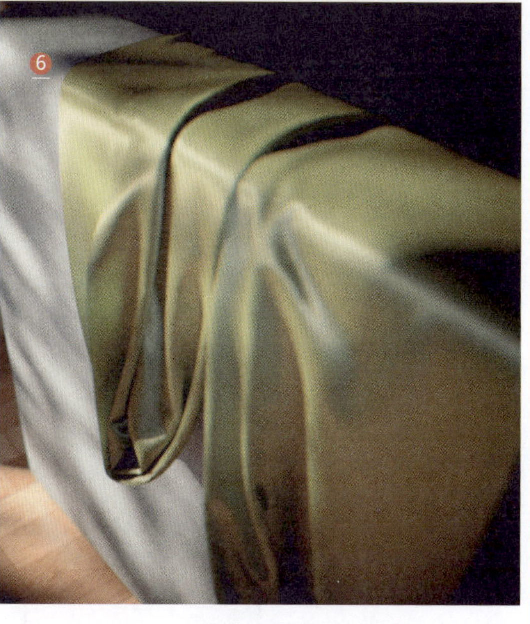

1. 新建一个默认材质，设置发光通道的纹理为背光
2. 设置背光参数（绸缎产生发光效果）
3. 设置全局反射亮度和全局高光亮度参数
4. 设置反射类型为Irawan（织物）
5. 设置预置为棕色缎子（衬里），使其产生黄绿色绸缎配色效果
6. 渲染效果

016 抱枕材质

应用领域：家居装饰

技术要点：

通过设置反射类型预置抱枕布料的材质；设置层颜色使抱枕布料产生金色光泽效果；通过设置层遮罩制作抱枕布料纹理。

思路分析：

设置反射类型+设置层颜色+设置层遮罩的纹理。

难度系数：★★★☆☆

工程：材质文件\BB\016

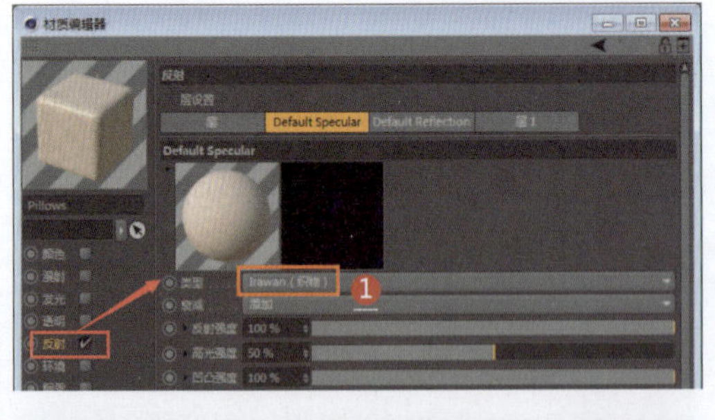

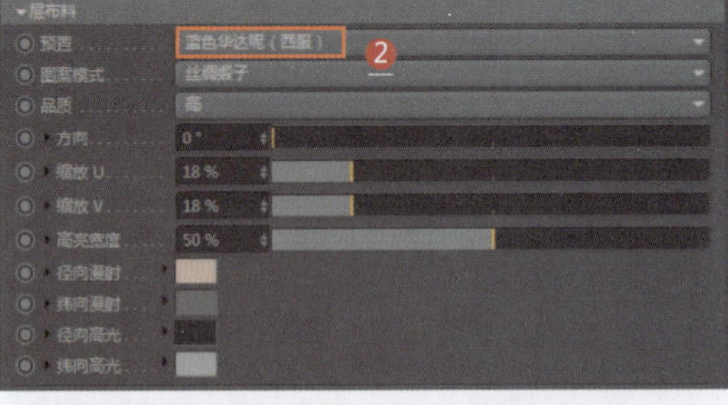

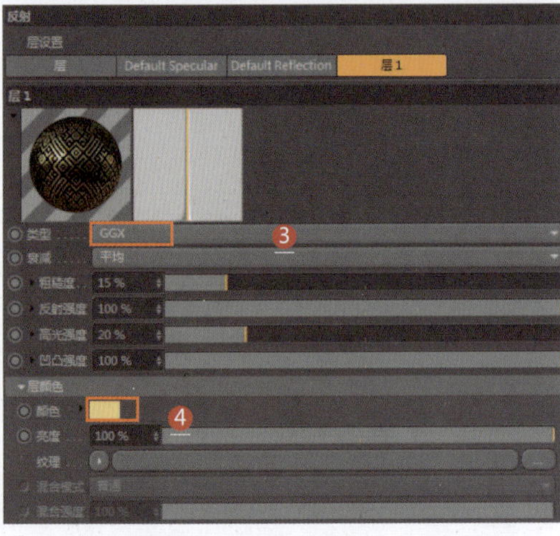

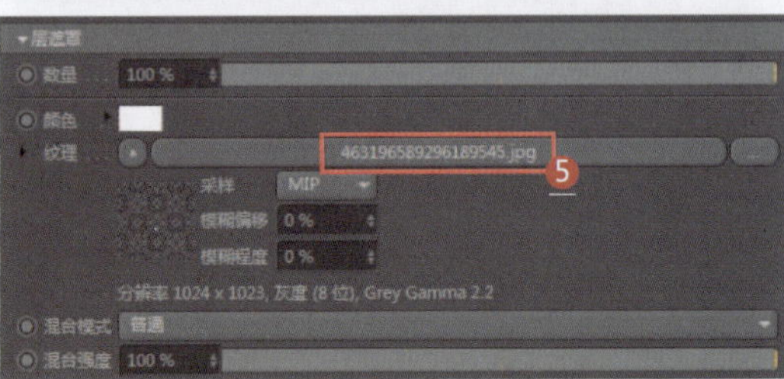

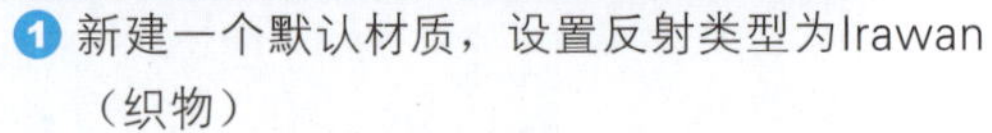

1 新建一个默认材质，设置反射类型为Irawan（织物）

2 设置预置为蓝色华达呢（西服）

3 设置反射类型为GGX（一种通用反射效果）

4 设置层颜色为黄色（产生金色光理）

5 设置层遮罩的纹理为装饰纹样

6 不同的装饰纹理贴图

扩展材质\布料4

017 印花绸缎材质

应用领域：家居装饰

技术要点：

通过设置反射类型预置印花绸缎布料的材质；设置层颜色使印花绸缎产生金色光泽效果；通过设置层遮罩制作印花绸缎纹理。

思路分析：

设置反射类型+设置层颜色+设置层遮罩的纹理。

难度系数： ★★★☆☆

工程：材质文件\BB\017

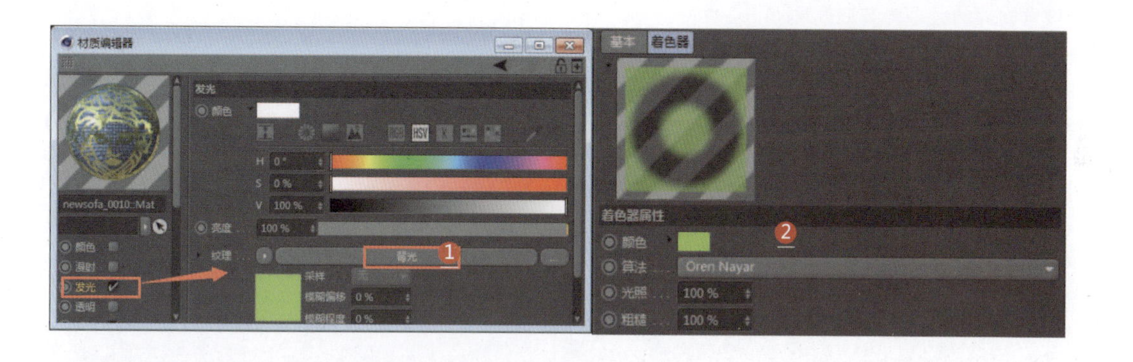

1. 新建一个默认材质，设置发光通道的纹理为背光
2. 设置背光参数（产生发光效果）
3. 设置反射类型为Irawan（织物）
4. 设置预置为蓝色山东绸（长袍）
5. 设置反射类型为GGX（一种通用反射）

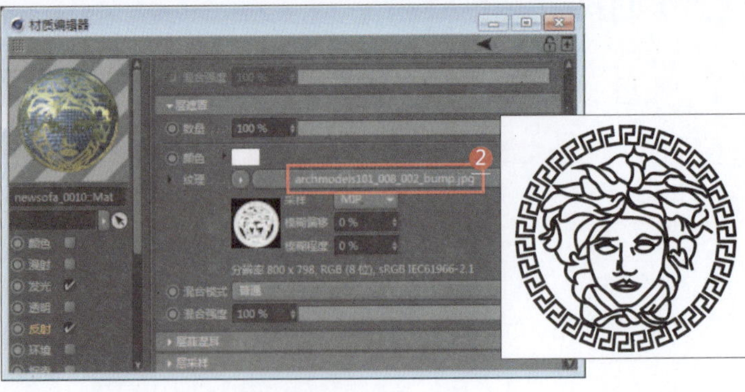

❶ 设置层颜色为黄色（产生金色光泽效果）
❷ 设置层遮罩的纹理为装饰纹理
❸ 设置黑点和白点参数对贴图进行反转（0表示黑点，1表示白点）
❹ 在对象面板中设置UV贴图比例
❺ 渲染效果

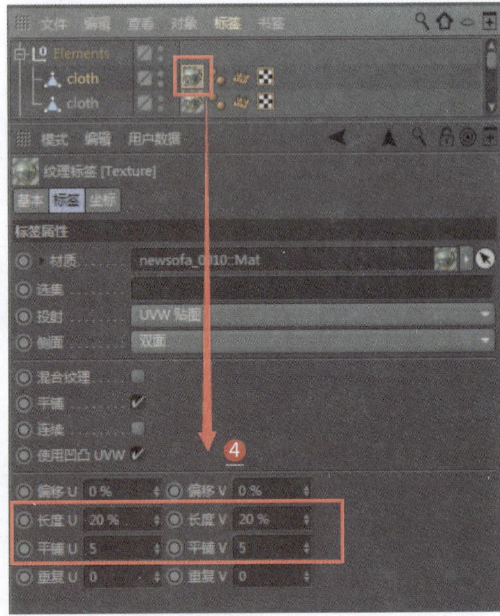

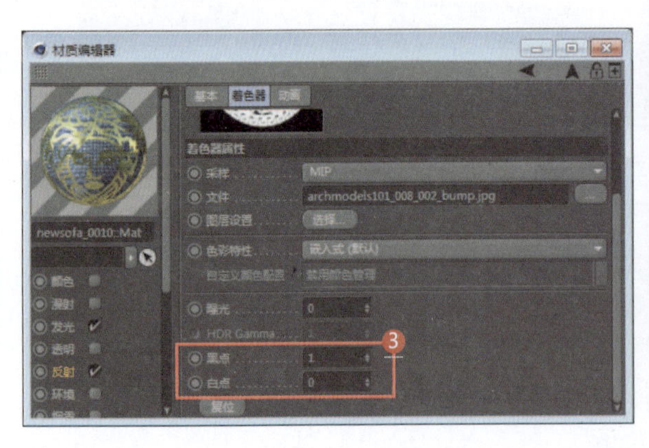

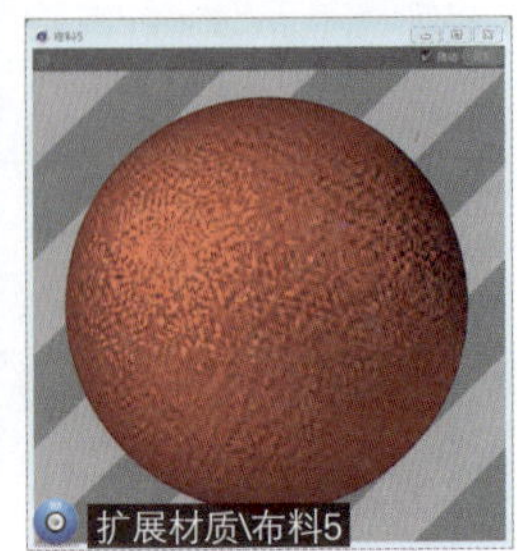

发光材质——018~025

发光材质用于模仿各种具有灯光特性的物品，在室内和室外均是不可缺少的陪衬。发光材质的制作对“材质编辑器”对话框中的参数设置要求较为严格，稍有误差就会使其产生过曝或昏暗等效果。

018 车灯材质

应用领域：CG影视

技术要点：

利用传输通道的颜色来控制车灯的颜色；通过设置色温来表现车灯的发光效果。

思路分析：

设置车灯玻璃材质+设置灯光材质。

难度系数： ★★☆☆☆

工程：材质文件\F\018

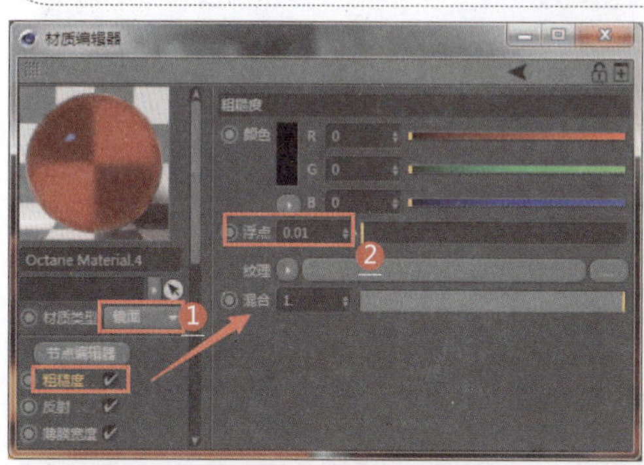

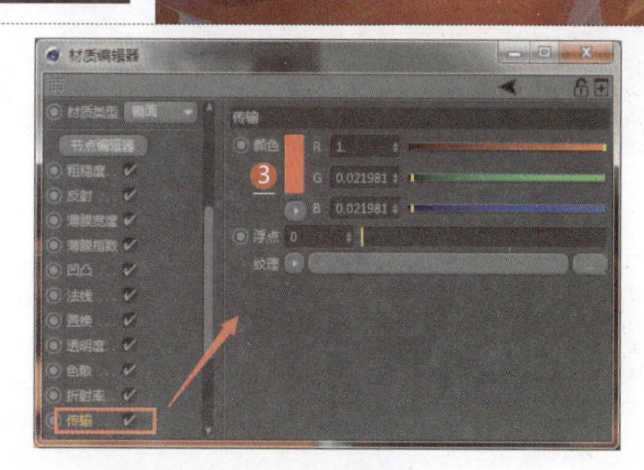

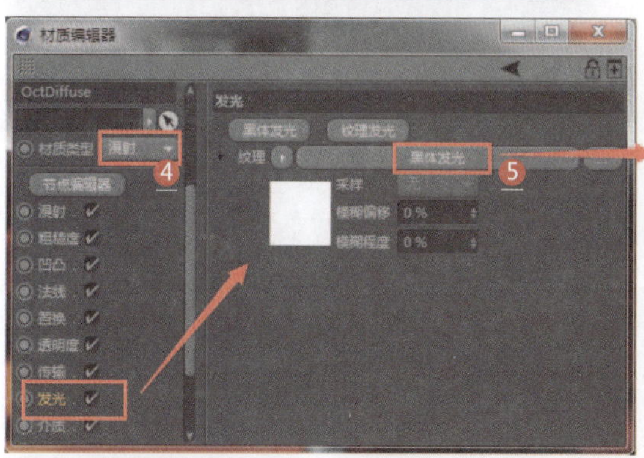

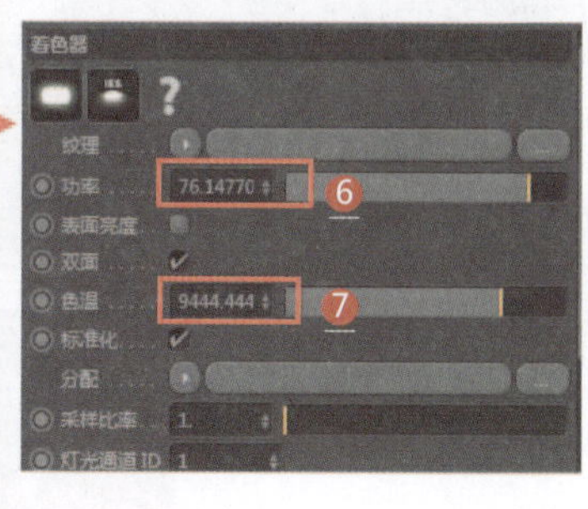

1 设置材质类型为镜面（车灯玻璃材质）

2 设置玻璃的粗糙度

3 设置传输通道的颜色为红色

4 设置材质类型为漫射（灯光材质）

5 设置发光通道的纹理为黑体发光

6 设置功率（亮度）

7 设置色温（数值越大色调越冷，反之数值越小色调越暖）

8 车灯效果

019 彩色发光玻璃材质

应用领域：电商材质

技术要点：

利用不同的贴图制作不同的按钮；设置键盘的发光材质；设置键盘的玻璃材质；利用混合贴图制作发光按钮。

思路分析：

设置漫射贴图和发光贴图+设置键盘的发光材质+混合材质。

难度系数：★★★☆☆

工程：材质文件\F\019

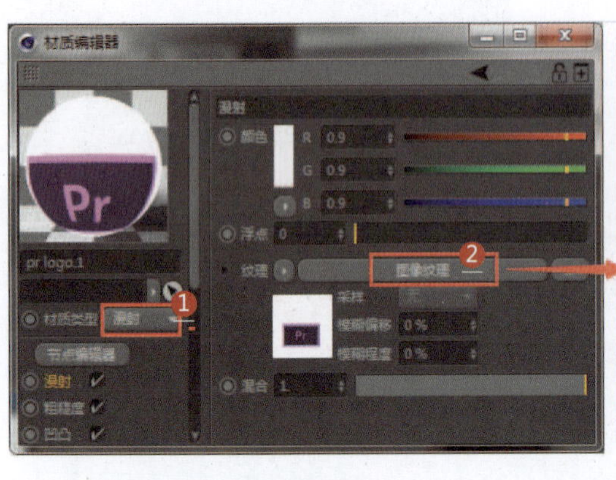

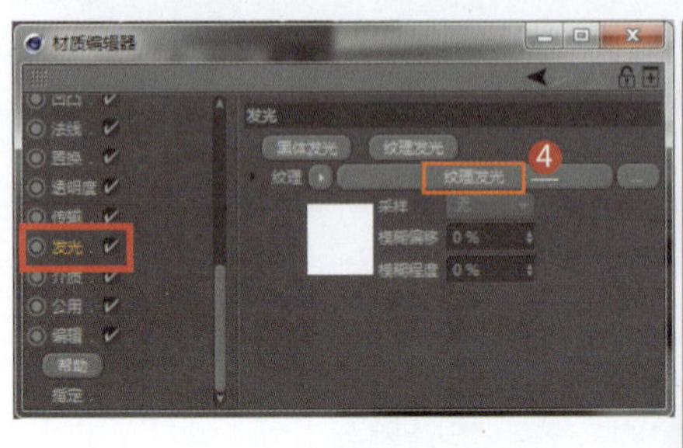

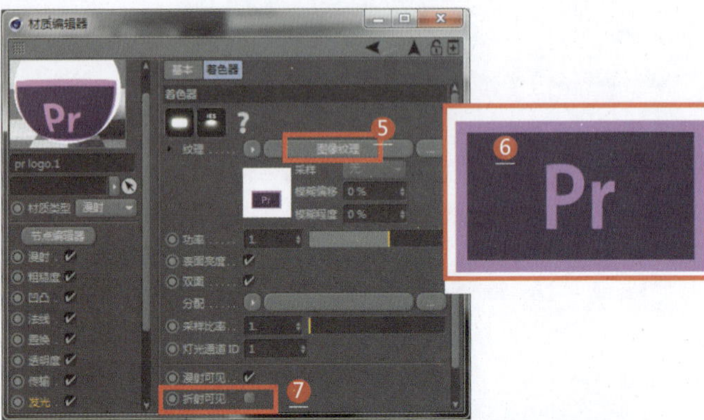

1. 设置材质类型为漫射（发光材质）
2. 设置漫射通道的纹理为图像纹理
3. 设置漫射贴图
4. 设置发光通道的纹理为纹理发光
5. 设置图像纹理
6. 设置发光贴图
7. 取消勾选“折射可见”复选框（让玻璃不会折射该发光贴图）
8. 不同的按钮设置不同的贴图

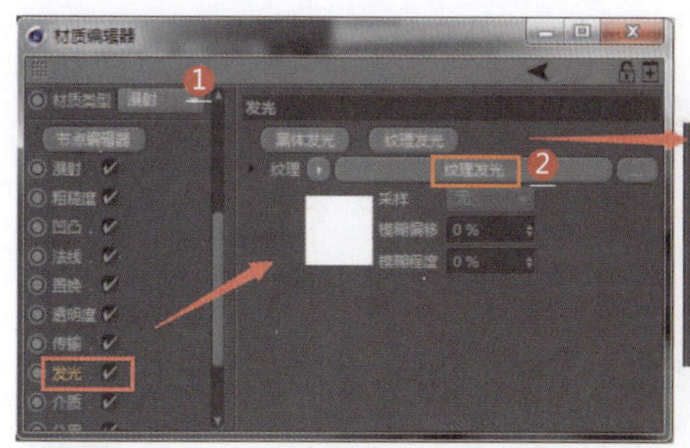
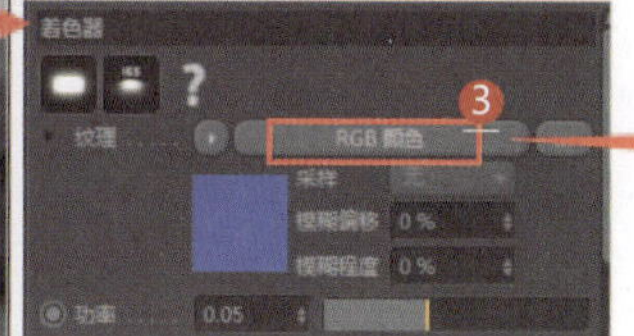

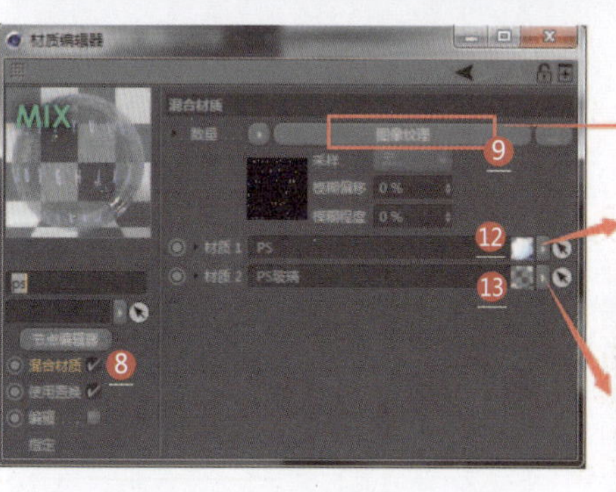
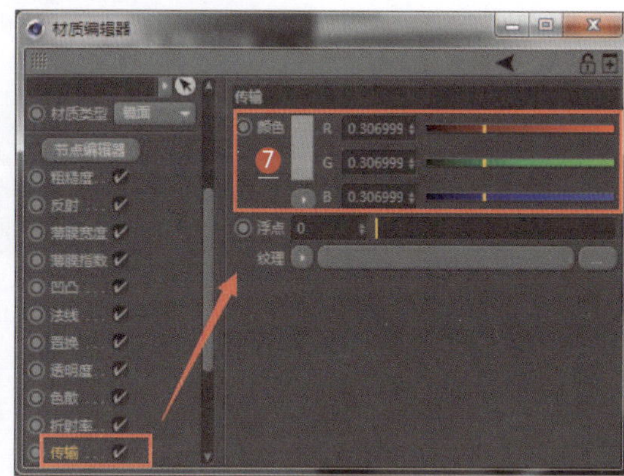
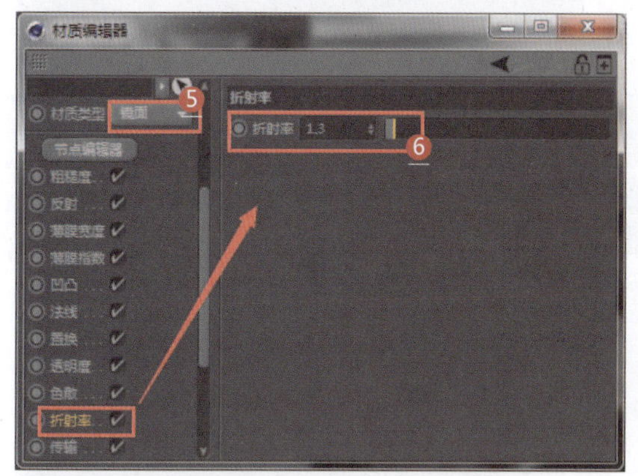

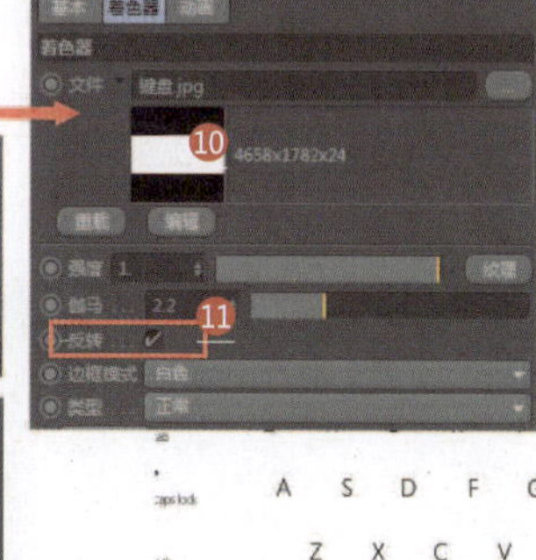
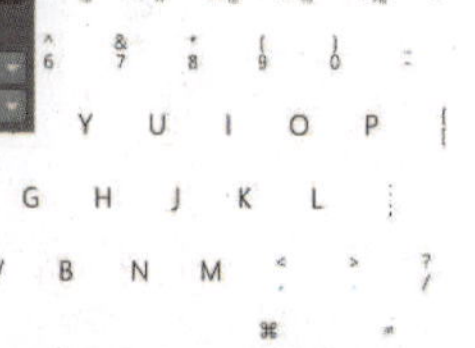

❶ 设置材质类型为漫射（蓝色发光材质）

❷ 设置发光通道的纹理为纹理发光

❸ 设置RGB颜色

❹ 设置发光颜色为蓝色

❺ 设置材质类型为镜面（玻璃材质）

❻ 设置玻璃的折射率

❼ 设置玻璃的颜色

❽ 新建一个混合材质（用于制作出按钮上的发光图案）

❾ 设置混合材质为图像纹理

❿ 设置键盘贴图

⓫ 勾选“反转”复选框反转键盘贴图的黑白色（生成按钮上的发光图案）

⓬ 设置材质1为蓝色发光材质

⓭ 设置材质2为玻璃材质

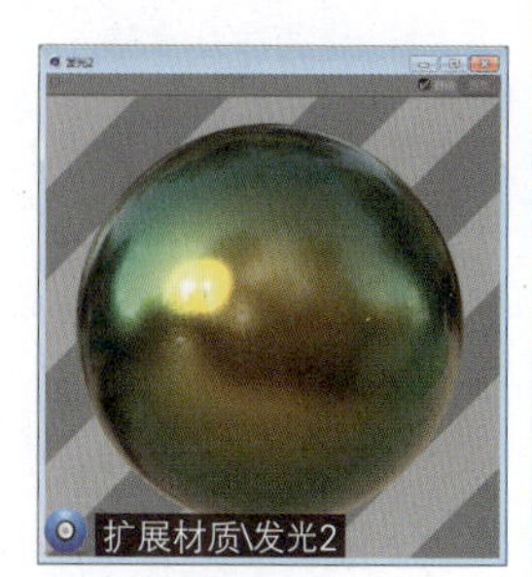
扩展材质\发光2

020 透光玻璃材质

应用领域：陈设品装饰

技术要点：

使用“布料曲面”命令设置球体的厚度；设置黑体发光参数让材质产生暖色光；设置散射介质参数让玻璃体产生次表面散射效果。

思路分析：

设置黑体发光+设置散射介质+设置球体厚度。

难度系数： ★★★☆☆

 工程：材质文件\F\020

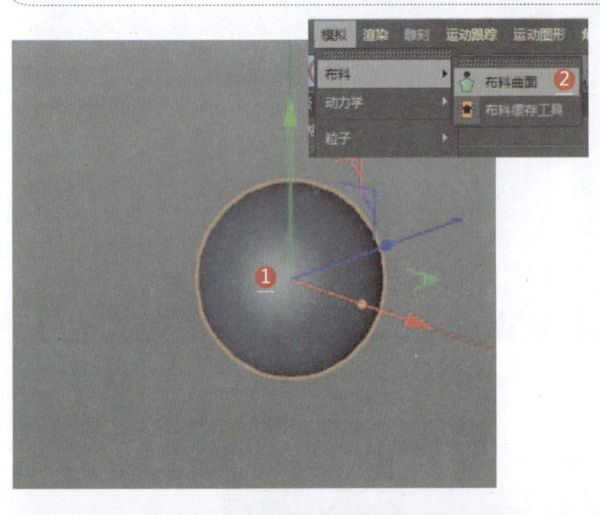

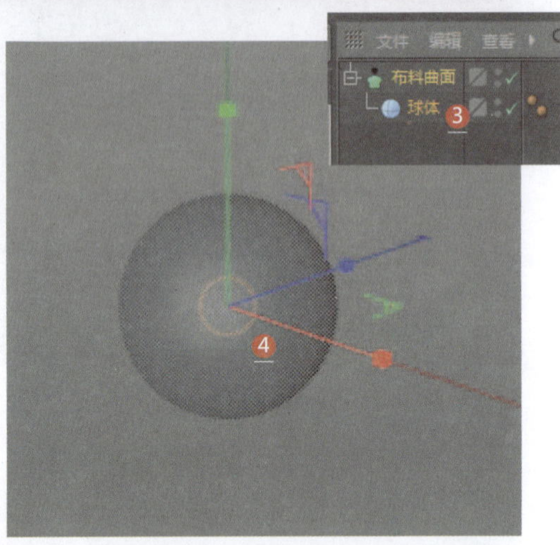

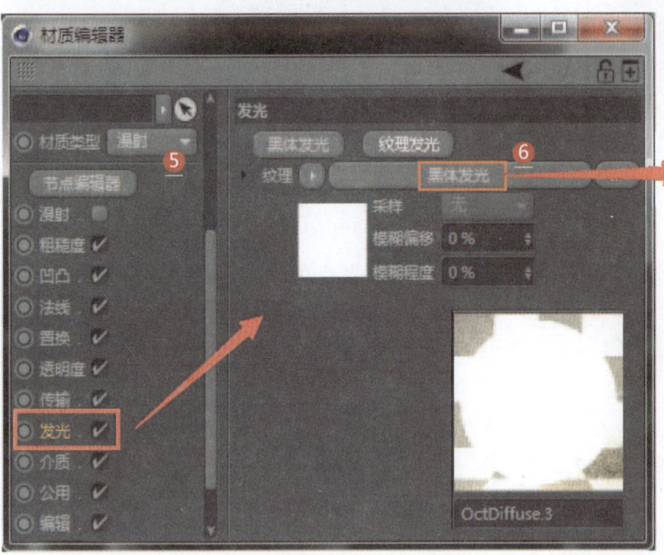

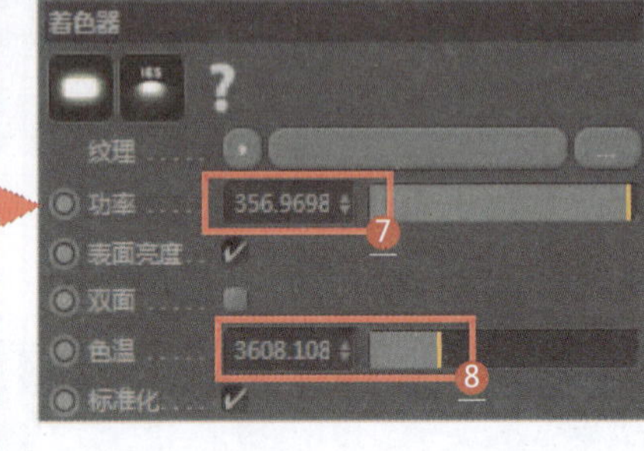

❶ 先制作场景，新建一个球体

❷ 选择“模拟 | 布料 | 布料曲面”命令，创建一个布料曲面

❸ 在对象面板中，将球体拖动到刚才创建的布料曲面下方，球体成为其子物体。使用“布料曲面”命令设置球体的厚度（球体更加具有体积感）

❹ 复制一个球体，将其缩小（此时小球体在大球体的内部）

❺ 设置材质类型为漫射（发光材质）

❻ 设置发光通道的纹理为黑体发光

❼ 设置功率（发光亮度）

❽ 设置色温（数值越大色调越冷，数值越小色调越暖）

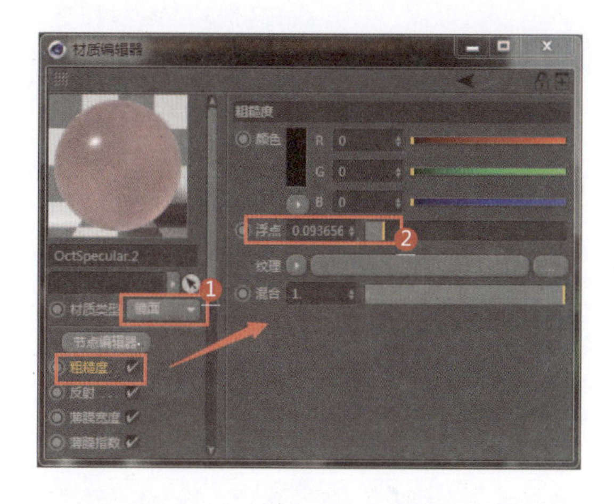

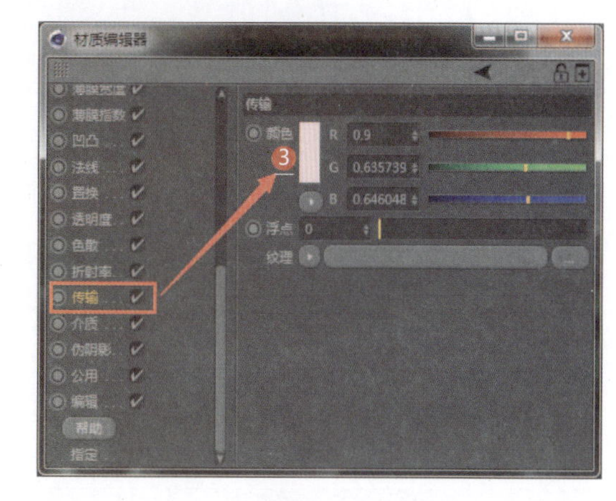

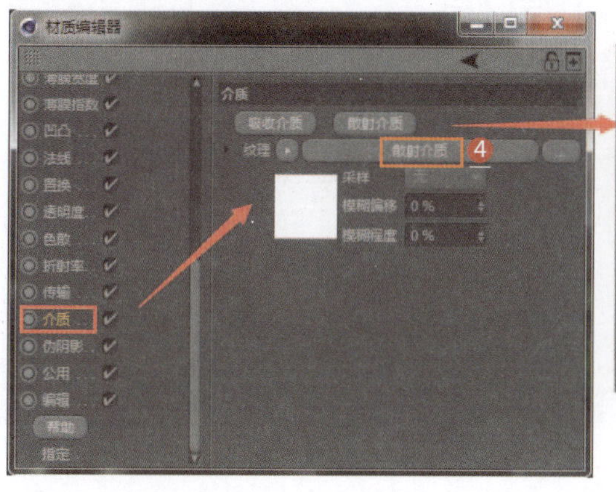

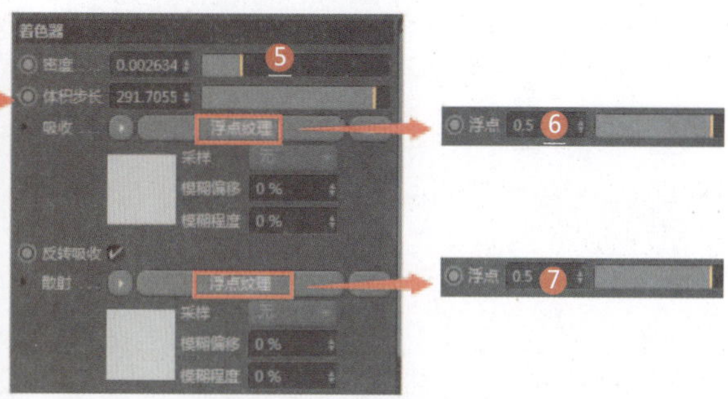

1. 设置材质类型为镜面（玻璃材质）
2. 设置玻璃的粗糙度
3. 设置传输通道的颜色参数（玻璃的颜色）
4. 设置介质通道的纹理为散射介质（产生次表面散射效果）
5. 设置密度和体积步长参数（决定透光性能）
6. 设置吸收参数（数值越小，玻璃内部的颜色越浓）
7. 设置散射参数（数值越小，玻璃透光性越好）
8. 玻璃渲染效果
9. 发光后的玻璃渲染效果

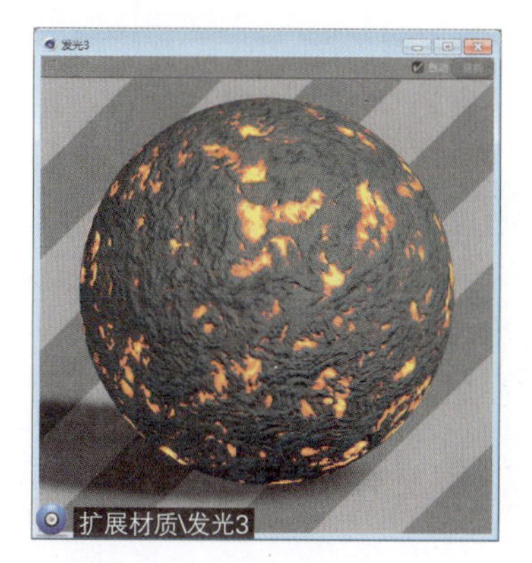

扩展材质\发光3

021 萤火虫发光材质

应用领域：电商材质

技术要点：

利用镂空贴图制作瓶盖和瓶身的Logo；利用发光贴图制作瓶内发光体；利用“克隆”命令制作发光球体。

思路分析：

设置镂空贴图+设置发光贴图。

难度系数：★★★★☆

工程：材质文件\F\021

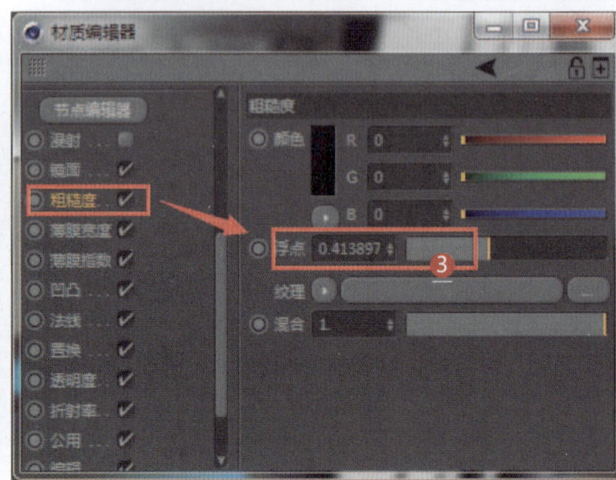

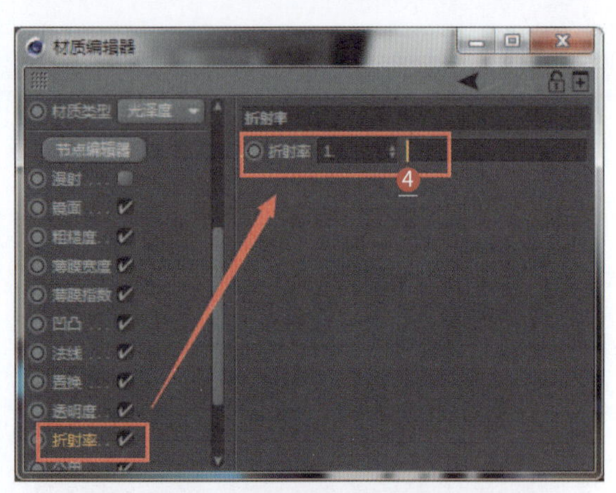

❶ 设置材质类型为光泽度（瓶盖材质）

❷ 设置镜面通道的颜色为玫瑰金

❸ 设置粗糙度参数

❹ 设置折射率

❺ 复制一个瓶盖材质，设置透明度通道的纹理为图像纹理

❻ 设置镂空贴图

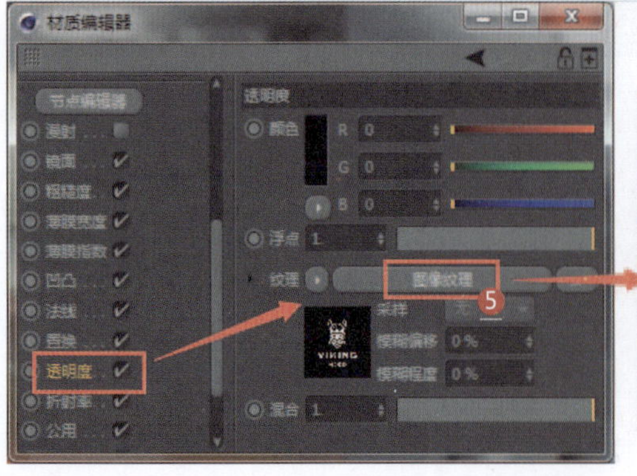

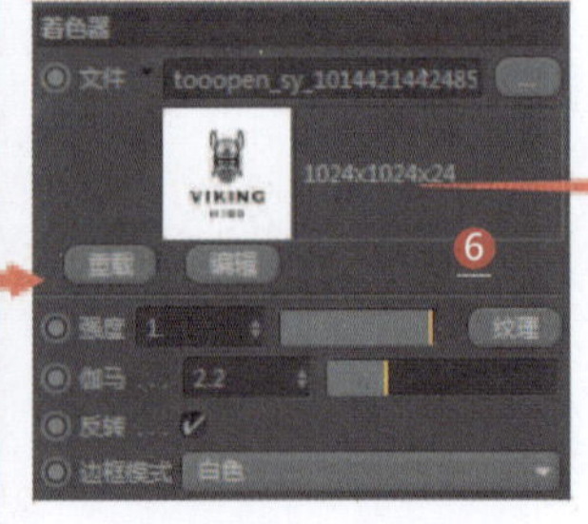

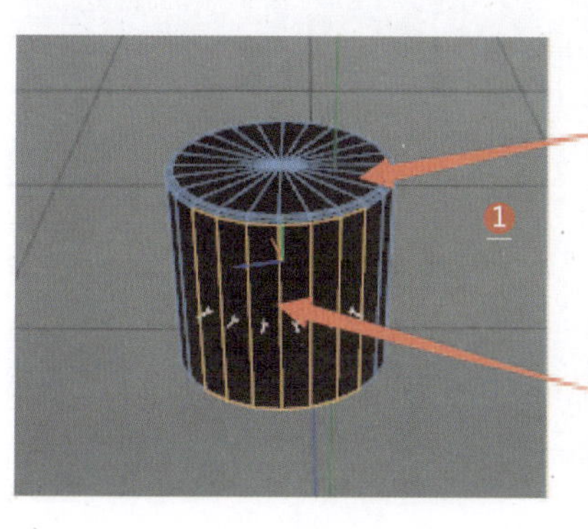

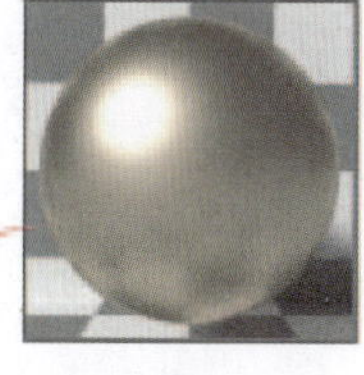

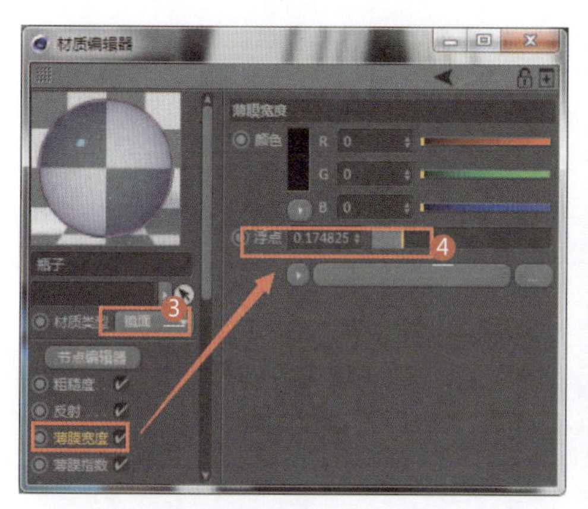

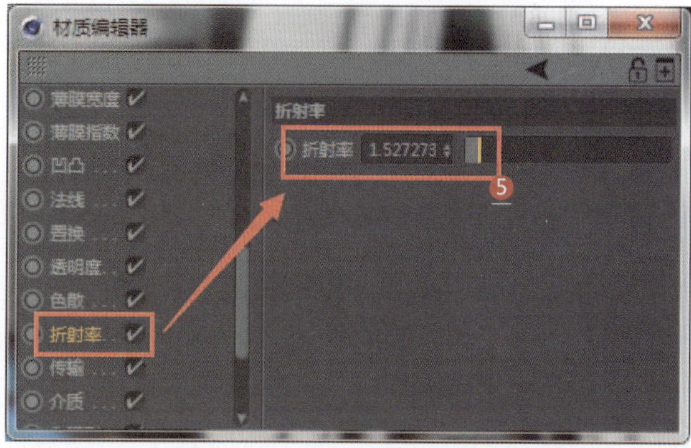

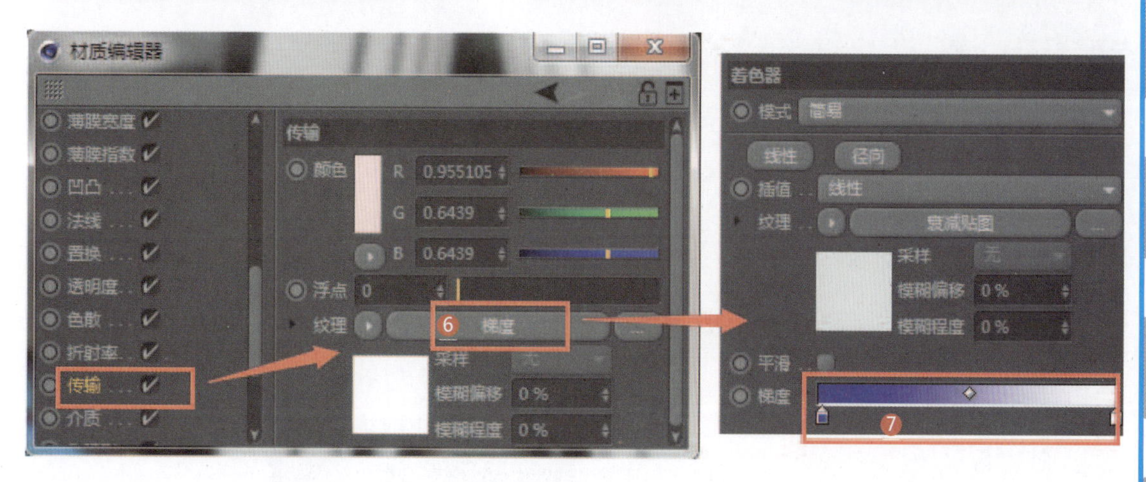

1. 选中瓶盖Logo区域的面片，将镂空贴图应用到该区域
2. 瓶盖渲染效果
3. 设置材质类型为镜面（瓶身材质）
4. 设置薄膜宽度参数（产生彩虹镀膜颜色）
5. 设置折射率
6. 设置传输通道的纹理为梯度
7. 设置梯度颜色为蓝色渐变，纹理为衰减贴图

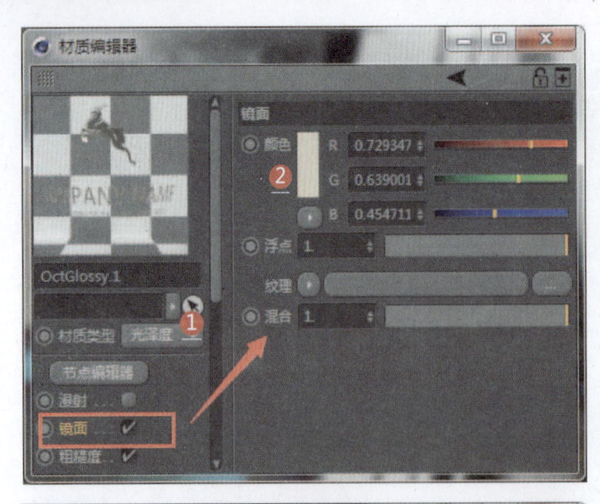

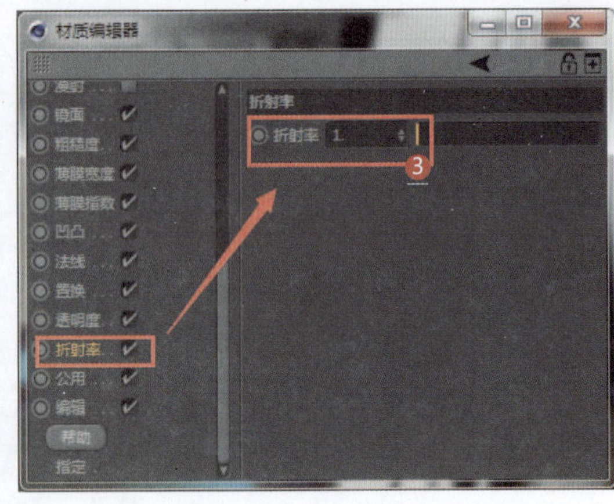

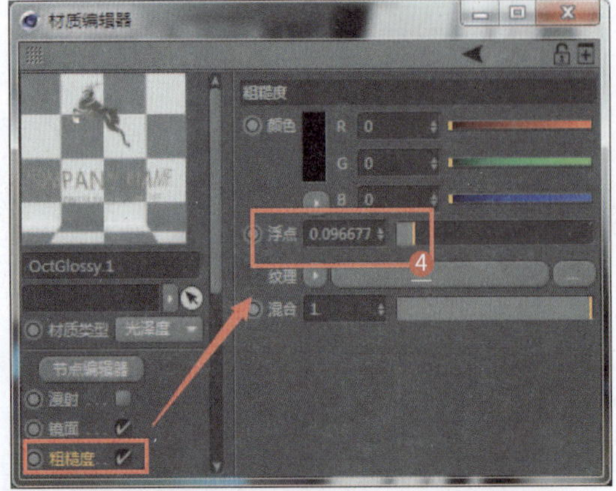

1. 设置材质类型为光泽度（瓶身Logo材质）
2. 设置镜面通道的颜色为淡黄色
3. 设置折射率
4. 设置粗糙度参数
5. 设置透明度通道的纹理为图像纹理
6. 设置镂空贴图
7. 将玻璃材质应用到瓶身
8. 选中Logo区域，将Logo材质应用到该区域
9. 瓶身渲染效果

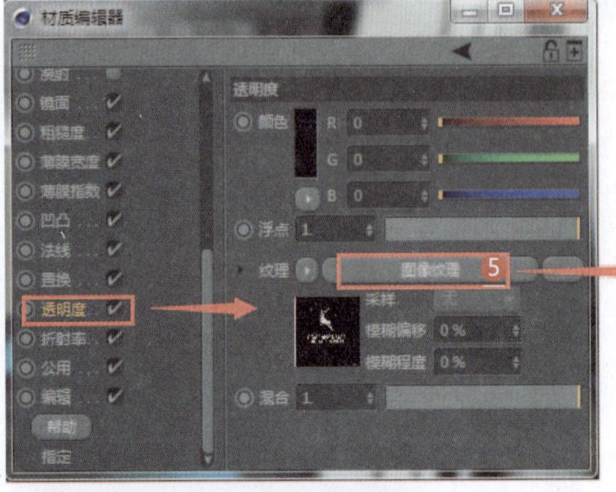

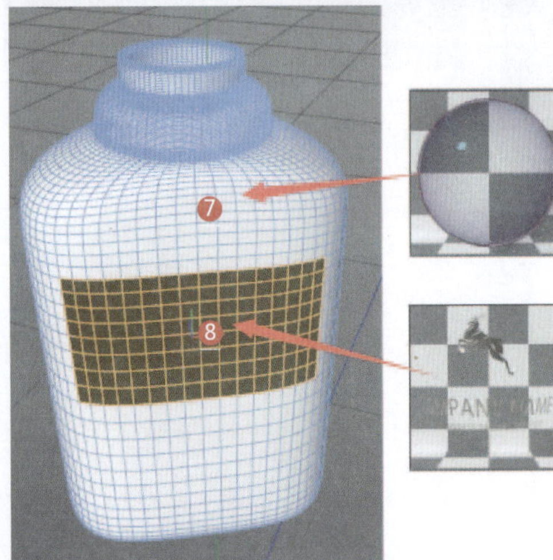

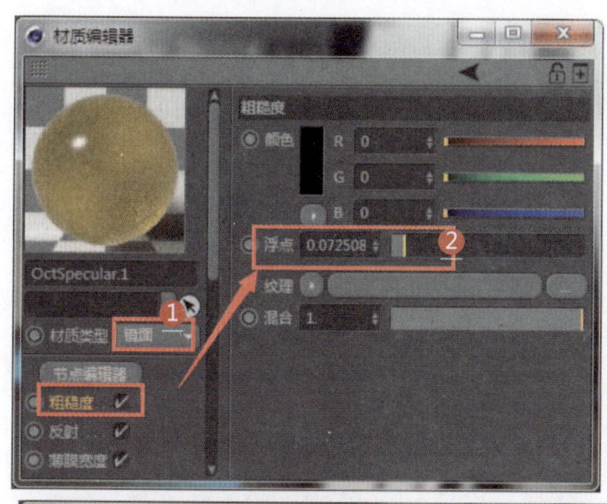

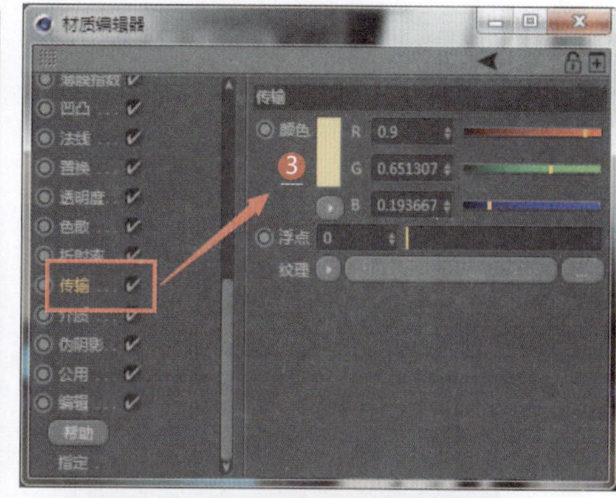

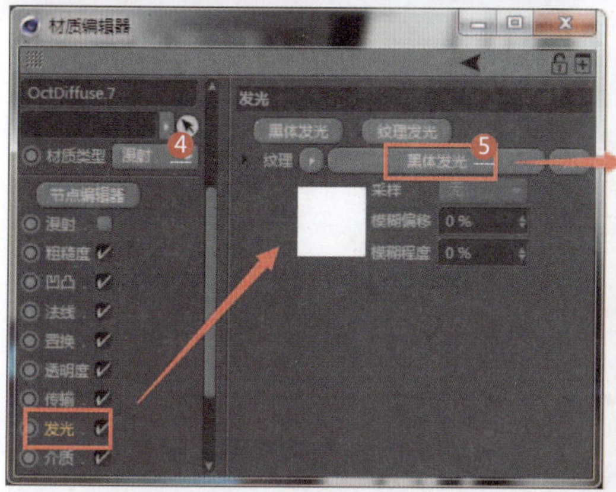

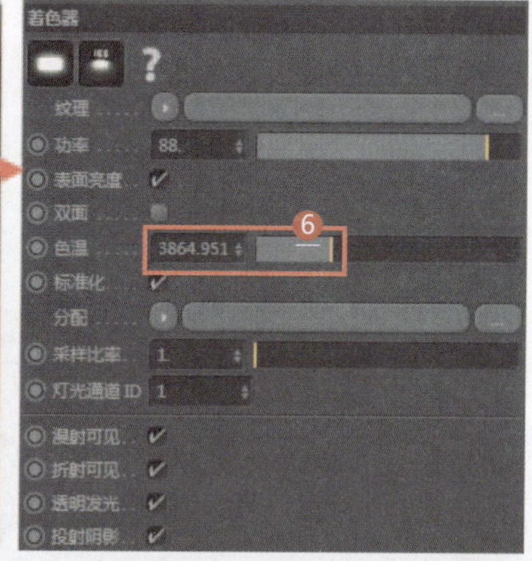

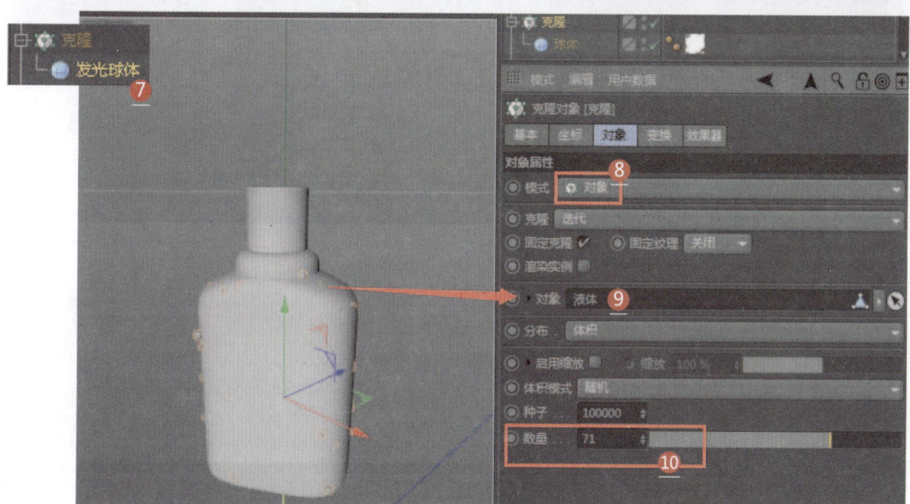

1. 设置材质类型为镜面（瓶内液体材质）
2. 设置粗糙度参数
3. 设置传输通道的颜色为黄色
4. 设置材质类型为漫射（发光体材质）
5. 设置发光通道的纹理为黑体发光
6. 设置色温（数值越小色调越暖）
7. 新建一个发光球体，选择发光球体，按住Ctrl键的同时选择“运动图形 | 克隆”命令
8. 在对象面板中，将模式设置为对象
9. 将液体模型拖动到对象区域（在液体区域分布发光球体）
10. 设置发光球体的数量

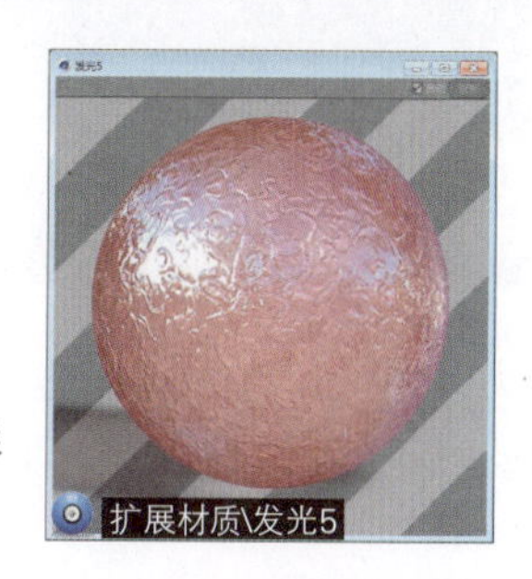

022 发光屏幕材质

应用领域：电商材质

技术要点：

利用漫射通道和发光通道设置手机屏幕贴图；

通过设置功率来表现手机屏幕的亮度。

思路分析：

设置漫射贴图和发光贴图+设置功率。

难度系数： ★★★☆☆

工程：材质文件\F\022

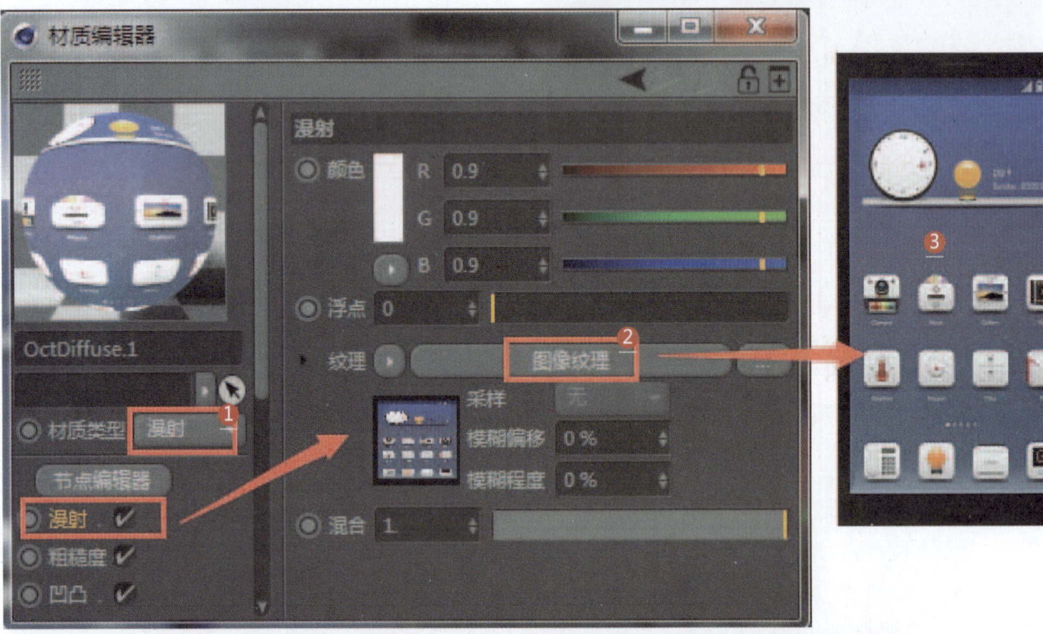

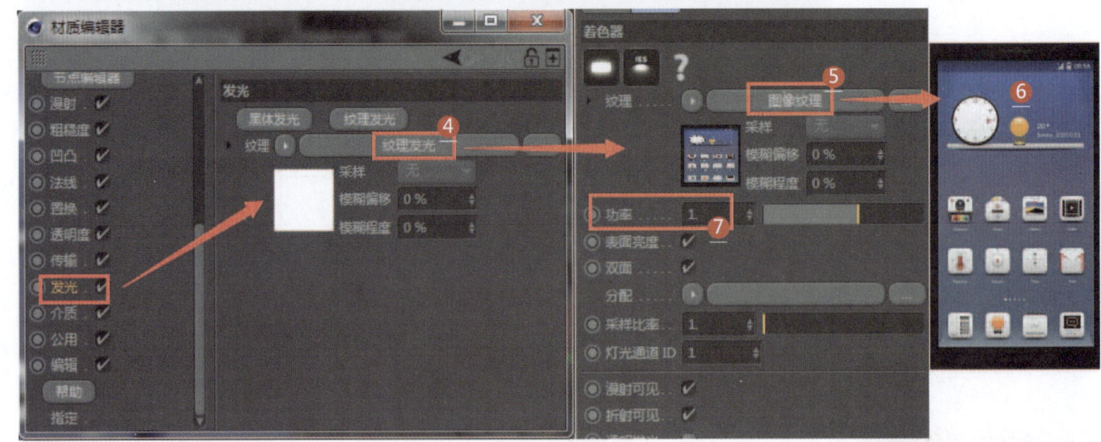

1. 设置材质类型为漫射
2. 设置漫射通道的纹理为图像纹理
3. 设置手机屏幕贴图
4. 设置发光通道的纹理为纹理发光
5. 设置图像纹理
6. 设置手机屏幕贴图
7. 设置功率（表现手机屏幕的亮度）

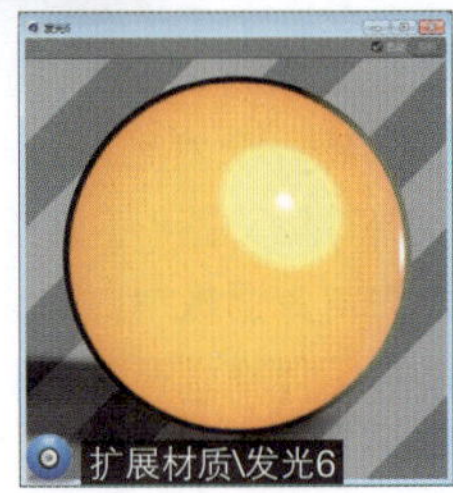

扩展材质\发光6

023 发光飘带材质

应用领域：CG影视

技术要点：

利用发光通道的菲涅耳贴图表现渐变颜色；通过设置辉光通道飘带产生光晕效果。

思路分析：

设置菲涅耳贴图+设置辉光通道。

难度系数：★★★☆☆

工程：材质文件\F\023

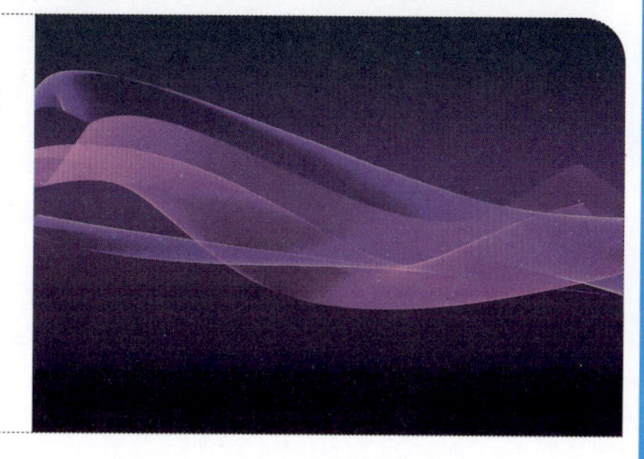

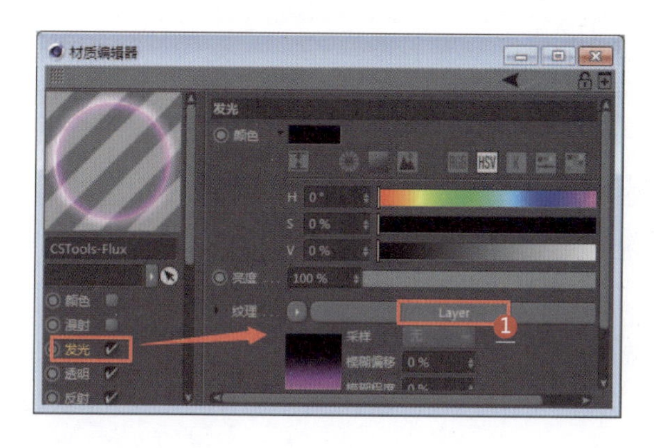

1. 新建一个默认材质，设置发光通道的纹理为Layer
2. 设置第一层为Filter（过滤）模式
3. 设置过滤色为Fresnel（菲涅耳）贴图
4. 设置菲涅耳贴图为红色渐变
5. 设置第二层为Fresnel（菲涅耳）模式
6. 设置菲涅耳贴图为灰度渐变

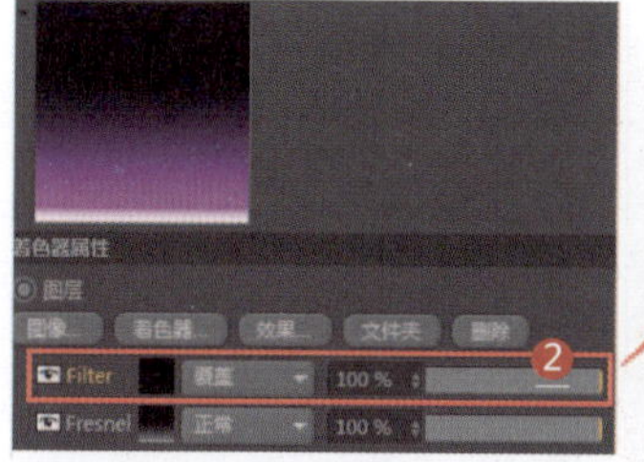

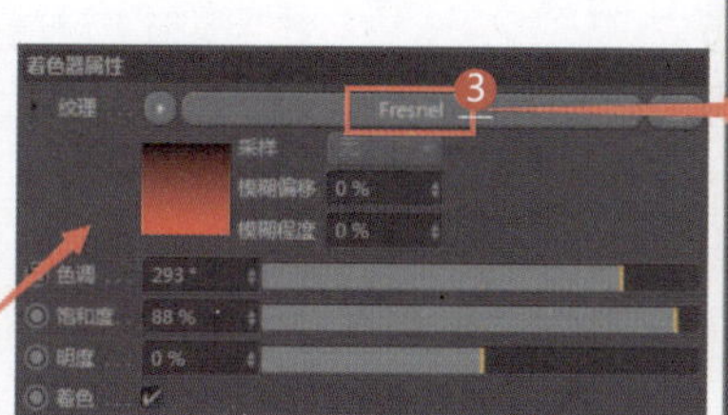

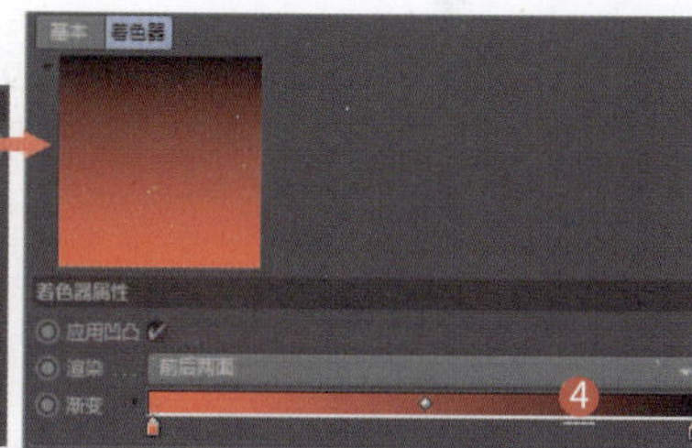

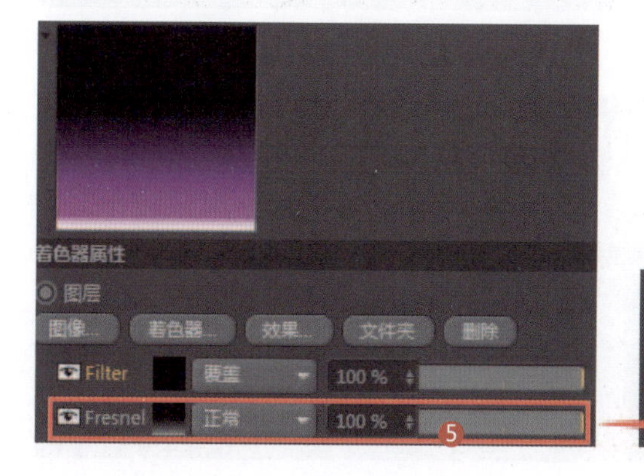

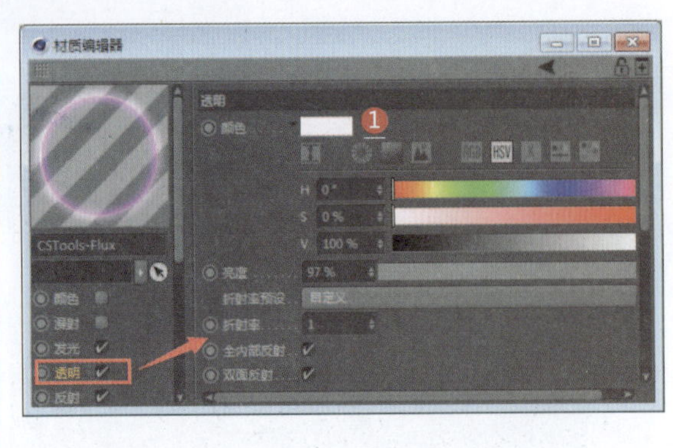

❶ 设置透明通道的参数
❷ 设置反射通道的类型为反射（传统）
❸ 设置层颜色为Fresnel（菲涅耳）贴图
❹ 设置菲涅耳贴图的渐变颜色
❺ 设置辉光通道的颜色为白色
❻ 飘带发光效果
❼ 设置发光通道的色调参数
❽ 其他模型的渲染效果

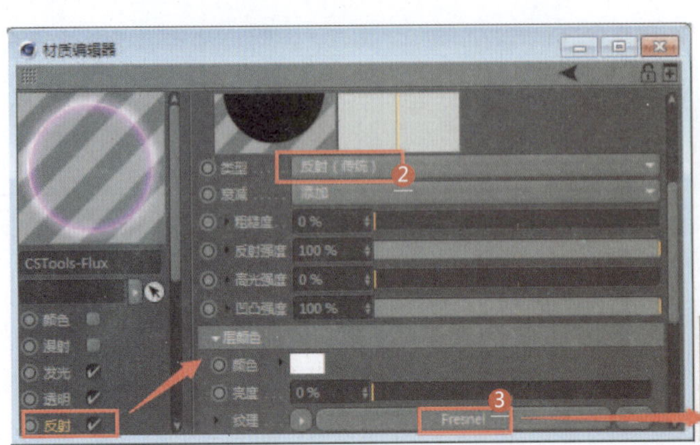

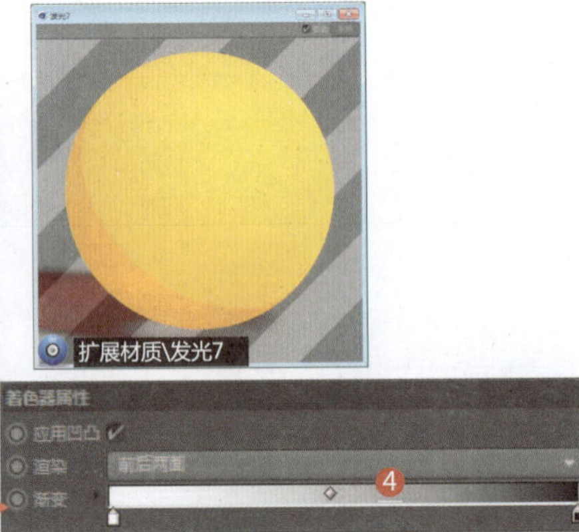

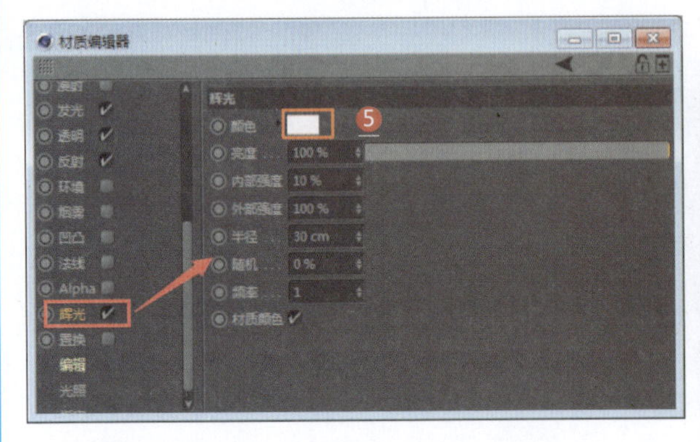

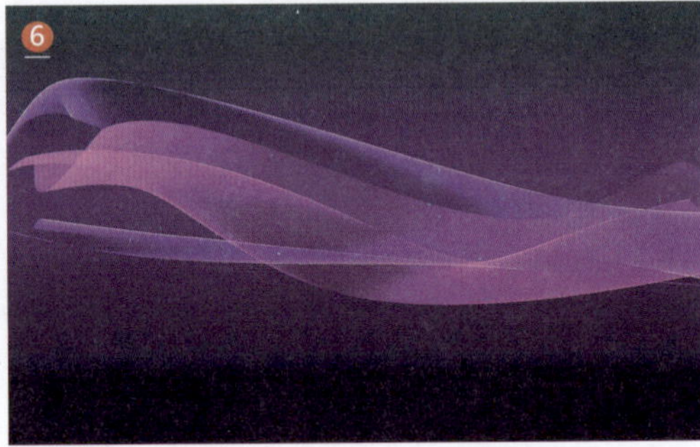

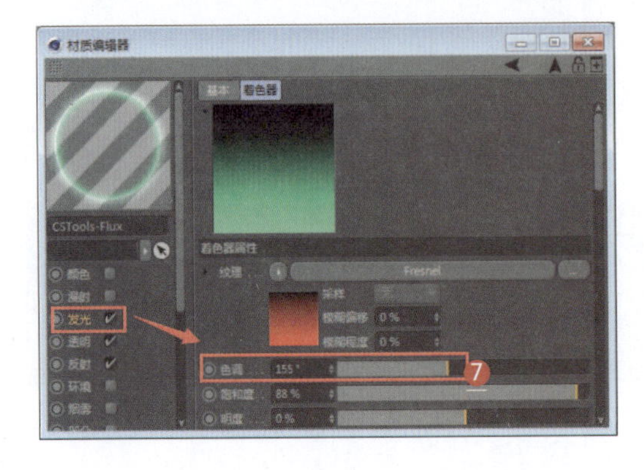

024 燃气灶火焰

技术要点：

利用灯光的衰减属性制作火焰；通过使用“克隆”命令制作燃气灶火焰。

思路分析：

设置灯光的衰减属性+设置克隆模式。

难度系数：★★★☆☆

工程：材质文件\F\024

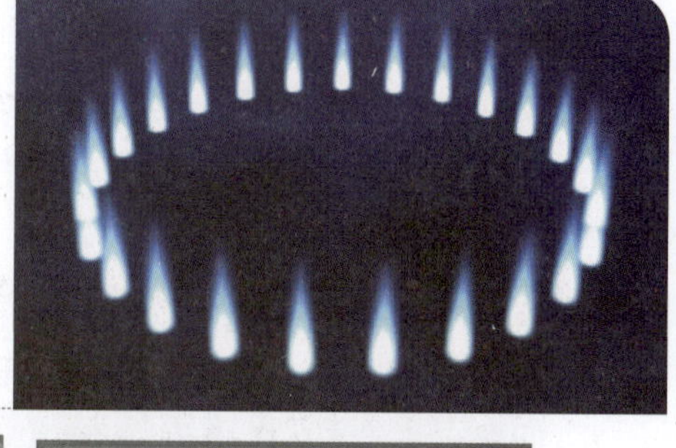

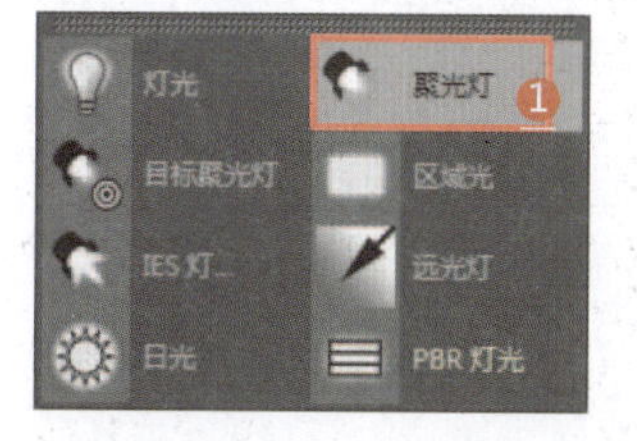

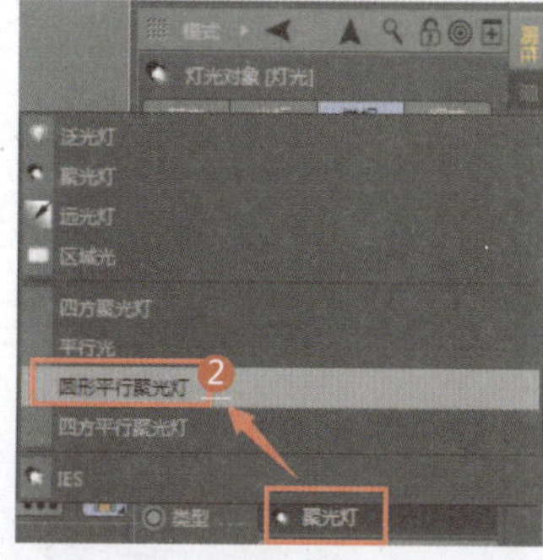

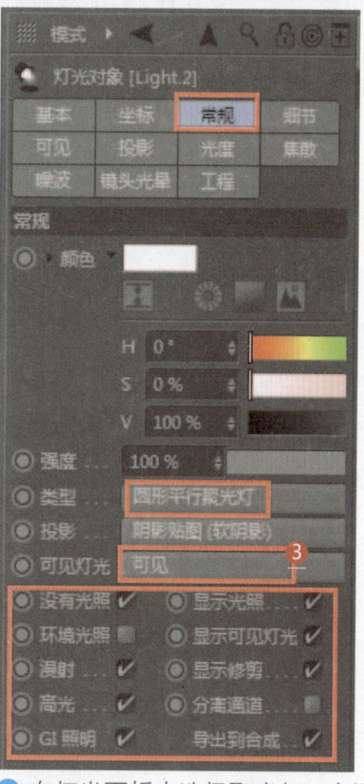

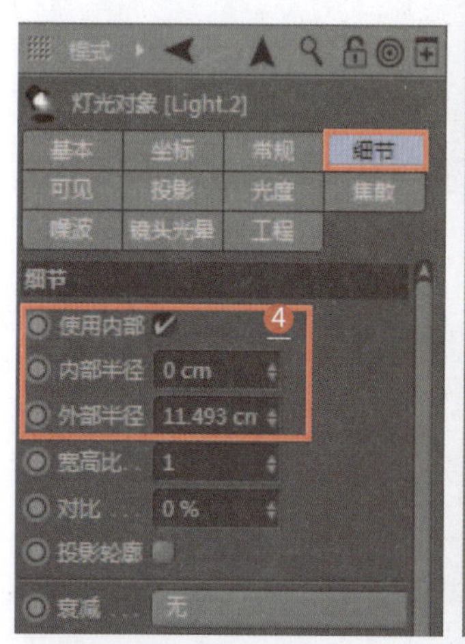

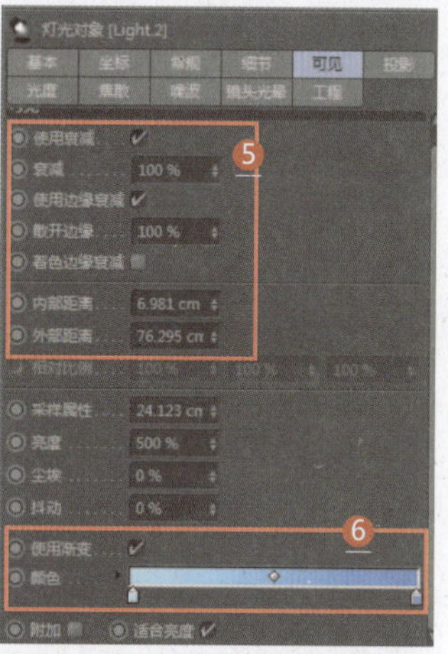

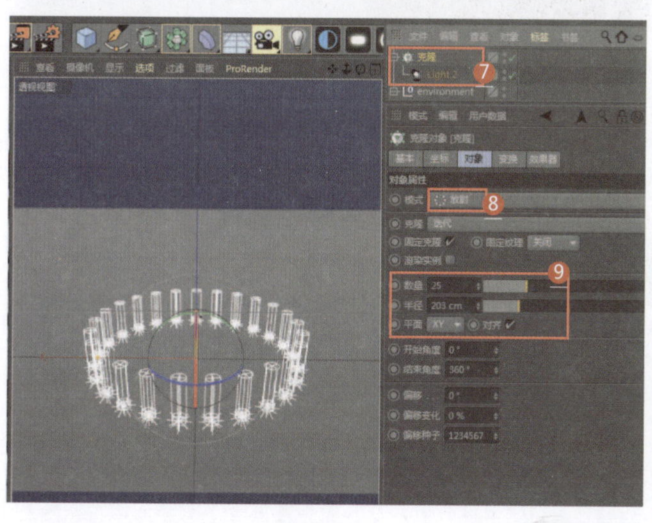

1. 在灯光面板中选择聚光灯，在视图中创建灯光
2. 设置类型为圆形平行聚光灯
3. 设置灯光为可见，并设置灯光参数
4. 设置灯光的内部半径和外部半径
5. 设置灯光的衰减属性
6. 设置灯光的渐变颜色（蓝色火苗）
7. 确认灯光为当前选中状态，按住Ctrl键的同时选择“运动图形 | 克隆”命令创建克隆模型

扩展材质\发光8

8. 设置克隆模式为放射
9. 设置克隆对象的半径和数量等参数（燃气灶的火苗数量）

025 瓶内发光体材质

应用领域：电商材质

技术要点：

利用散射介质参数制作香水液体；通过设置图像纹理制作香水瓶镂空Logo效果；通过设置漫射材质制作发光体。

思路分析：

设置香水液体材质+设置香水玻璃瓶材质+设置镂空贴图+设置发光体材质。

难度系数：★★★★☆

工程：材质文件\F\025

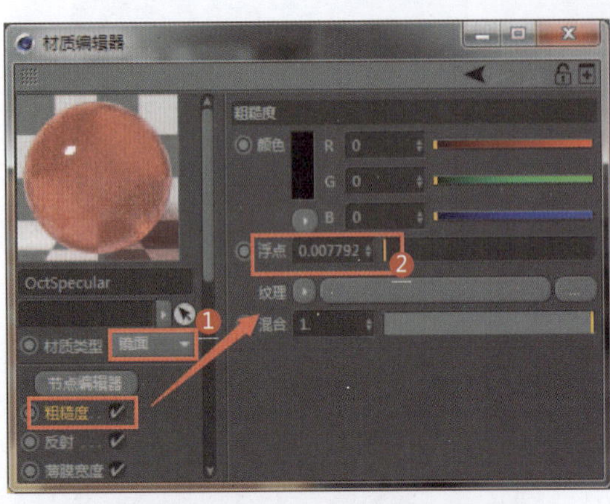

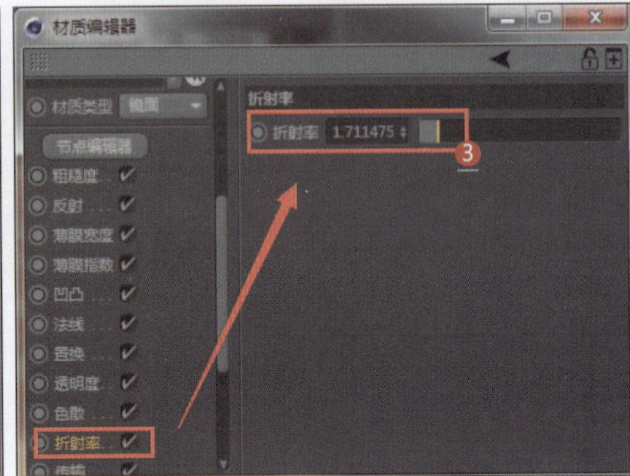

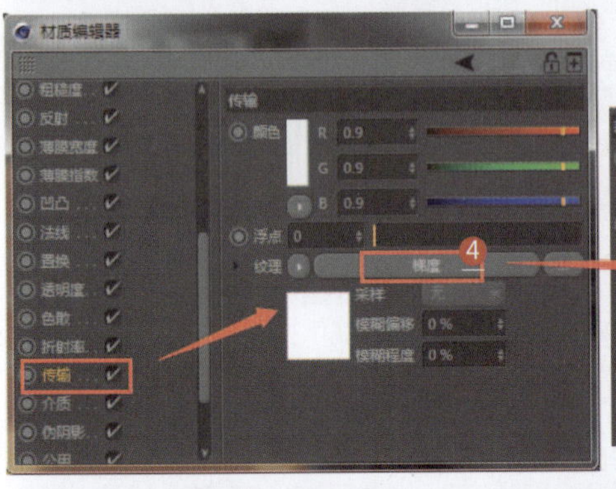

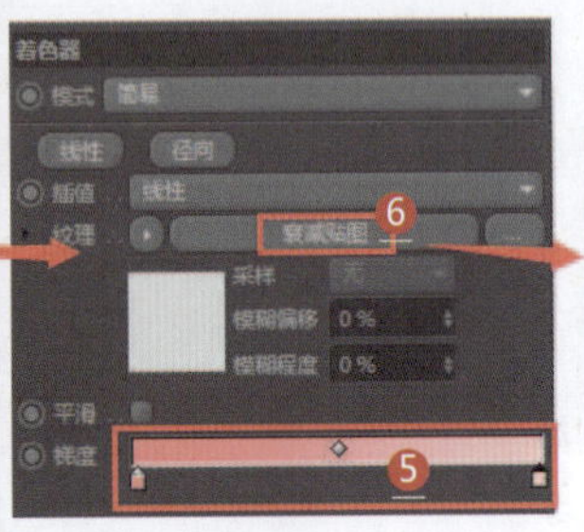

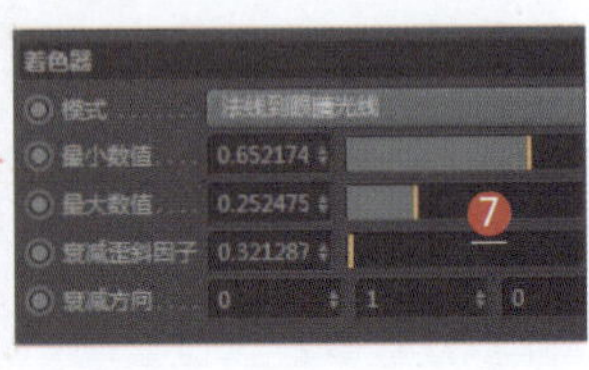

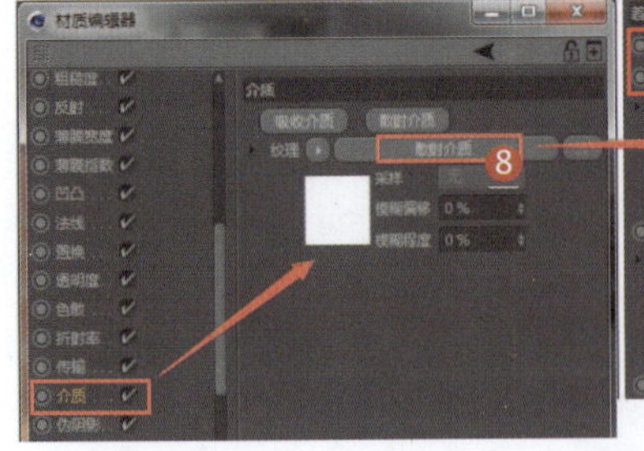

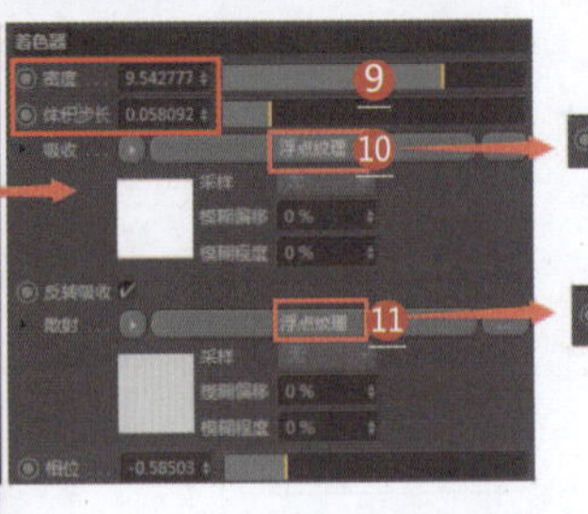

❶ 设置材质类型为镜面（香水液体材质）

❷ 设置粗糙度参数

❸ 设置折射率

❹ 设置传输通道的纹理为梯度

❺ 设置梯度为红色渐变（香水液体渐变颜色）

❻ 设置纹理为衰减贴图

❼ 设置衰减贴图参数（香水液体产生过渡色）

❽ 设置介质通道的纹理为散射介质

❾ 设置密度和体积步长参数（产生散射效果）

❿ 设置吸收参数（模拟浑浊香水液体的透色效果）

⓫ 设置散射参数（模拟浑浊香水液体的透光效果）

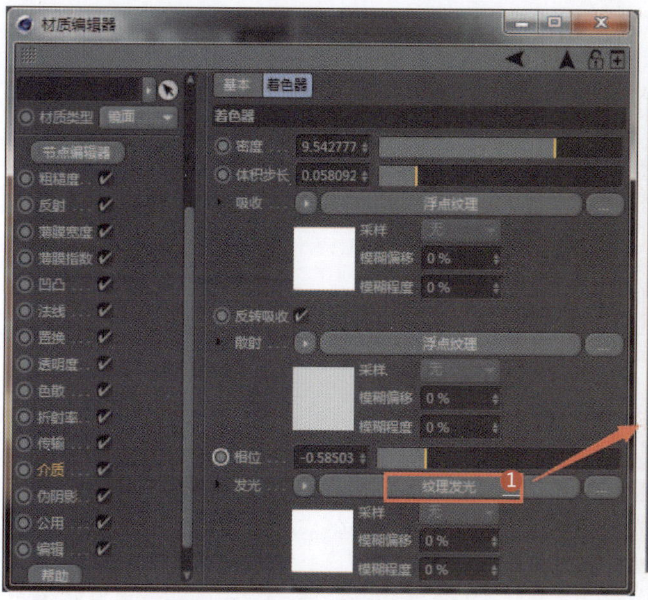

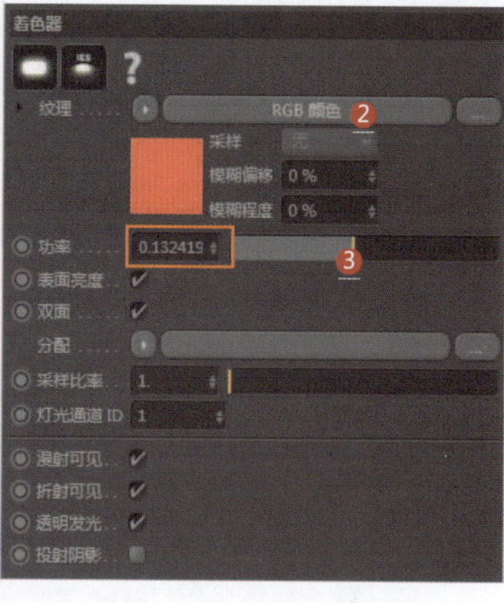

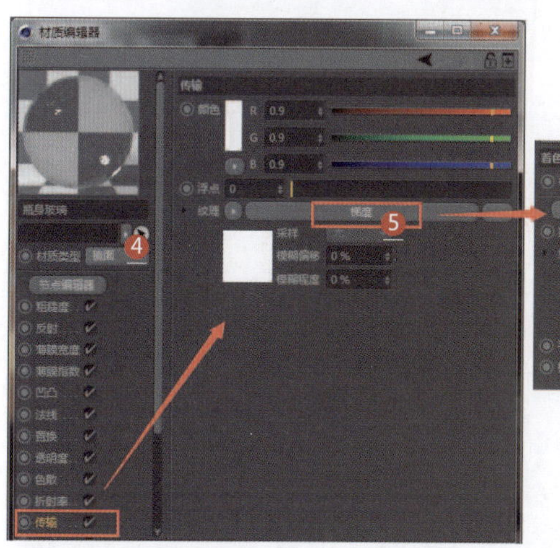

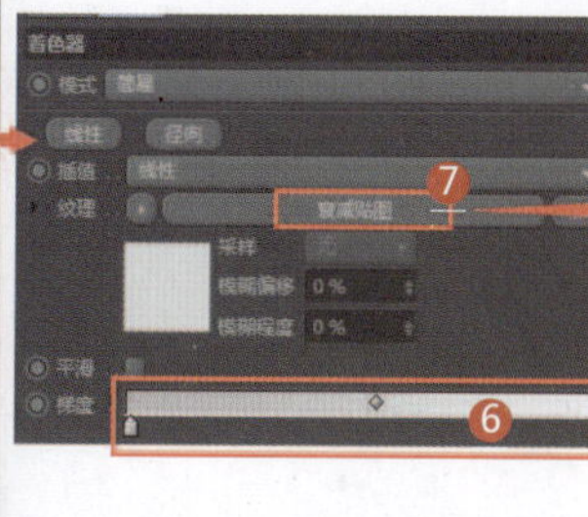

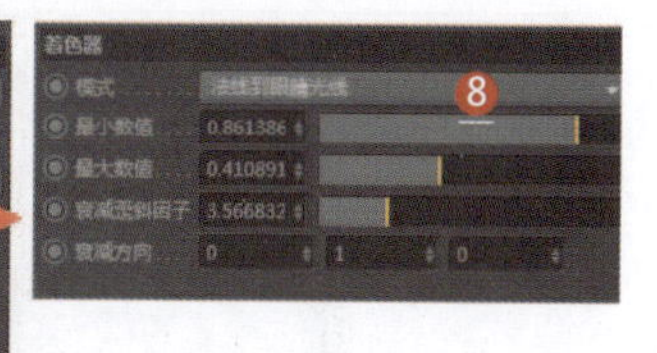

❶ 设置介质通道的发光为纹理发光（使香水液体更加透亮）

❷ 设置纹理为RGB颜色（红色）

❸ 设置功率（数值越小，香水液体自发光越不会强烈）

❹ 设置材质类型为镜面（香水玻璃瓶材质）

❺ 设置传输通道的纹理为梯度（利用梯度来控制渐变颜色强度）

❻ 设置梯度为亮度较高的渐变颜色（白色表示渐变颜色强度较高）

❼ 设置纹理为衰减贴图

❽ 设置衰减贴图参数

❾ 设置材质类型为光泽度（镂空Logo材质）

❿ 设置镜面通道颜色为淡黄色（模拟金属色）

B
F
H
J
K
L
M
Q
S
T
X
Y

1. 设置粗糙度参数
2. 设置透明度通道的纹理为图像纹理
3. 设置镂空贴图
4. 勾选“反转”复选框，反转镂空贴图的黑白色
5. 设置材质类型为漫射（发光体材质），设置发光通道的纹理为纹理发光
6. 设置纹理为RGB颜色（黄色）
7. 设置功率
8. 渲染效果

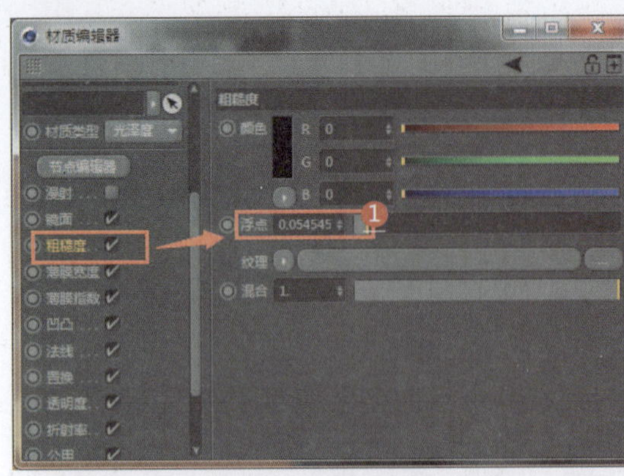

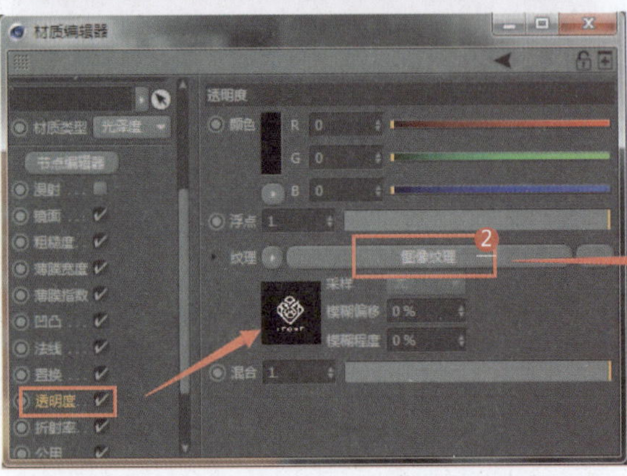

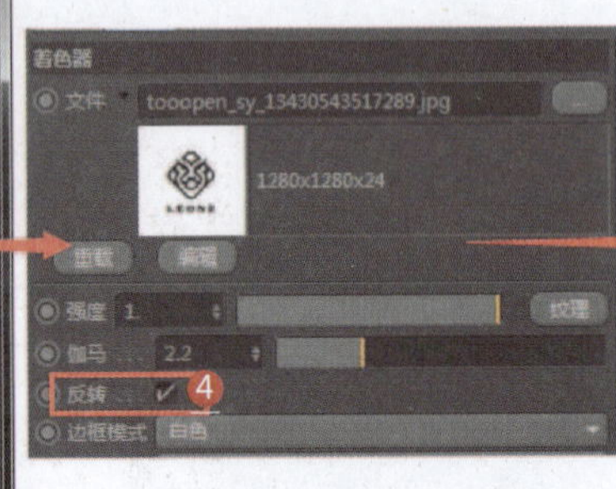

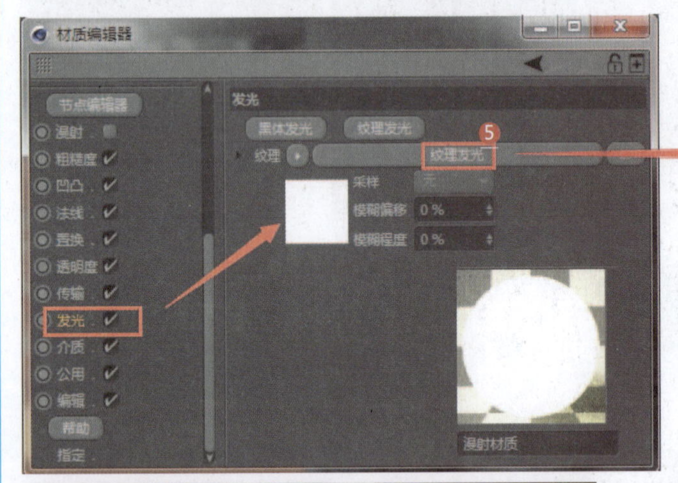

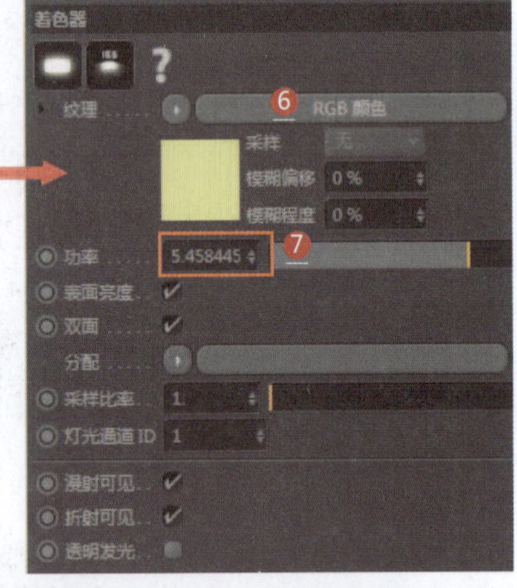

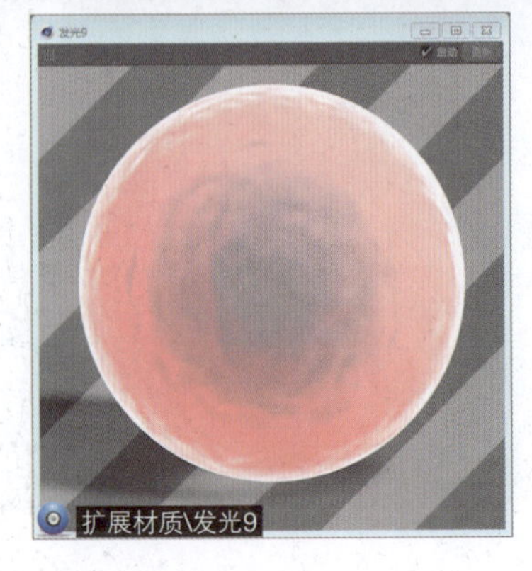

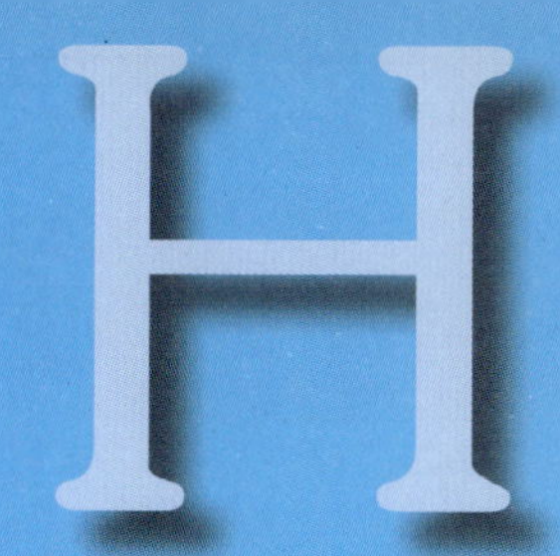

化妆品材质——026~036

化妆品在Cinema 4D制作中占据着主导地位，大部分设计师都会使用Cinema 4D来制作化妆品的容器。化妆品容器主要用来包装或装载物品，其材质类型多种多样，如玻璃、半透明塑料、镂空金属、陶瓷等。

026 镂空彩漆瓶材质

应用领域：陈设品装饰

技术要点：

利用镜面材质类型制作玻璃瓶材质；通过设置传输通道的颜色参数制作液体颜色；利用漫射通道和透明度通道设置玻璃瓶的镂空花纹。

思路分析：

设置玻璃瓶材质+设置液体材质+设置液体内的气泡材质+设置玻璃瓶镂空花纹材质。

难度系数：★★★☆☆

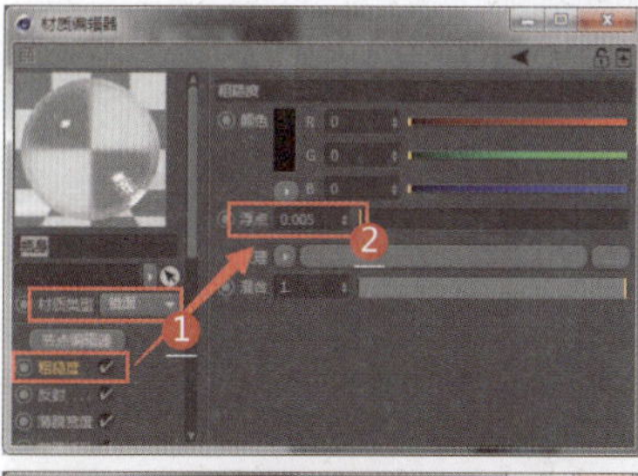

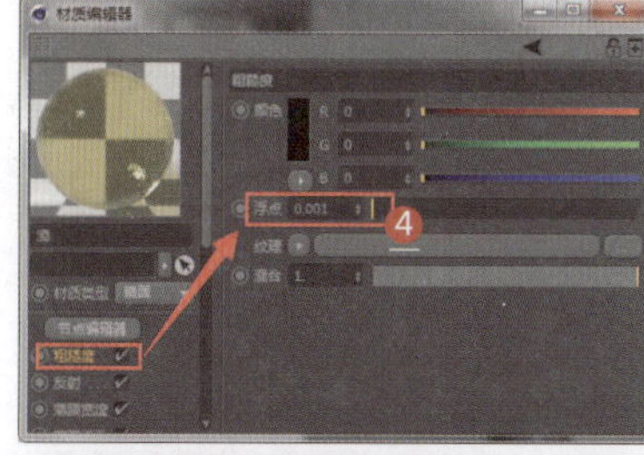

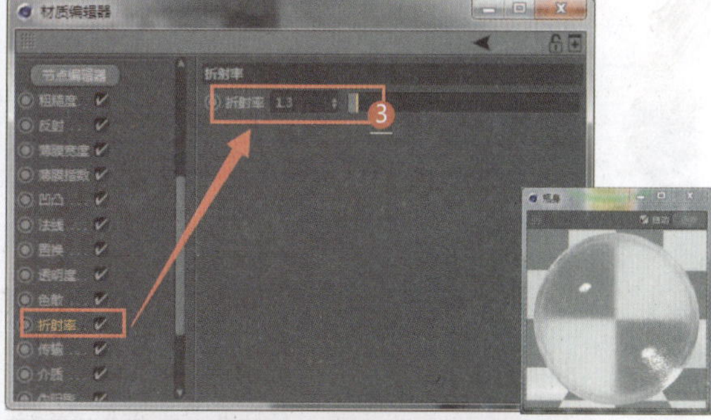

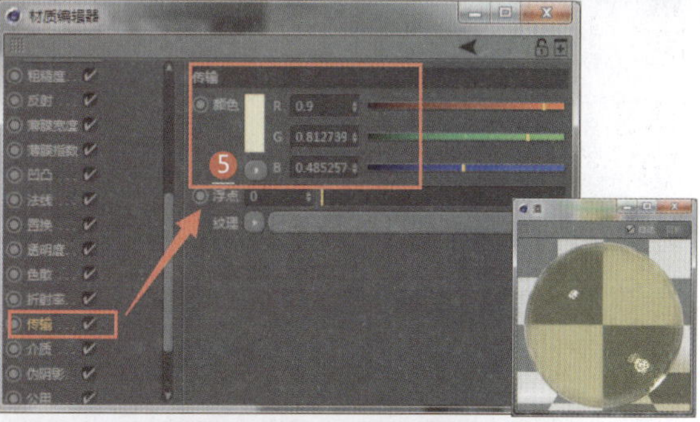

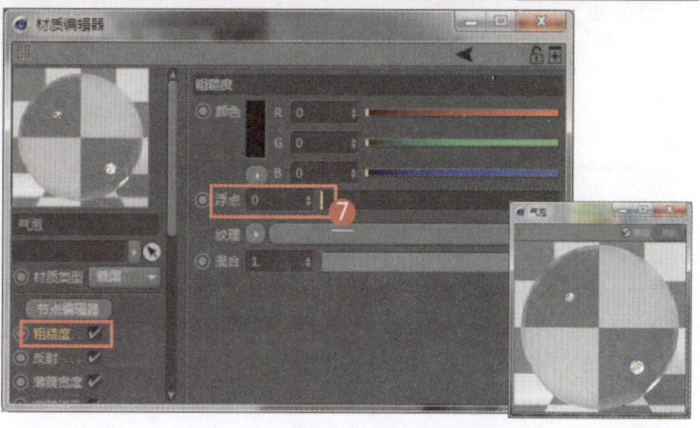

1. 设置材质类型为镜面（玻璃瓶材质）
2. 设置玻璃表面的粗糙度
3. 设置玻璃的折射率，完成制作一个简单玻璃材质
4. 设置材质类型为镜面（液体材质），并设置液体的粗糙度
5. 设置液体颜色
6. 勾选“伪阴影”复选框，使液体更加透亮
7. 设置材质类型为镜面（液体内的气泡材质），并设置液体内的气泡的粗糙度

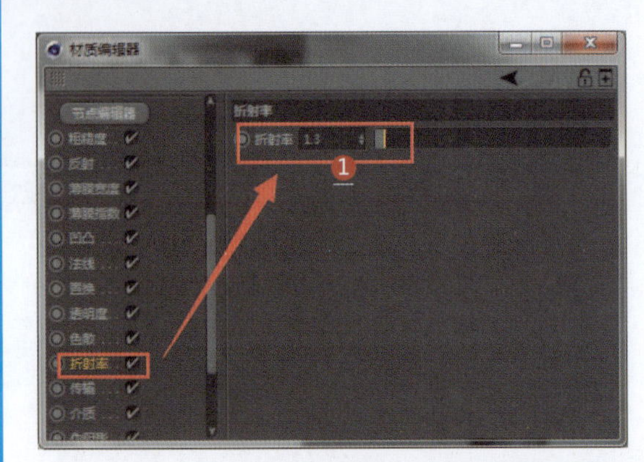

1. 设置折射率
2. 设置材质类型为漫射（玻璃瓶的镂空花纹材质）
3. 设置漫射通道的纹理为图像纹理
4. 图像纹理贴图效果
5. 设置透明度通道的纹理为图像纹理
6. 设置边框模式为白色，类型为Alpha
7. 图像纹理贴图效果
8. 将图像纹理贴图应用到选中区域

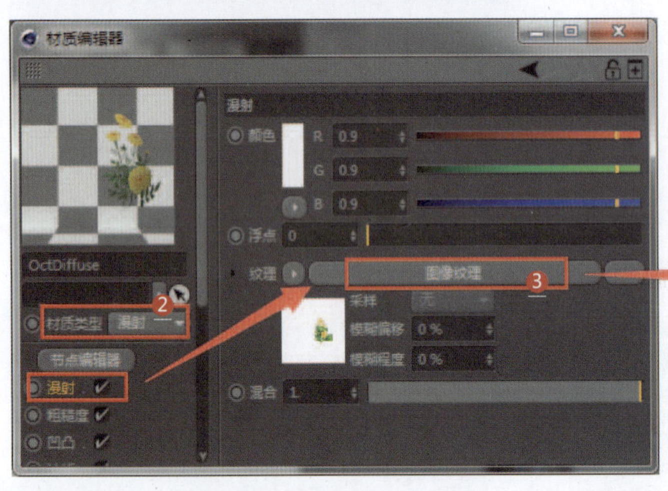

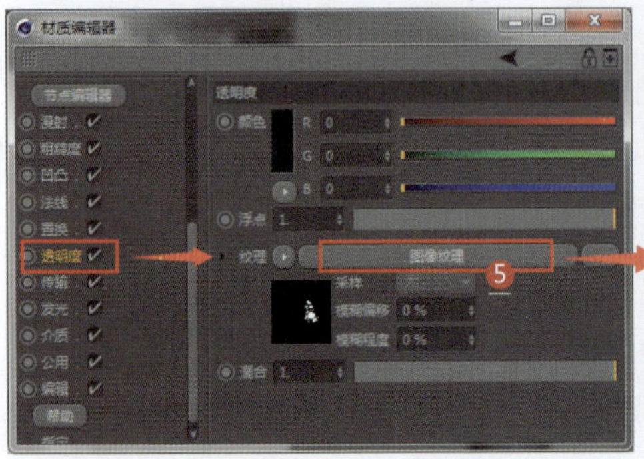

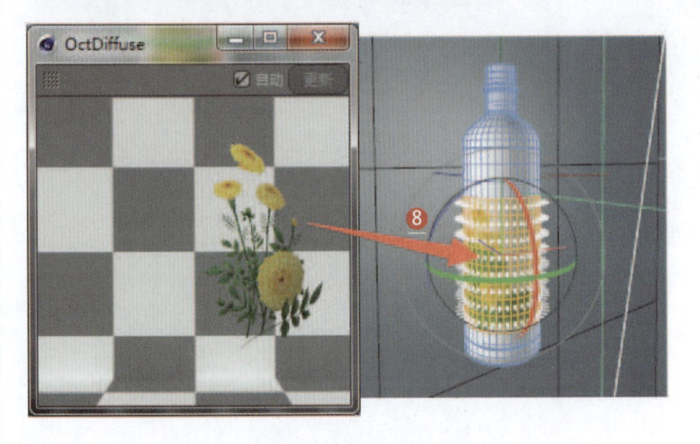

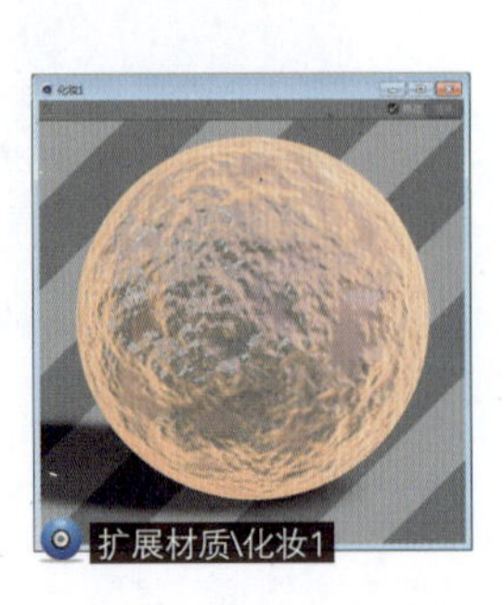

027 高亮点反射金字材质

应用领域：电商材质

技术要点：

利用混合材质制作高反射亮点瓶身；再次利用混合材质混合瓶身和金字材质。

思路分析：

设置瓶身镜面材质+设置亮点材质+设置玫瑰金材质+两次混合材质。

难度系数：★★★☆☆　　工程：材质文件\H\027

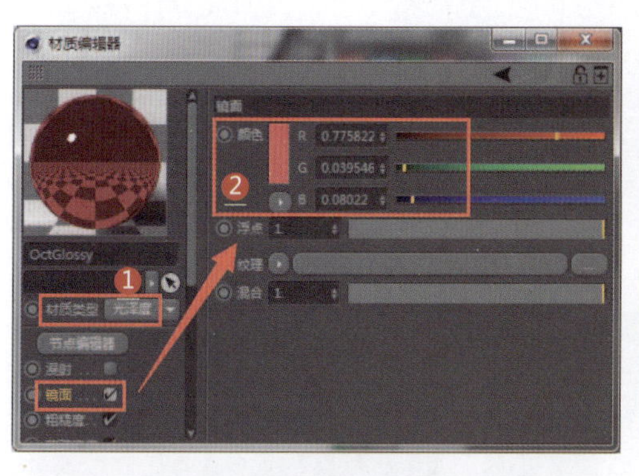

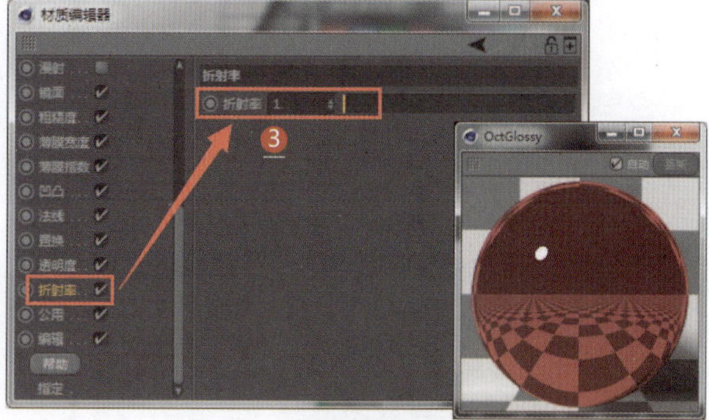

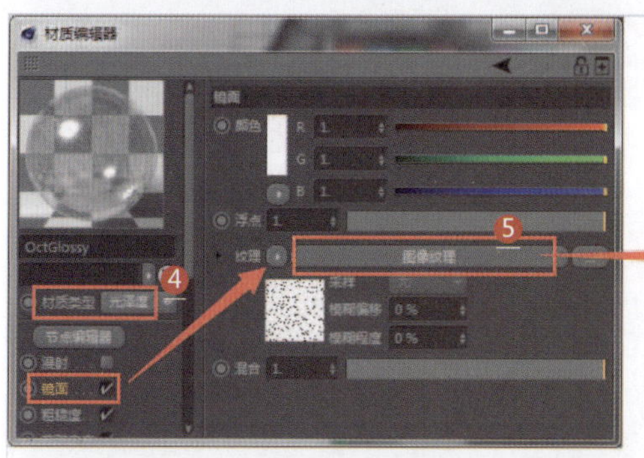

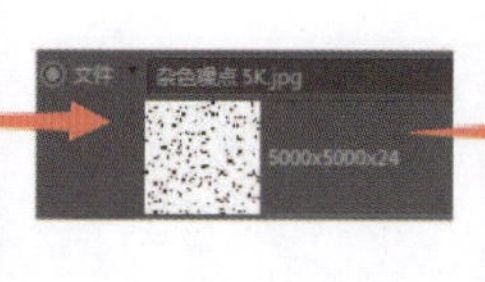

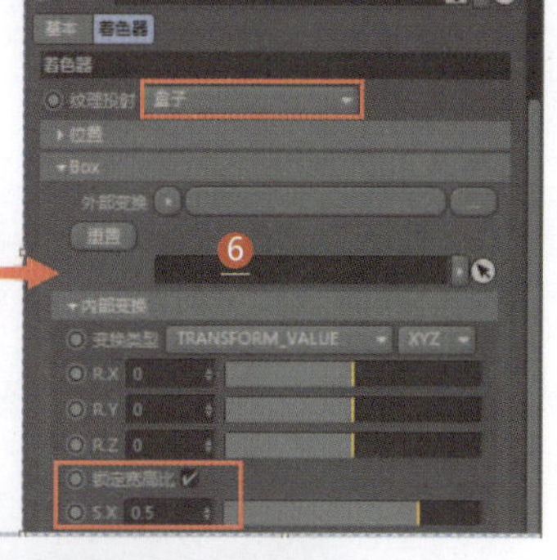

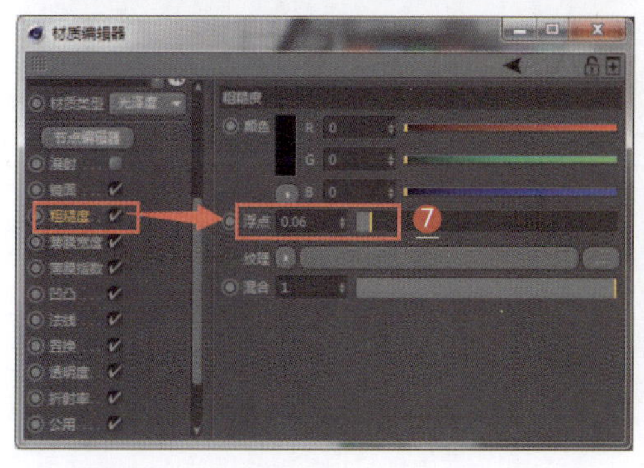

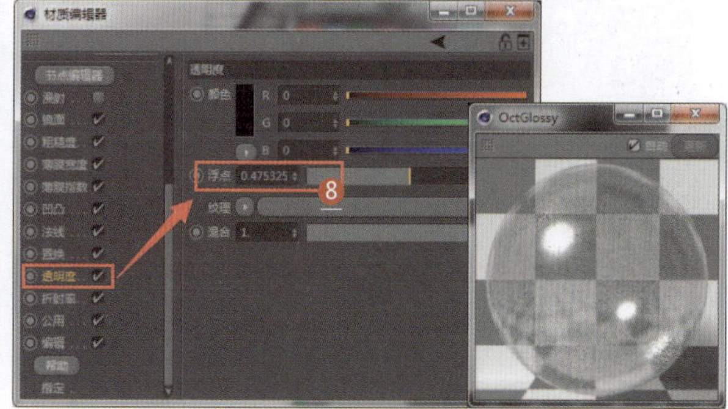

1 设置材质类型为光泽度（瓶身镜面材质）
2 设置瓶身镜面的颜色
3 设置高亮瓶身镜面折射率
4 设置材质类型为光泽度（亮点材质）
5 设置镜面通道的纹理为图像纹理
6 设置杂色噪点贴图的宽高比
7 设置粗糙度参数
8 设置透明度参数（亮点的透明度）

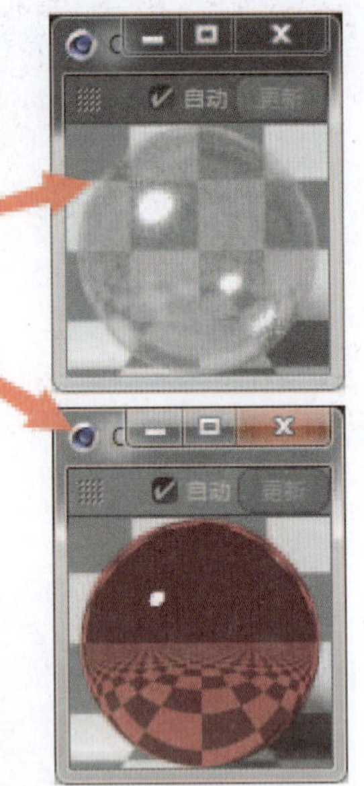

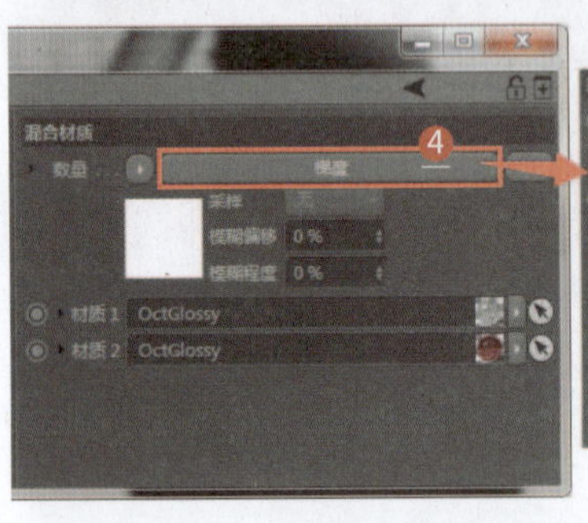

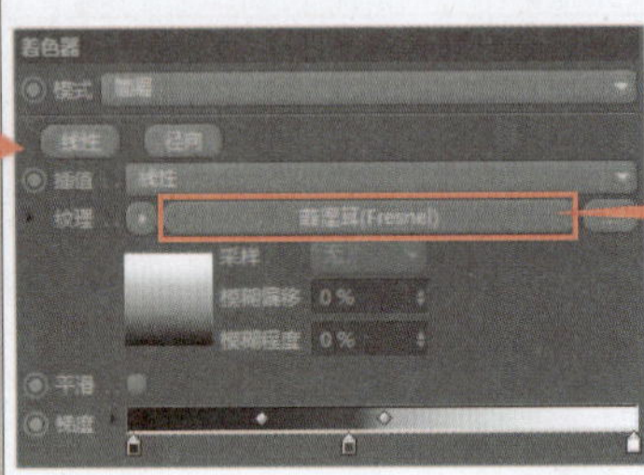

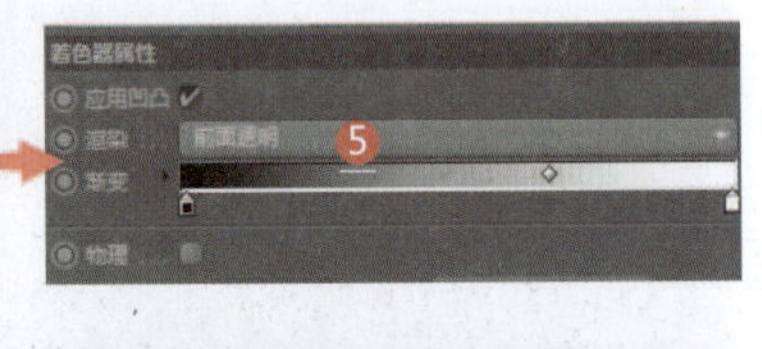

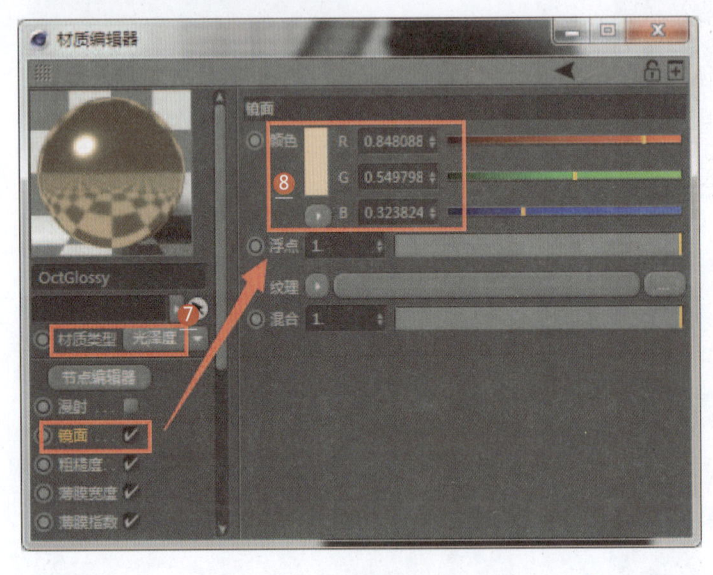

1. 新建一个混合材质（用于混合瓶身镜面材质和亮点材质）
2. 设置材质1为亮点材质
3. 设置材质2为瓶身镜面材质
4. 设置混合材质为梯度
5. 设置纹理为菲涅耳（Fresnel），设置菲涅耳贴图渐变颜色
6. 混合后的材质效果
7. 设置材质类型为光泽度（金字材质）
8. 设置镜面通道的颜色为暗黄色（模拟玫瑰金）

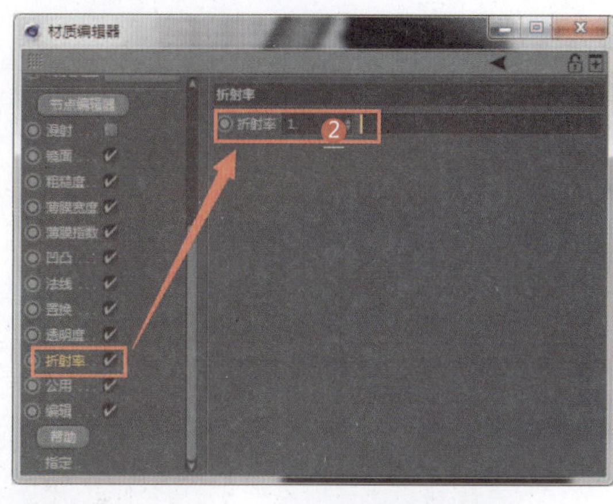

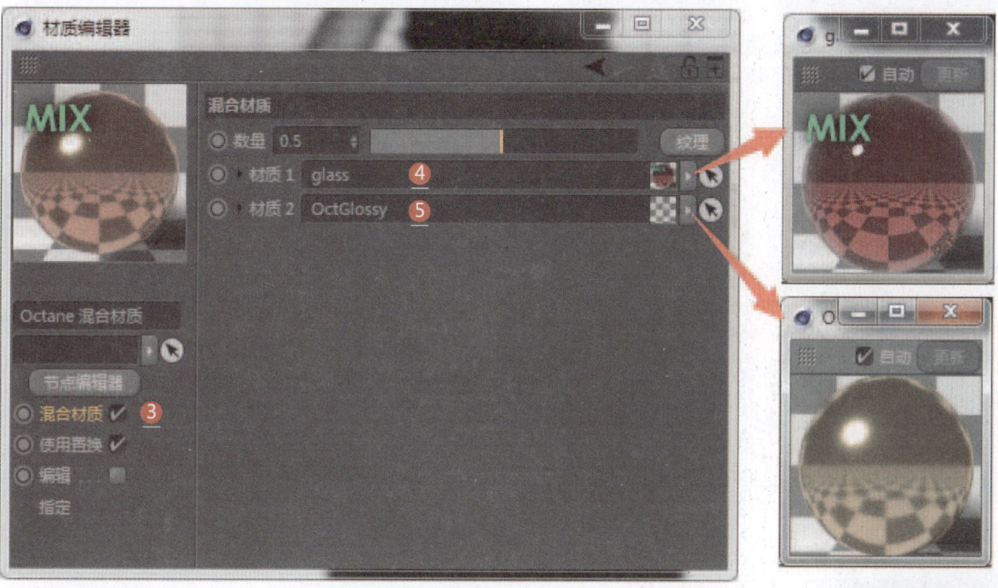

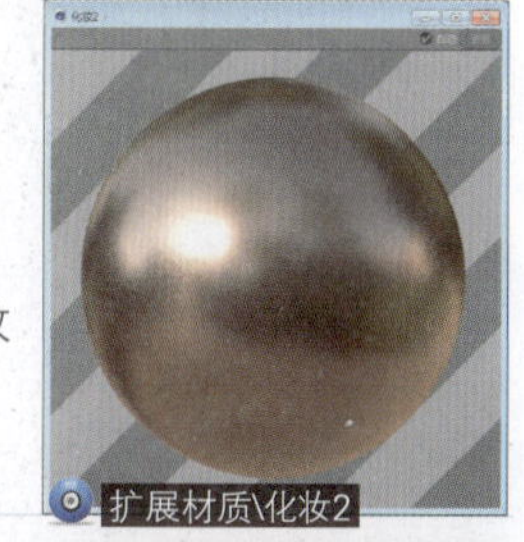
扩展材质\化妆2

1. 设置粗糙度参数
2. 设置折射率（1表示产生高亮度镜面效果）
3. 新建一个混合材质
4. 设置材质1为第一次混合材质
5. 设置材质2为玫瑰金材质
6. 设置混合材质为图像纹理
7. 图像纹理贴图
8. 勾选“反转”复选框可以反转图像纹理贴图（利用黑白效果设置金字）

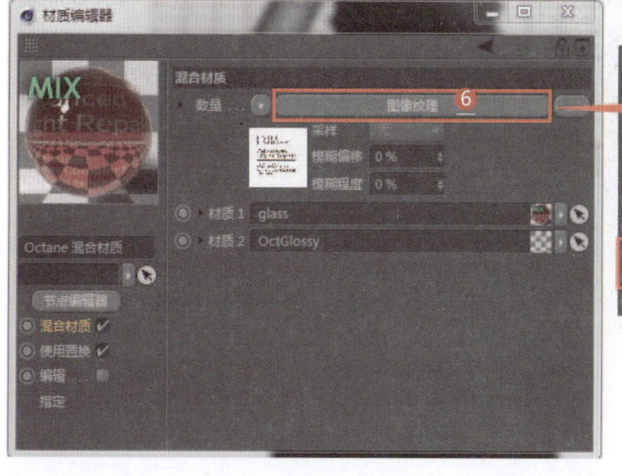

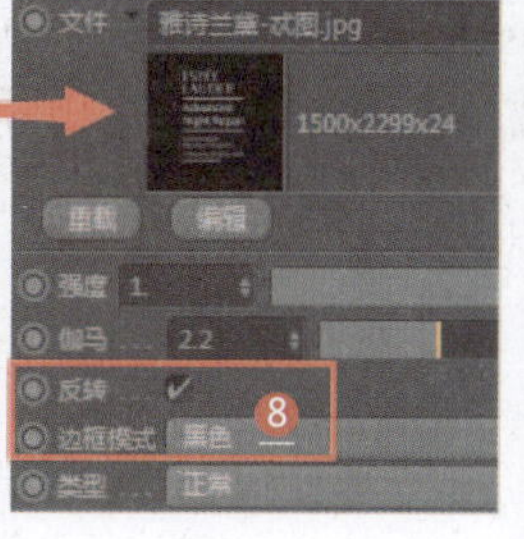

028 防晒霜外包装材质

应用领域：电商材质

技术要点：

利用光泽度制作瓶体的标签材质和塑料材质；利用混合材质将瓶体的标签材质和塑料材质进行混合。

思路分析：

制作瓶体的标签材质+制作瓶体的塑料材质+设置混合材质。

难度系数： ★★★☆☆

工程：材质文件\H\028

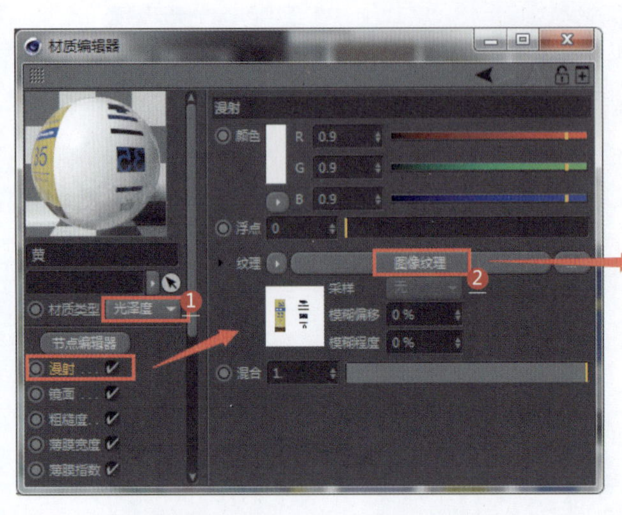

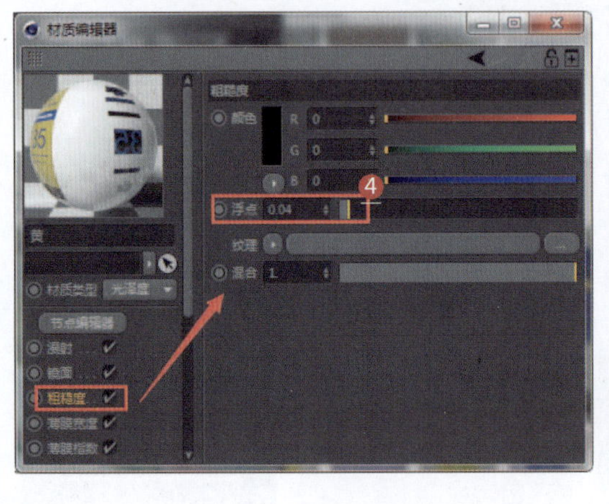

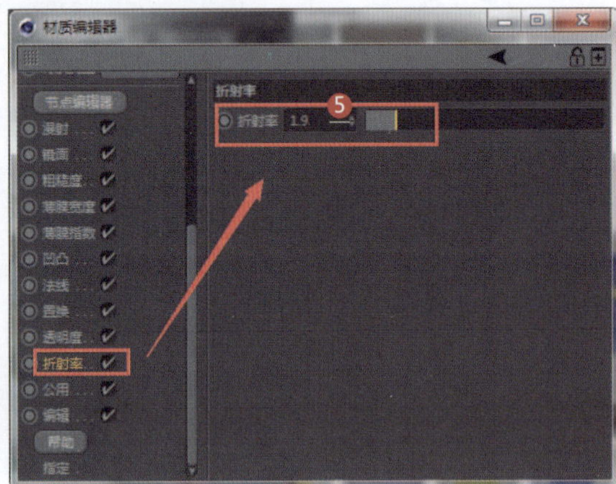

❶ 设置材质类型为光泽度（瓶体的标签材质）

❷ 设置漫射通道的纹理为图像纹理

❸ 设置标签贴图

❹ 设置粗糙度参数

❺ 设置折射率（表现物体表面的反射效果）

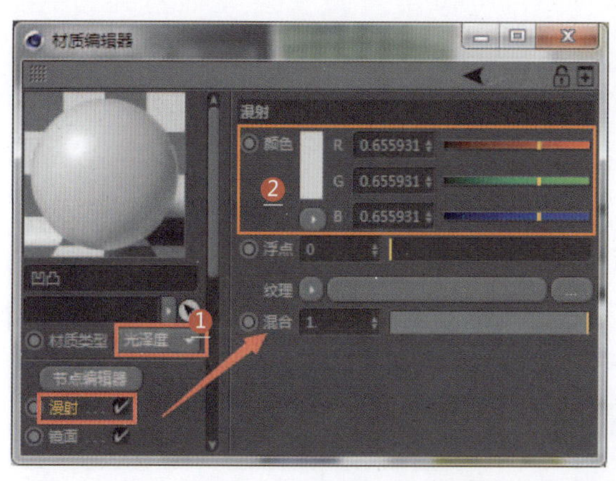

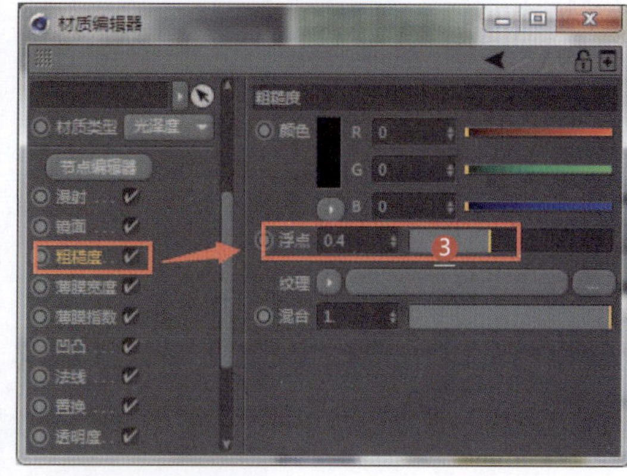

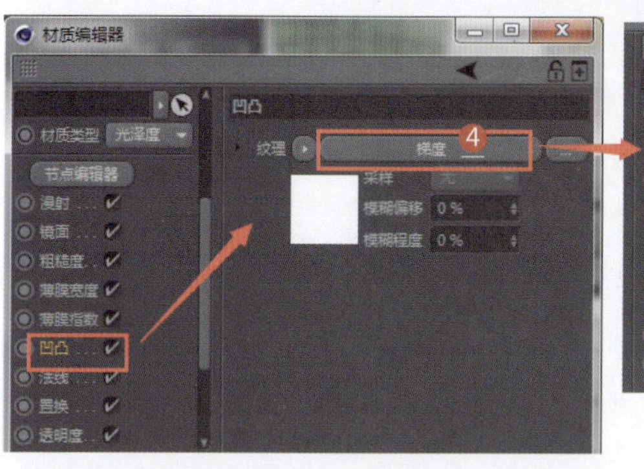

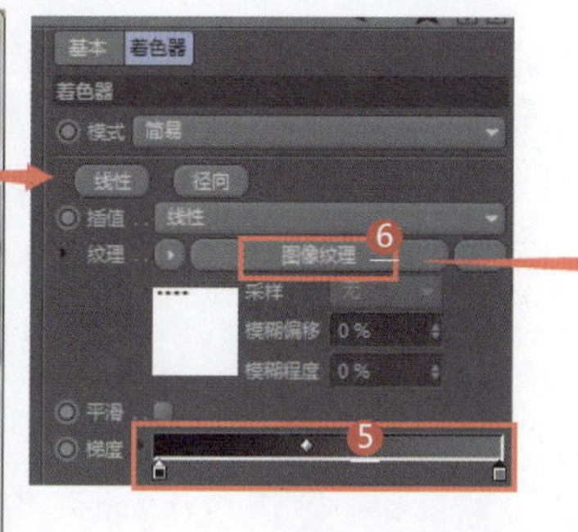

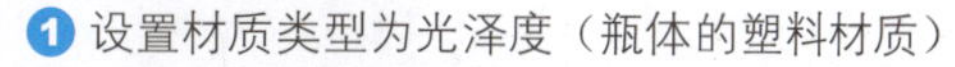

1 设置材质类型为光泽度（瓶体的塑料材质）

2 设置瓶体的塑料颜色

3 设置粗糙度参数

4 设置凹凸通道的纹理为梯度（用于弱化凹凸强度）

5 设置梯度渐变颜色

6 设置纹理为图像纹理

7 凹凸贴图效果

8 设置折射率（表现塑料的反射效果）

9 新建一个混合材质（用于混合瓶体的塑料材质和标签材质）

10 设置材质1为瓶体的标签材质

11 设置材质2为瓶体的塑料材质

12 设置混合材质为图像纹理

13 带通道属性的贴图

14 选择贴图类型为Alpha

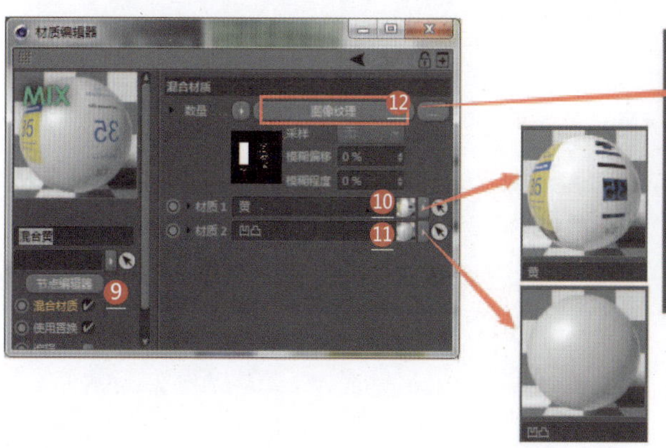

扩展材质\化妆3

029 粉底液材质

应用领域：电商材质

技术要点：

设置基本粉底液材质；设置高亮度粉底液材质；利用混合材质将基本粉底液材质和高亮度粉底液材质进行混合，产生粉底液效果。

思路分析：

设置基本粉底液材质+设置高亮度粉底液材质+设置混合材质。

难度系数：★★★☆☆

工程：材质文件\H\029

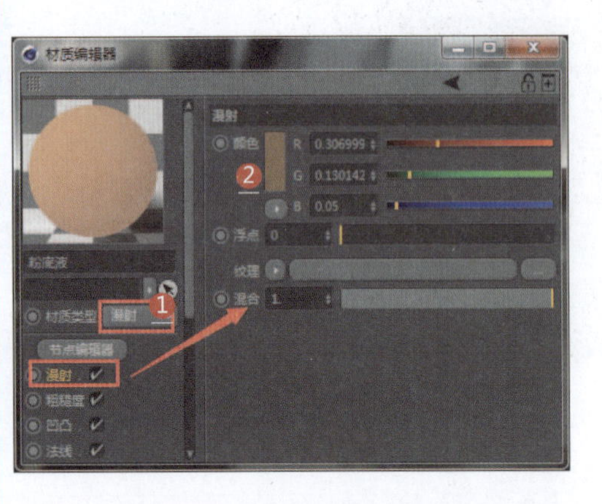

1. 设置材质类型为漫射（基本粉底液材质）
2. 设置基本粉底液的颜色
3. 设置发光通道的纹理为纹理发光
4. 设置纹理为RGB颜色
5. 设置发光颜色为棕色
6. 设置材质类型为光泽度（高亮度粉底液材质）
7. 设置高亮度粉底液的颜色
8. 设置高亮度粉底液的粗糙度

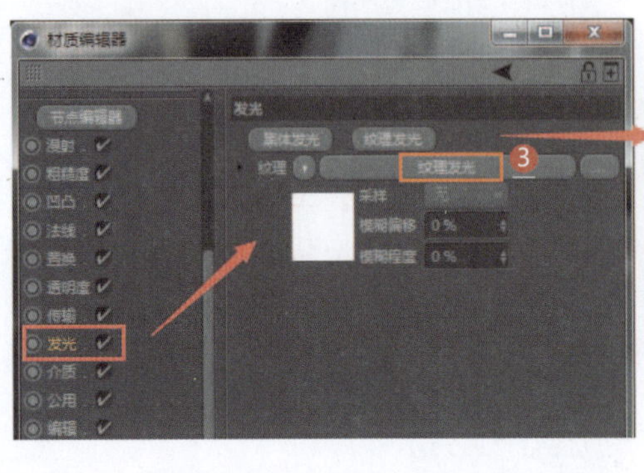

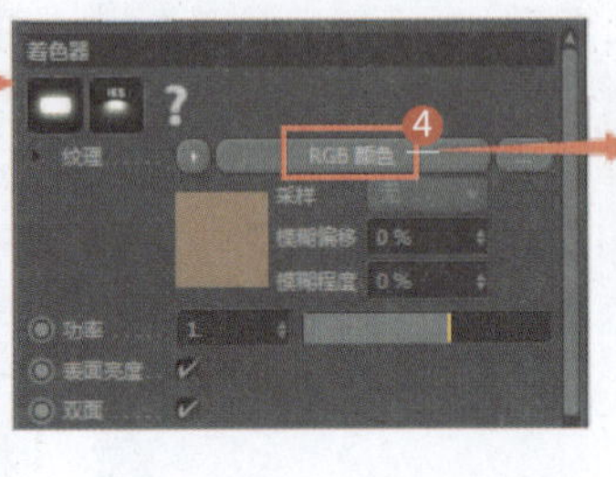

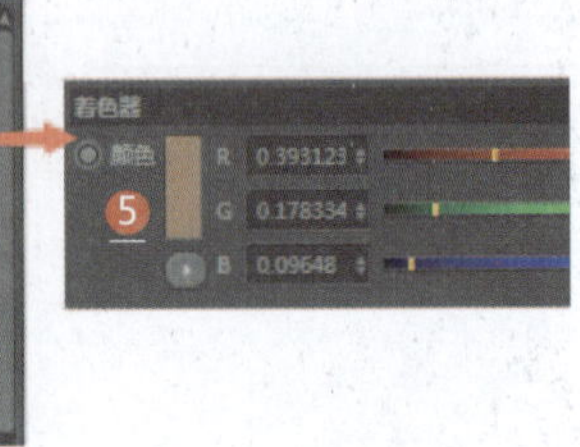

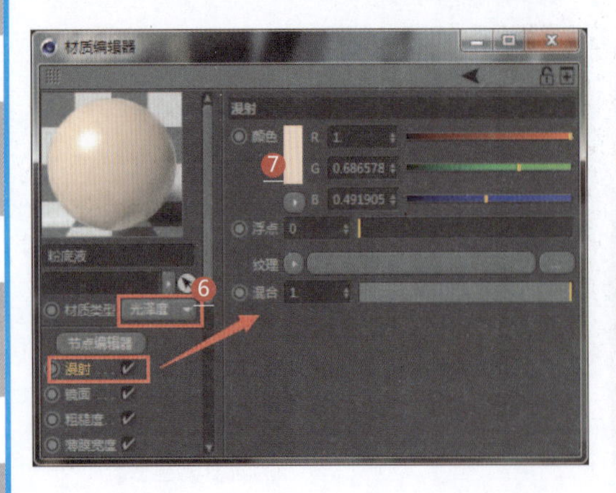

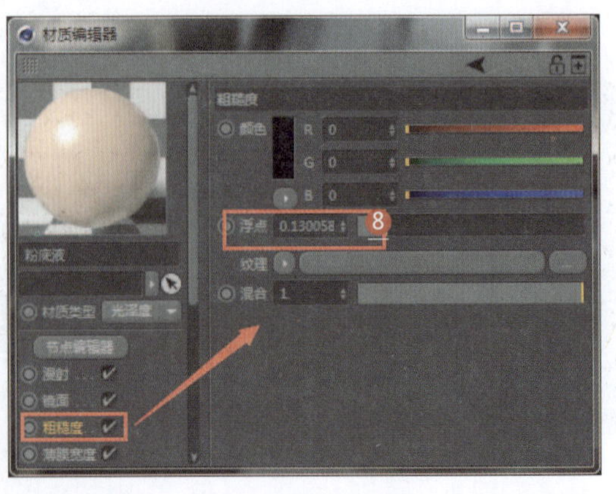

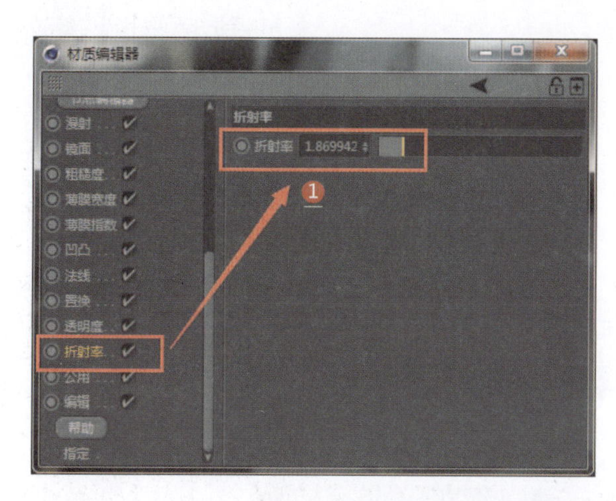

1. 设置折射率（表现高亮度粉底液的反射强度）
2. 新建一个混合材质（用于混合基本粉底液材质和高亮度粉底液材质）
3. 设置材质1为高亮度粉底液材质
4. 设置材质2为基本粉底液材质
5. 设置混合材质为浮点纹理
6. 设置混合材质浮点参数为0.5（两种粉底液材质占比相等）
7. 渲染效果

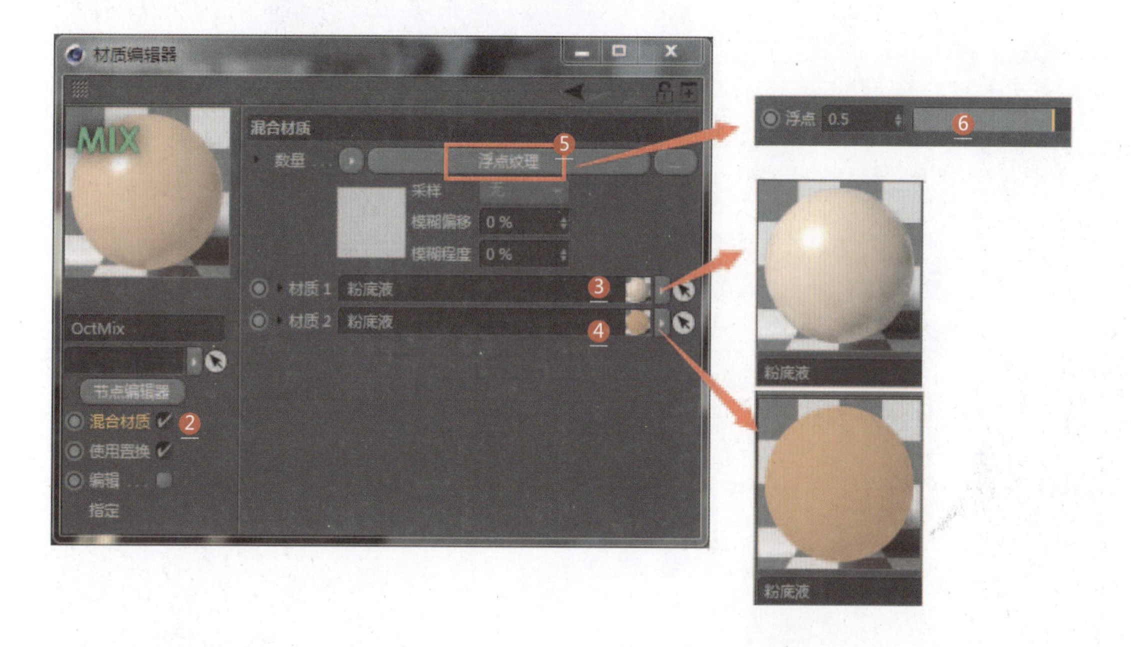

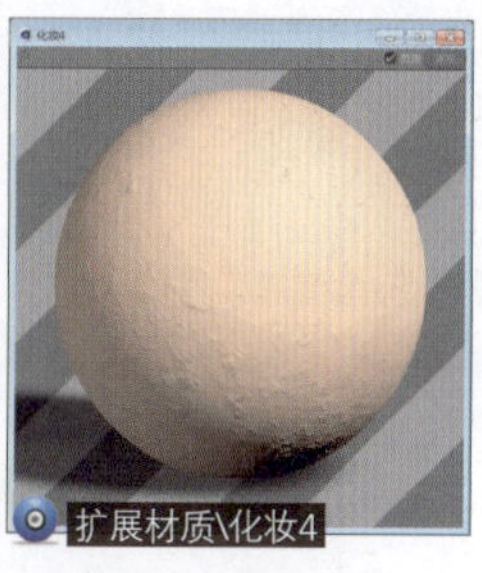

030 雕花口红材质

应用领域：陈设品装饰

技术要点：

利用镜面通道的颜色参数来表现口红的高光效果；利用置换贴图来表现口红表面的雕花效果。

思路分析：

设置漫射通道的颜色参数和镜面通道的颜色参数+设置置换通道的参数。

难度系数：★★☆☆☆

工程：材质文件\H\030

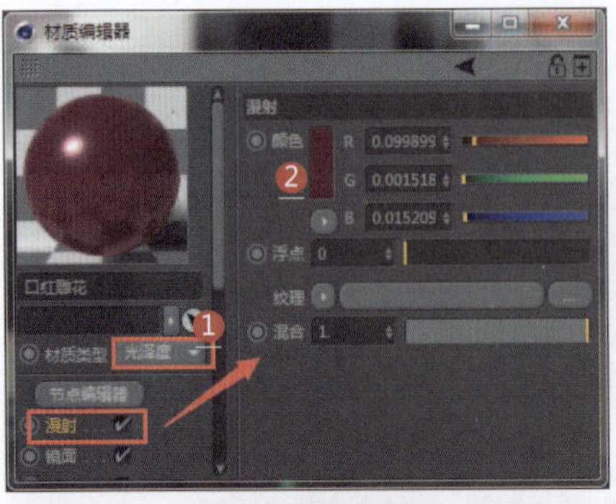

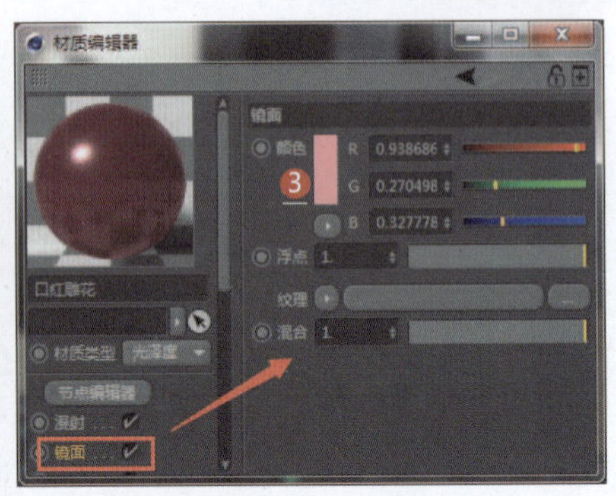

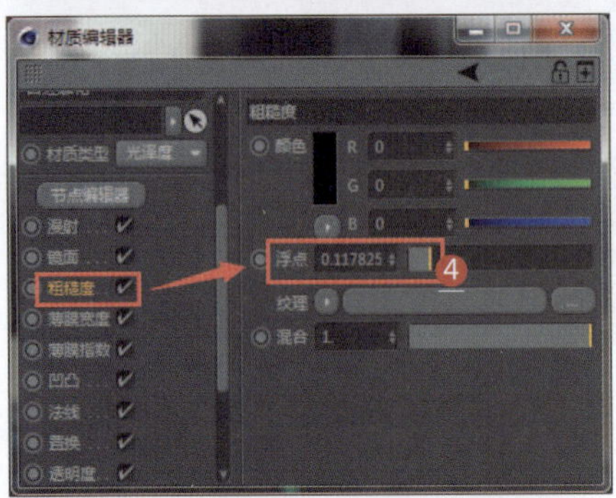

1. 设置材质类型为光泽度
2. 设置口红的颜色
3. 设置口红的高光色
4. 设置粗糙度参数
5. 设置置换通道的纹理为置换
6. 设置纹理为图像纹理
7. 置换贴图
8. 设置数量为1.8cm

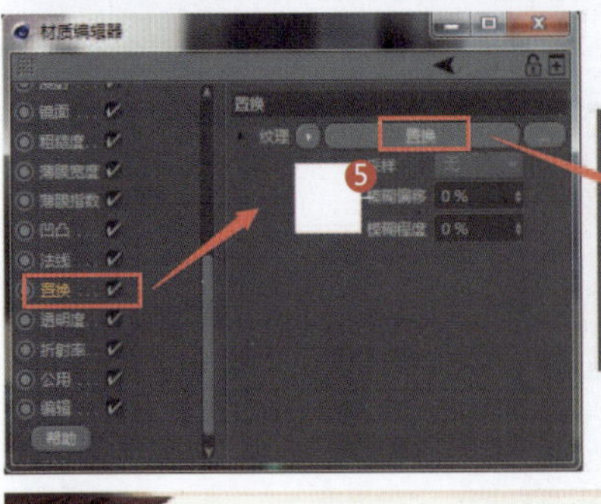

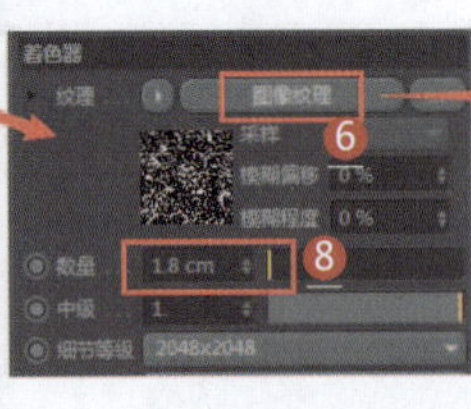

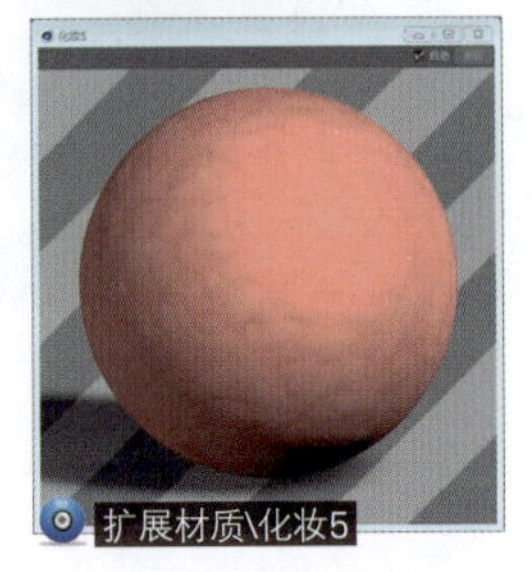

扩展材质\化妆5

031 金字玻璃香水材质

应用领域：陈设品装饰

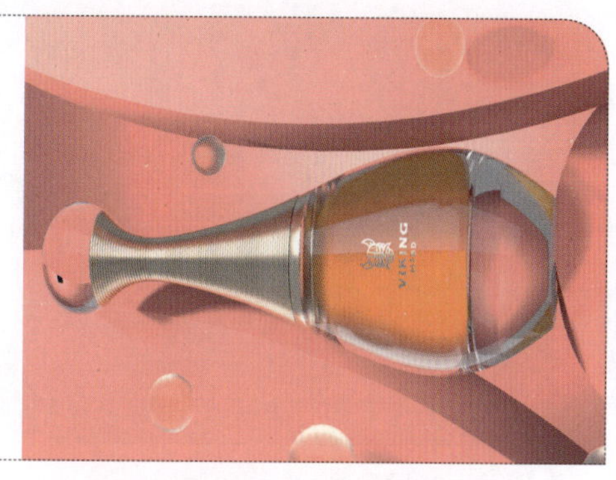

技术要点：

利用传输通道的颜色参数来控制香水液体的颜色；通过设置镂空金属色来表现文字效果；选择要粘贴镂空贴图的区域，将镂空贴图应用到该区域。

思路分析：

设置折射率和传输通道的颜色参数+设置镂空贴图。

难度系数：★★★☆☆

工程：材质文件\H\031

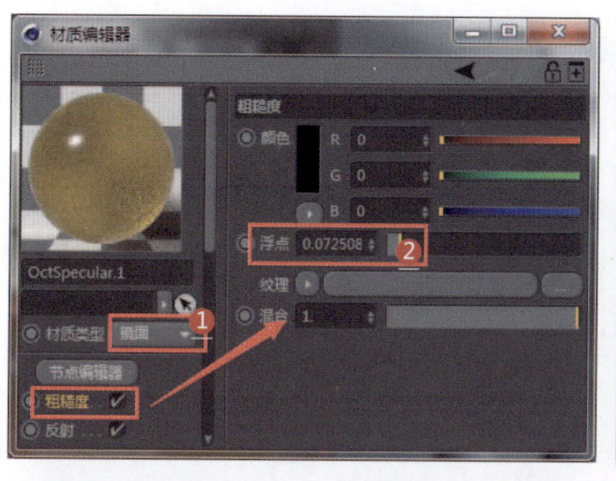

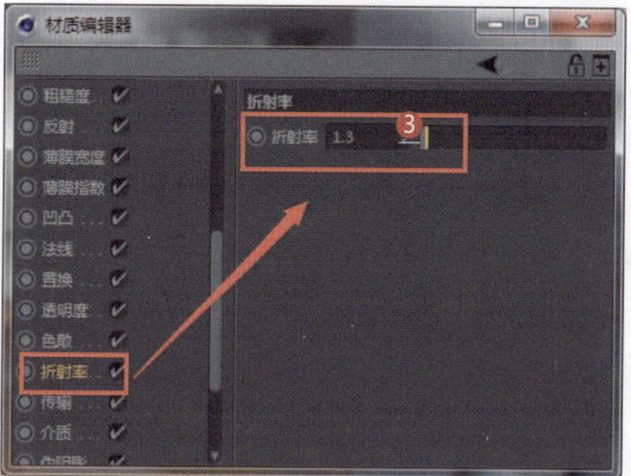

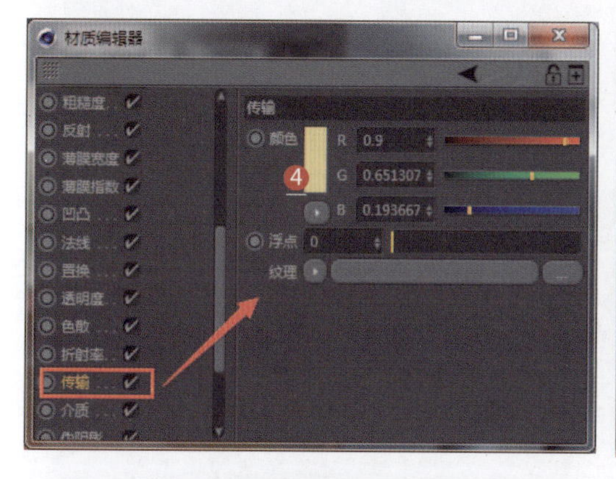

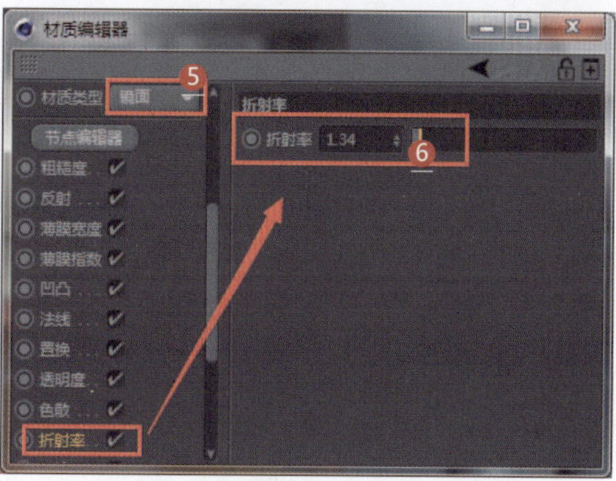

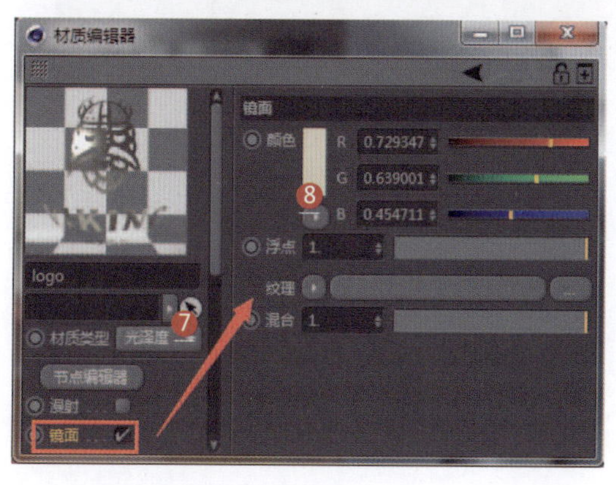

❶ 设置材质类型为镜面（香水液体材质）
❷ 设置粗糙度参数
❸ 设置折射率
❹ 设置传输通道的颜色参数（香水液体的颜色）
❺ 设置材质类型为镜面（瓶身材质）
❻ 设置折射率
❼ 设置材质类型为光泽度（金色文字材质）
❽ 设置镜面通道的颜色为淡黄色

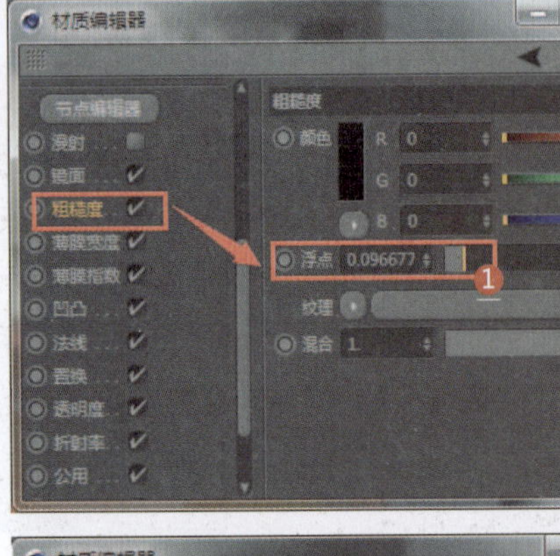

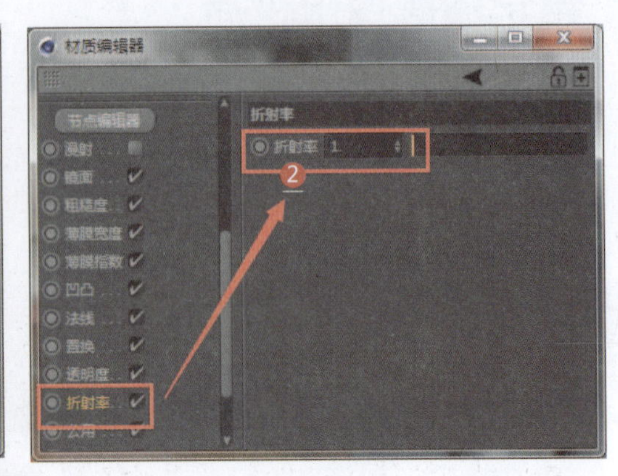

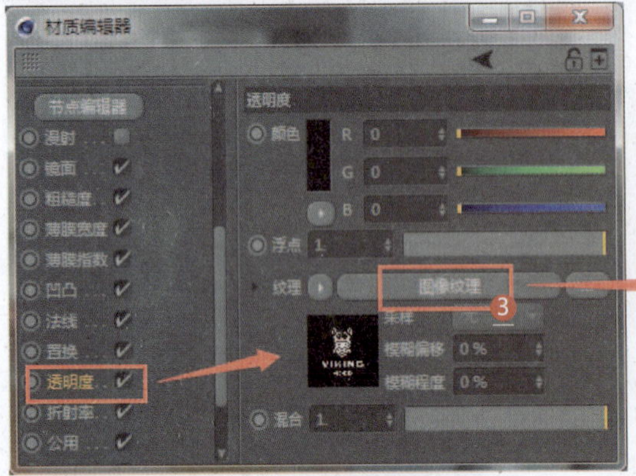

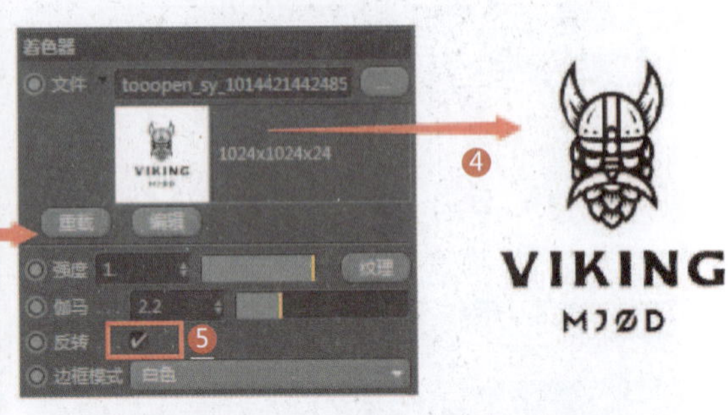

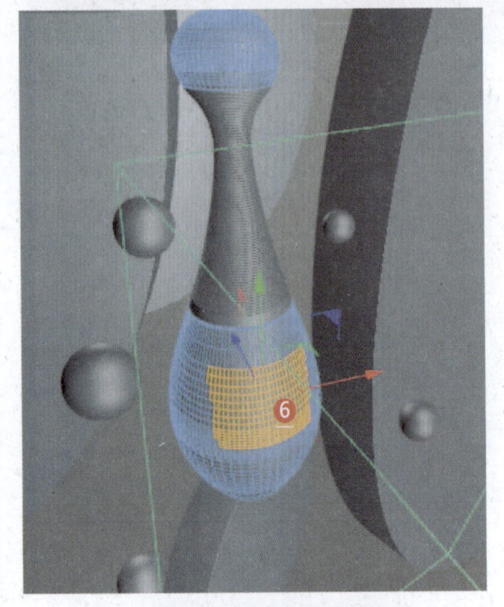

扩展材质\化妆6

1 设置粗糙度参数
2 设置折射率（1表示产生高亮度反射）
3 设置透明度通道的纹理为图像纹理
4 设置镂空贴图
5 如果没有产生镂空贴图效果，则勾选“反转”复选框（黑白反转）
6 选择要粘贴镂空粘贴图的区域，将镂空贴图应用到该区域
7 镂空文字效果

032 绿色渐变玻璃瓶印花材质

应用领域：陈设品装饰

技术要点：

利用传输通道的渐变颜色来控制绿色玻璃瓶的颜色；设置镂空金属色来表现印花效果；选择要粘贴镂空贴图的区域，将镂空贴图应用到该区域。

思路分析：

设置折射率和传输通道的颜色参数+设置镂空贴图。

难度系数：★★★☆☆

工程：材质文件\H\032

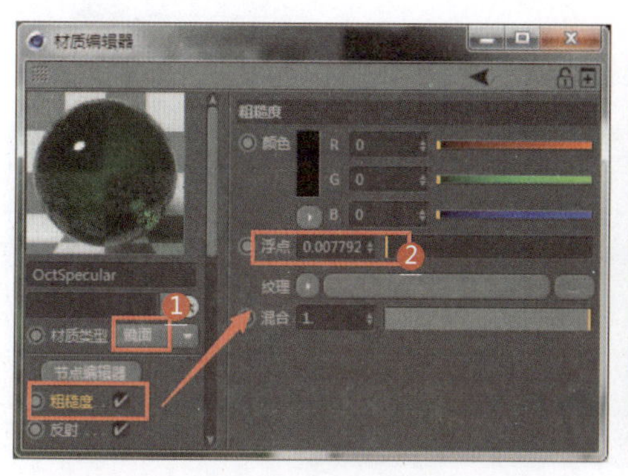

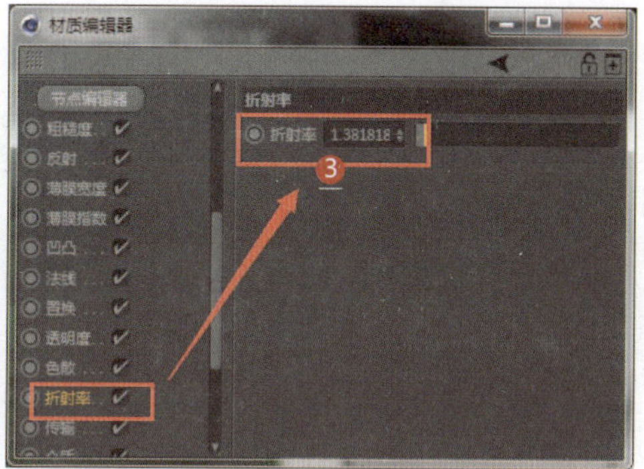

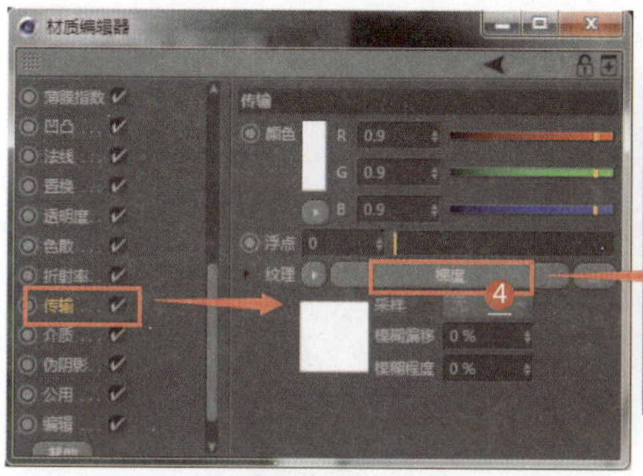

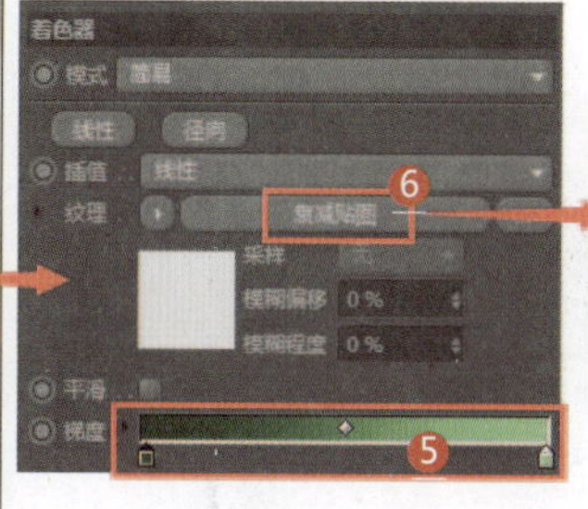

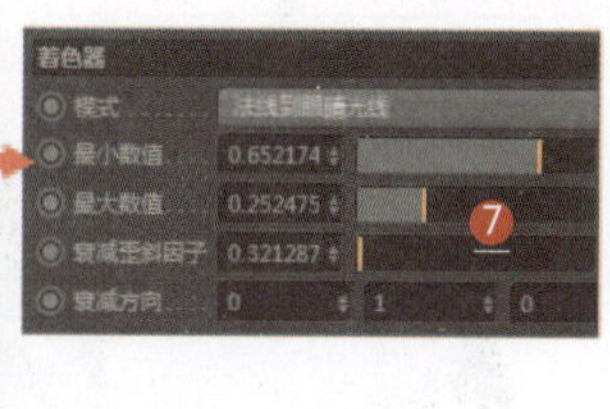

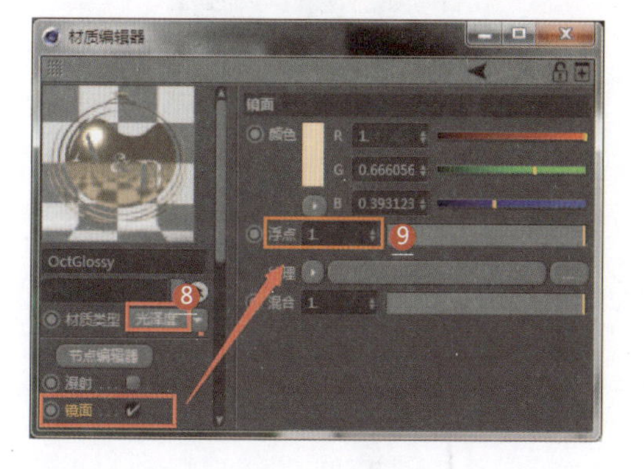

1. 设置材质类型为镜面（玻璃瓶材质）
2. 设置粗糙度参数
3. 设置折射率
4. 设置传输通道的纹理为梯度（让玻璃产生渐变颜色）
5. 设置梯度为深绿色到浅绿色渐变
6. 设置纹理为衰减贴图
7. 设置衰减贴图参数（产生法线到眼睛光线的衰减）
8. 设置材质类型为光泽度（金色文字材质）
9. 设置镜面参数

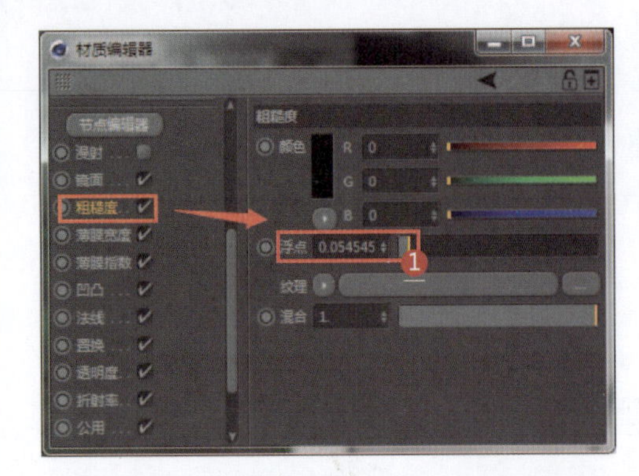

1. 设置粗糙度参数
2. 设置透明度通道的纹理为图像纹理
3. 设置镂空贴图
4. 选择要粘贴镂空贴图的区域，将镂空贴图应用到该区域
5. 镂空花纹效果

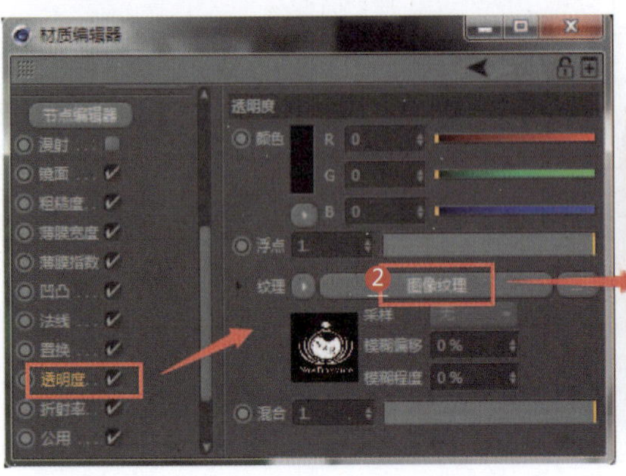

033 香水瓶磨砂材质

应用领域：电商材质

技术要点：

利用粗糙度控制瓶身的表面；通过设置传输通道的颜色参数控制香水液体的颜色；利用镂空贴图控制瓶身的Logo。

思路分析：

设置瓶身材质+设置香水液体材质+设置镂空贴图。

难度系数： ★★★☆☆

工程：材质文件\H\033

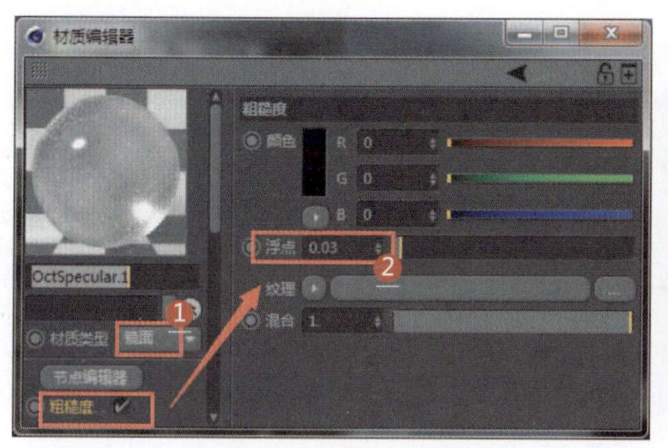

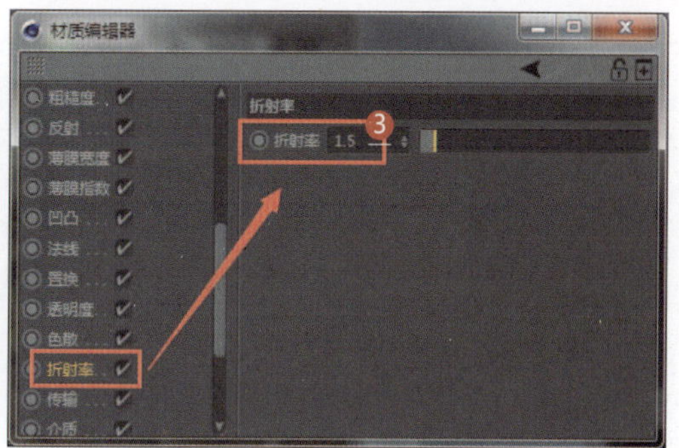

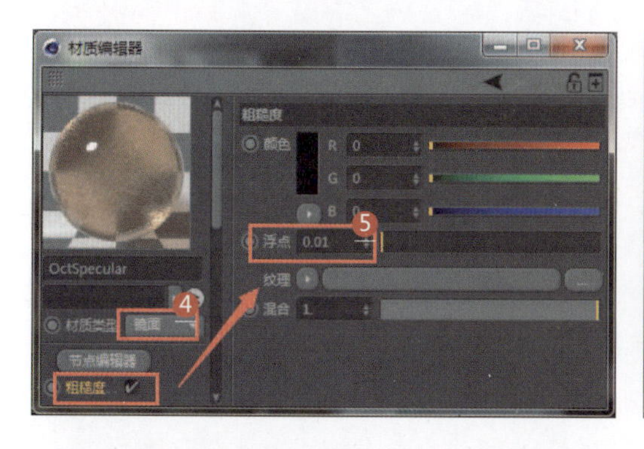

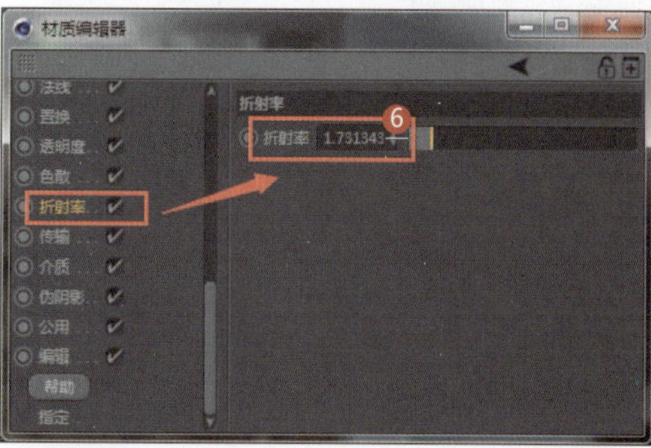

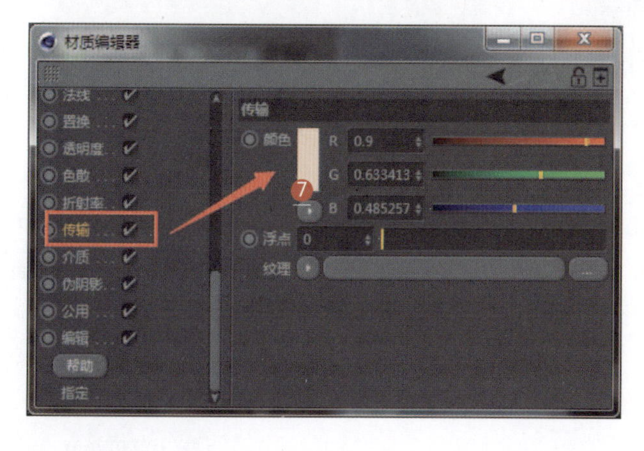

1. 设置材质类型为镜面（瓶身材质）
2. 设置瓶身的表面粗糙度
3. 设置瓶身玻璃的折射率
4. 设置材质类型为镜面（香水液体材质）
5. 设置香水液体的粗糙度
6. 设置香水液体的折射率
7. 设置传输通道的颜色为粉色

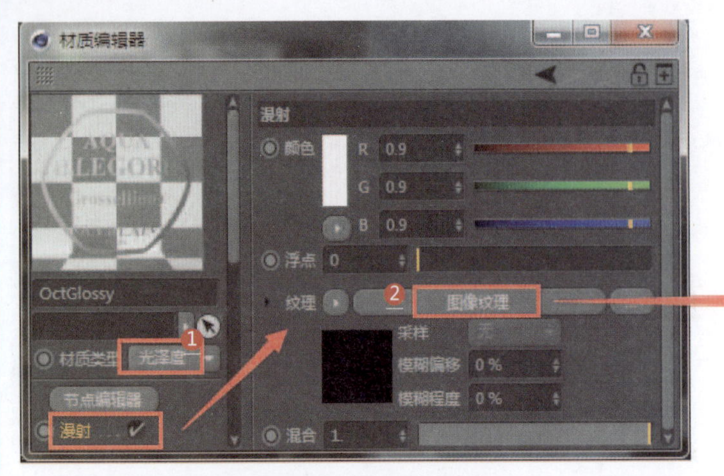

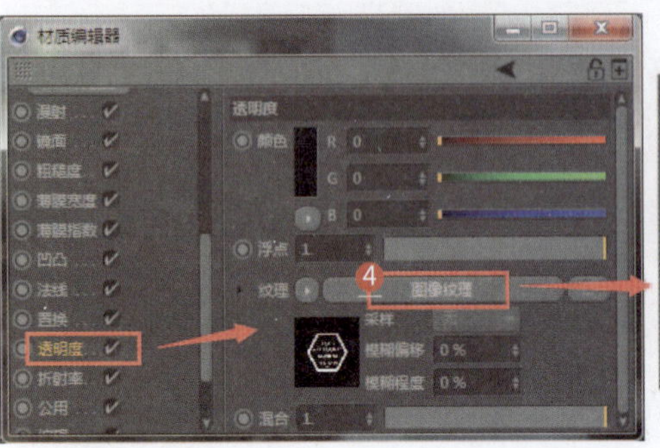

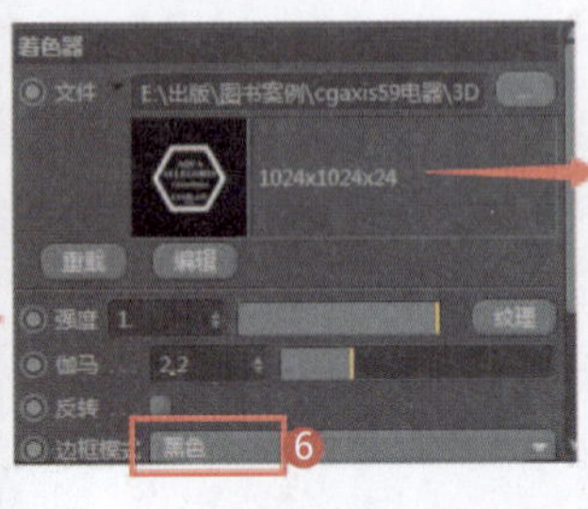

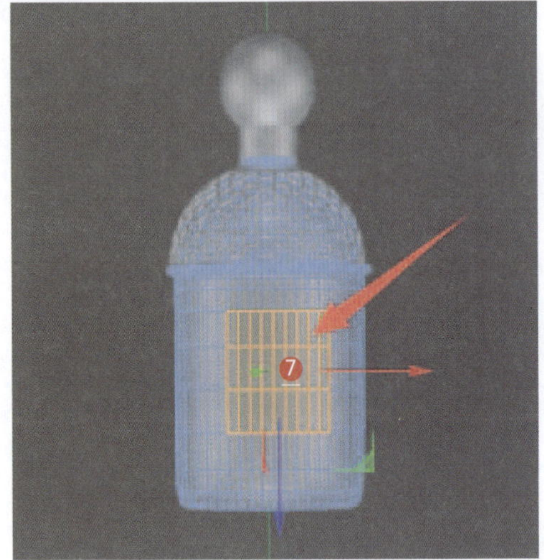

1. 设置材质类型为光泽度材质（瓶身Logo贴图材质）
2. 设置漫射通道的纹理为图像纹理
3. 设置图像纹理贴图
4. 设置透明度通道的纹理为图像纹理
5. 设置镂空贴图
6. 设置边框模式为黑色
7. 选择要粘贴镂空Logo的区域，将镂空贴图应用到该区域
8. 镂空Logo效果

034 护肤品材质

应用领域：电商材质

技术要点：

利用不同的镜面通道颜色制作护肤品的瓶体；通过设置散射介质产生半透明膏体效果；利用镂空贴图制作瓶体上的标志。

思路分析：

设置瓶身材质+设置瓶盖材质+设置镂空贴图。

难度系数：★★★☆☆

工程：材质文件\H\034

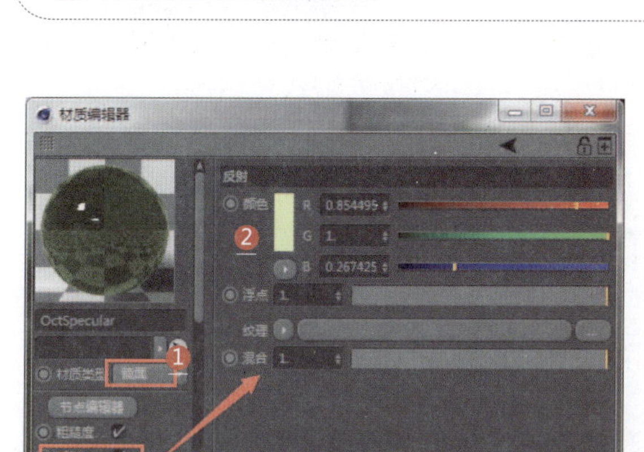

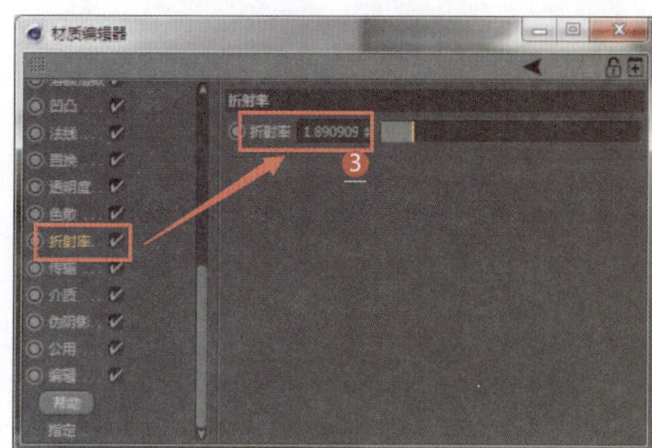

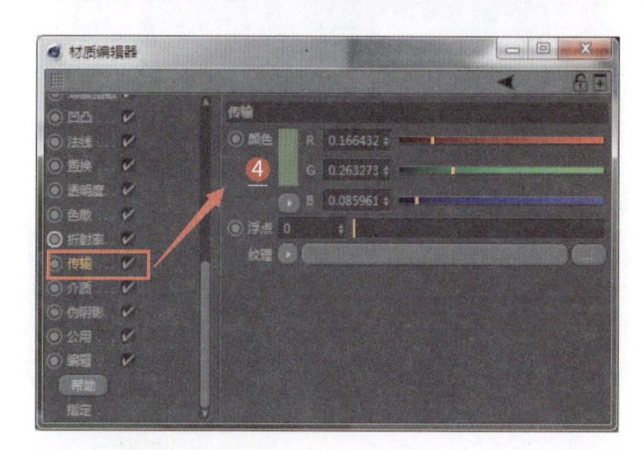

1. 设置材质类型为镜面（瓶身材质）
2. 设置反射通道的颜色为淡绿色
3. 设置瓶身的折射率
4. 设置传输通道的颜色为绿色（瓶身颜色）
5. 设置材质类型为镜面（护肤品材质），设置介质通道的纹理为散射介质
6. 设置密度和体积步长参数（透光性能）
7. 设置吸收为RGB颜色（淡绿色）
8. 设置散射为RGB颜色（白色）

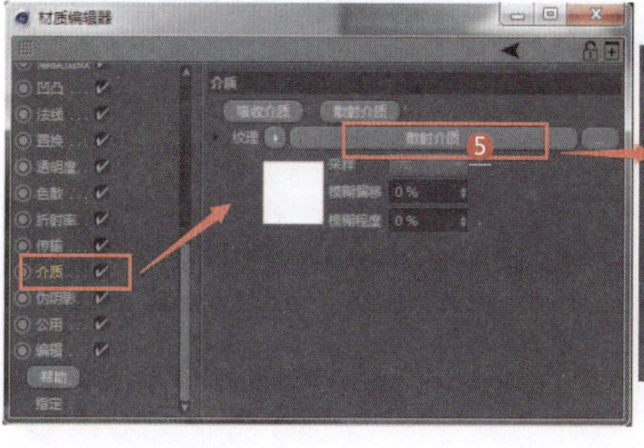

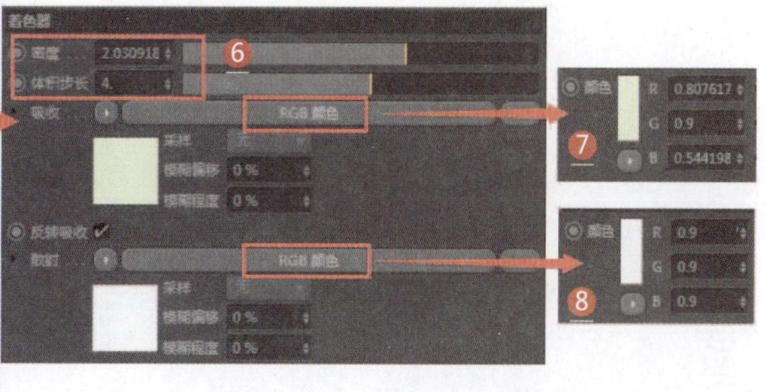

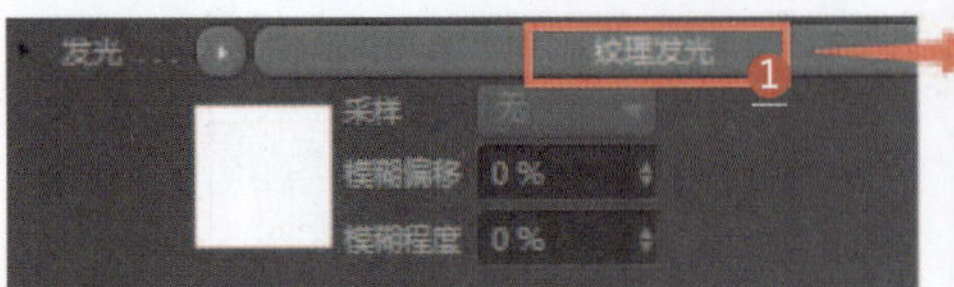

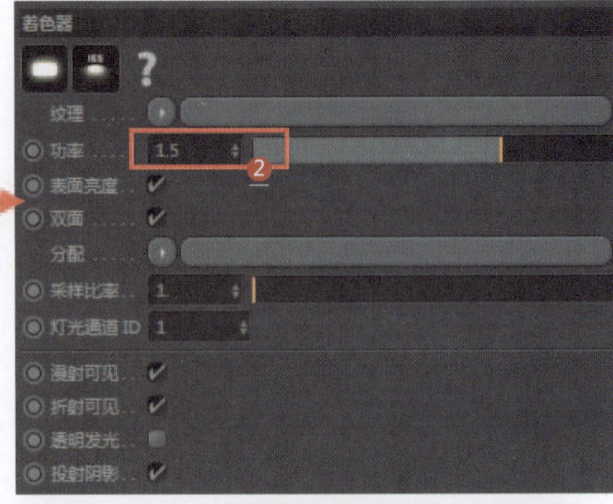

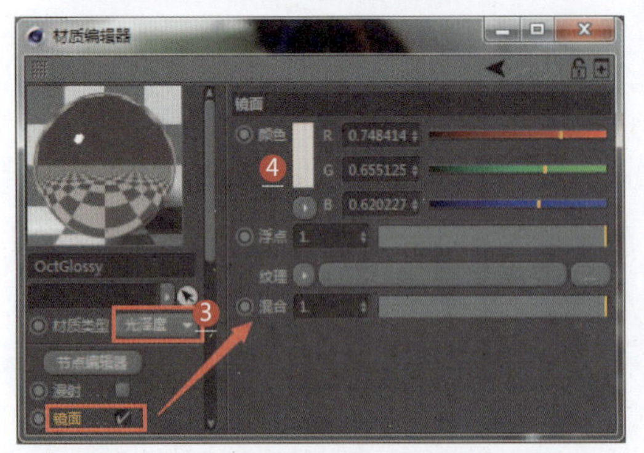

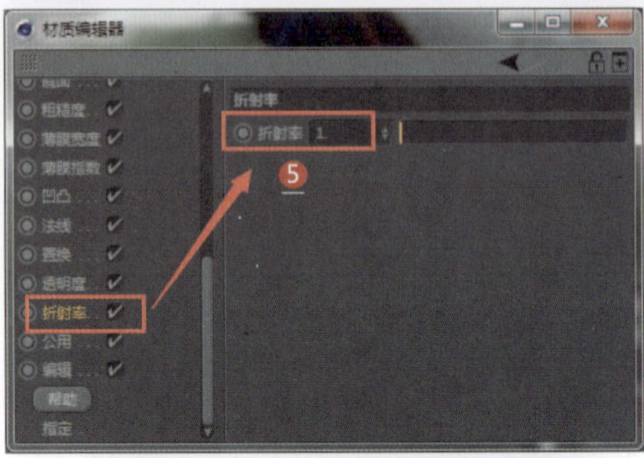

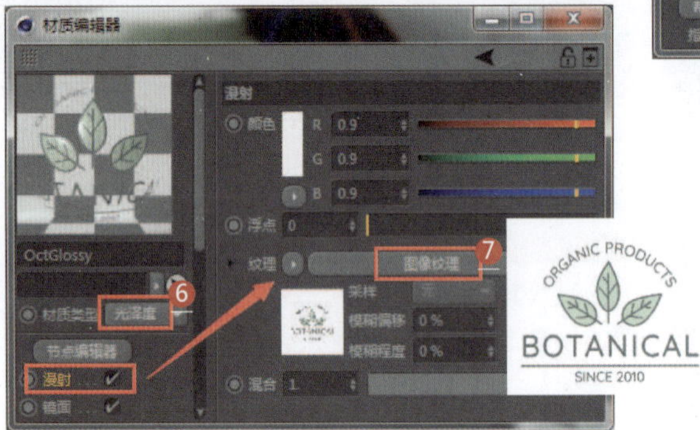

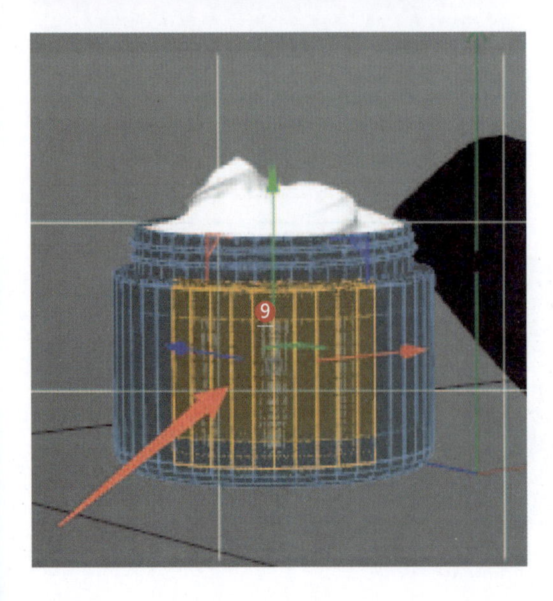

1. 设置发光为纹理发光
2. 设置发光功率
3. 设置材质类型为光泽度（瓶盖材质）
4. 设置镜面通道的颜色为玫瑰金
5. 设置折射率
6. 设置材质类型为光泽度（瓶身Logo材质）
7. 设置漫射通道的纹理为图像纹理，设置Logo贴图
8. 设置透明度通道的纹理为图像纹理，并设置类型为Alpha，产生镂空贴图效果
9. 选择瓶身要粘贴镂空贴图的区域，将镂空贴图应用该区域

035 不同的膏体材质

应用领域：电商材质

技术要点：

利用镜面材质类型制作膏体内部材质；利用光泽度材质类型制作膏体表面材质；利用混合材质将这两种材质进行混合。

思路分析：

设置膏体内部材质+设置膏体表面材质+设置混合材质。

难度系数：★★★★☆

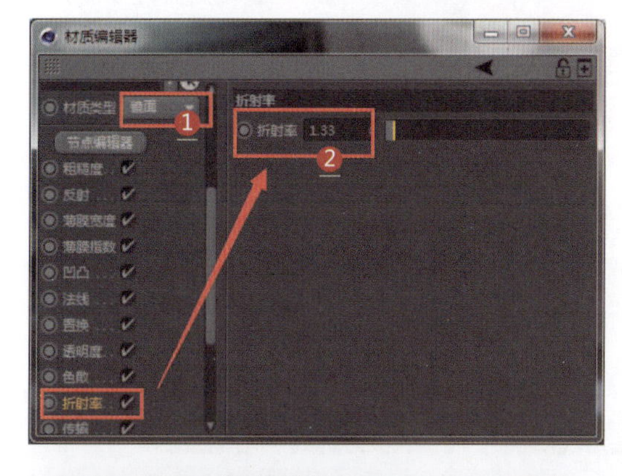

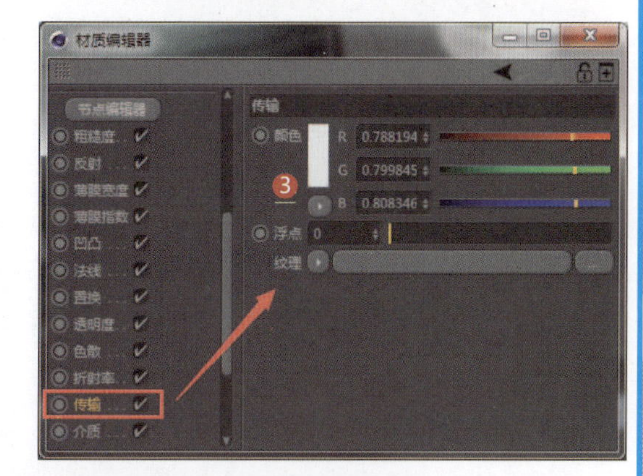

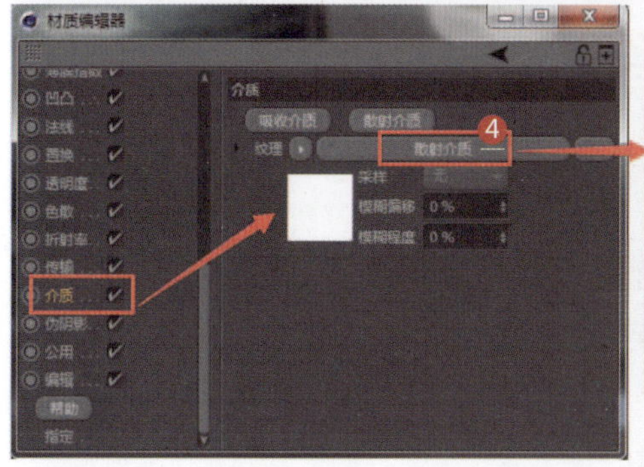

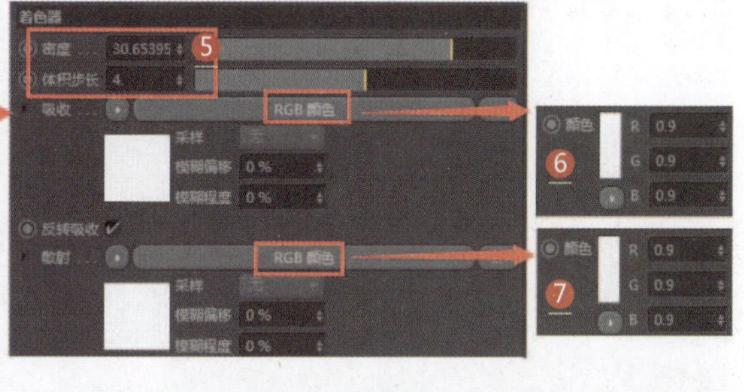

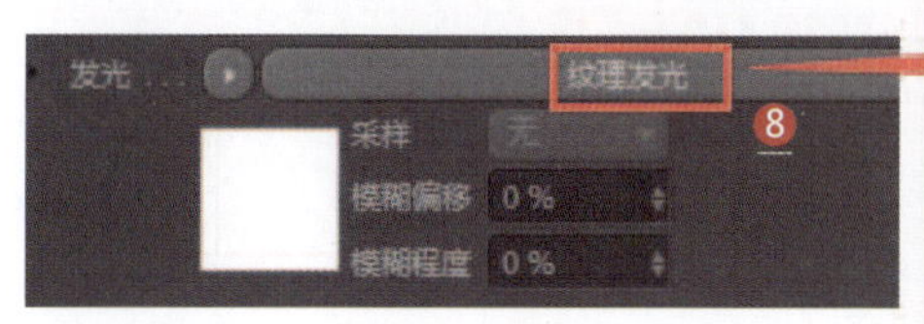

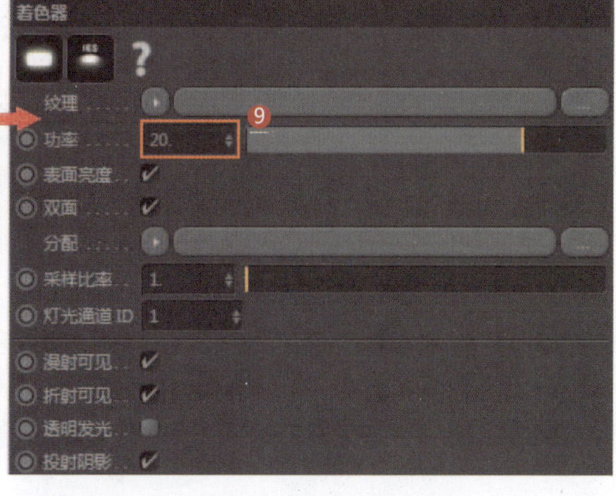

1. 设置材质类型为镜面（膏体内部材质）
2. 设置折射率
3. 设置传输通道的颜色参数（膏体内部颜色）
4. 设置介质通道的纹理为散射介质
5. 设置密度和体积步长参数（透光性能）
6. 设置吸收为RGB颜色（白色）
7. 设置散射为RGB颜色（白色）
8. 设置发光为纹理发光
9. 设置发光功率

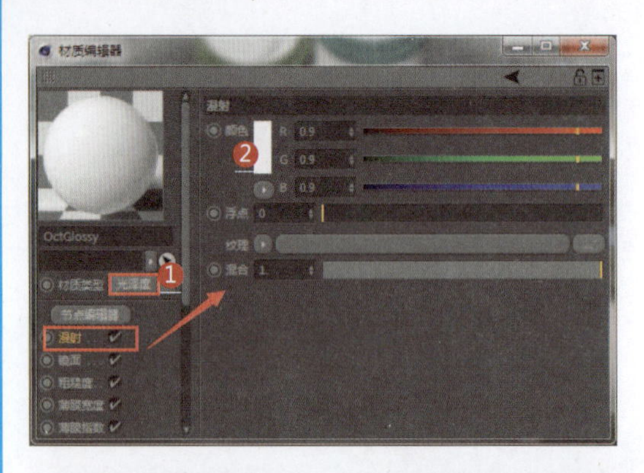

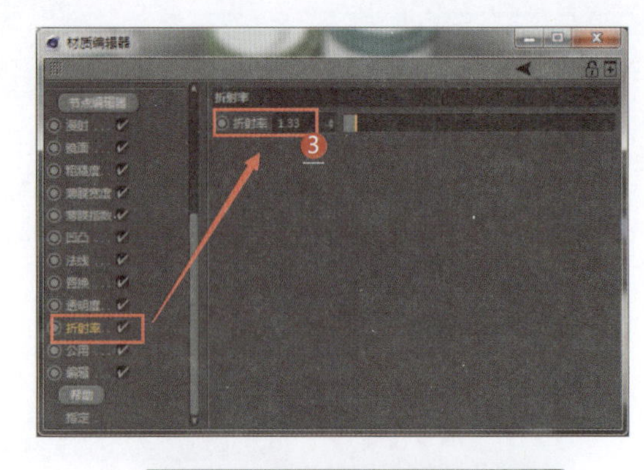

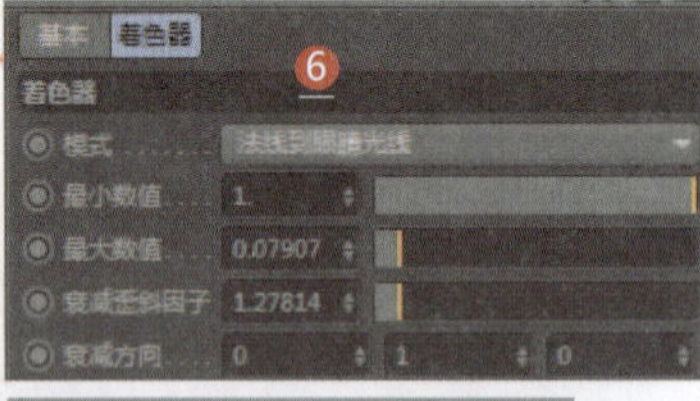

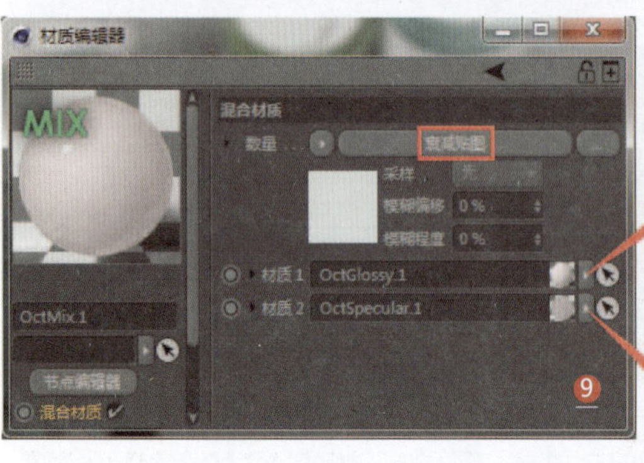

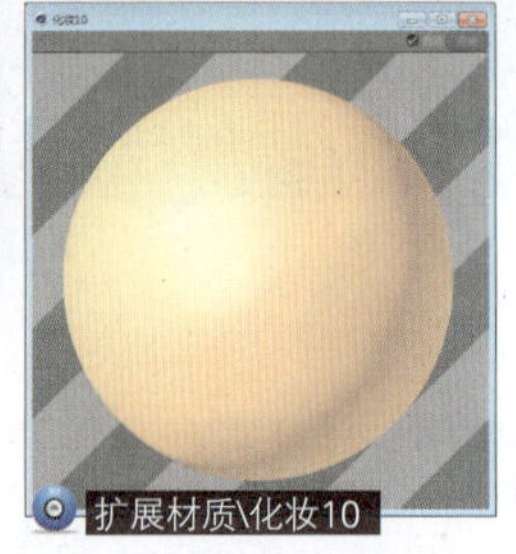
扩展材质\化妆10

1. 设置材质类型为光泽度（膏体表面材质）
2. 设置漫射通道的颜色参数
3. 设置折射率
4. 新建一个混合材质（用于混合膏体内部材质和膏体表面材质）
5. 设置混合材质为衰减贴图
6. 设置衰减贴图参数
7. 设置材质1为膏体内部材质
8. 设置材质2为膏体表面材质
9. 使用同样的方法制作另一种粉色膏体材质

036 面霜和瓶体材质

应用领域：电商材质

技术要点：

利用凹凸贴图制作颗粒感的塑料瓶盖；利用发光通道和漫射通道设置两种紫色；利用混合材质混合两种紫色；利用漫射材质类型制作瓶身Logo贴图。

思路分析：

设置瓶身玻璃材质+设置塑料瓶盖材质+设置面霜材质+设置Logo贴图。

难度系数：★★★☆☆　　工程：材质文件\H\036

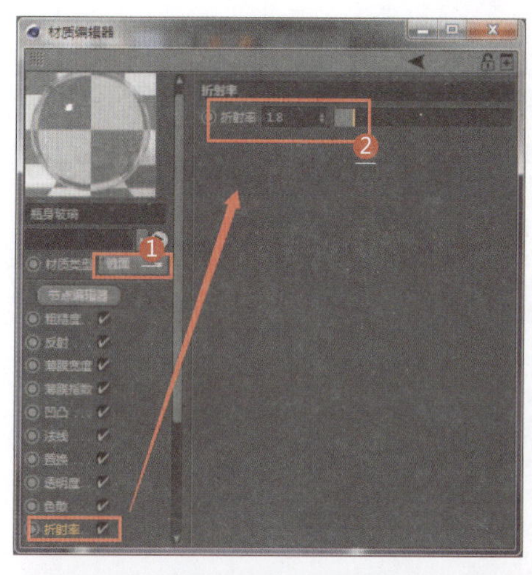

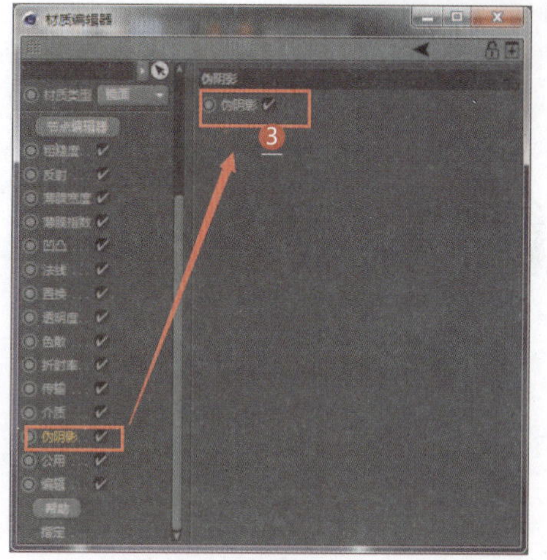

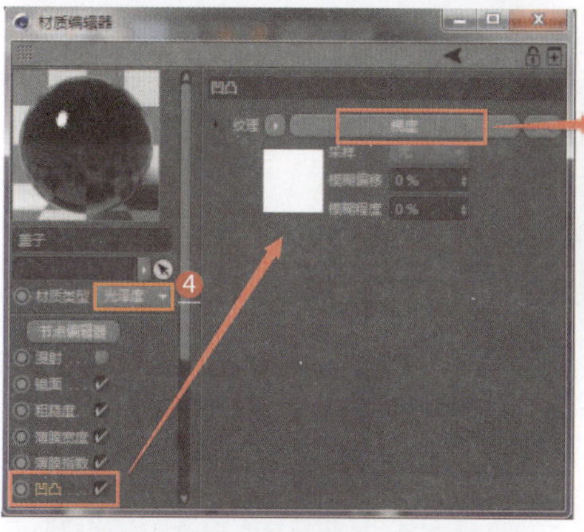

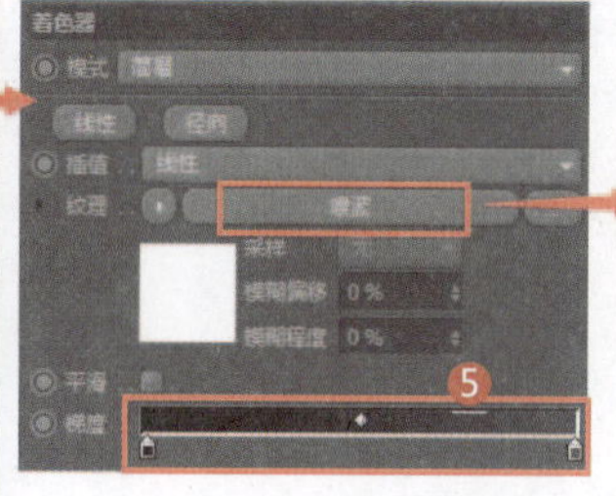

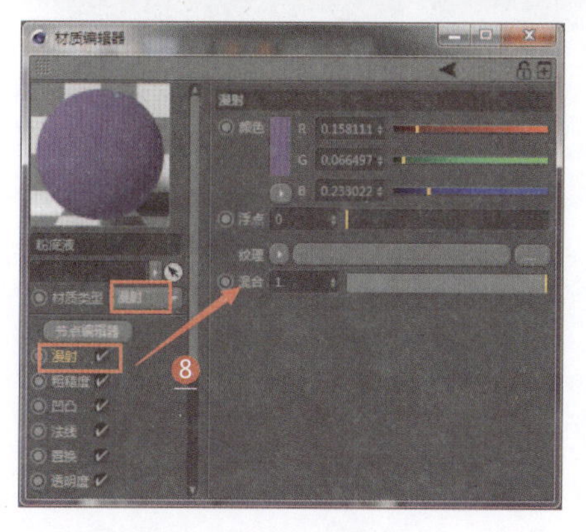

1. 设置材质类型为镜面（瓶身玻璃材质）
2. 设置折射率（产生水晶玻璃效果）
3. 勾选“伪阴影”复选框，产生通透玻璃效果
4. 设置材质类型为光泽度（塑料瓶盖材质）
5. 设置凹凸通道的纹理为梯度（用于控制凹凸强度），并设置梯度渐变颜色
6. 设置凹凸贴图纹理为噪波，并设置细小颗粒
7. 塑料瓶盖颗粒效果
8. 设置材质类型为漫射（面霜材质），设置颜色为紫色

B
F
H
J
K
L
M
Q
S
T
X
Y

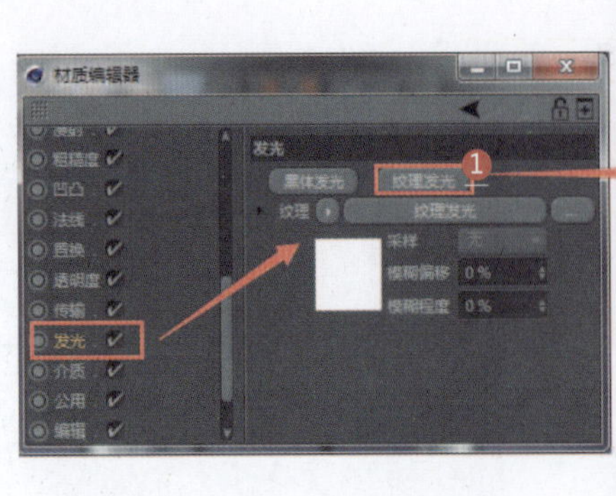

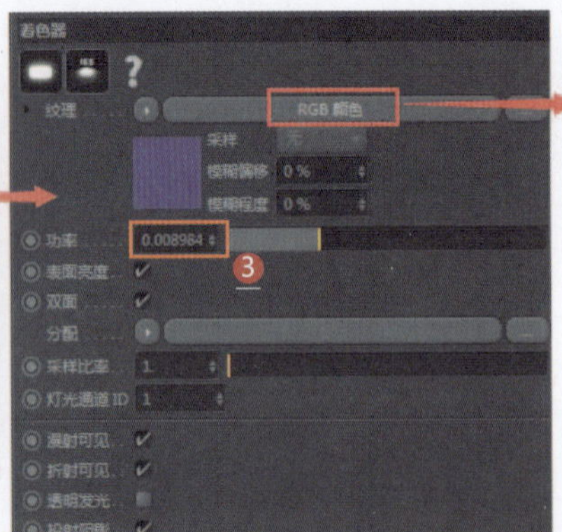

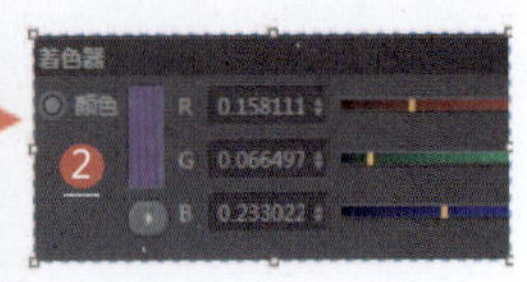

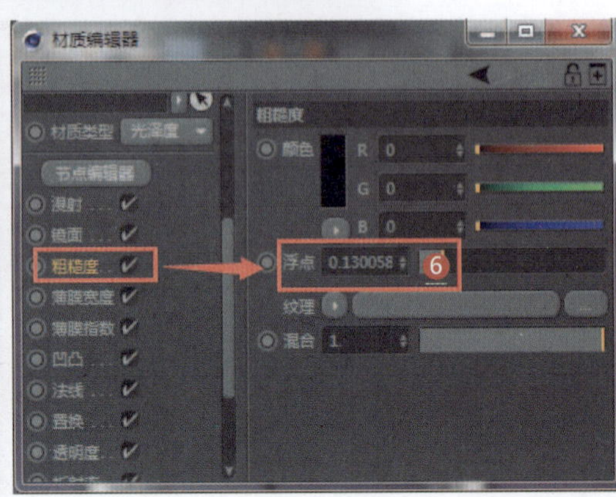

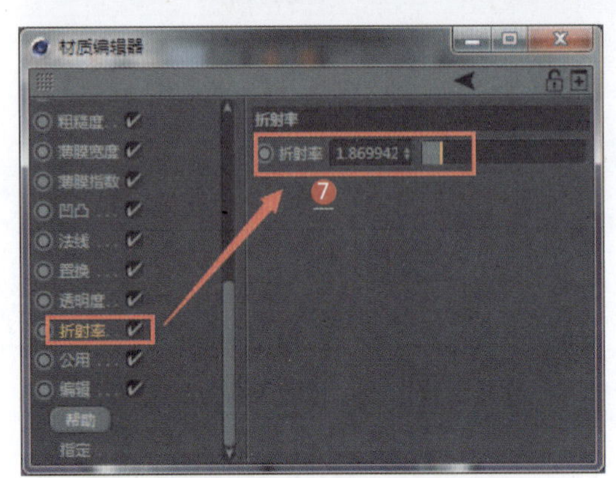

1. 在发光通道设置纹理发光贴图为RGB颜色
2. 设置发光色为深紫色
3. 设置发光功率（微弱发光）
4. 设置材质类型为光泽度（面霜的反射效果材质）
5. 设置漫射通道的颜色为淡紫色
6. 设置粗糙度参数
7. 设置折射率
8. 新建一个混合材质（面霜最终材质），设置混合材质为浮点纹理
9. 设置材质1为面霜的反射效果材质，设置材质2为面霜材质

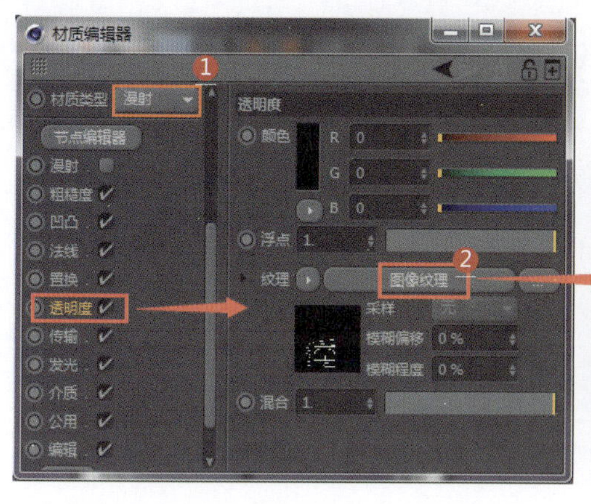

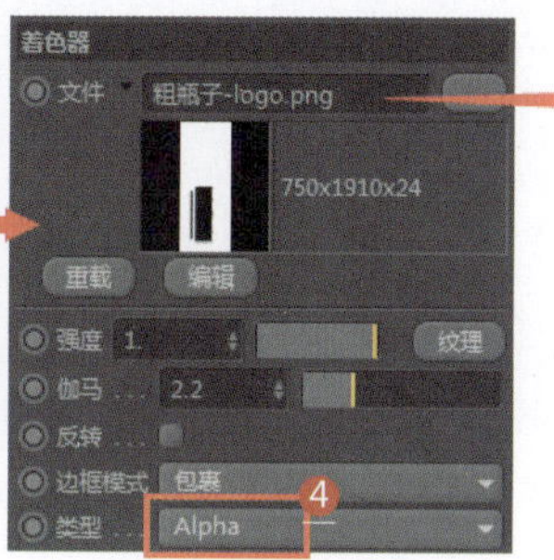

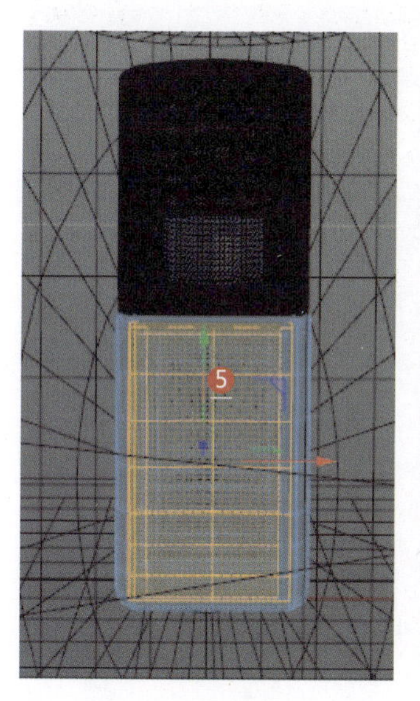

1. 设置材质类型为漫射（瓶身Logo材质）
2. 设置透明度通道的纹理为图像纹理
3. 设置瓶身Logo贴图
4. 设置类型为Alpha
5. 选择瓶身要粘贴Logo的区域，将Logo贴图应用到该区域
6. 瓶身Logo效果

金属材质——037~049

使用Octane渲染器能够很好地表现金属材质，其调整方法不仅简洁，而且渲染速度要比其他渲染器更快，可以说表现金属材质是该渲染器的强大优势之一。所以质感分明的黄金及各式不锈钢等材质，在Octane渲染器的作用下，便可以渲染出极佳的效果。

037 生锈金属材质

应用领域：CG影视

技术要点：

利用生锈金属贴图表现生锈金属表面色调；利用混合强度表现反射效果；利用凹凸通道表现斑驳的生锈质感。

思路分析：

设置生锈金属贴图+设置菲涅耳参数+设置凹凸通道。

难度系数：★★★☆☆

工程：材质文件\J\037

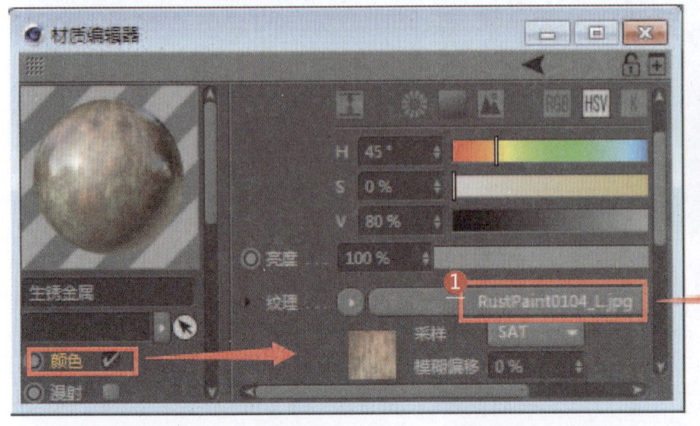

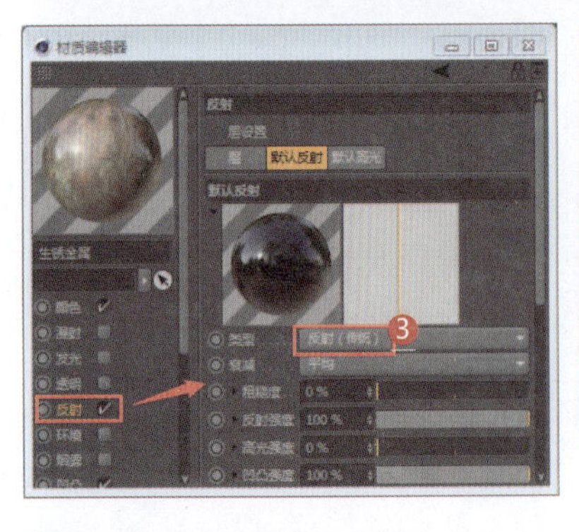

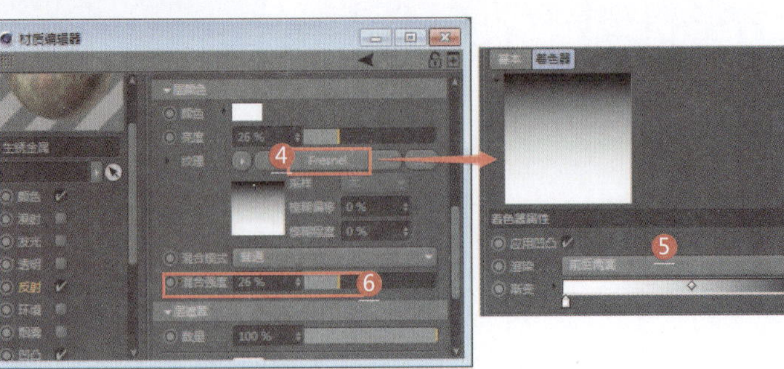

❶ 设置颜色通道为纹理贴图

❷ 生锈金属贴图

❸ 设置类型为反射（传统）

❹ 设置纹理为Fresnel（菲涅耳）

❺ 设置菲涅耳参数

❻ 设置混合强度（表现轻微菲涅耳反射效果）

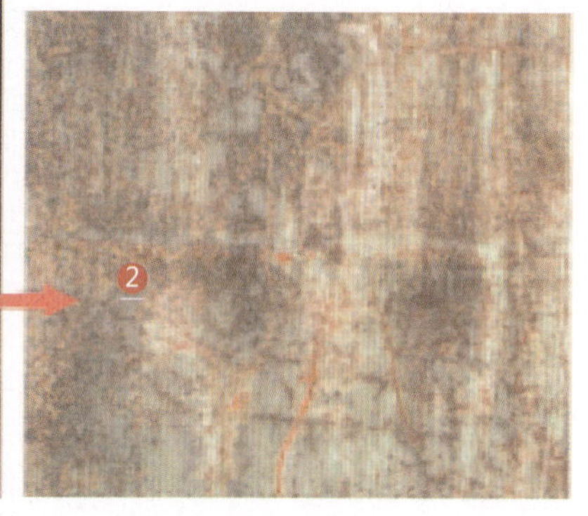

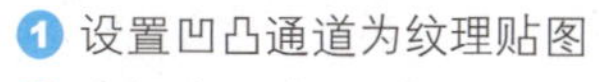

❶ 设置凹凸通道为纹理贴图

❷ 生锈金属贴图

❸ 生锈金属渲染效果

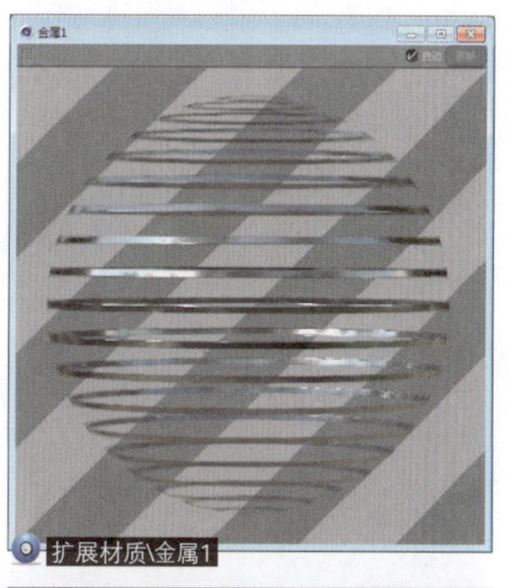

扩展材质\金属1

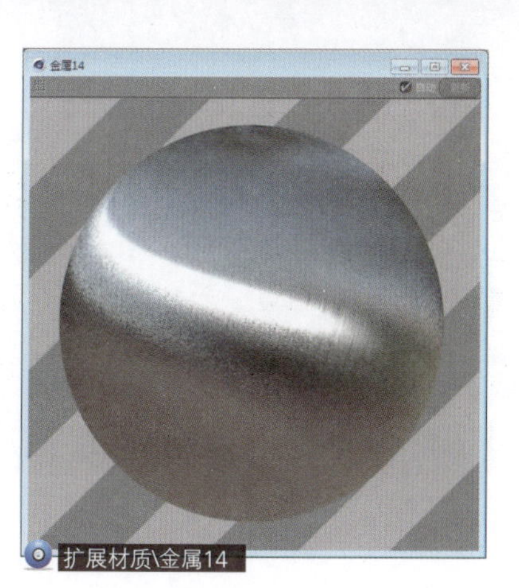

扩展材质\金属14

扩展材质\金属15

038 旋转反射的金属材质

应用领域：陈设品装饰

技术要点：

利用光泽度材质类型制作金属材质；通过设置旋转纹理贴图、渐变节点制作金属材质的旋转反射效果。

思路分析：

设置材质类型+设置折射率+设置渐变节点。

难度系数：★★☆☆☆

工程：材质文件\J\038

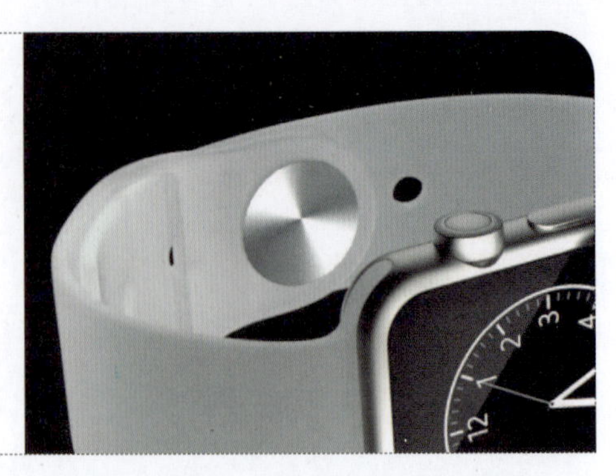

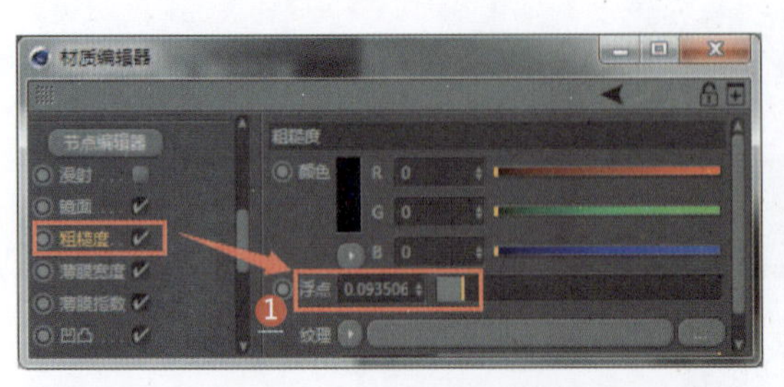

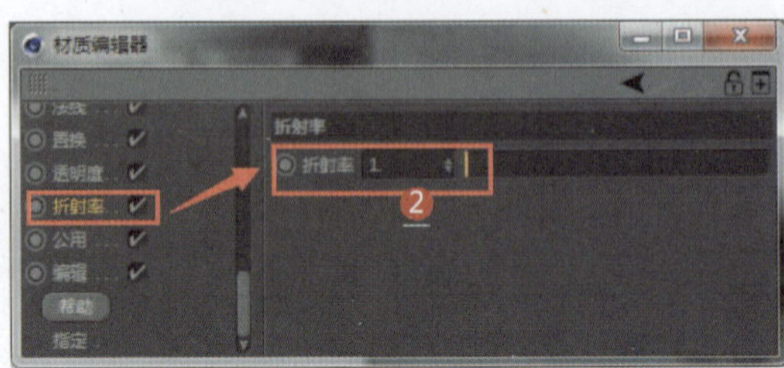

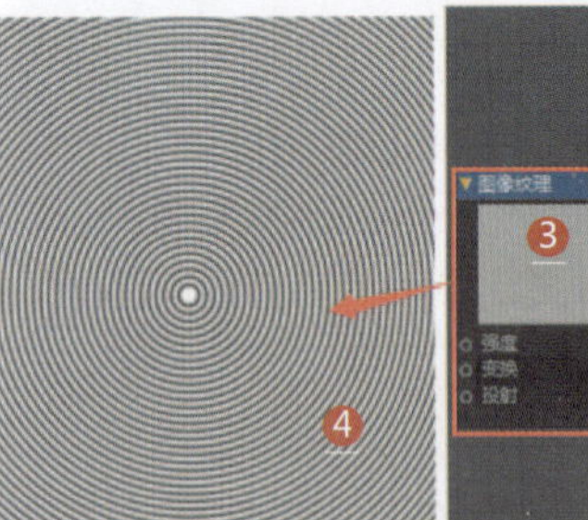

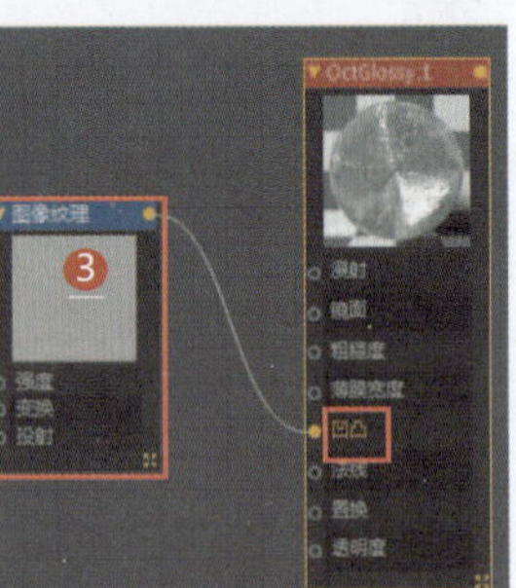

1. 设置材质类型为光泽度，并设置粗糙度参数
2. 设置折射率
3. 进入节点编辑模式，设置凹凸通道的纹理为图像纹理
4. 设置贴图为旋转纹理贴图
5. 将渐变节点拖动到凹凸贴图连线上
6. 设置梯度渐变颜色（颜色越暗，凹凸效果越弱）

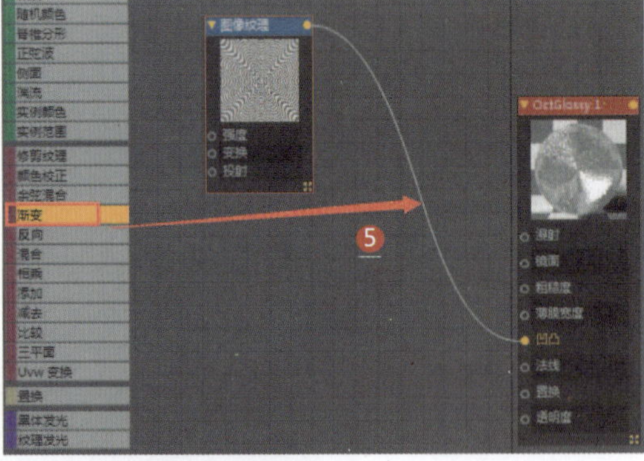

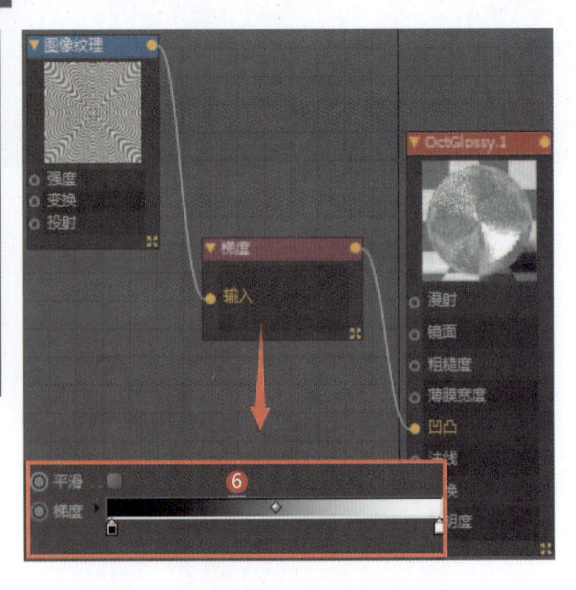

扩展材质\金属2

039 哑光金属材质

应用领域：陈设品装饰

技术要点：

利用粗糙度来表现受光面效果；利用颗粒贴图来表现哑光金属的质感。

思路分析：

设置粗糙度参数+设置颗粒贴图。

难度系数：★★☆☆☆

工程：材质文件\J\039

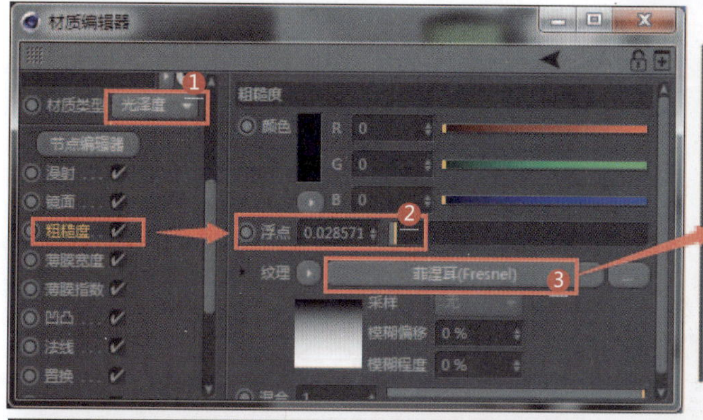

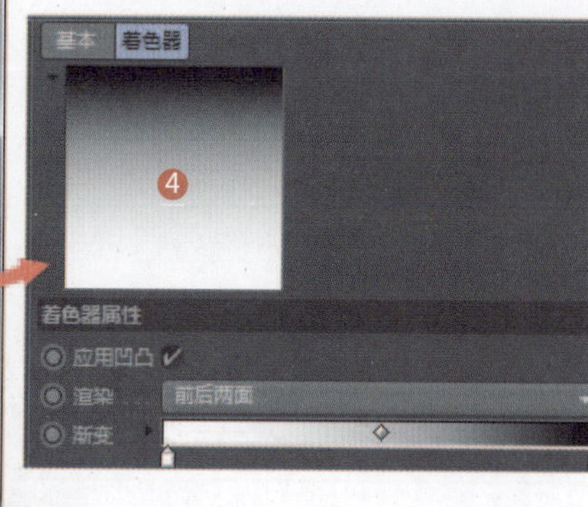

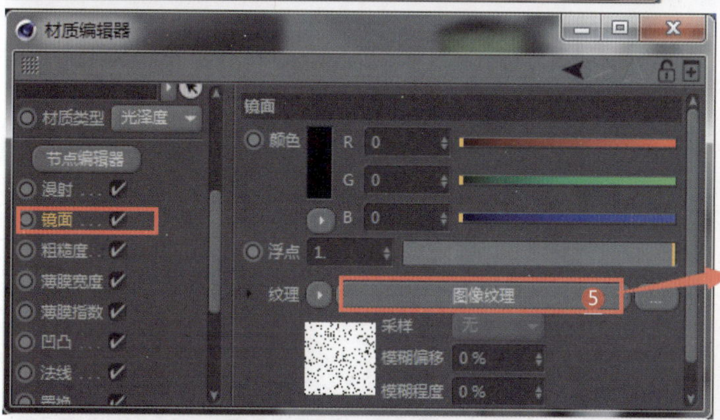

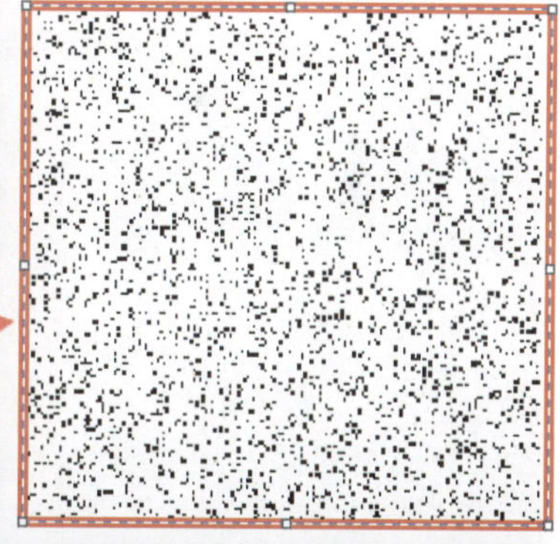

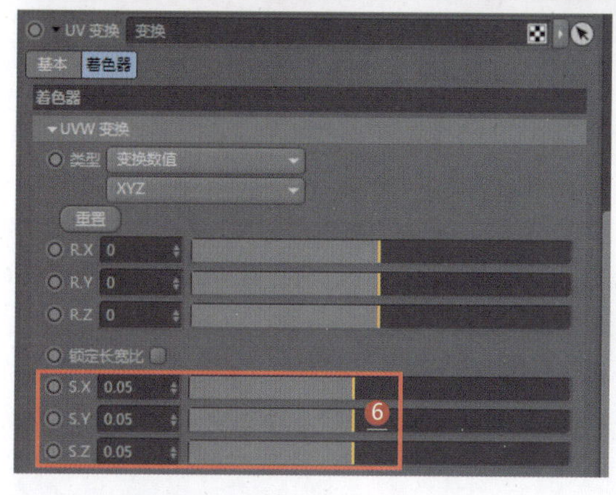

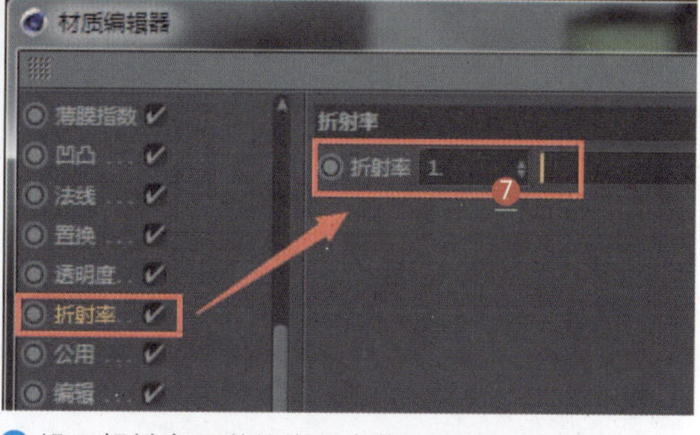

❶ 设置材质类型为光泽度

❷ 设置粗糙度参数

❸ 设置粗糙度通道的纹理为菲涅耳（Fresnel）

❹ 设置菲涅耳贴图

❺ 设置镜面通道的纹理为图像纹理（颗粒贴图）

❻ 缩小颗粒贴图的长宽比（金属表面产生细小颗粒）

❼ 设置折射率（1表示高反射）

040 斑驳金属材质

应用领域：CG影视

技术要点：

利用粗糙度贴图表现不同区域的磨砂效果（影响光泽度）；在凹凸通道设置斑驳贴图，用于表现斑驳的金属表面。

思路分析：

设置粗糙度参数+设置凹凸通道参数。

难度系数：★★★☆☆

工程：材质文件\J\040

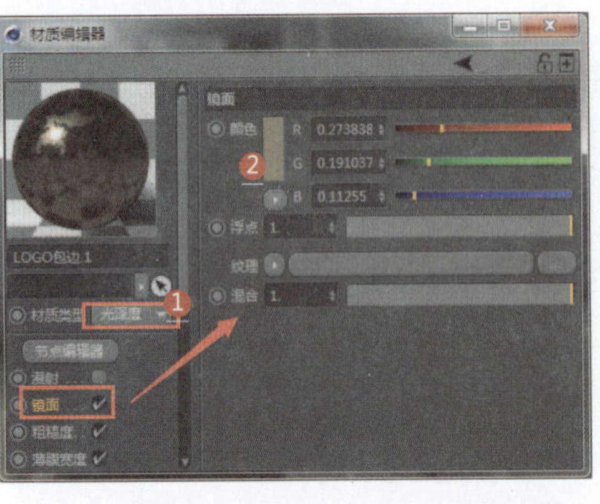

1 设置材质类型为光泽度
2 设置镜面通道的颜色为暗黄色
3 设置粗糙度参数
4 设置粗糙度通道的纹理为图像纹理
5 设置凹凸通道的纹理为梯度（减弱凹凸强度）
6 设置梯度渐变颜色（颜色越暗，凹凸强度越弱）
7 设置纹理为图像纹理，指定为斑驳贴图

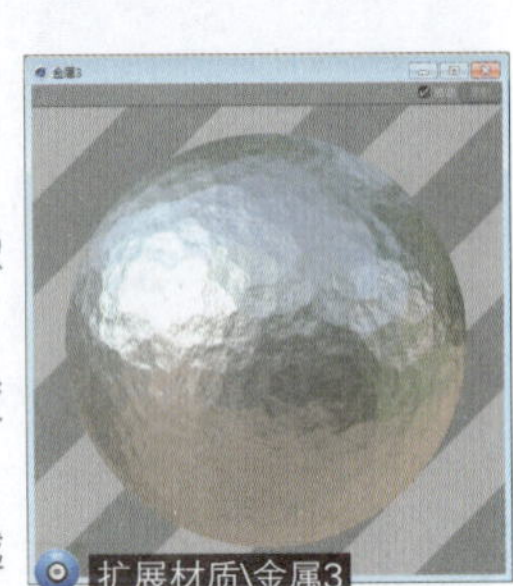

扩展材质\金属3

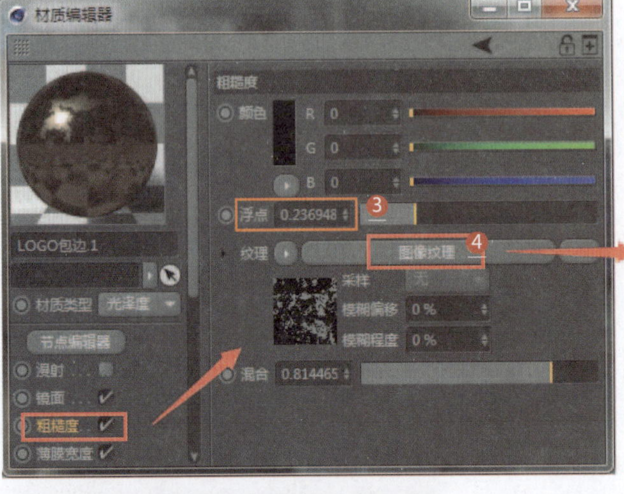

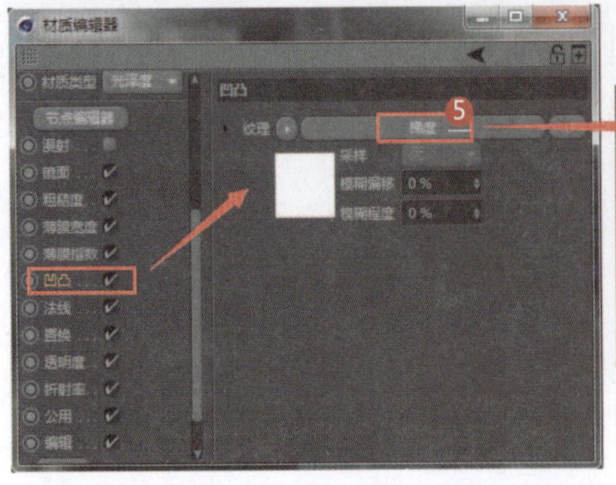

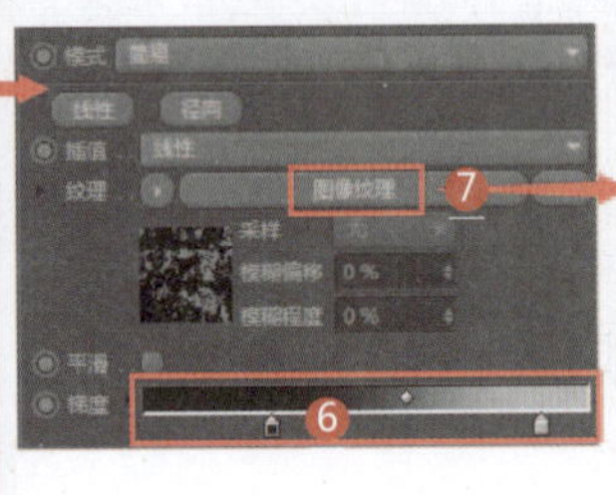

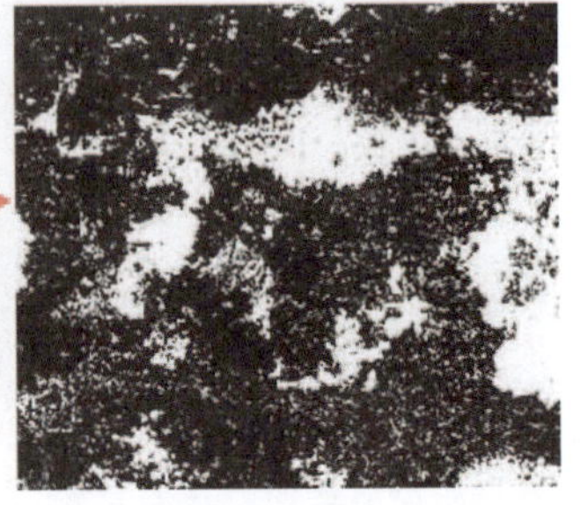

041 印字的拉丝金属材质

应用领域：陈设品装饰

技术要点：

利用光泽度材质类型制作拉丝金属材质；利用光泽度材质类型制作黑色文字的材质；利用混合材质通道制作以上两种材质的效果。

思路分析：

设置拉丝金属材质+设置黑色文字材质+混合贴图。

难度系数：★★★★☆

工程：材质文件\J\041

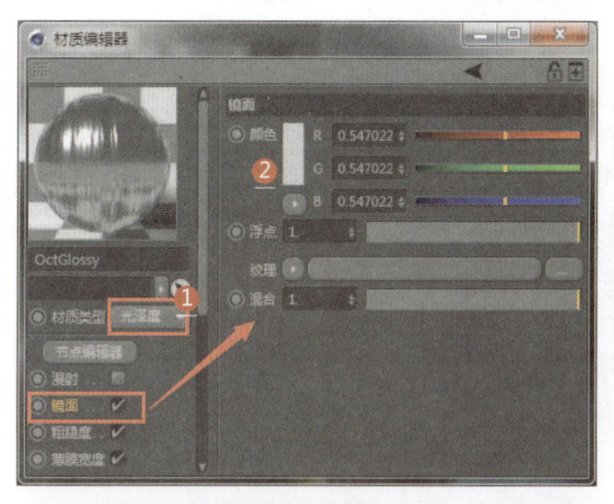

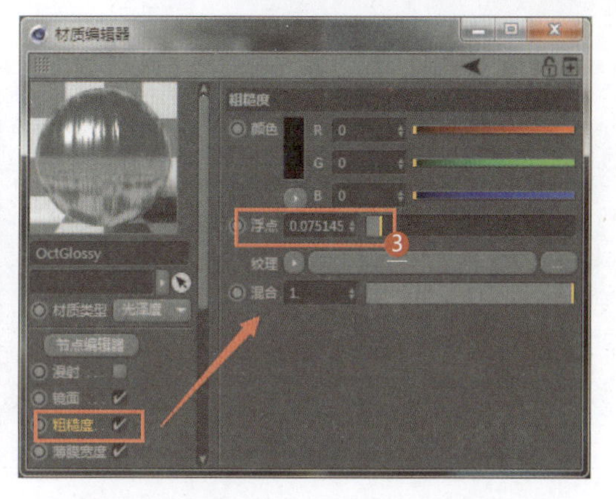

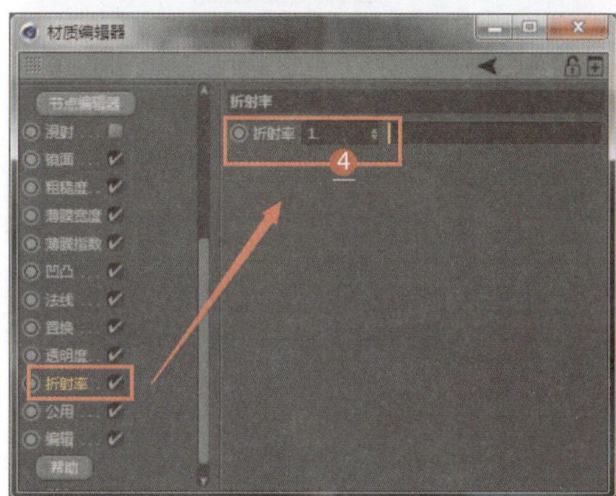

1. 设置材质类型为光泽度（拉丝金属材质）
2. 设置镜面通道的颜色为淡灰色
3. 设置粗糙度参数
4. 设置折射率
5. 设置凹凸通道的纹理为梯度（减弱凹凸强度）
6. 设置梯度渐变颜色（颜色越暗，凹凸强度越弱）
7. 设置纹理为噪波
8. 设置噪波参数

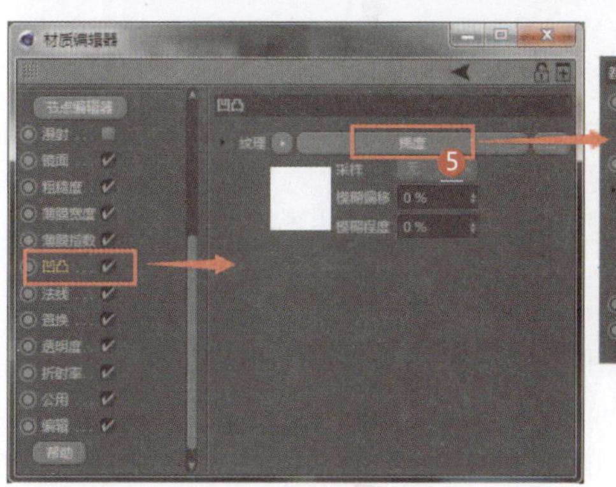

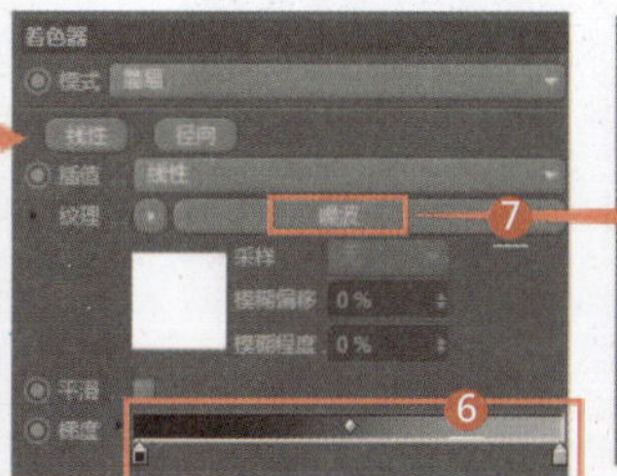

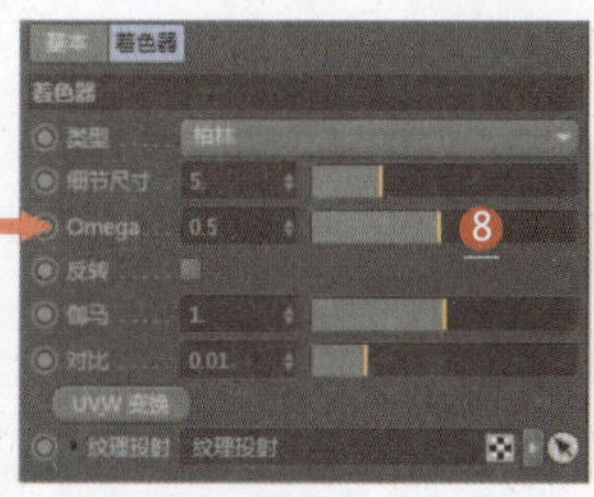

B F H J K L M Q S T X Y

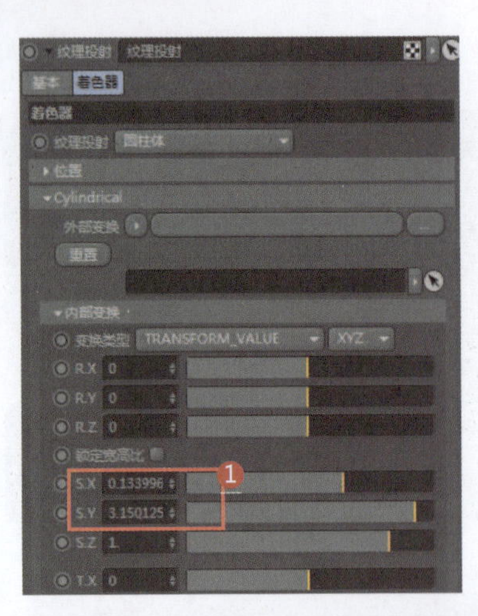

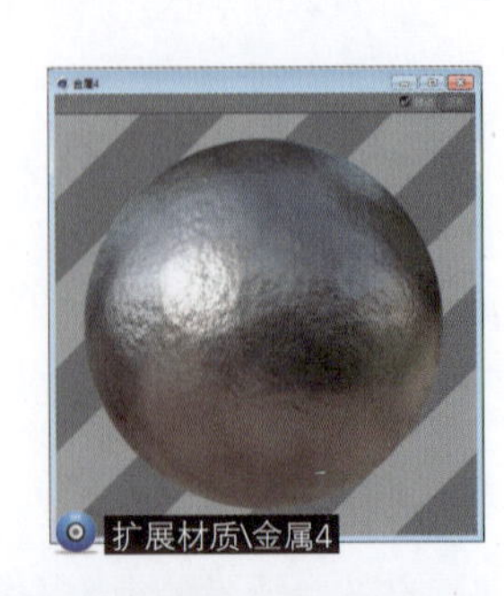

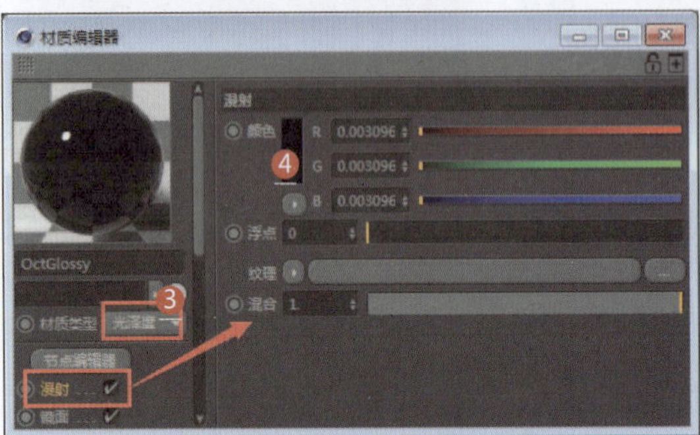

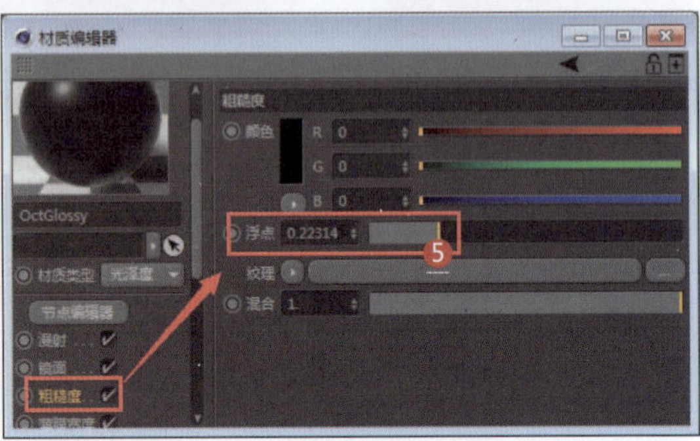

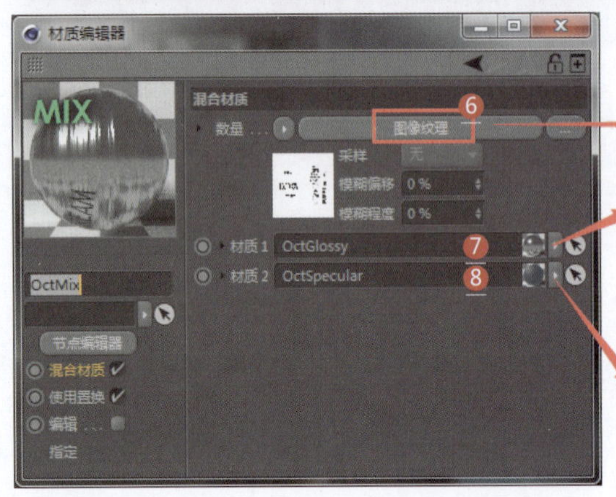

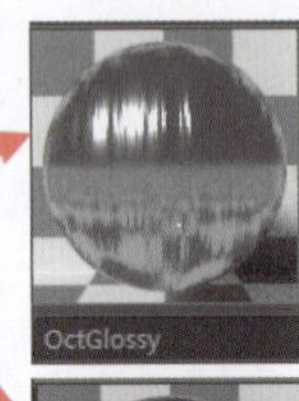

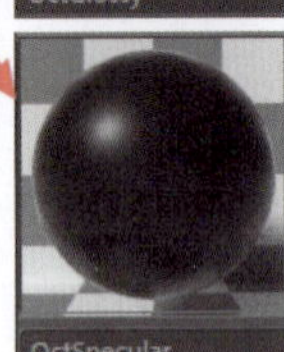

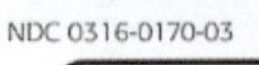

1. 在纹理投射区域，设置X轴和Y轴的比例差距（产生拉丝纹理）
2. 拉丝金属效果
3. 设置材质类型为光泽度（黑色文字材质）
4. 设置漫射通道的颜色为黑色
5. 设置粗糙度参数
6. 新建一个混合材质，设置混合材质为图像纹理（用于分布黑色文字）
7. 设置材质1为拉丝金属材质
8. 设置材质2为黑色文字材质
9. 渲染效果

042 镂空网格金属材质

应用领域：陈设品装饰

技术要点：

利用粗糙度参数来控制金属的光泽度；利用透明度通道来表现镂空网格贴图的效果。

思路分析：

设置折射率和粗糙度参数+设置凹凸贴图和镂空网格贴图。

难度系数：★★★☆☆

工程：材质文件\J\042

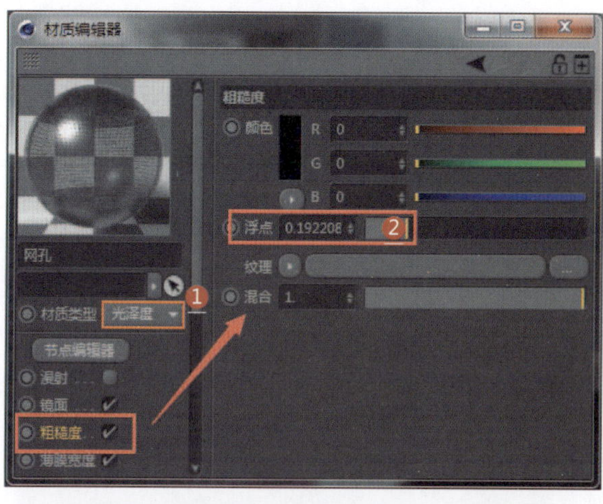

1 设置材质类型为光泽度
2 设置粗糙度参数
3 设置凹凸通道的纹理为图像纹理
4 设置凹凸贴图
5 设置强度参数
6 设置透明度通道的纹理为图像纹理
7 设置镂空网格贴图
8 设置折射率

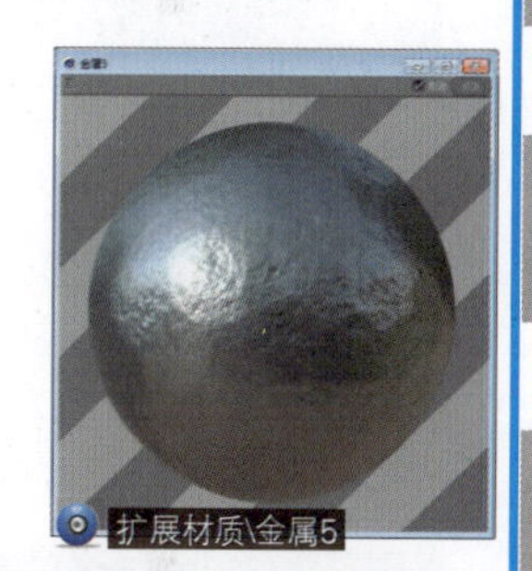

扩展材质\金属5

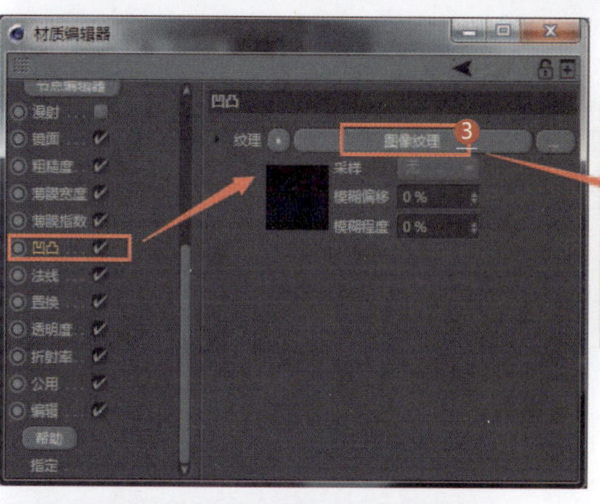

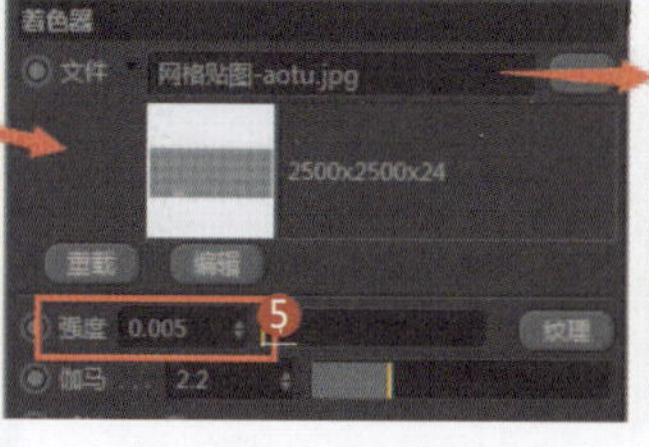

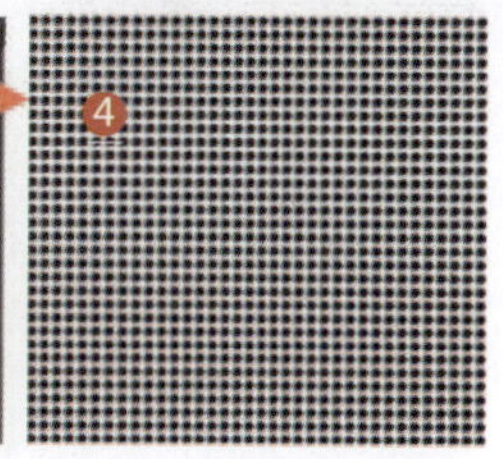

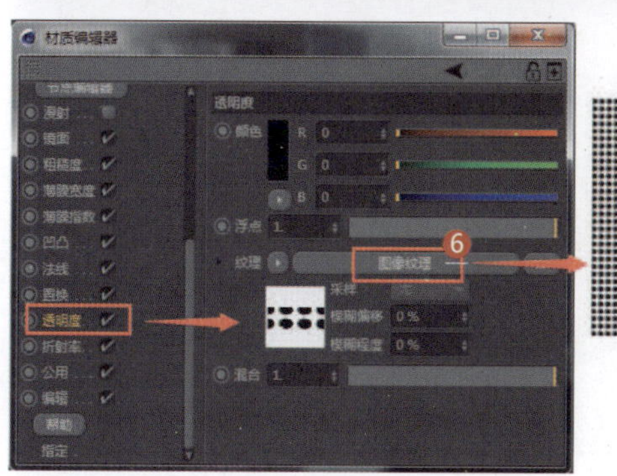

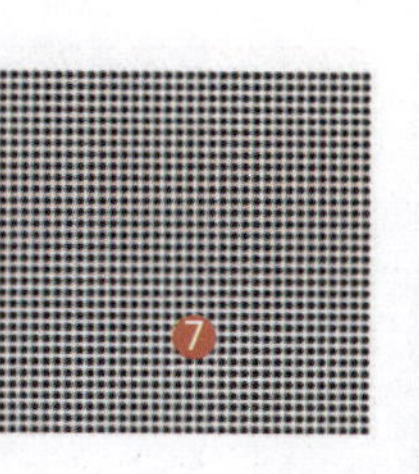

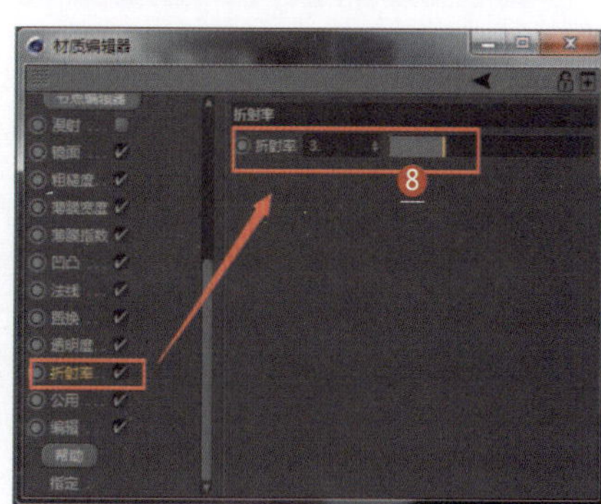

043 车削金属反射和指纹按钮材质

应用领域：电商材质

技术要点：

利用二维-锥形渐变产生车削金属反射；利用凹凸贴图产生金属表面的凹凸效果。

思路分析：

设置车削金属反射+设置凹凸通道。

难度系数：★★★★☆

工程：材质文件\J\043

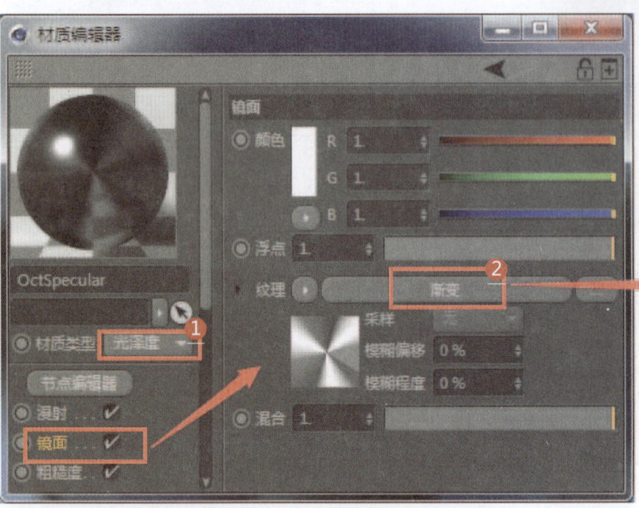

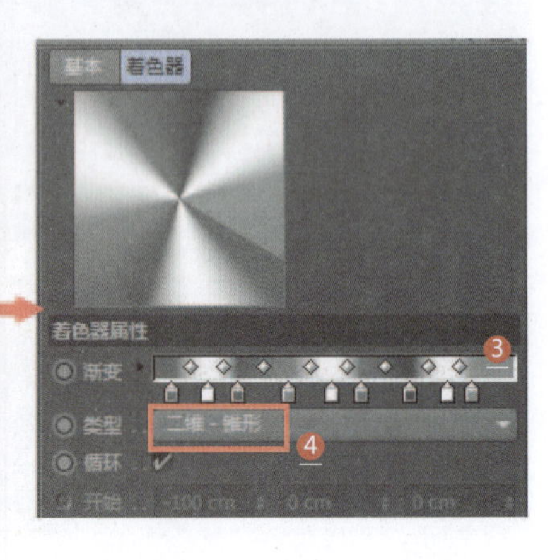

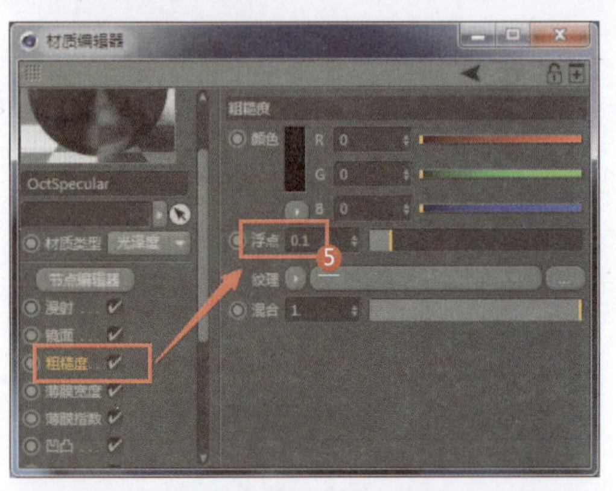

1 设置材质类型为光泽度
2 设置镜面通道的纹理为渐变
3 设置渐变方式为不间断的灰色和白色渐变
4 设置渐变类型为二维-锥形
5 设置金属粗糙度
6 设置凹凸通道的纹理为图像纹理
7 凹凸贴图

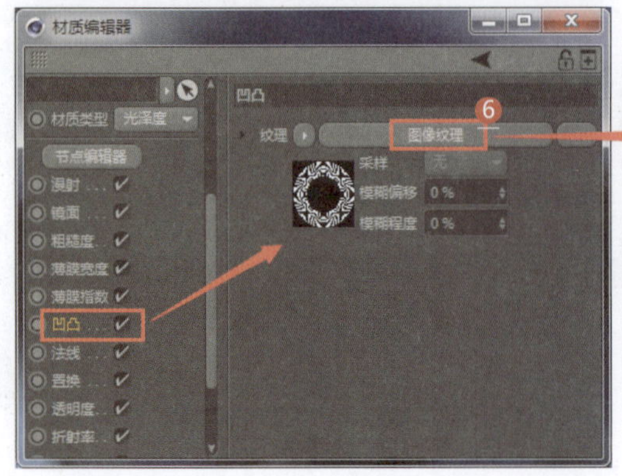

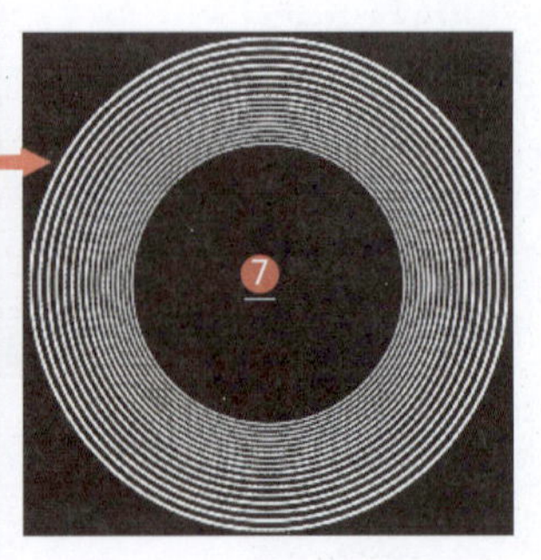

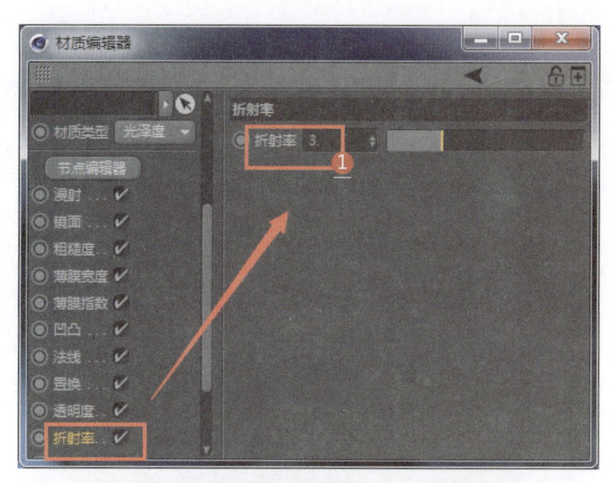

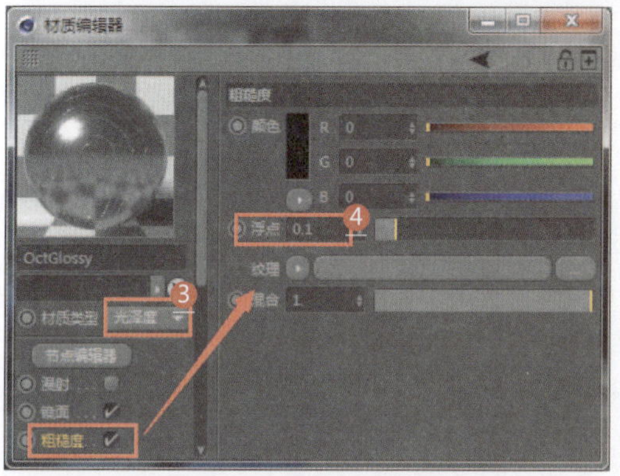

1 设置金属的折射率
2 车削金属反射效果
3 设置材质类型为光泽度
4 设置金属的粗糙度
5 设置凹凸通道的纹理为图像纹理
6 指纹贴图
7 设置折射率
8 指纹按钮的凹凸效果

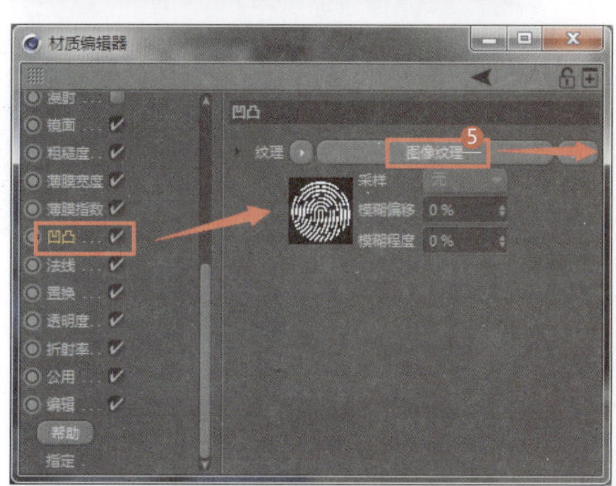

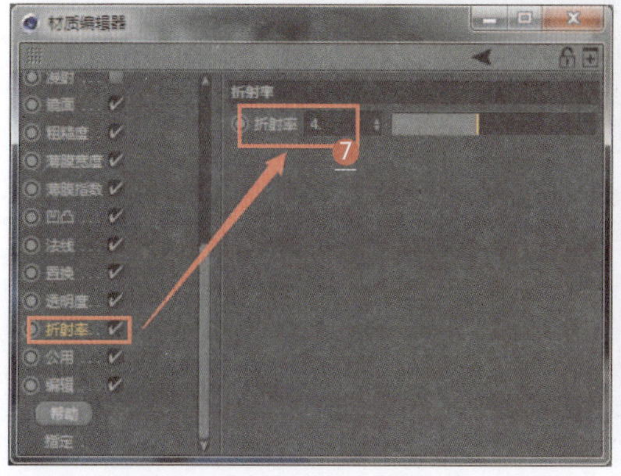

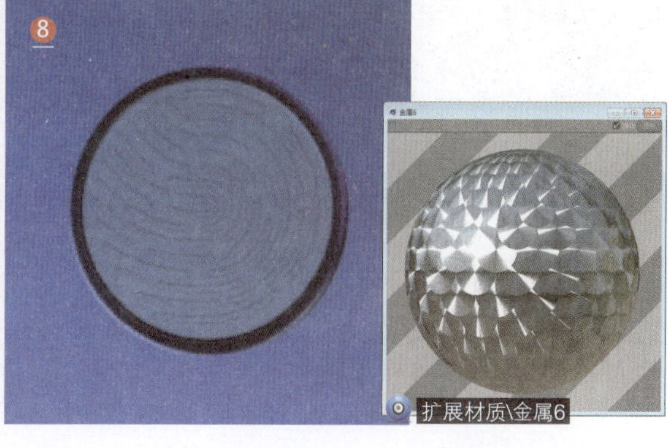

044 拉丝金属材质

应用领域：电商材质

技术要点：

利用凹凸通道的噪波贴图设置拉丝纹理；通过设置纹理坐标改变拉丝金属的纹理方向。

思路分析：

设置金属材质+设置凹凸纹理+设置纹理坐标方向。

难度系数：★★★★☆

工程：材质文件\J\044

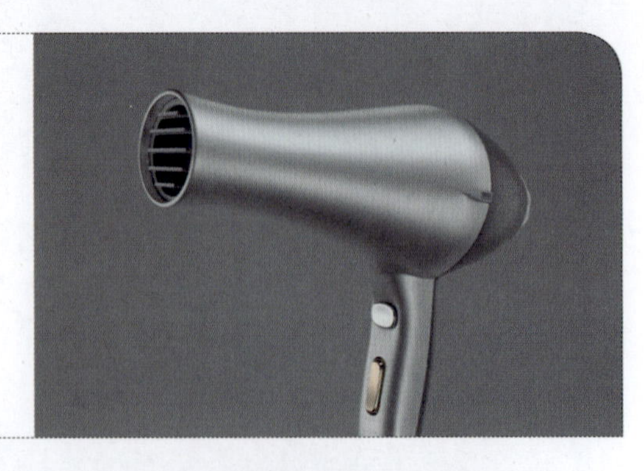

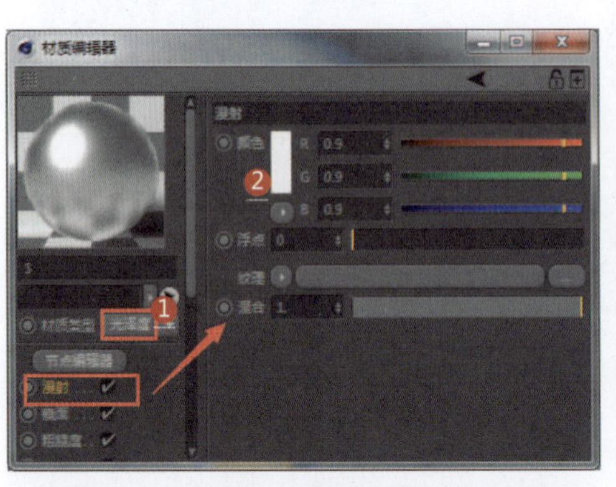

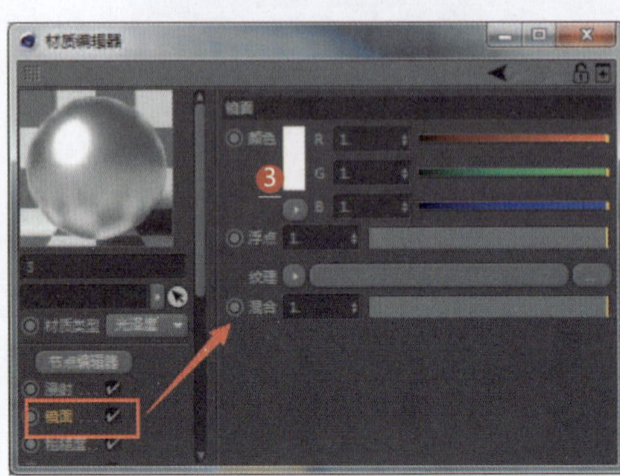

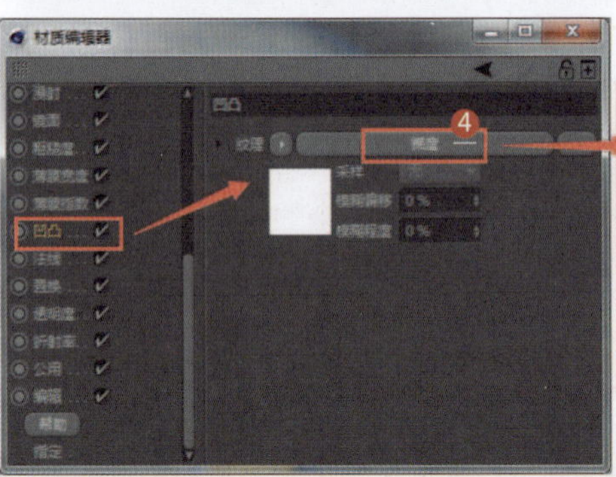

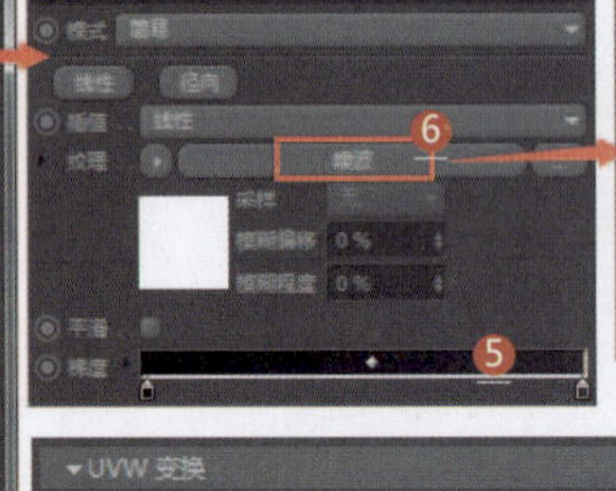

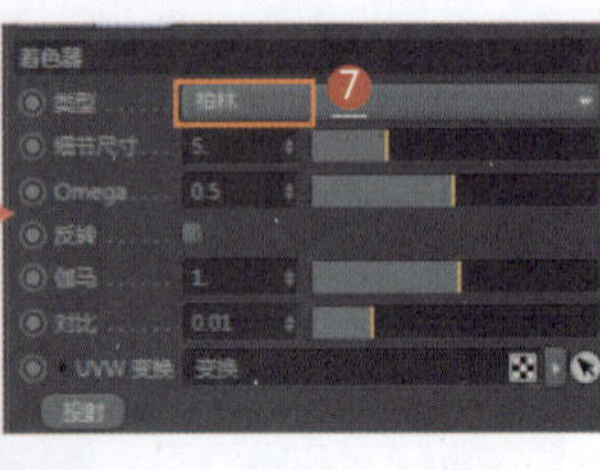

❶ 设置材质类型为光泽度

❷ 设置漫射通道的颜色参数

❸ 设置镜面通道的颜色参数

❹ 设置凹凸通道的纹理为梯度（用于改变凹凸强度）

❺ 设置梯度渐变颜色（颜色越暗，凹凸强度越弱）

❻ 设置纹理为噪波

❼ 设置类型为柏林

❽ 通过长宽比改变噪波比例，产生拉丝效果

❾ 设置金属粗糙度

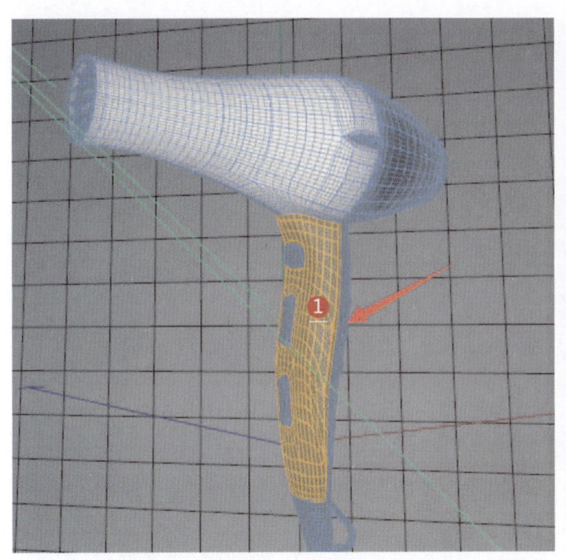

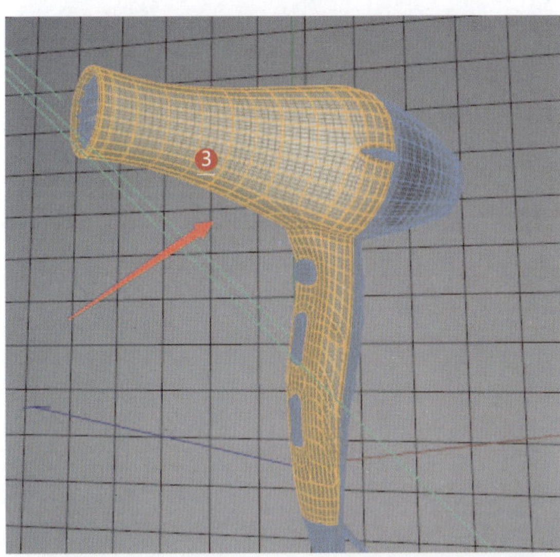

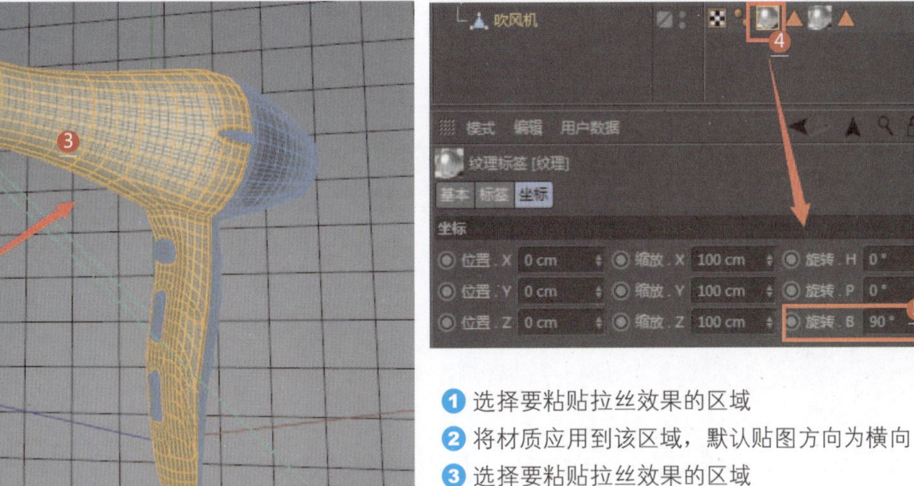

1. 选择要粘贴拉丝效果的区域
2. 将材质应用到该区域，默认贴图方向为横向
3. 选择要粘贴拉丝效果的区域
4. 在对象面板中选择材质标签
5. 设置旋转方向为90°
6. 改变方向后的拉丝金属效果

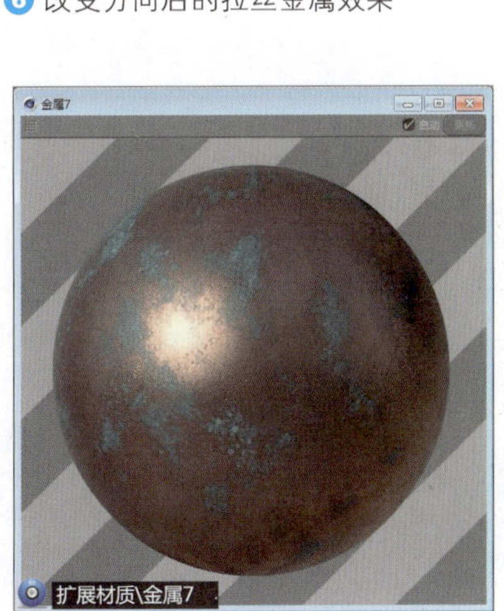

045 腐蚀白银材质

应用领域：陈设品装饰

技术要点：

利用镜面通道的颜色、粗糙度及折射率制作银色材质；利用光泽度材质类型制作锈痕材质；利用混合材质制作污垢。

思路分析：

设置银色材质+设置锈痕材质+设置污垢参数。

难度系数：★★★★☆

工程：材质文件\J\045

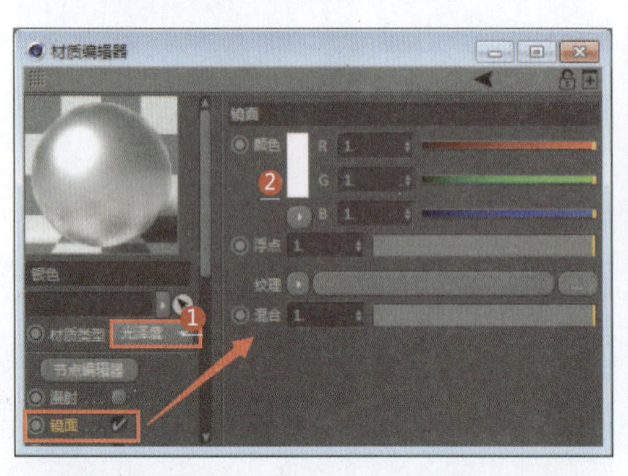

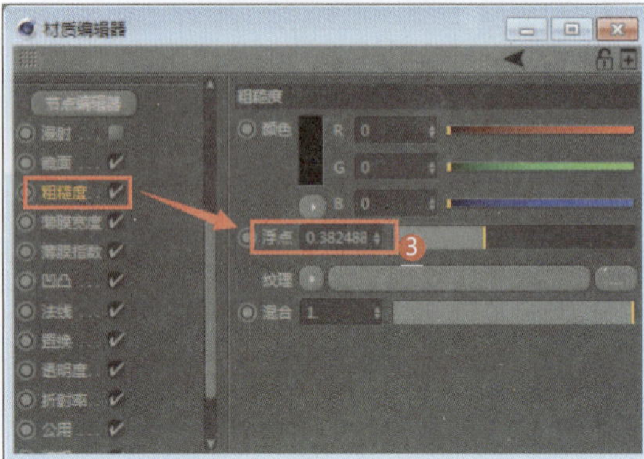

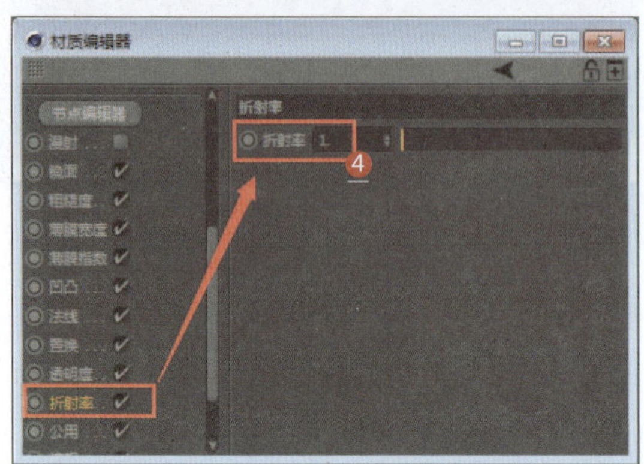

1. 设置材质类型为光泽度（银色材质）
2. 设置镜面通道颜色为白色（产生银色光泽）
3. 设置粗糙度参数
4. 设置折射率
5. 设置材质类型为光泽度（锈痕材质）
6. 设置漫射通道的纹理为图像纹理
7. 锈痕贴图

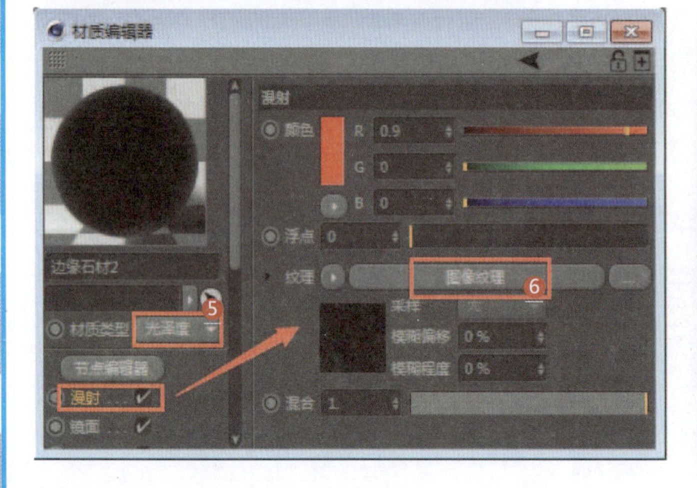

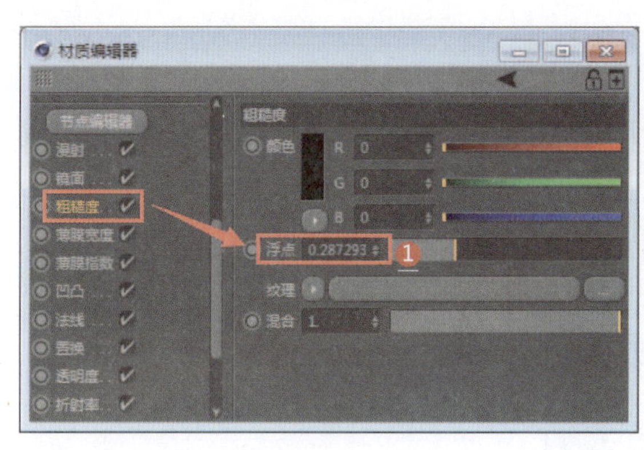

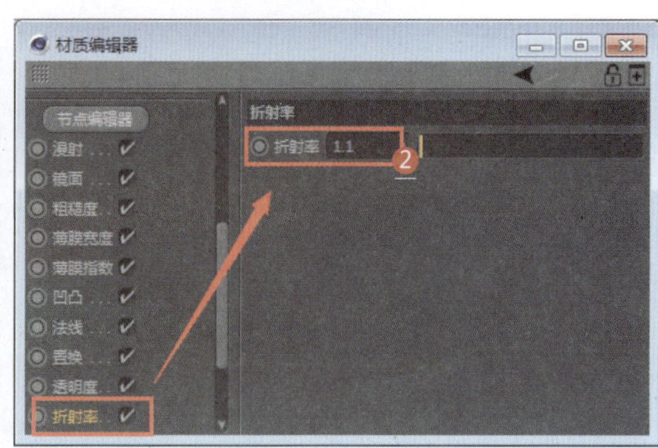

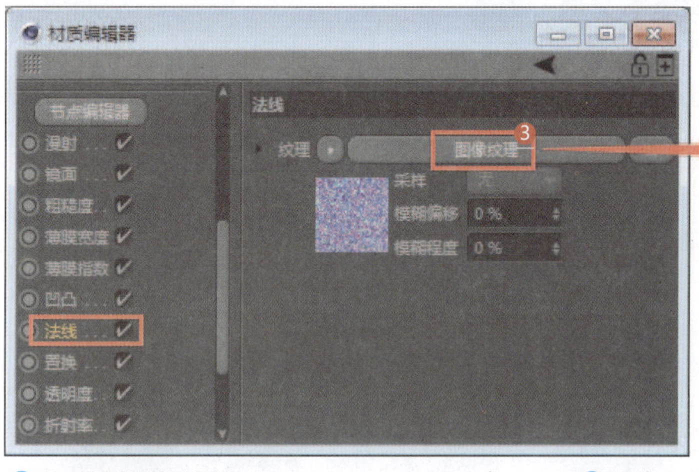

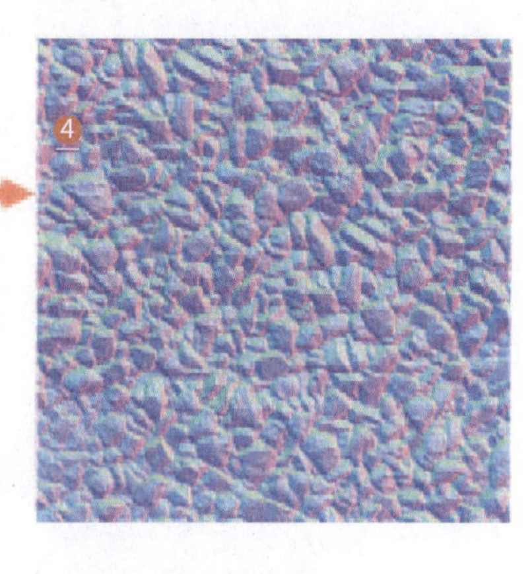

1 设置锈痕的粗糙度
2 设置折射率
3 设置法线通道的纹理为图像纹理（产生凹凸效果）
4 法线贴图
5 新建一个混合材质（用于混合银色材质和锈痕材质）
6 设置材质1为银色材质
7 设置材质2为锈痕材质
8 设置混合材质为污垢

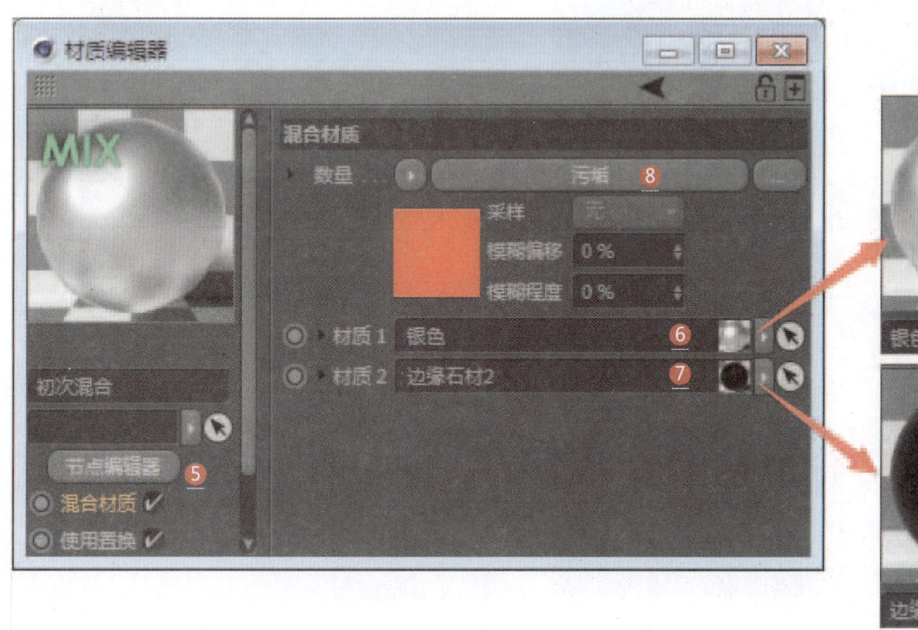

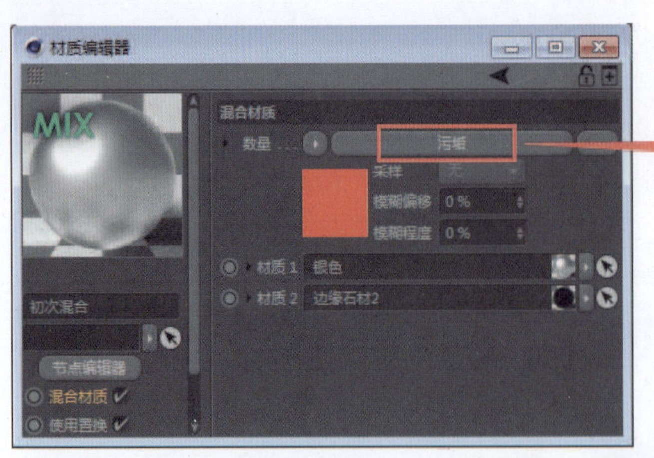

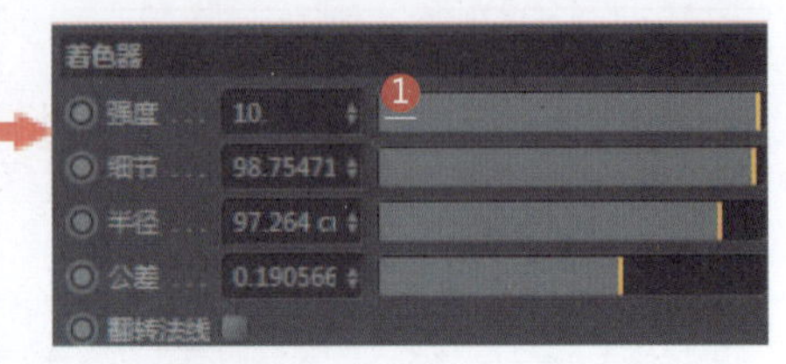

❶ 设置污垢参数
❷ 锈痕渲染效果
❸ 渲染不同模型的锈痕效果
❹ 使用同样方法渲染金色和银色的做旧效果

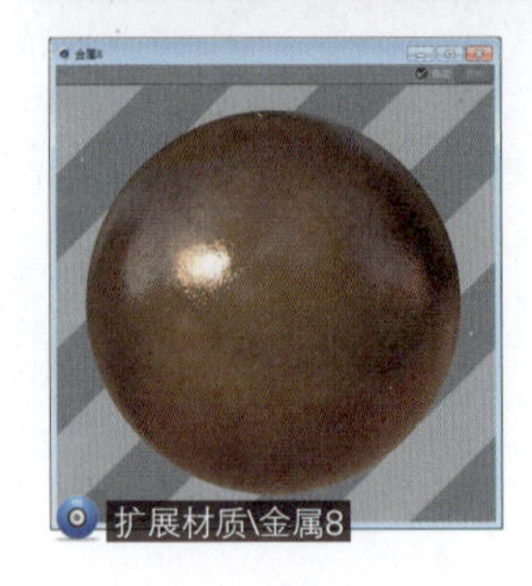

046 做旧黄金材质

应用领域：陈设品装饰

技术要点：

利用镜面通道的颜色、粗糙度及折射率制作黄金材质；利用光泽度材质类型制作黑色材质；利用混合材质制作污垢。

思路分析：

设置黄金材质+设置黑色材质+设置污垢参数。

难度系数：★★★★☆

工程：材质文件\J\046

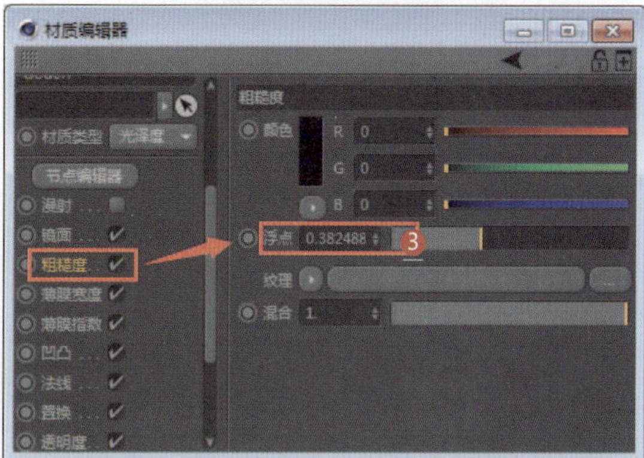

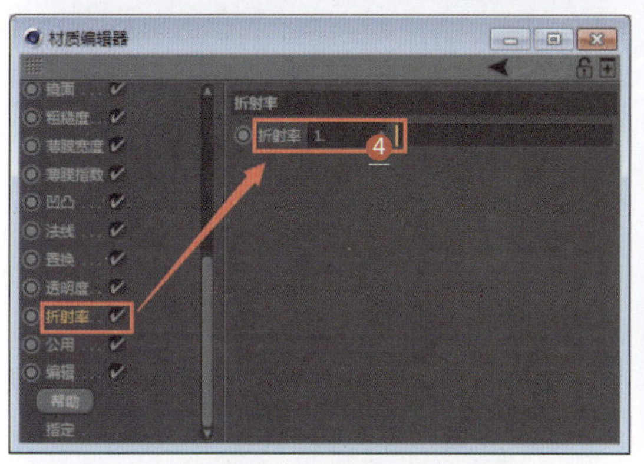

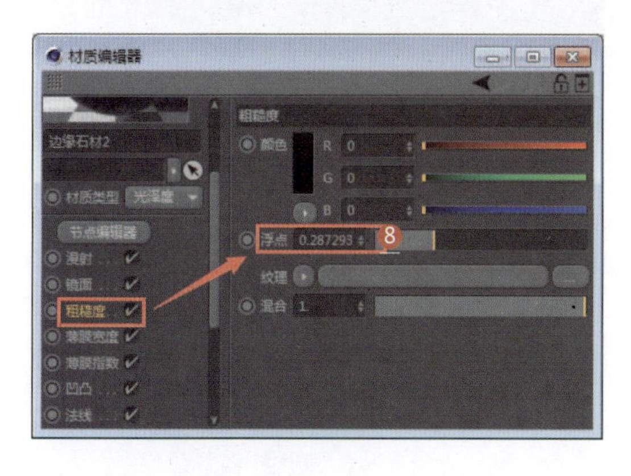

1. 设置材质类型为光泽度（黄金材质）
2. 设置镜面通道的颜色为黄色（产生金色光泽）
3. 设置粗糙度参数
4. 设置折射率
5. 设置材质类型为光泽度（黑色材质）
6. 设置漫射通道的纹理为图像纹理
7. 做旧贴图
8. 设置粗糙度参数

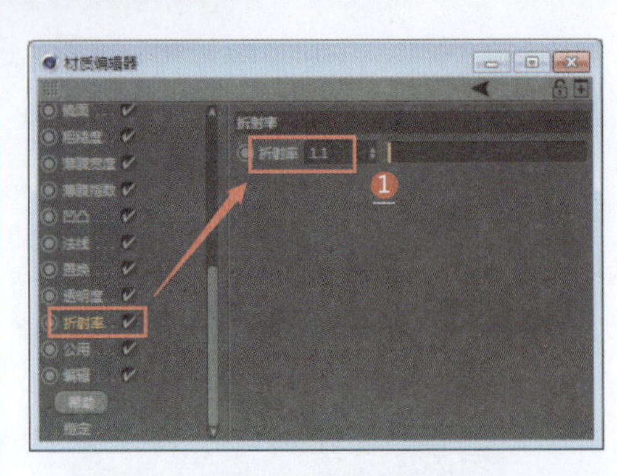

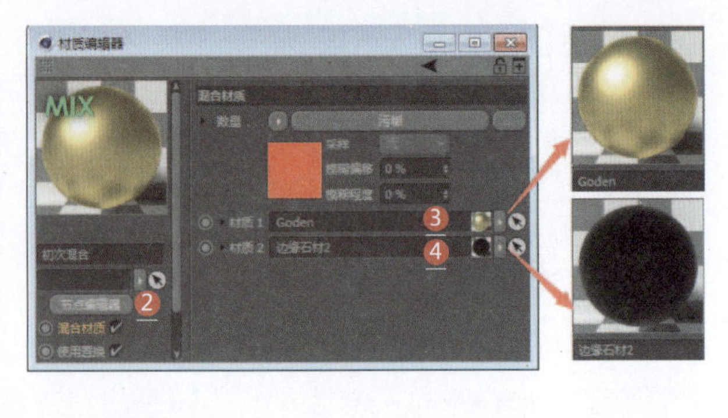

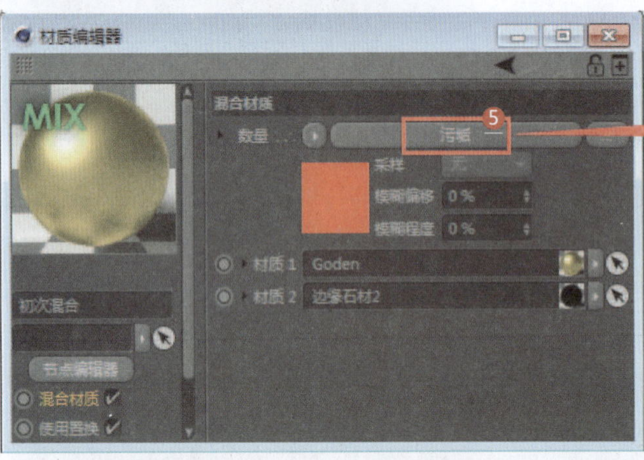

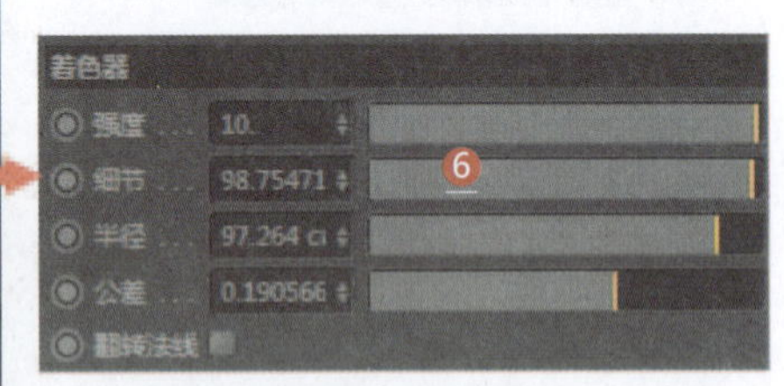

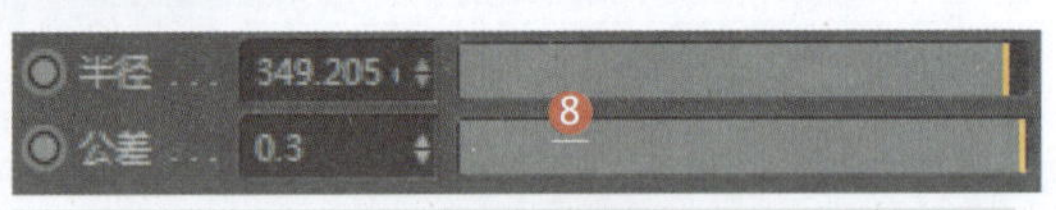

1 设置折射率
2 新建一个混合材质（用于混合黄金材质和黑色材质）
3 设置材质1为黄金材质
4 设置材质2为黑色材质
5 设置混合材质为污垢
6 设置污垢参数（用于表现做旧效果）
7 做旧比较严重的参数设置和对应效果
8 做旧比较轻微的参数设置和对应效果

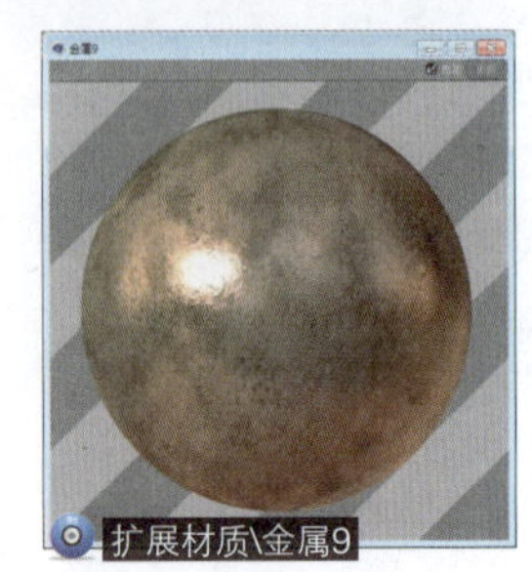
扩展材质\金属9

047 渐变反射面板材质

应用领域：电商材质

技术要点：

利用光泽度材质类型制作渐变金属材质；利用镜面材质类型制作面板表面的发光颗粒材质；利用混合材质将这两种材质进行混合。

思路分析：

设置渐变金属材质+设置面板表面的发光颗粒材质+设置混合材质。

难度系数：★★★★☆

工程：材质文件\J\047

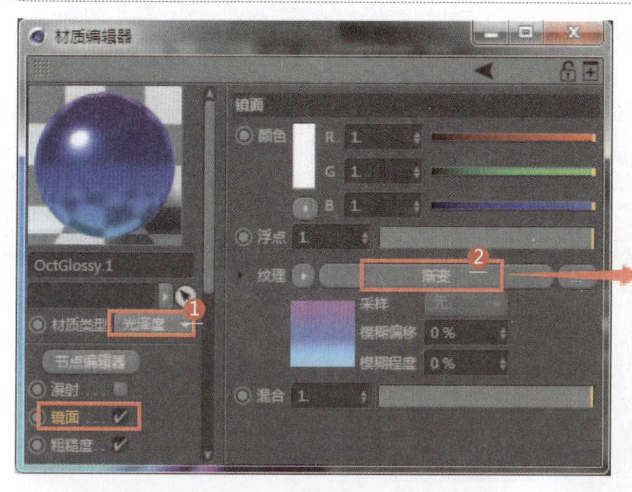

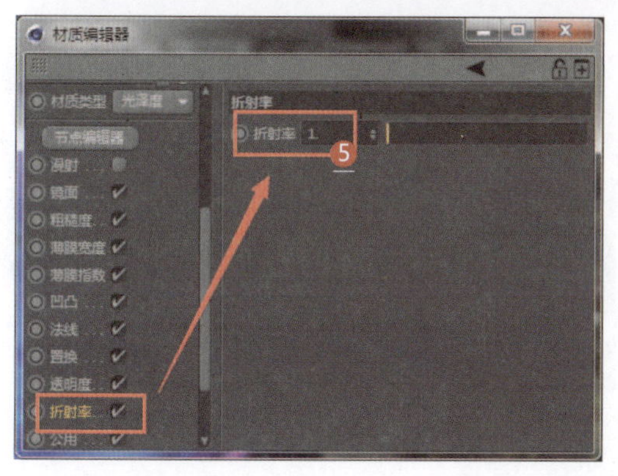

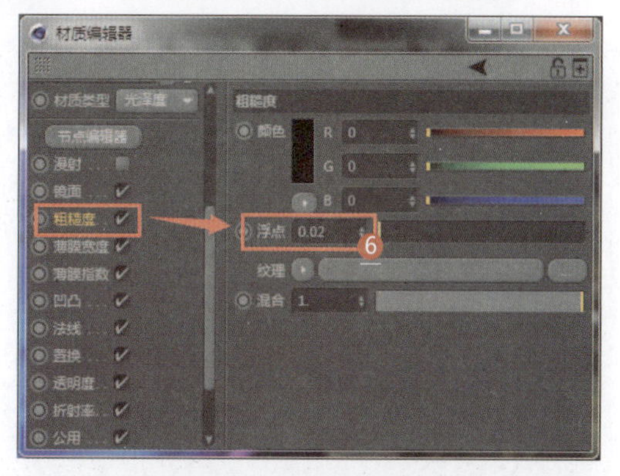

1. 设置材质类型为光泽度（渐变金属材质）
2. 设置镜面通道的纹理为渐变
3. 设置渐变颜色
4. 设置类型为二维-V
5. 设置折射率（1表示可以产生最光滑表面效果）
6. 设置粗糙度参数（数值越小，越可以产生微弱的模糊效果）
7. 设置材质类型为镜面（面板表面的发光颗粒材质）
8. 设置粗糙度参数

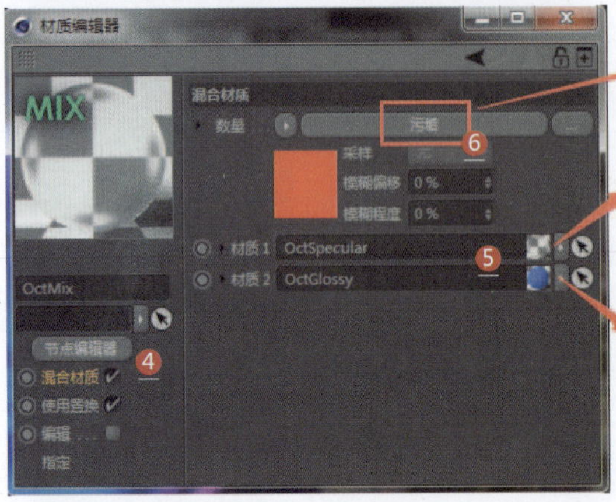

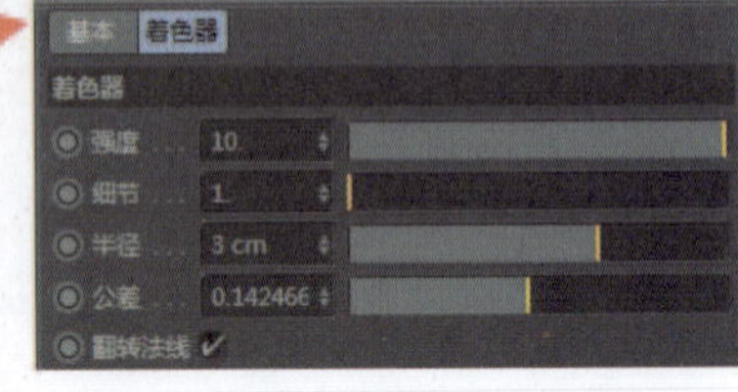

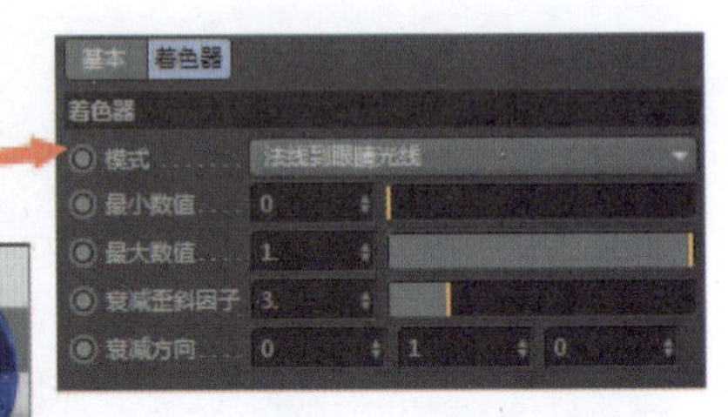

OctDiffuse

OctMix

1. 设置反射通道的颜色为蓝色（产生蓝色高光亮点）
2. 设置材质类型为漫射（用于和面板表面的发光颗粒材质进行混合）
3. 设置漫射通道的颜色为蓝色
4. 新建一个混合材质（用于将渐变金属材质和面板表面的发光颗粒材质进行混合）
5. 将渐变金属材质和面板表面的发光颗粒材质放置在材质1和材质2通道中
6. 设置混合材质为污垢
7. 新建一个混合材质，将渐变金属材质和混合材质放置在材质1和材质2通道中
8. 设置混合材质为衰减贴图

扩展材质\金属10

048 做旧金属材质

应用领域：CG影视

技术要点：

利用光泽度材质类型制作褐色锈痕金属材质和白色划痕金属材质，利用混合材质将这两种材质进行混合。

思路分析：

设置褐色锈痕金属材质+设置白色划痕金属材质+设置混合材质。

难度系数：★★★☆☆

工程：材质文件\J\048

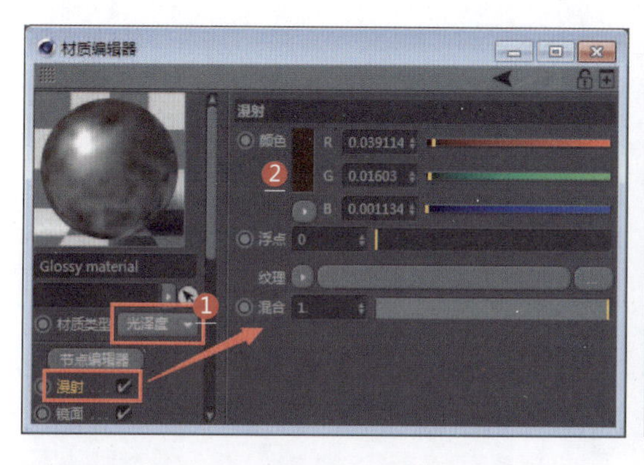

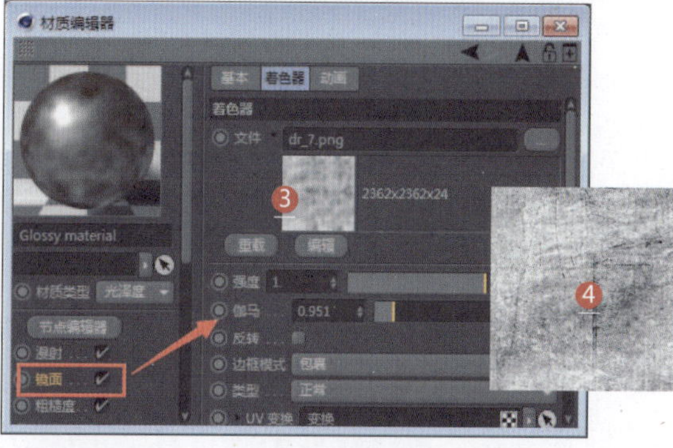

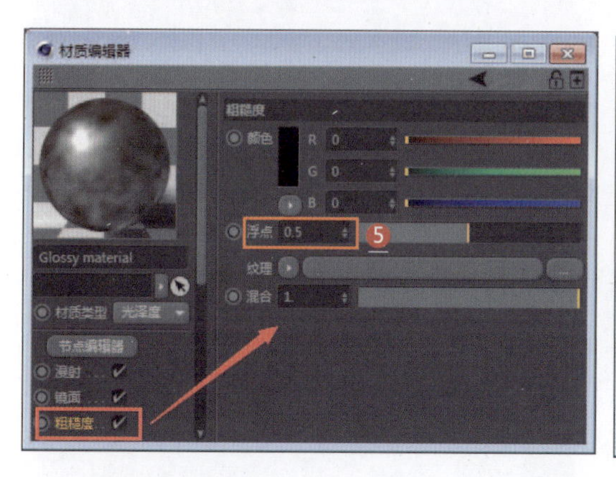

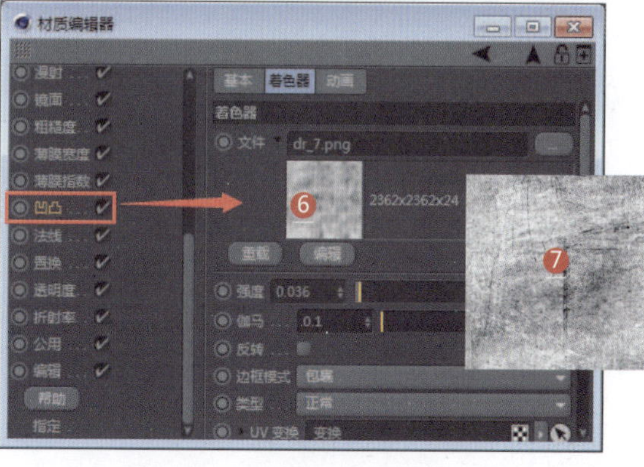

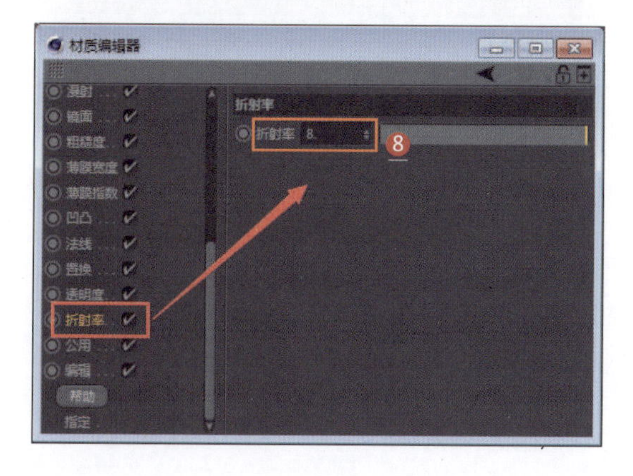

1. 设置材质类型为光泽度（褐色锈痕金属材质）
2. 设置漫射通道的颜色为褐色
3. 设置镜面通道的纹理为图像纹理
4. 设置划痕贴图
5. 设置金属的粗糙度
6. 设置凹凸通道的纹理为图像纹理
7. 设置划痕贴图
8. 设置金属的折射率

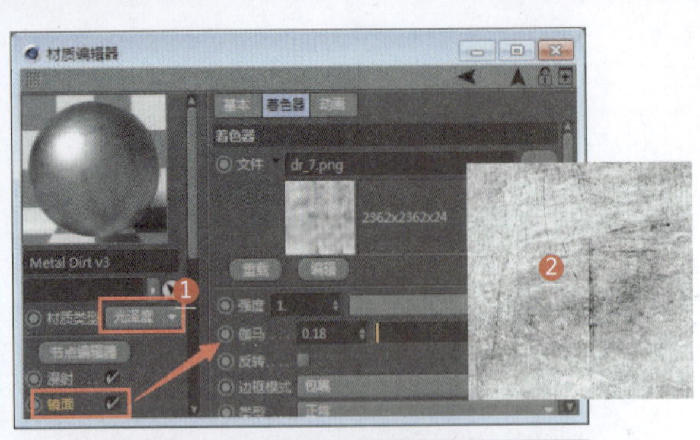

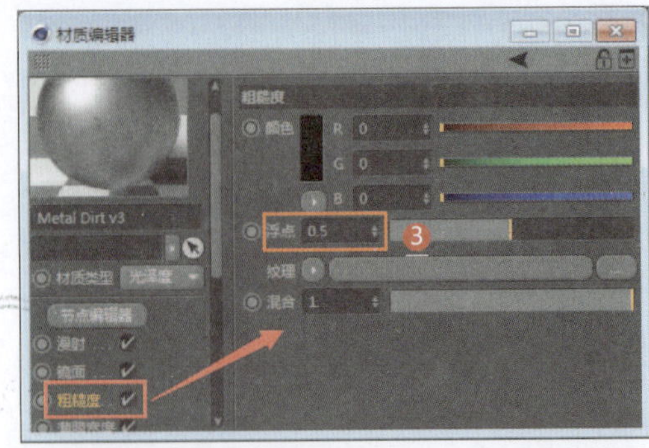

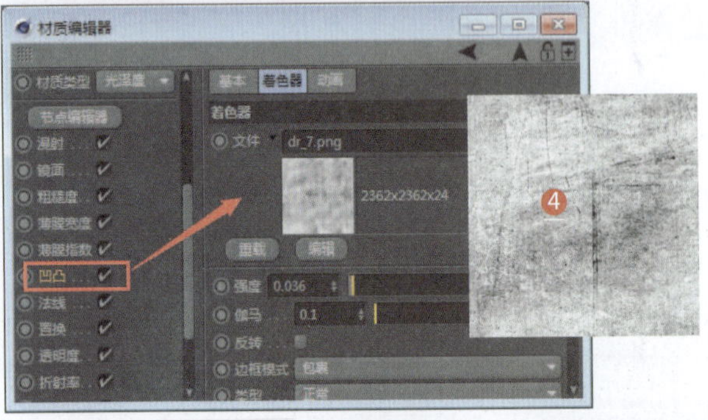

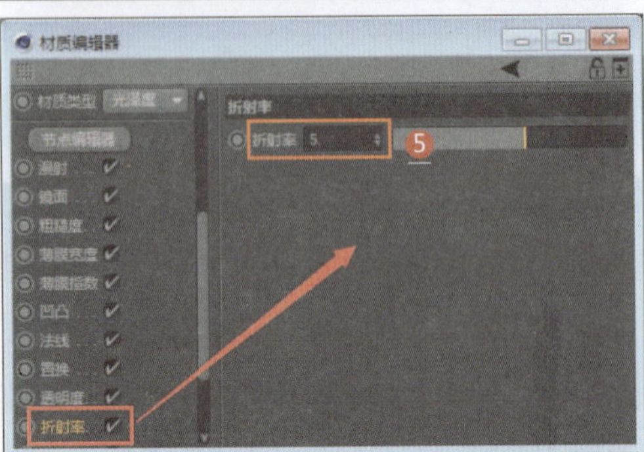

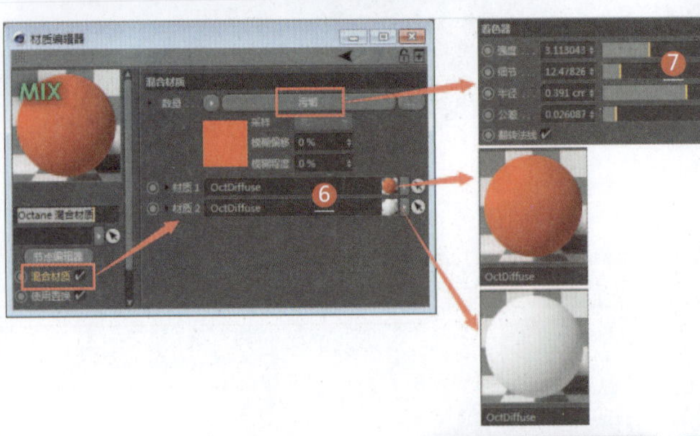

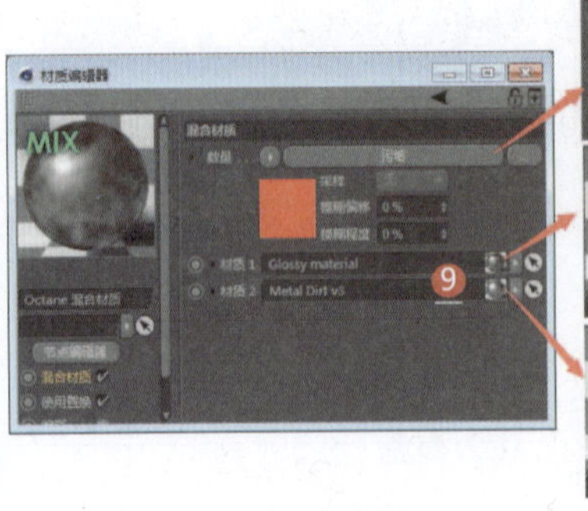

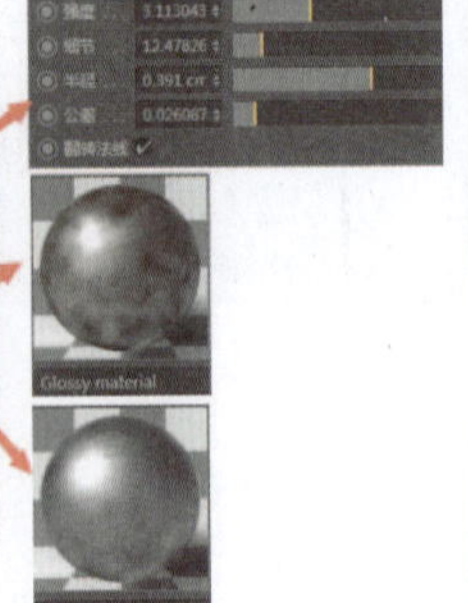

扩展材质\金属11

扩展材质\金属12

1. 设置材质类型为光泽度（白色划痕金属材质）
2. 设置镜面通道的纹理为划痕贴图
3. 设置金属的粗糙度
4. 设置凹凸通道的纹理为划痕贴图
5. 设置金属的折射率
6. 新建一个混合材质，用红色和白色漫射材质测试贴图效果
7. 设置混合材质为污垢及设置污垢参数
8. 测试效果（产生白色边缘）
9. 将褐色锈痕金属材质和白色划痕金属材质替换到测试材质中

049 青铜金属材质

应用领域：陈设品装饰

技术要点：

利用光泽度材质类型制作氧化铜材质和铜锈材质；利用混合材质将这两种材质进行混合。

思路分析：

设置氧化铜材质+设置铜锈材质+设置混合材质。

难度系数： ★★★★☆

工程：材质文件\J\049

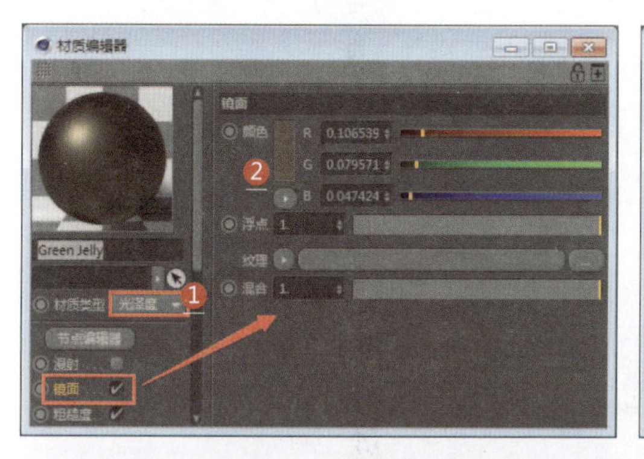

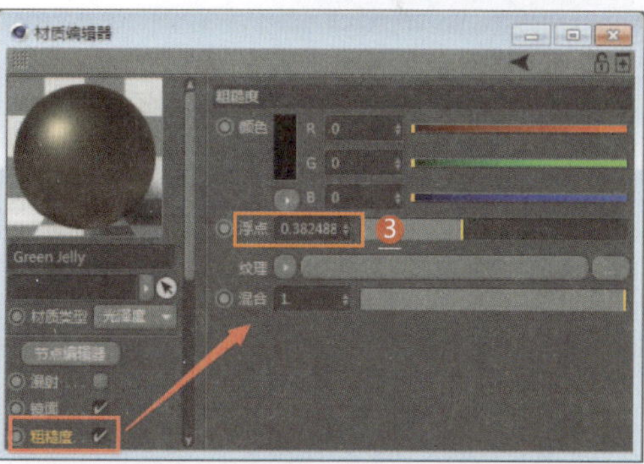

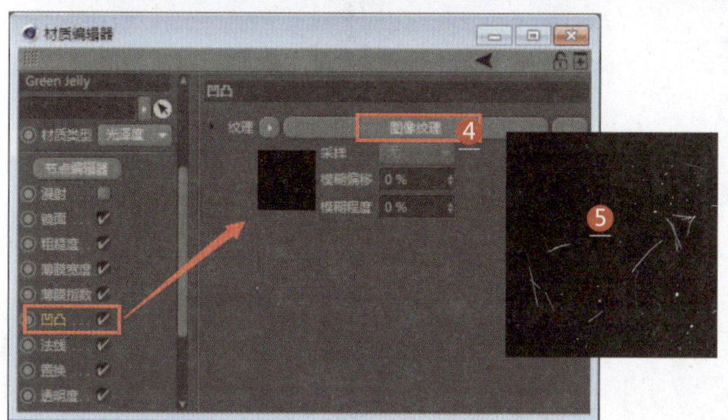

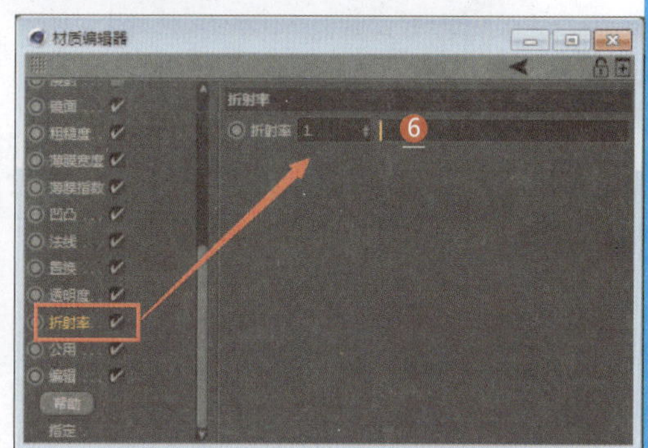

1. 设置材质类型为光泽度（氧化铜材质）
2. 设置镜面通道的颜色为褐色
3. 设置金属的粗糙度
4. 设置凹凸通道的纹理为图像纹理
5. 设置划痕贴图
6. 设置金属的折射率
7. 氧化铜渲染效果

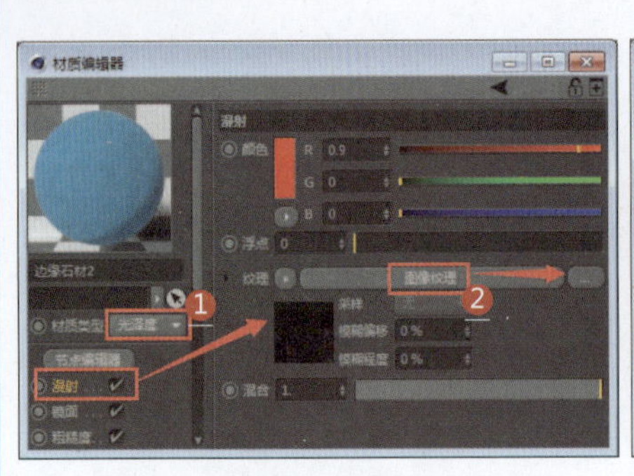

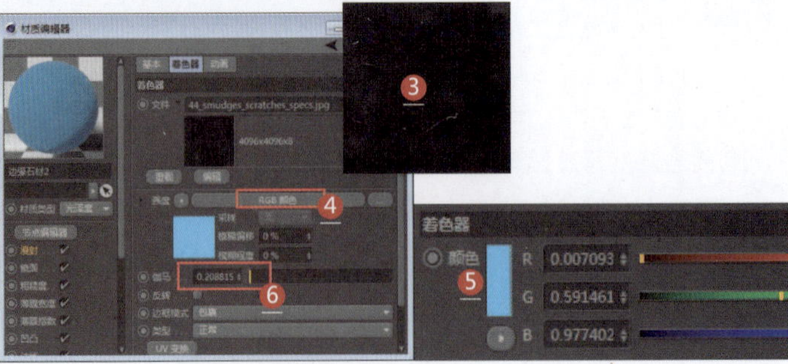

1. 设置材质类型为光泽度（铜锈材质）
2. 设置漫射通道的纹理为图像纹理
3. 设置划痕贴图
4. 设置强度为RGB颜色
5. 设置颜色为蓝色（铜锈的颜色）
6. 设置伽马参数（让贴图产生蓝色划痕效果）
7. 设置粗糙度参数
8. 设置法线通道的纹理为图像纹理
9. 设置法线贴图
10. 设置折射率
11. 设置材质1为氧化铜材质
12. 设置材质2为铜锈材质
13. 设置混合材质为污垢
14. 设置污垢参数
15. 最终渲染效果

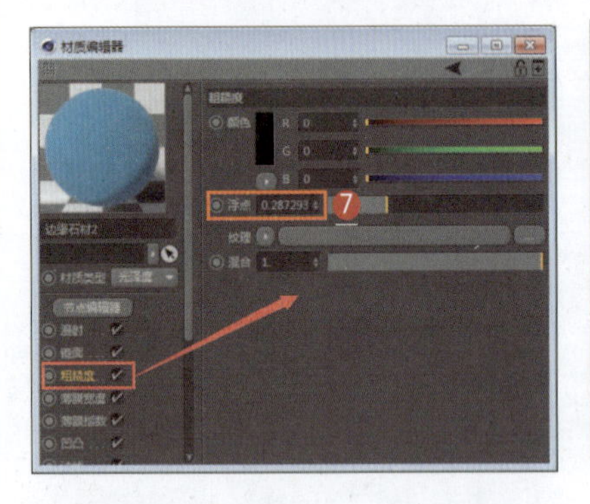

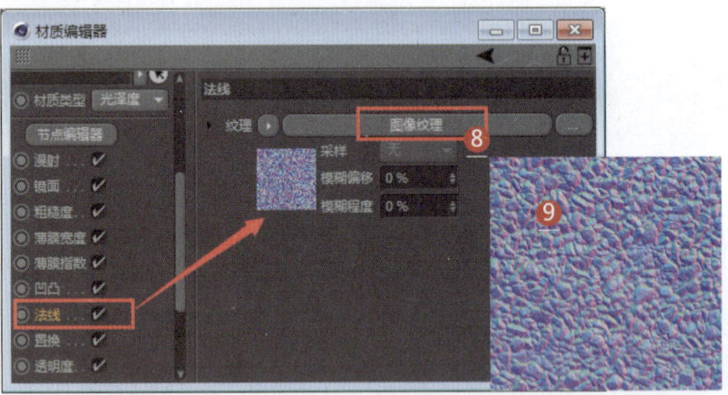

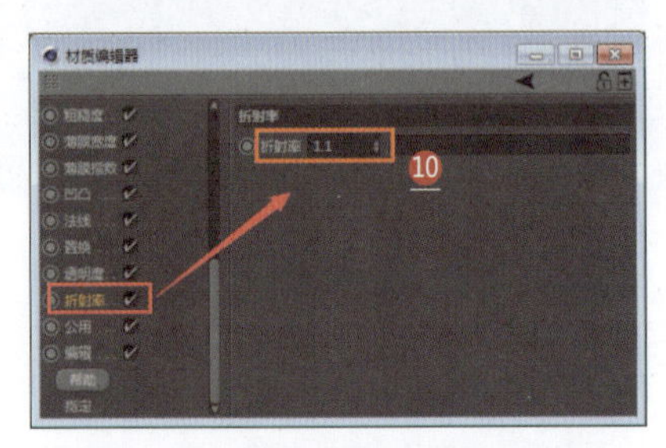

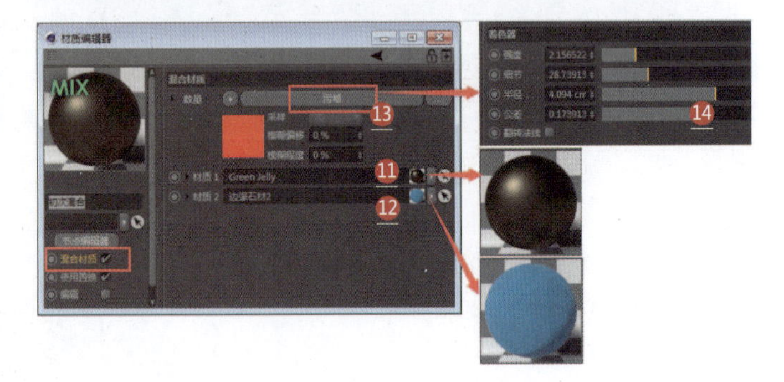

矿石材质 ——050~057

矿石是矿物集合体，能够利用现代工业技术从矿物中加工提取金属或其他产品。最初，矿石是指从金属矿床中开采出来的固体物质。现在，矿石的定义已经扩大到形成后堆积在母岩中的硫黄、萤石和重晶石之类的非金属矿物。

050 岩石材质

应用领域：CG影视

技术要点：

利用漫射通道设置材质表面；利用置换贴图让材质表面产生凹凸效果。

思路分析：

设置岩石表面贴图和岩石表面增强贴图+设置法线贴图+设置置换贴图。

难度系数：★★★★☆

工程：材质文件\K050

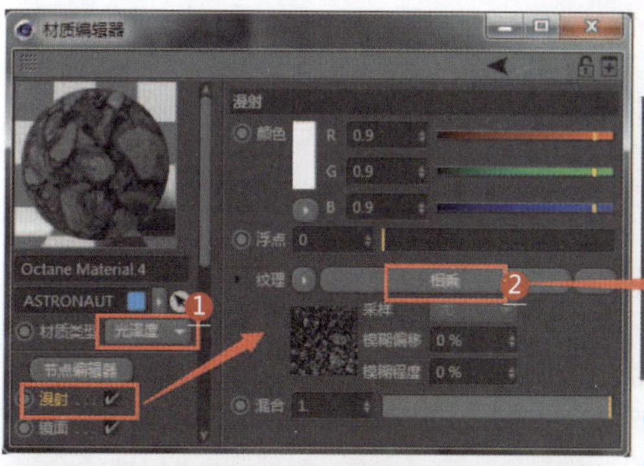

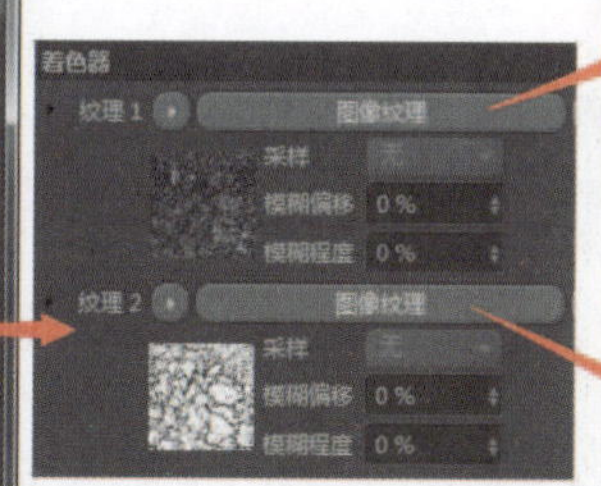

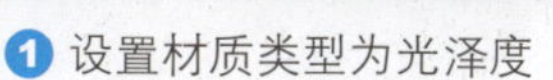

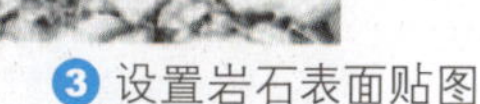

❶ 设置材质类型为光泽度

❷ 设置漫射通道的纹理为相乘

❸ 设置岩石表面贴图

❹ 设置岩石表面增强贴图

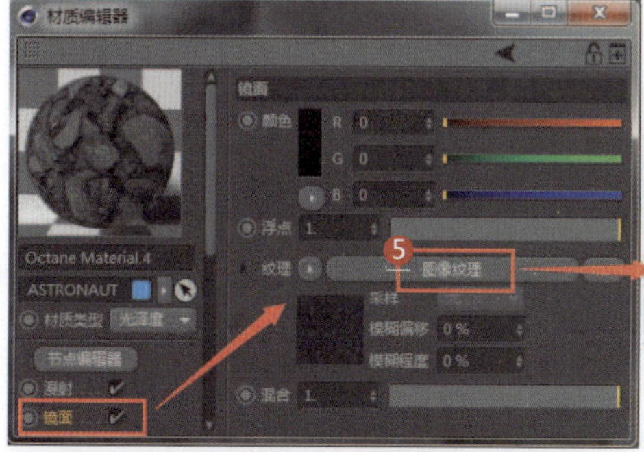

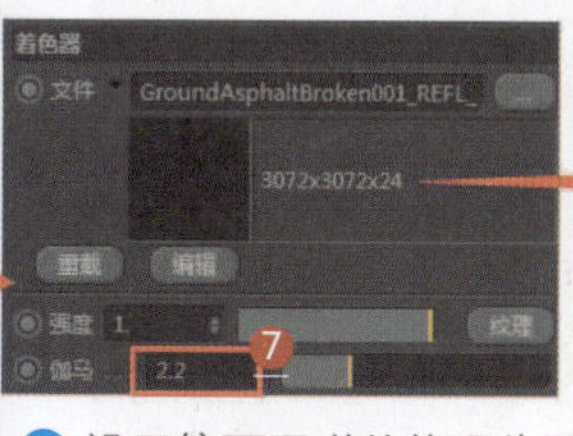

❺ 设置镜面通道的纹理为图像纹理

❻ 设置镜面贴图

❼ 设置伽马参数为2.2

❽ 设置粗糙度通道的纹理为图像纹理

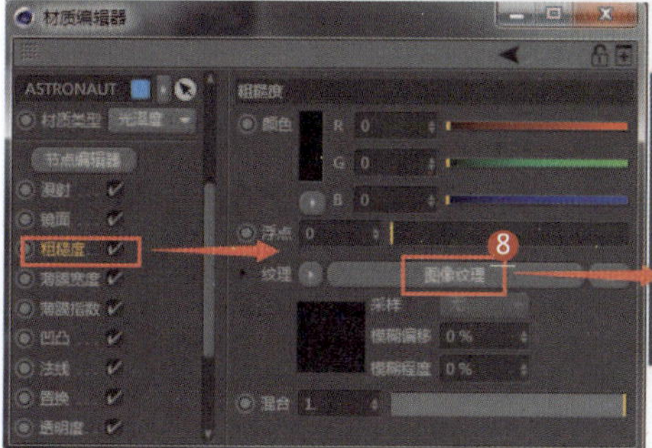

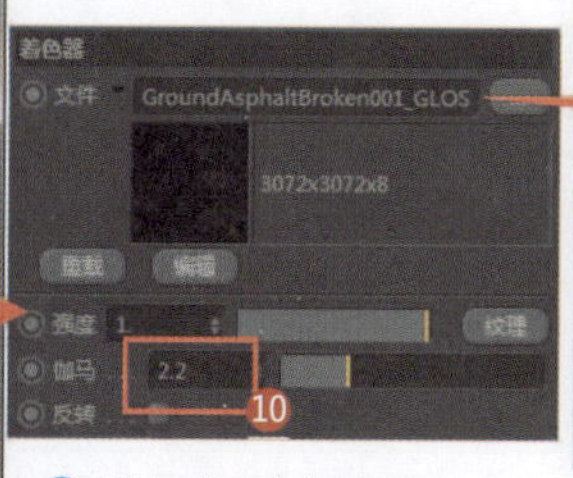

❾ 设置粗糙度贴图

❿ 设置伽马参数为2.2

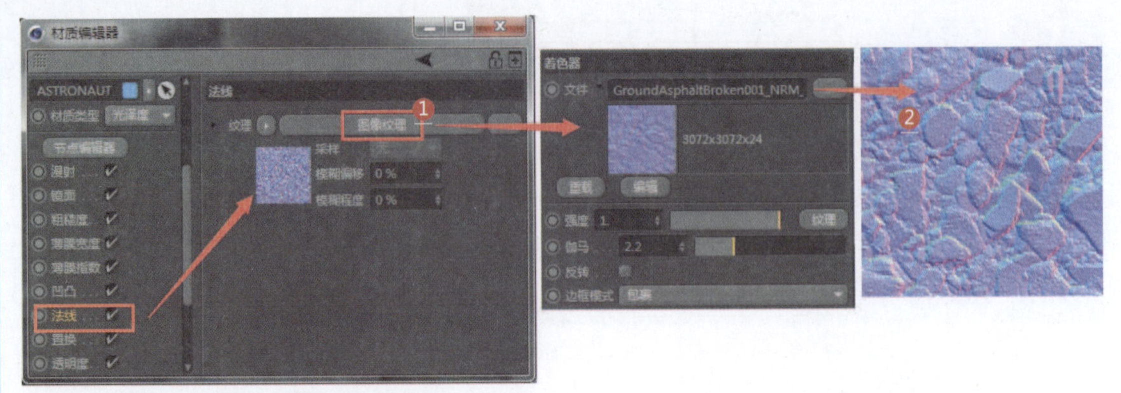

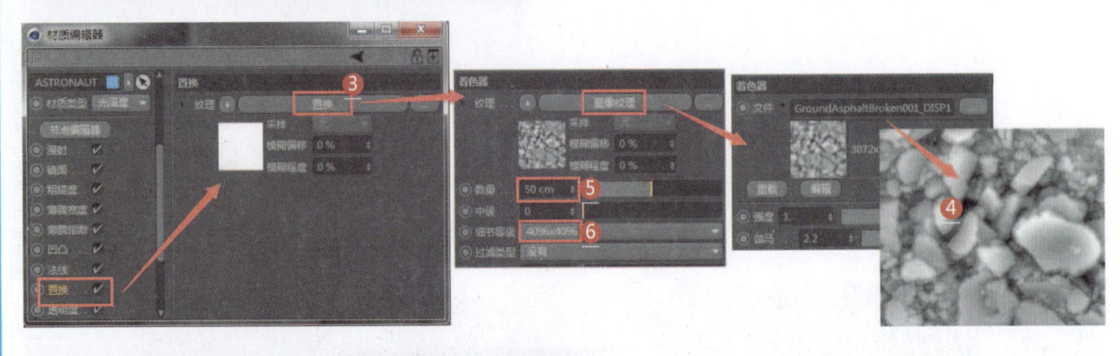

1. 设置法线通道的纹理为图像纹理
2. 设置法线贴图
3. 设置置换通道的纹理为置换
4. 设置置换贴图
5. 设置数量为50cm（产生强烈的凹凸效果）
6. 设置细节等级参数（产生细腻的凹凸纹理效果）

扩展材质\矿石1

051 玉石材质

应用领域：陈设品装饰

技术要点：

利用密度参数表现玉石的透明度；利用吸收和散射参数调整玉石的透光效果；利用发光功率调整玉石内部的亮度。

思路分析：

设置密度参数+设置吸收和散射参数+设置发光功率。

难度系数：★★★★☆

工程：材质文件\K\051

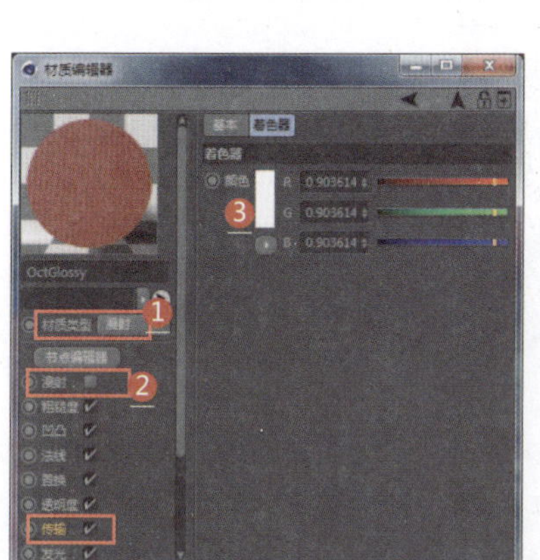

1. 设置材质类型为漫射
2. 关闭漫射通道
3. 设置传输通道的颜色为白色（玉石的颜色）
4. 设置介质通道的纹理为散射介质
5. 设置密度和体积步长参数（表现玉石的透光性）
6. 设置吸收为RGB颜色（让玉石透出红色）
7. 设置密度值为10，产生的玉石效果（红色从玉石内部进行松散发散）
8. 设置密度值为50，产生的玉石效果（红色从玉石内部进行松散发散）

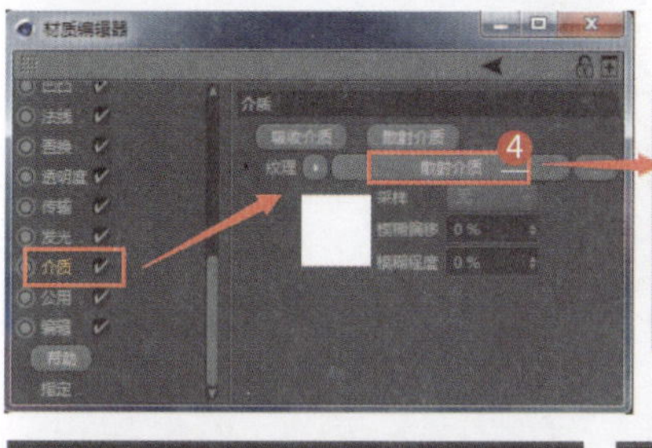

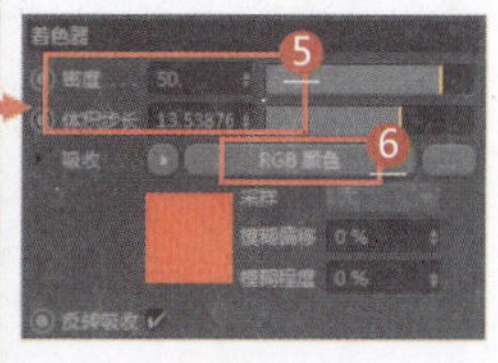

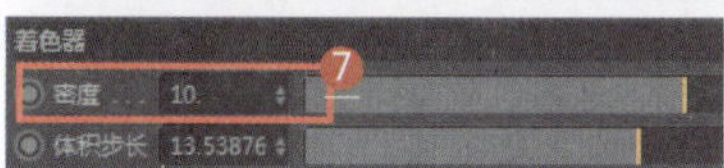

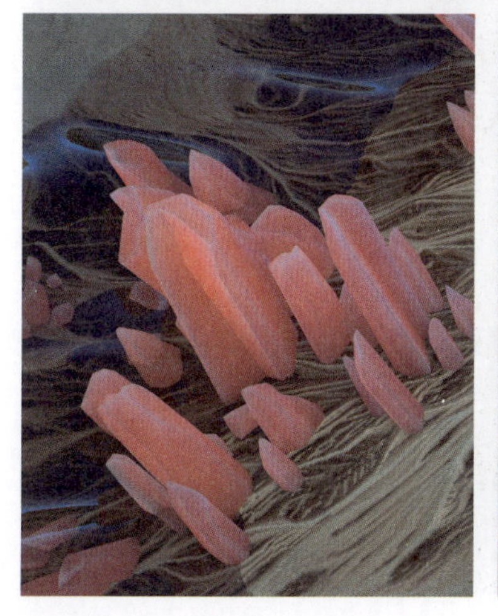

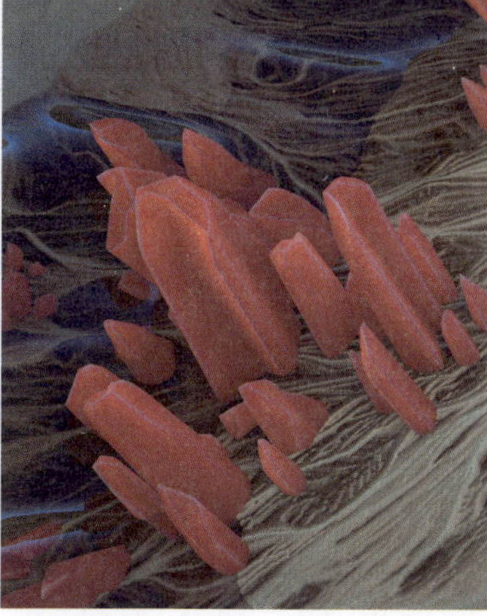

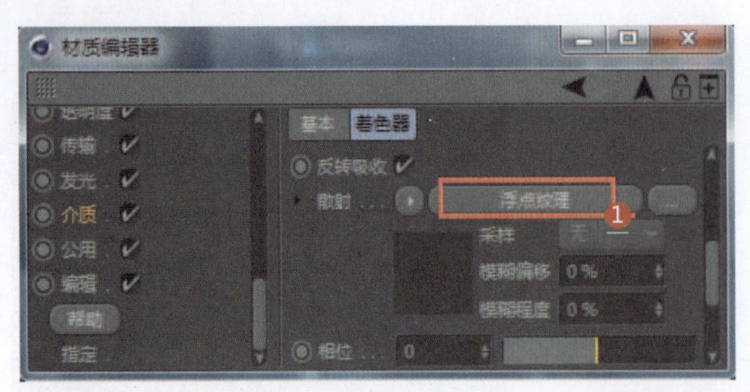

1. 设置介质通道的散射为浮点纹理
2. 当浮点值设置为0.05时的玉石效果（更深的红色）
3. 当浮点值设置为0.5时的玉石效果（较淡的红色）
4. 设置发光通道的发光为纹理发光
5. 当功率设置为0.7时的玉石效果（暗淡的亮度）
6. 当功率设置为5时的玉石效果（鲜艳的亮度）

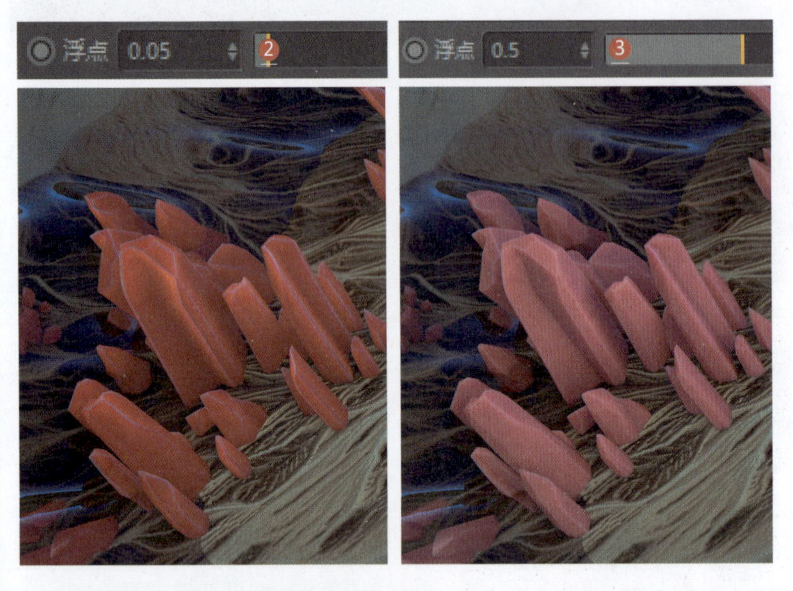

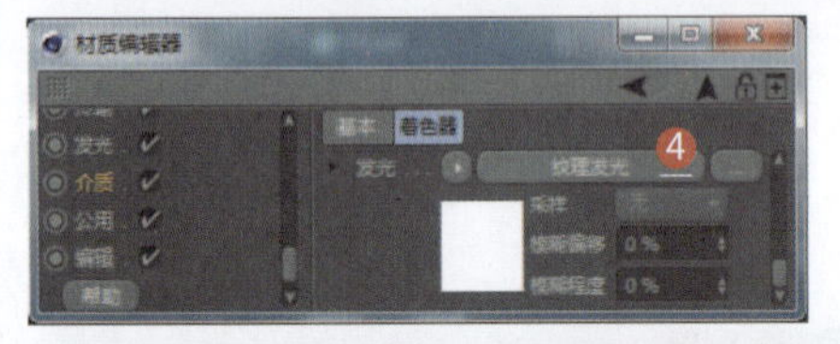

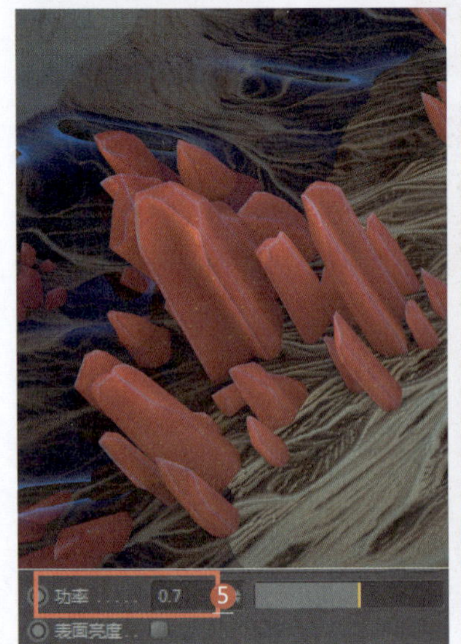

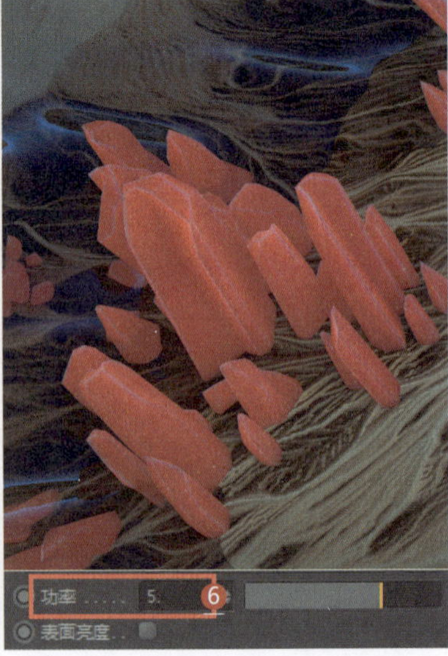

052 翡翠材质

应用领域：陈设品装饰

技术要点：

利用折射率来控制玻璃的透明度；设置散射介质制作翡翠绿色透光效果；利用混合材质与污垢贴图将玻璃材质和翡翠材质进行混合。

思路分析：

设置玻璃材质+设置翡翠材质+设置混合材质。

难度系数：★★★★☆

工程：材质文件\K\052

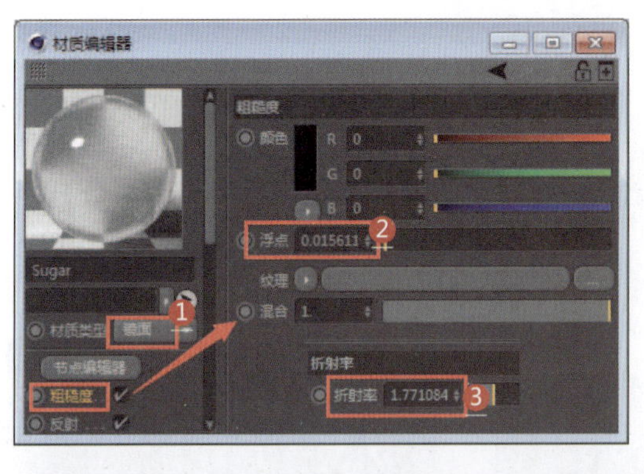

❶ 设置材质类型为镜面（玻璃材质）
❷ 设置粗糙度参数
❸ 设置折射率
❹ 设置材质类型为镜面（翡翠材质）
❺ 设置粗糙度参数
❻ 设置粗糙度通道的图像纹理贴图
❼ 设置反射通道的图像纹理贴图

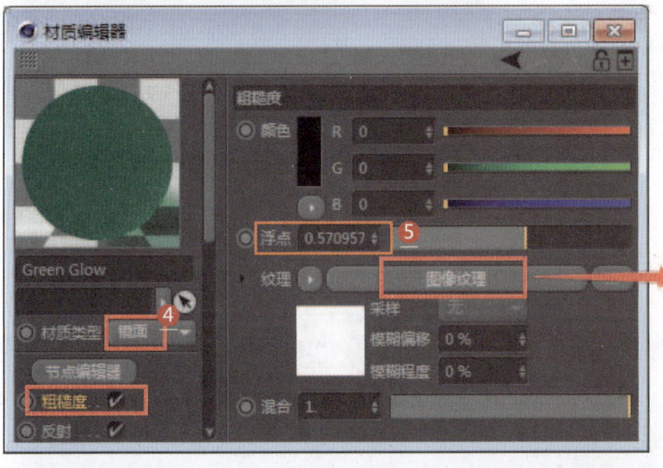

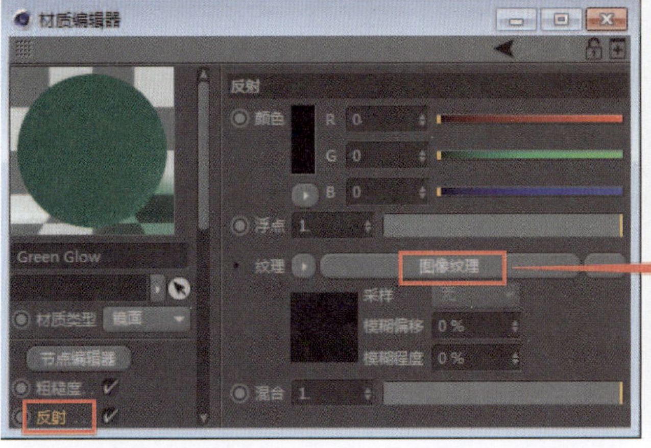

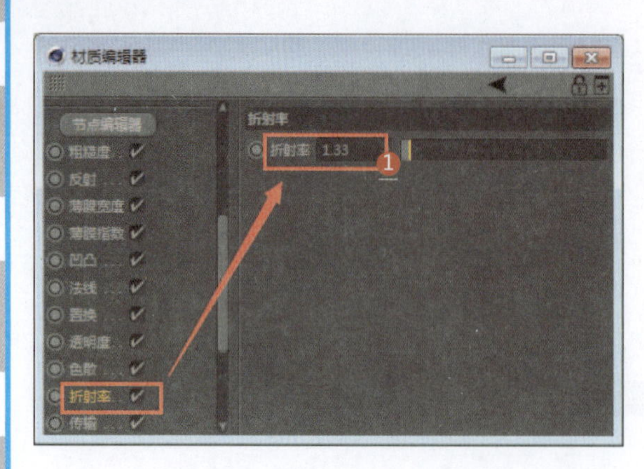

1. 设置翡翠的折射率
2. 设置传输通道的纹理为RGB颜色
3. 设置颜色为淡绿色（翡翠的颜色）
4. 设置介质通道的纹理为散射介质
5. 设置密度和体积步长参数（翡翠的密度）

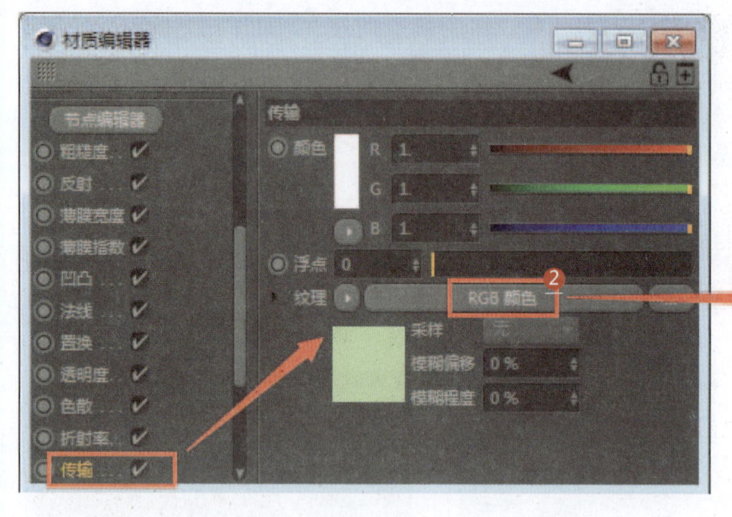

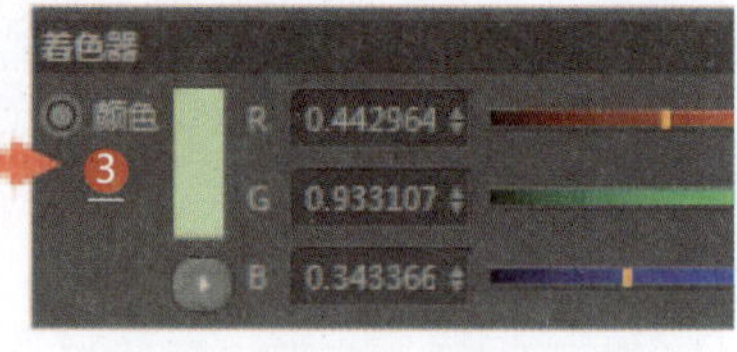

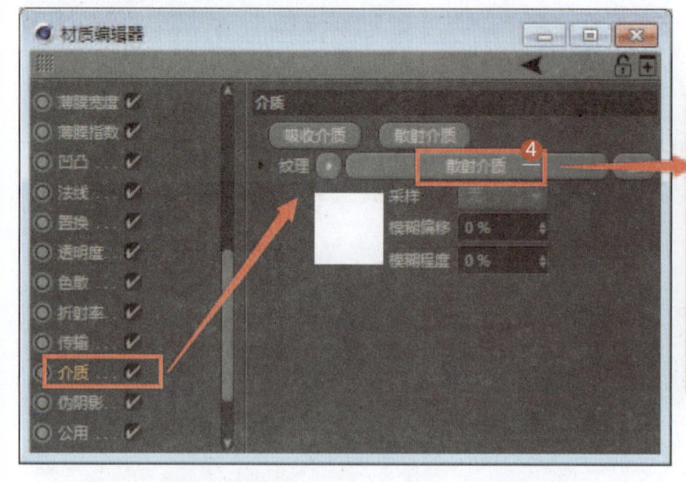

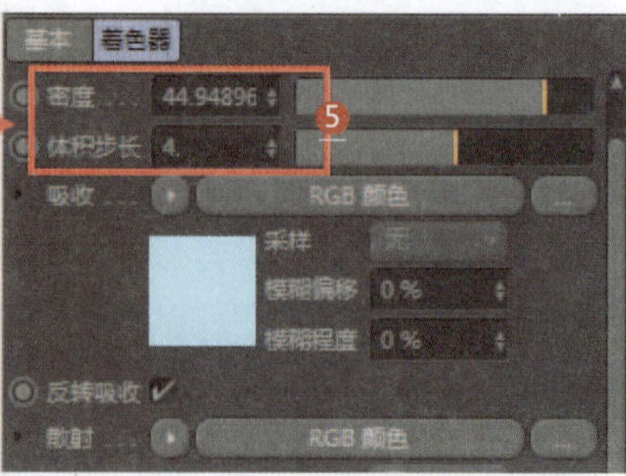

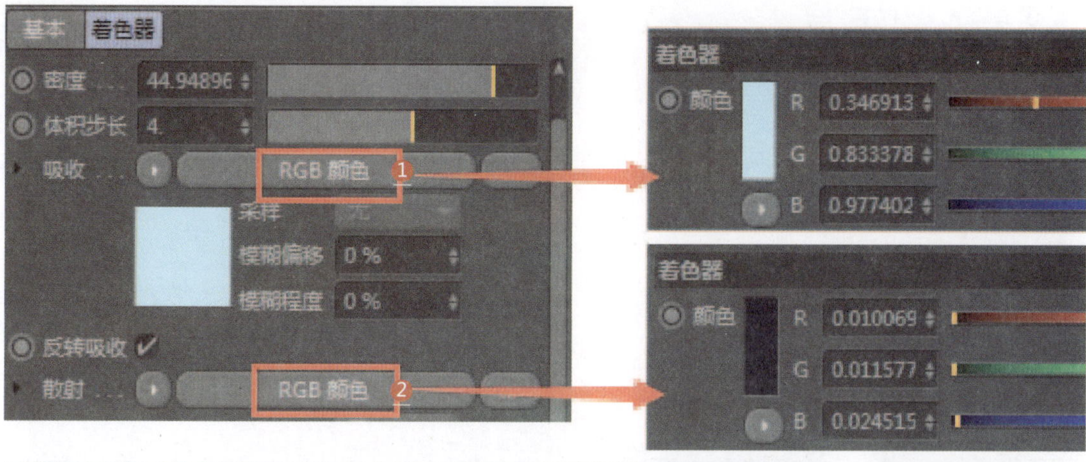

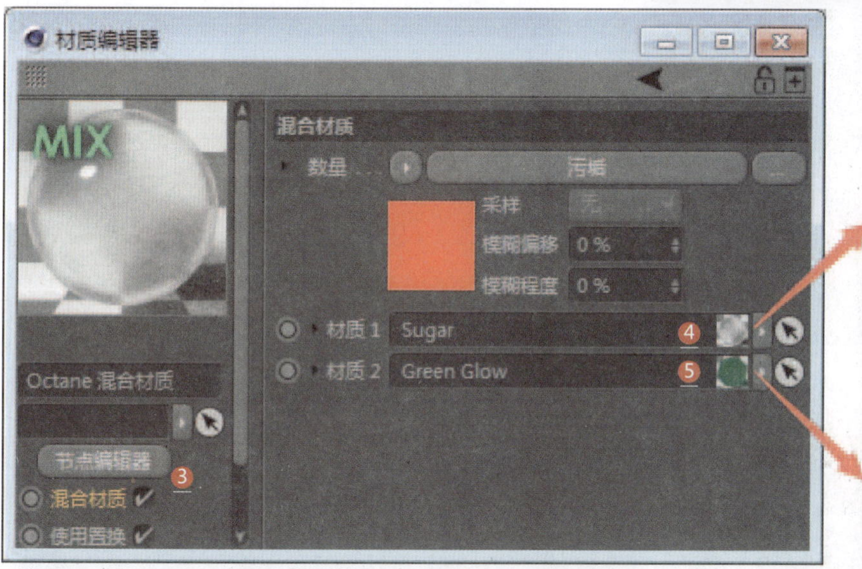

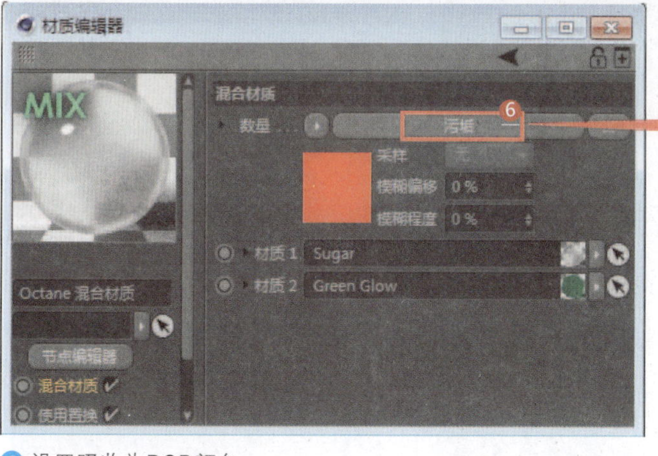

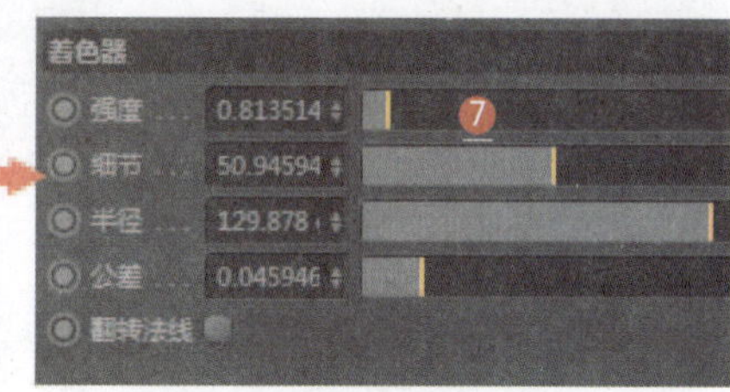

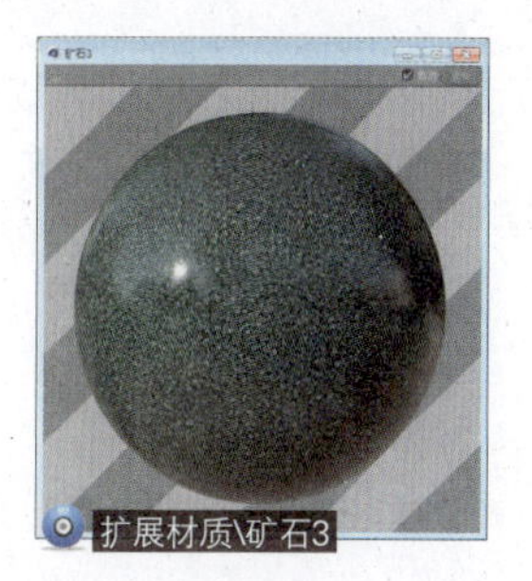

1. 设置吸收为RGB颜色
2. 设置散射为RGB颜色
3. 新建一个混合材质（用于混合玻璃材质和翡翠材质）
4. 设置材质1为玻璃材质
5. 设置材质2为翡翠材质
6. 设置混合材质为污垢
7. 设置污垢参数（将翡翠材质和玻璃材质混合在一起）

053 青玉材质

应用领域：陈设品装饰

技术要点：

利用镜面材质类型制作青玉材质；利用漫射材质类型制作岩石材质；利用混合材质将这两种材质进行混合。

思路分析：

设置青玉材质+设置岩石材质+设置混合材质。

难度系数： ★★★★☆

工程：材质文件\K\053

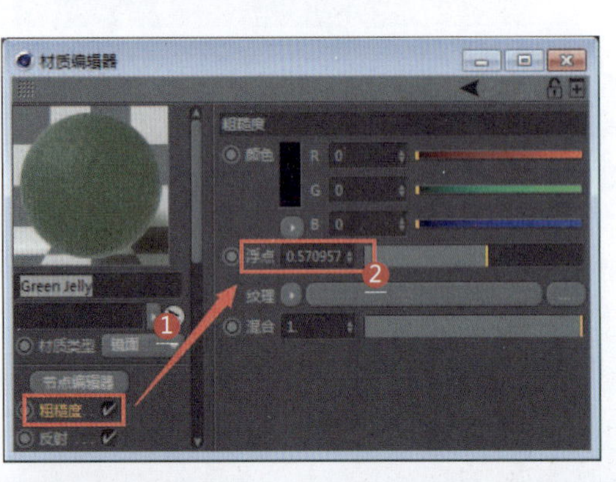

1 设置材质类型为镜面（青玉材质）

2 设置粗糙度参数

3 设置介质通道的纹理为散射介质

4 设置密度和体积步长参数（青玉的密度）

5 设置吸收为RGB颜色（紫色）

6 设置吸收为RGB颜色（绿色）

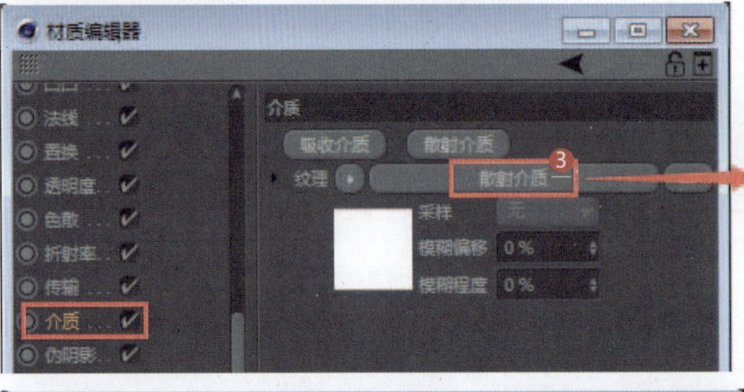

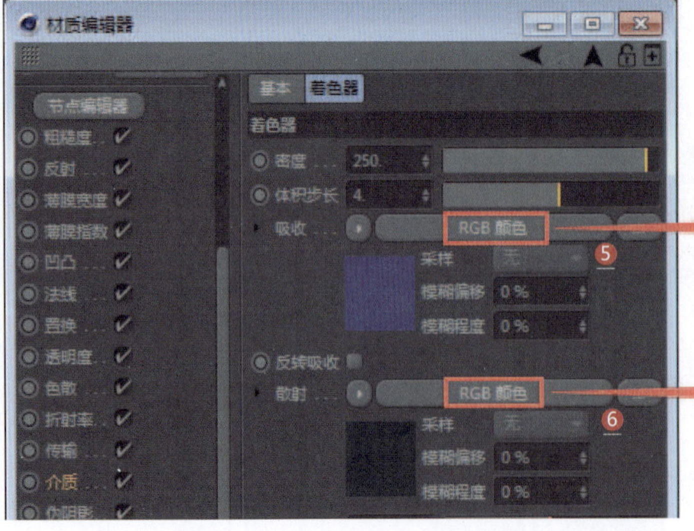

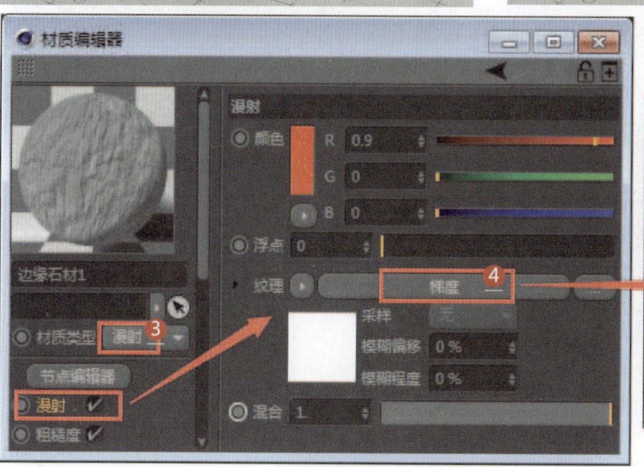

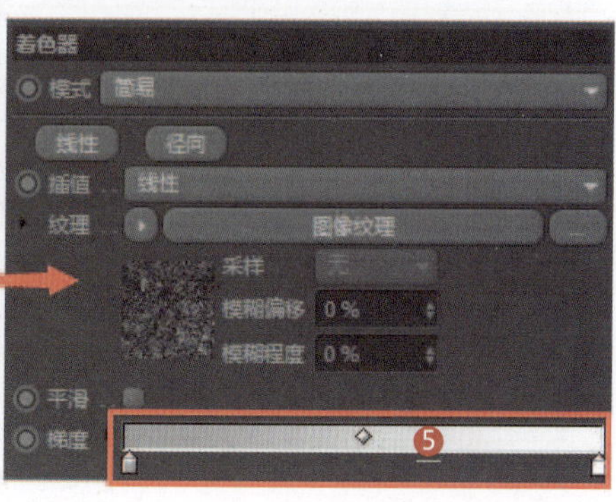

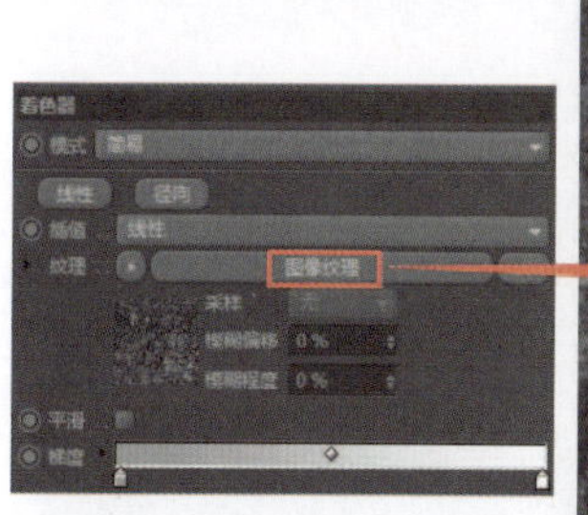

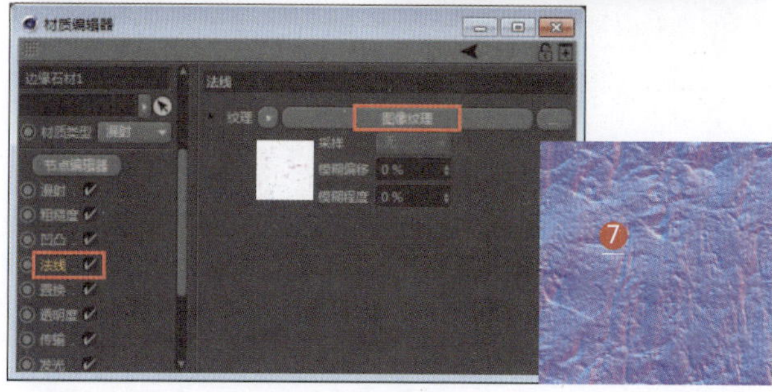

1. 当密度设置为250时的青玉效果（密度越高，青玉越透亮）
2. 当密度设置为200时的青玉效果（密度越低，青玉越不透亮）
3. 设置材质类型为漫射（岩石材质）
4. 设置漫射通道的纹理为梯度（用于控制贴图亮度）
5. 设置梯度为高亮渐变（渐变颜色越亮贴图越明显）
6. 设置岩石贴图
7. 设置法线通道的贴图（产生凹凸效果）

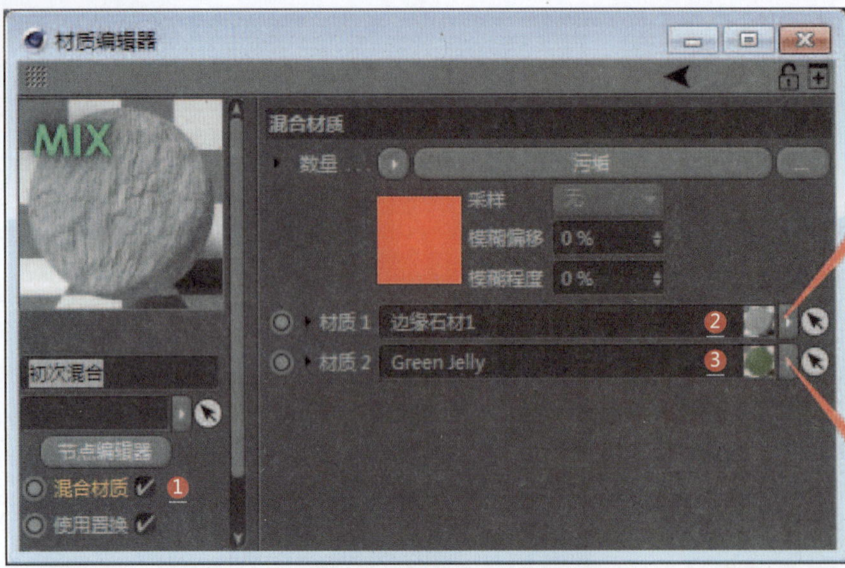

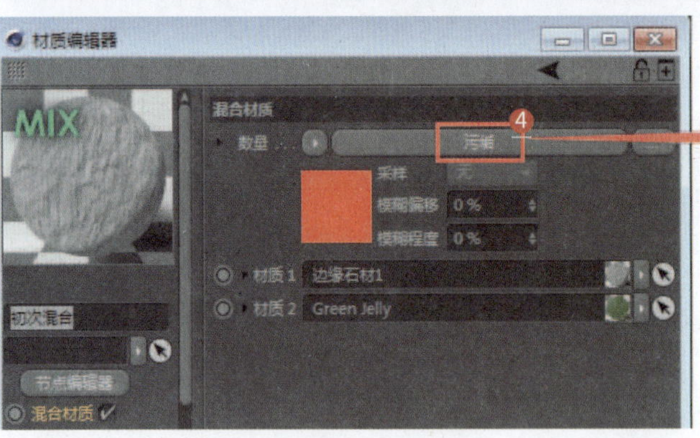

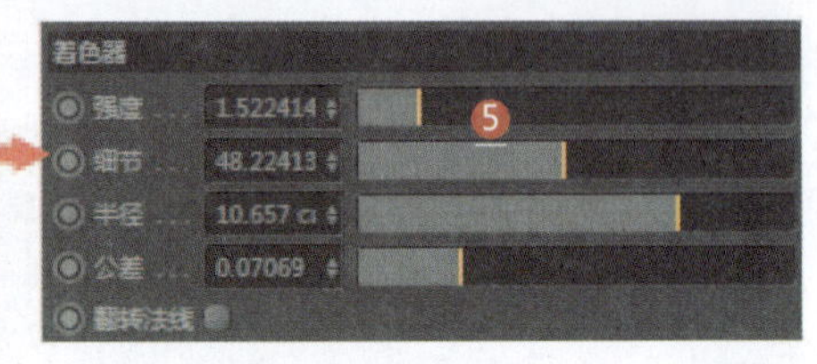

❶ 新建一个混合材质（用于混合岩石材质和青玉材质）

❷ 设置材质1为岩石材质

❸ 设置材质2为青玉材质

❹ 设置混合材质为污垢

❺ 设置污垢参数（将岩石材质和青玉材质混合在一起）

❻ 设置不同公差值青玉产生的混合效果

054 钻石材质

应用领域：陈设品装饰

技术要点：

利用折射率控制钻石的反射；通过设置色散参数来模拟钻石散发的七彩光；通过勾选“伪阴影”复选框提高钻石透光度。

思路分析：

设置折射率+设置色散参数。

难度系数：★★☆☆☆

工程：材质文件\K\054

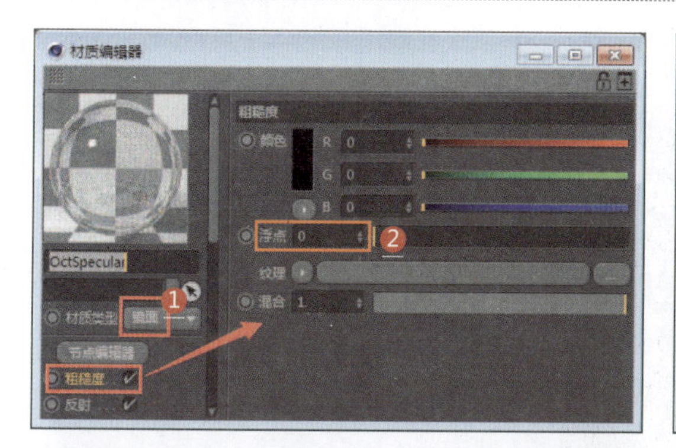

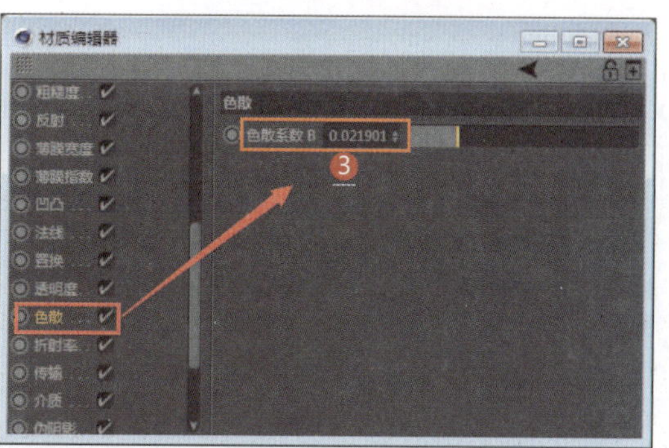

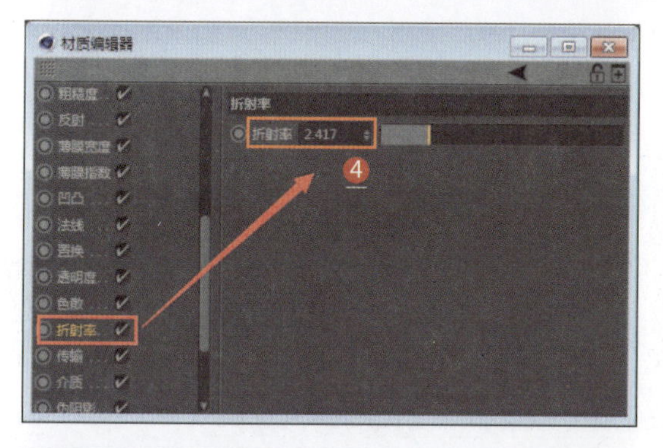

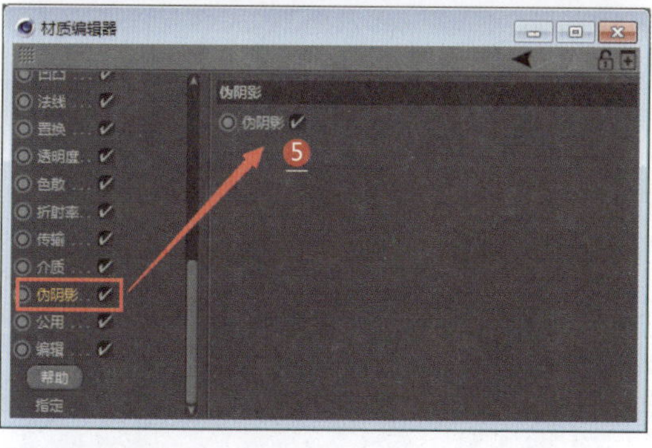

扩展材质\矿石5

❶ 设置材质类型为镜面

❷ 设置粗糙度参数（0表示没有任何粗糙度）

❸ 设置色散参数（产生七彩光）

❹ 设置折射率（钻石的标准折射率）

❺ 勾选“伪阴影”复选框（提高钻石透光度）

055 翡翠原石材质

应用领域：CG影视

技术要点：
利用镜面材质类型制作翡翠材质；利用光泽度材质类型制作岩石材质；利用混合材质将这两种材质进行混合。

思路分析：
设置翡翠材质+设置岩石材质+设置混合材质。

难度系数： ★★★★☆

工程：材质文件\K\055

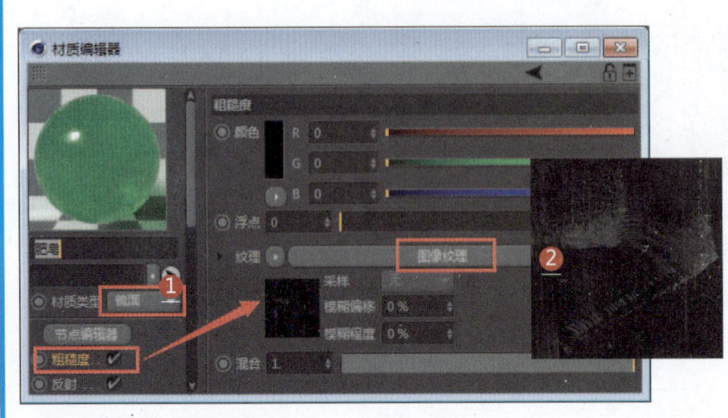

1. 设置材质类型为镜面（翡翠材质）
2. 设置粗糙度通道的图像纹理贴图
3. 设置折射率
4. 设置传输通道的纹理为添加（增强翡翠的颜色）
5. 设置颜色为绿色
6. 设置介质通道的纹理为散射介质
7. 设置密度和体积步长参数（翡翠的密度）
8. 设置吸收为RGB颜色（绿色）
9. 设置散射为RGB颜色（浅灰色）

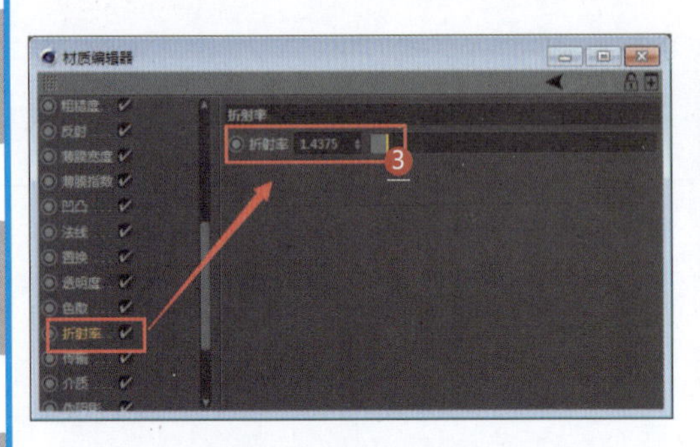

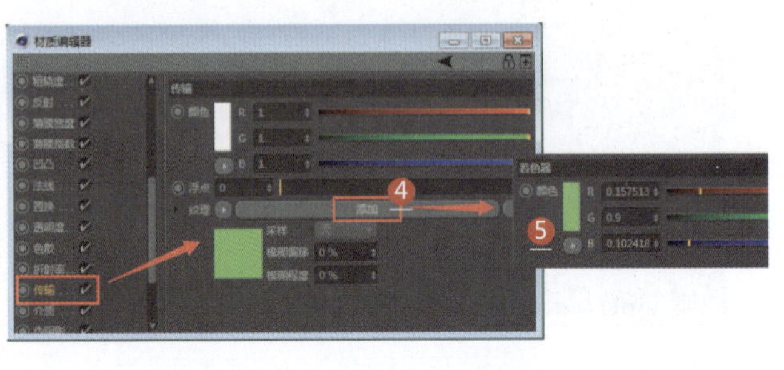

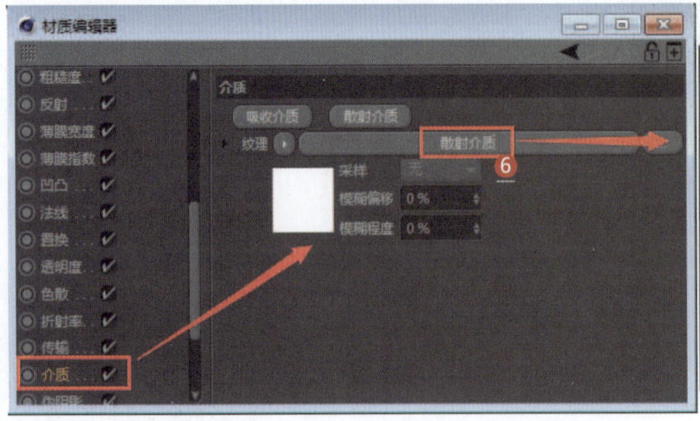

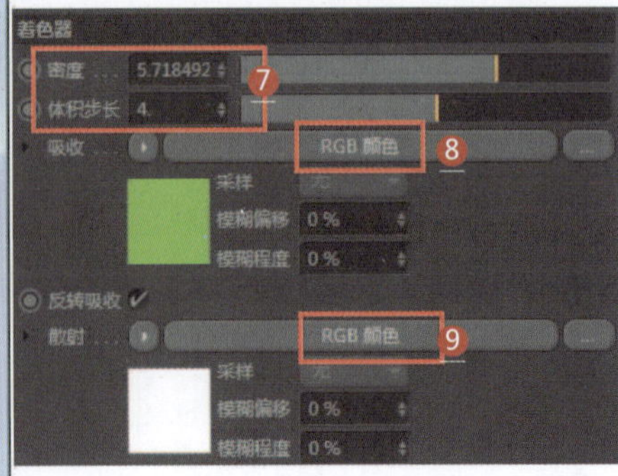

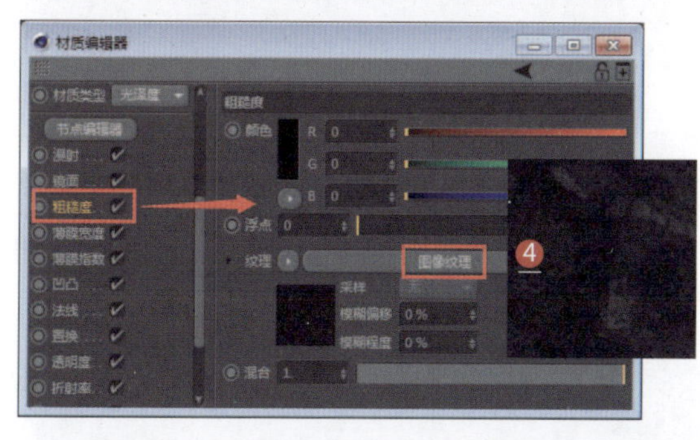

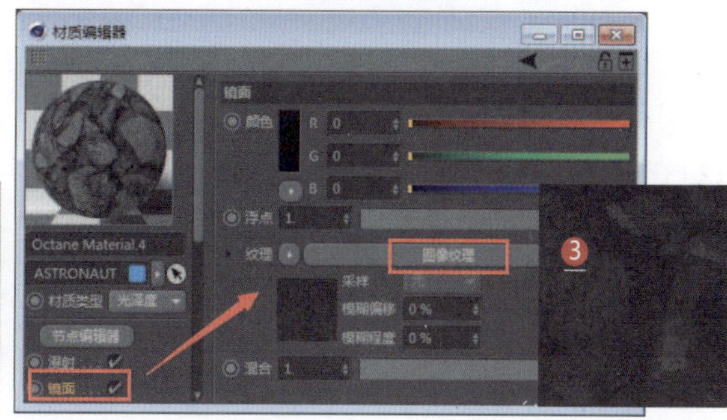

1 设置材质类型为光泽度（岩石材质）
2 设置漫射贴图
3 设置镜面贴图
4 设置粗糙度贴图
5 新建一个混合材质（用于混合翡翠材质和岩石材质）
6 将翡翠材质和岩石材质分别放置在材质1和材质2通道中
7 设置混合材质为图像纹理
8 在使用置换通道中添加置换材质
9 设置置换贴图（产生凹凸效果）

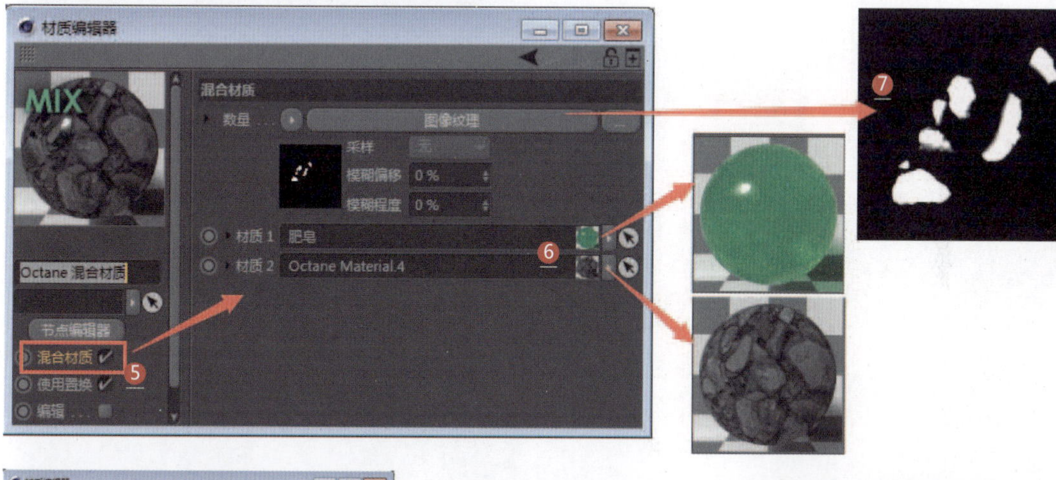

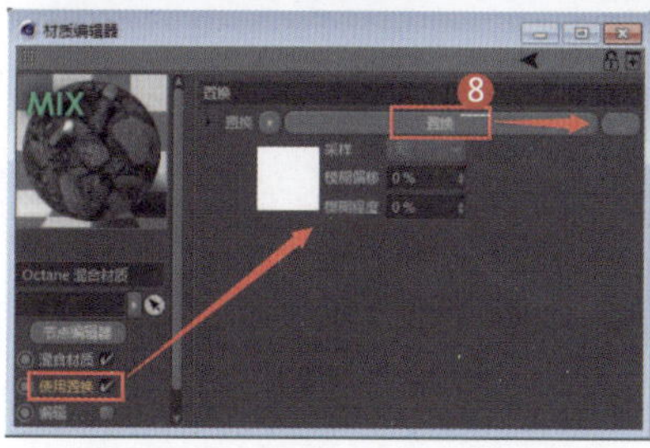

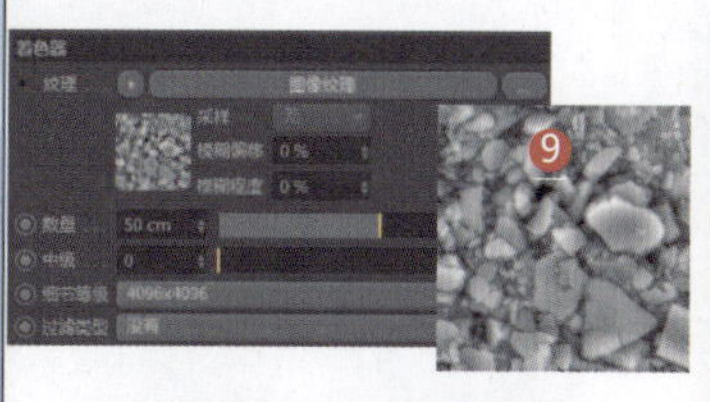

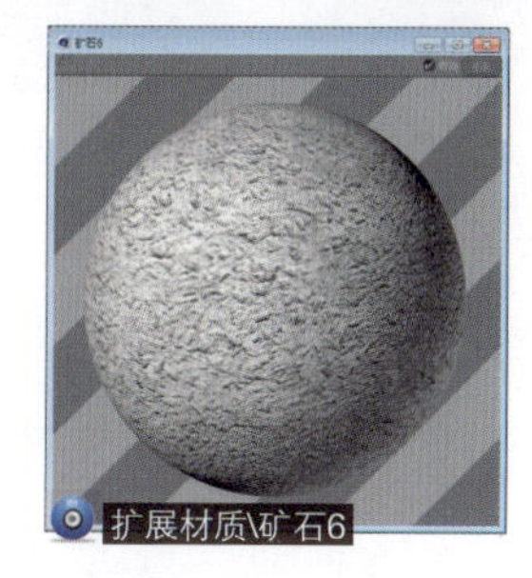

扩展材质\矿石6

056 鹅卵石材质

应用领域：CG影视

技术要点：

利用噪波叠加产生鹅卵石花纹；利用变化材质让鹅卵石产生不同的纹理。

思路分析：

设置鹅卵石花纹+设置鹅卵石花纹变化。

难度系数： ★★★★★

工程：材质文件\K\056

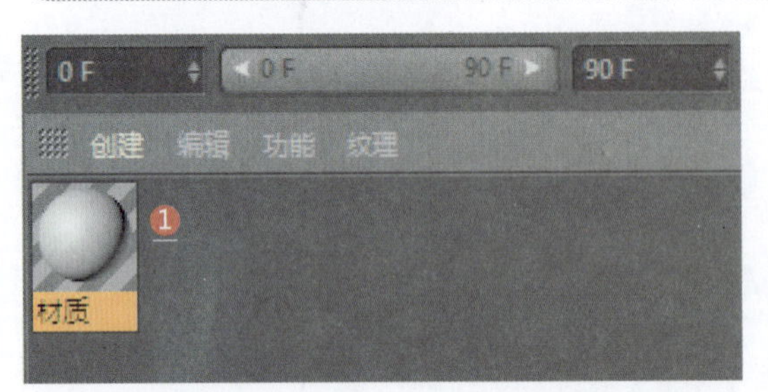

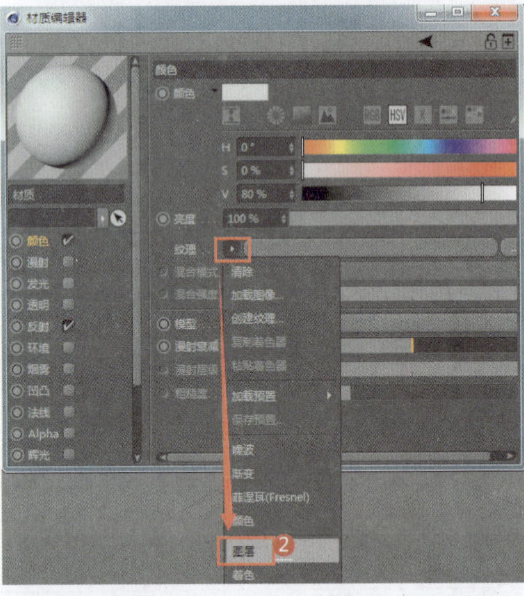

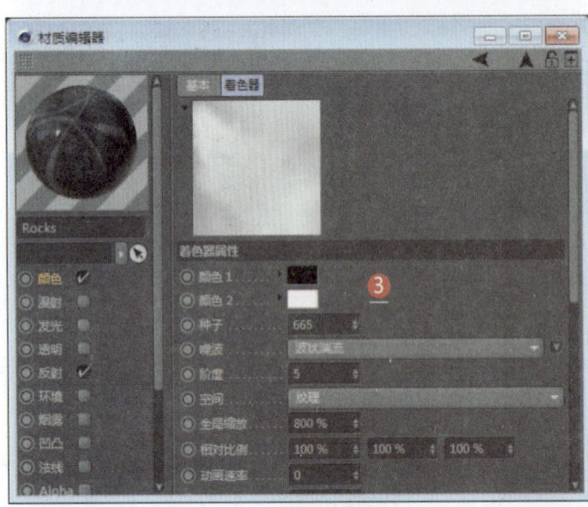

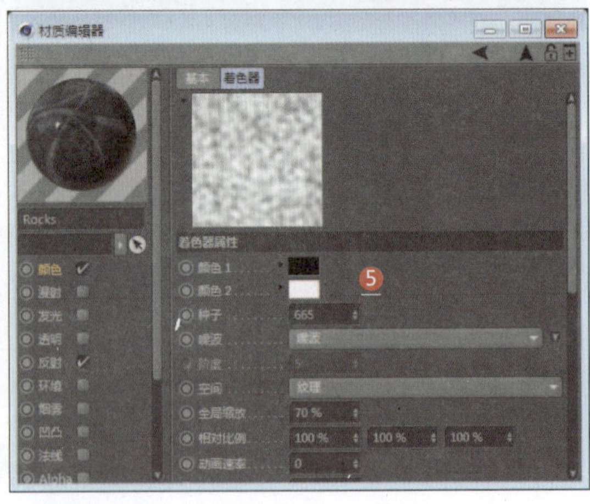

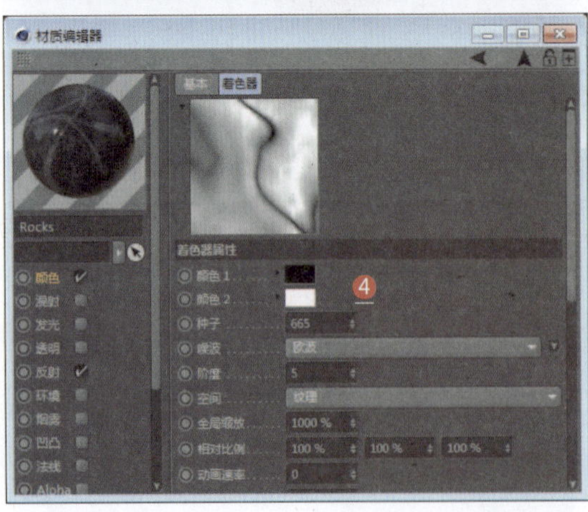

1. 新建一个默认材质
2. 设置颜色通道的纹理为图层
3. 在图层中，添加第一层材质为噪波（鹅卵石底色花纹），设置混合模式为正常
4. 添加第二层材质为噪波（鹅卵石表面花纹），设置混合模式为正片叠底
5. 添加第三层材质为噪波（鹅卵石表面麻点），设置混合模式为正片叠底

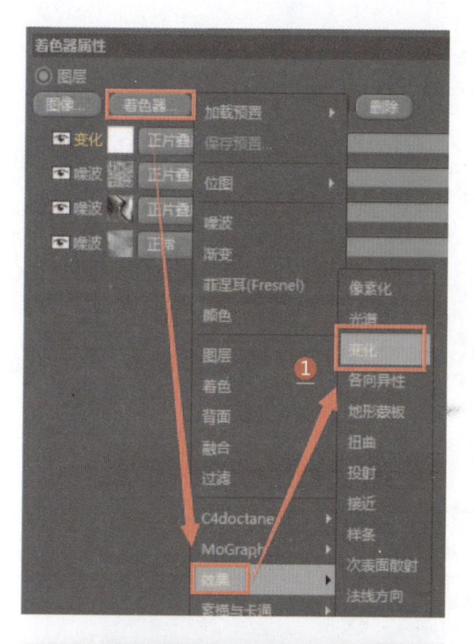

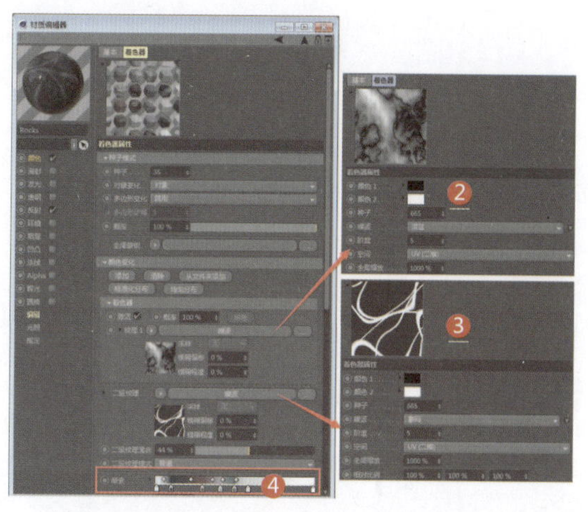

❶ 添加第四层材质为变化，设置混合模式为正片叠底

❷ 设置鹅卵石的变化贴图

❸ 设置二级纹理为噪波（鹅卵石花纹变化）

❹ 设置鹅卵石的总体变化为灰绿色过渡（鹅卵石的颜色）

❺ 如果想要增加鹅卵石的贴图变化，则单击“添加”按钮，继续增加贴图。贴图越多，鹅卵石的变化越丰富。

扩展材质\矿石7

057 岩浆材质

应用领域：CG影视

技术要点：

利用发光贴图制作岩浆发光效果；通过设置辉光通道制作岩浆光晕效果；通过设置置换通道增加岩石的粗糙质感。

思路分析：

设置发光贴图+设置辉光通道+设置置换通道。

难度系数：★★★★☆

工程：材质文件\K\057

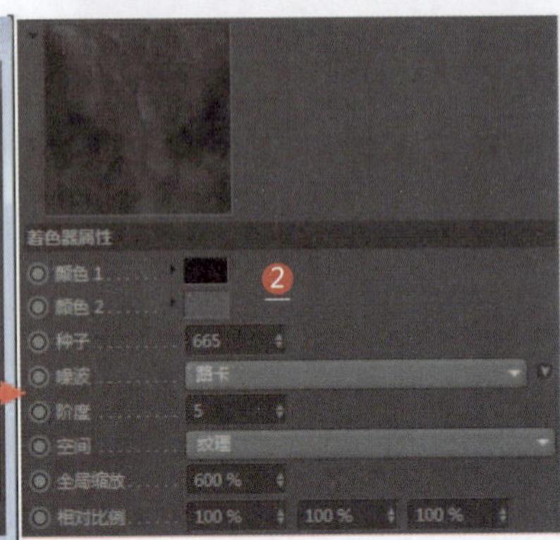

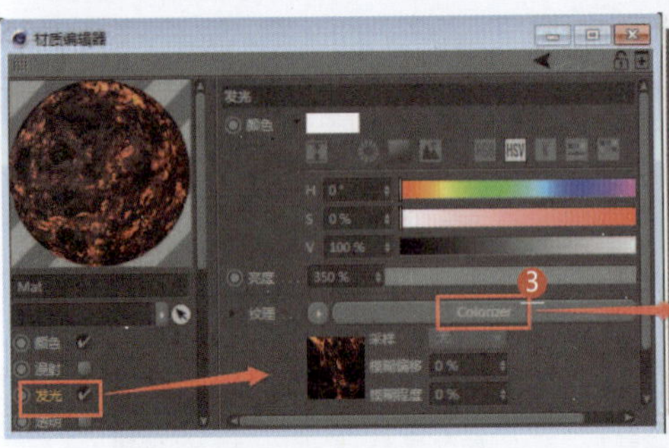

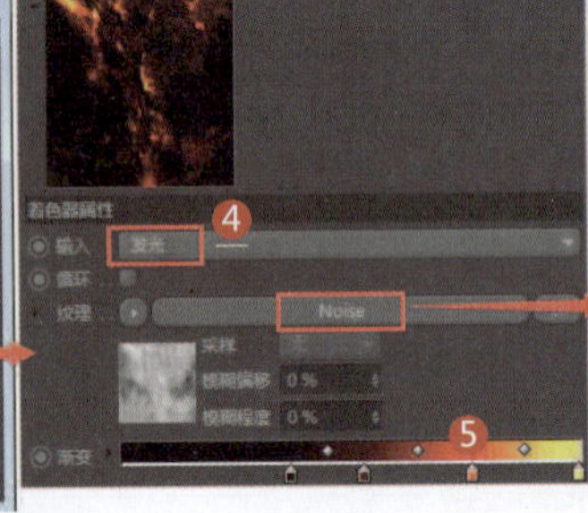

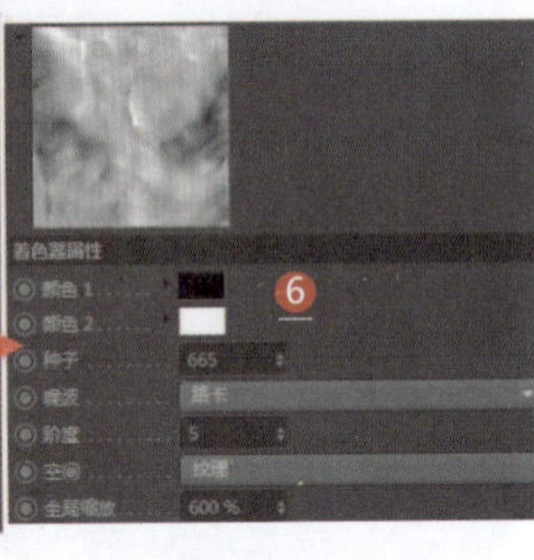

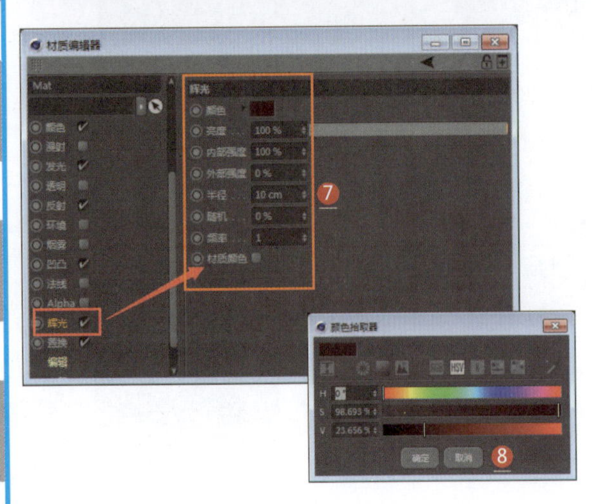

1. 新建一个默认材质，设置颜色通道的纹理为Noise（噪波）
2. 设置噪波颜色
3. 设置发光通道的纹理为Colorizer（着色）
4. 设置输入为发光
5. 设置渐变为火焰渐变颜色
6. 设置纹理为Noise（噪波）
7. 设置辉光通道的参数
8. 设置辉光通道的颜色

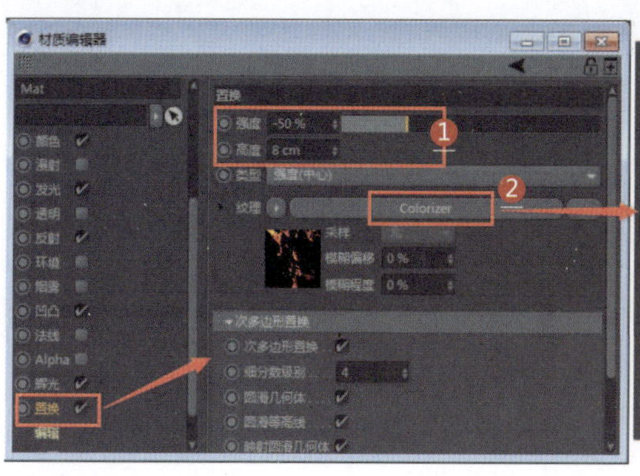

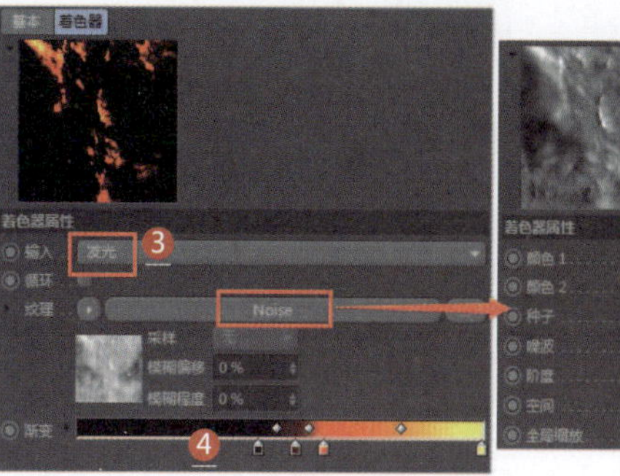

❶ 设置置换通道的强度参数和高度参数
❷ 设置纹理为Colorizer（着色）
❸ 设置输入为发光
❹ 设置渐变颜色
❺ 设置纹理为Noise（噪波）
❻ 渲染效果

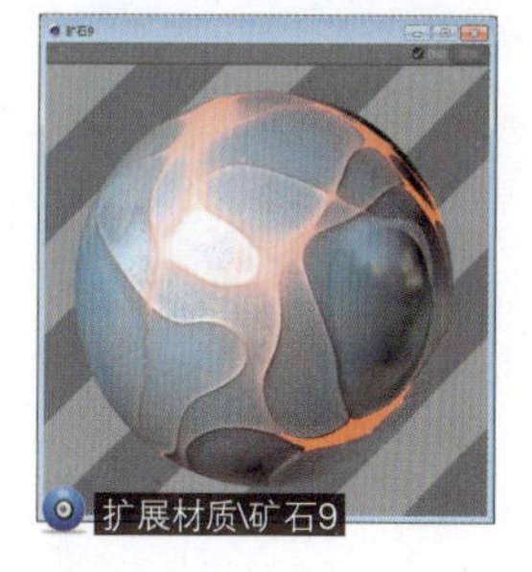

B F H J K L M Q S T X Y

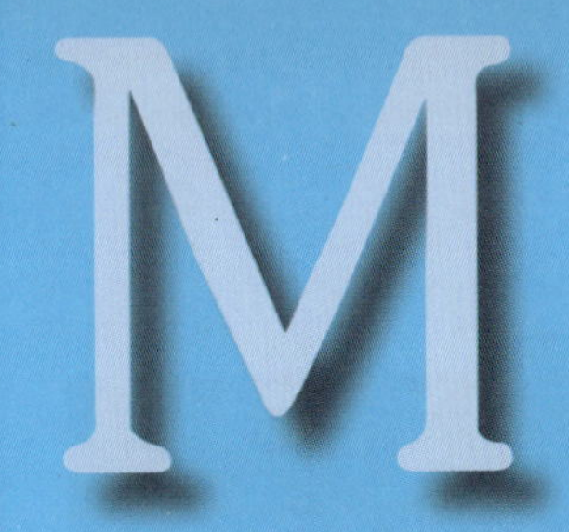

毛发、皮革和云材质
——058~066

在人们的日常生活中，皮革材质除了被制作成箱包、服饰，还会被制作成家具，如沙发、床及椅子等。

058 毛刷材质

应用领域：电商材质

技术要点：

利用毛发自带材质设置毛发粗细和绷紧效果；设置蓝色和白色半透明材质模拟毛刷颜色。

思路分析：

设置毛发自带材质+设置毛刷材质。

难度系数：★★★★☆

工程：材质文件\M\058

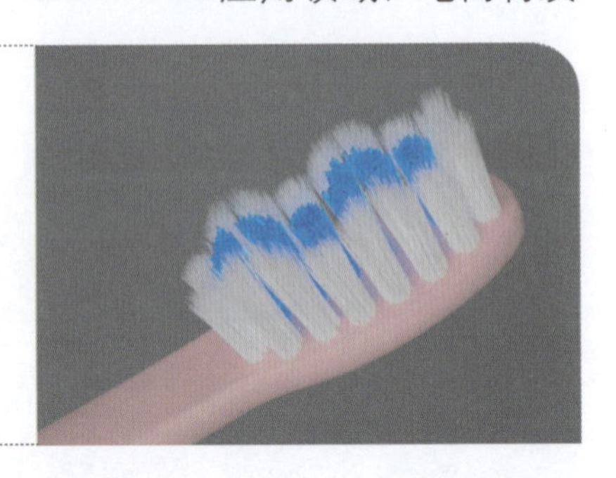

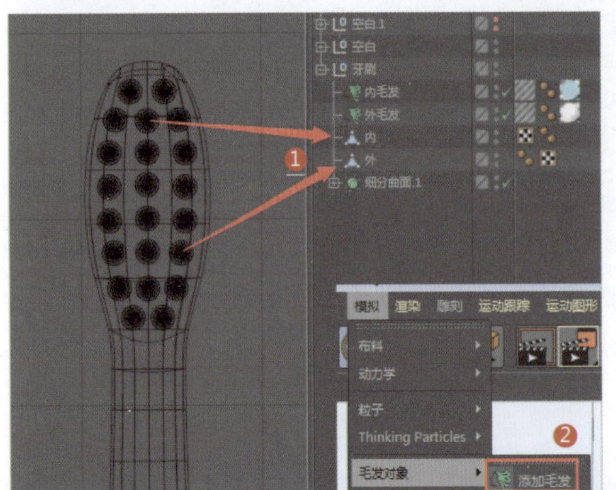

❶ 在场景中将牙刷的模型命名为“内”和“外”，表示毛刷的位置（内为蓝色毛刷，外为白色毛刷）

❷ 在场景中添加两个毛发物体（分别表示蓝色和白色的毛刷）

❸ 选择一个毛发物体，将模型“外”拖动到链接通道中，设置毛发的数量和长度

❹ 选择另一个毛发物体，将模型“内”拖到链接通道中，设置毛发的数量和长度

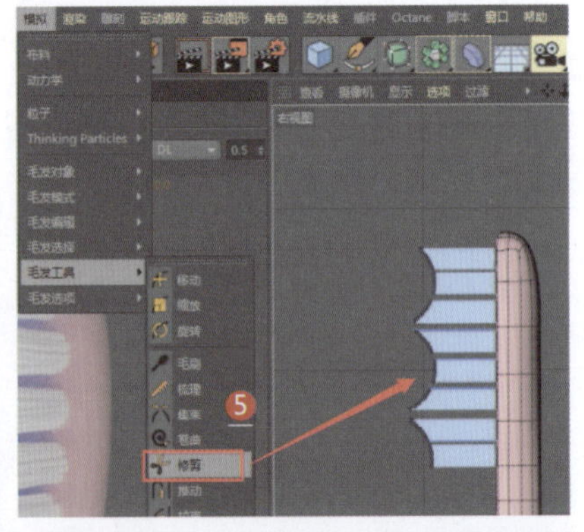

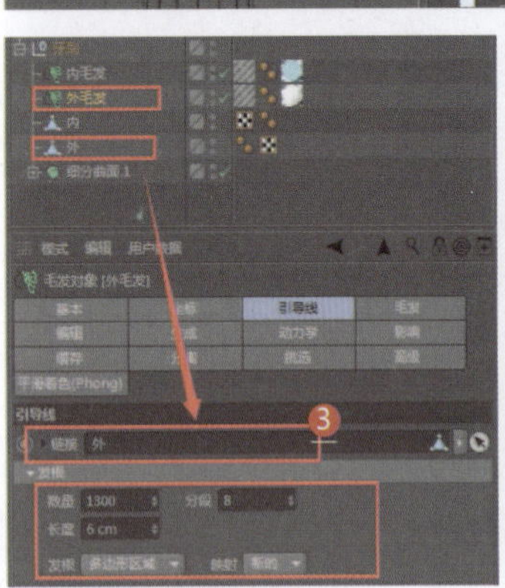

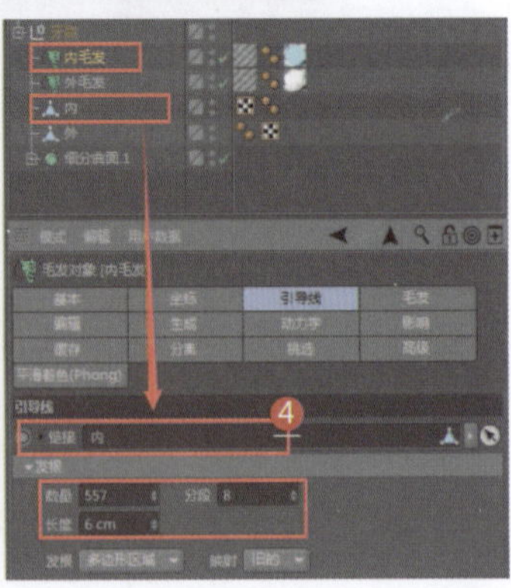

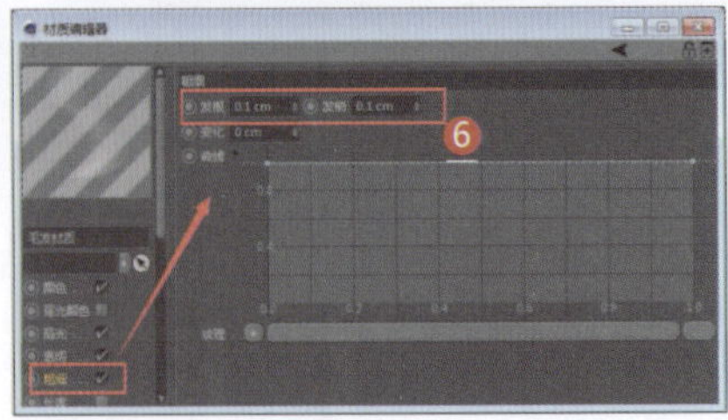

❺ 选择“模拟|毛发工具|修剪”命令，对毛发物体进行修剪

❻ 在“材质编辑器”对话框中选择毛发材质，设置毛发粗细参数

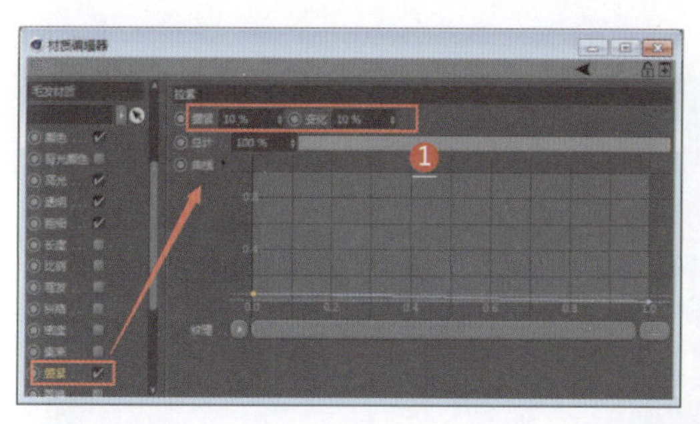

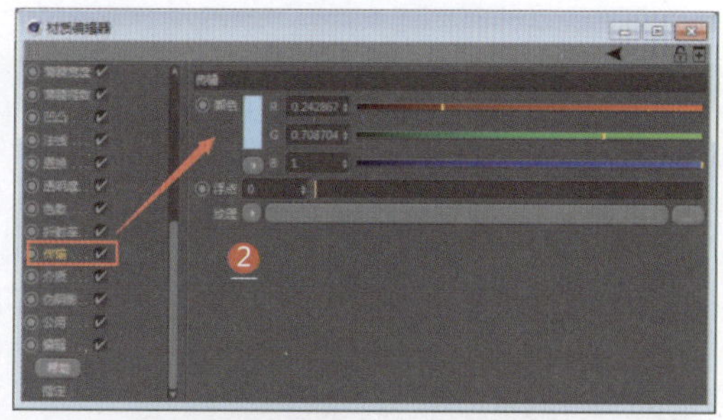

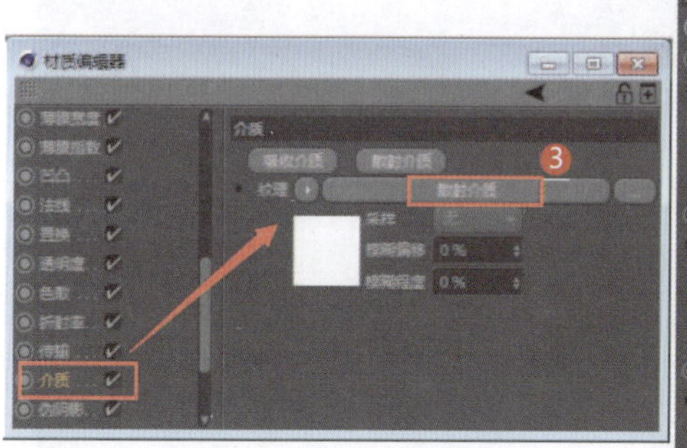

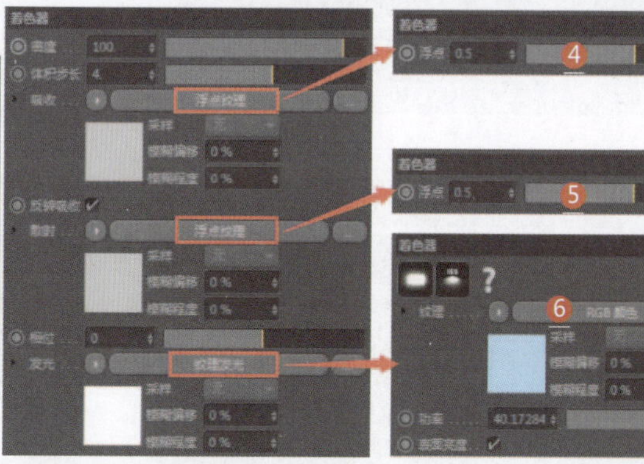

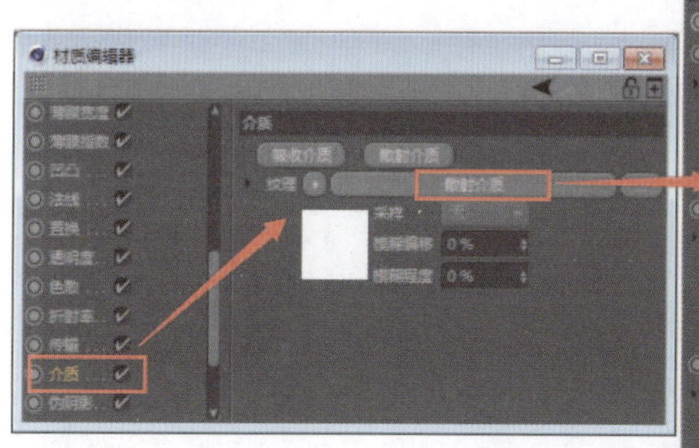

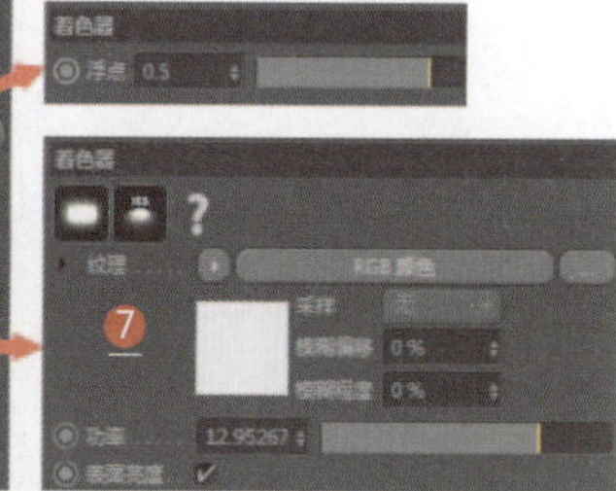

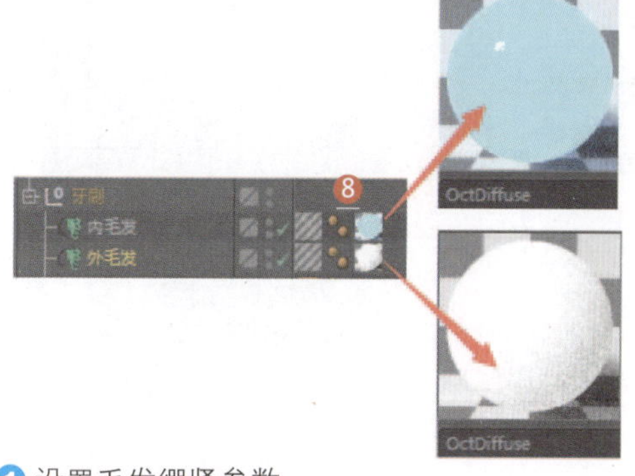

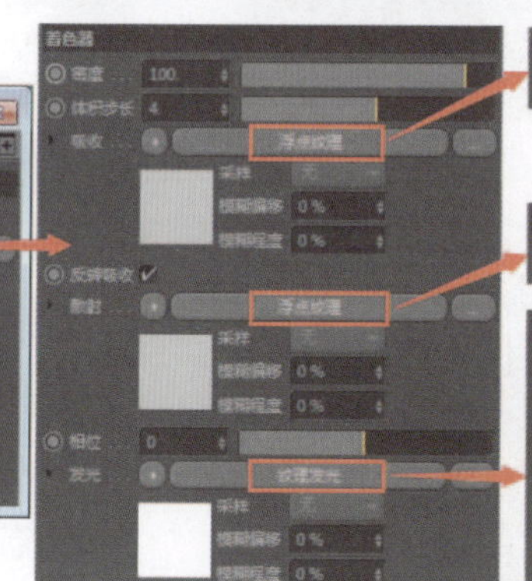

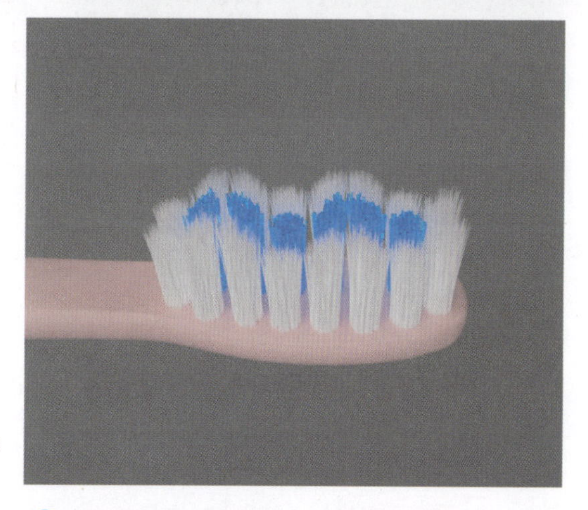

❶ 设置毛发绷紧参数

❷ 设置材质类型为镜面（蓝色毛刷材质），设置传输通道的颜色为蓝色

❸ 设置介质通道的纹理为散射介质（半透明效果）

❹ 设置吸收参数（毛发的密度）

❺ 设置散射参数（毛发的透光效果）

❻ 设置发光参数（毛发的发光颜色）

❼ 设置材质类型为镜面（白色毛刷材质），其设置方法与蓝色毛刷材质设置方法相同，将传输通道和发光通道的颜色设置为白色

❽ 将白色毛刷材质和蓝色毛刷材质分别应用到两个毛发物体中

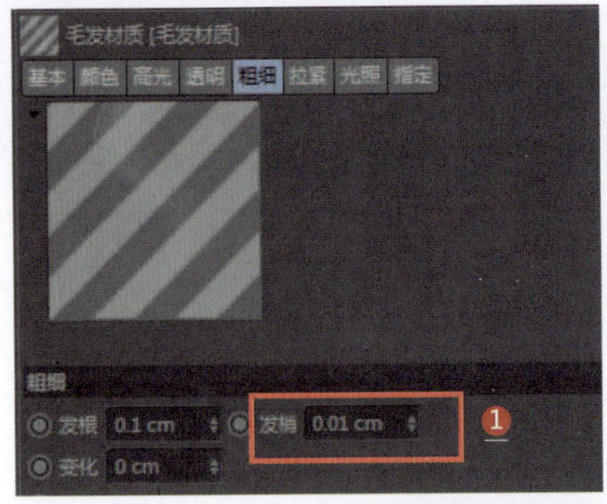

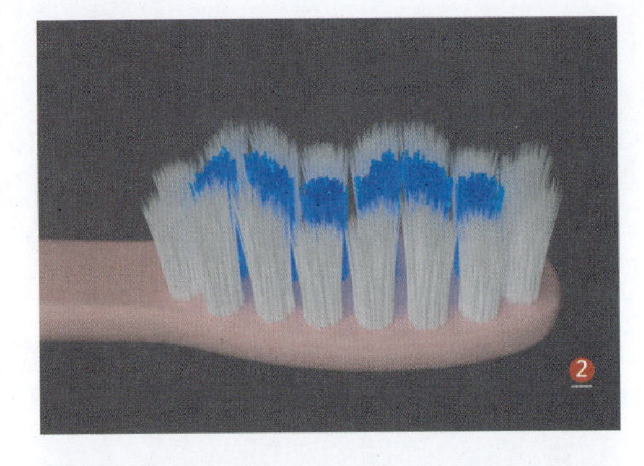

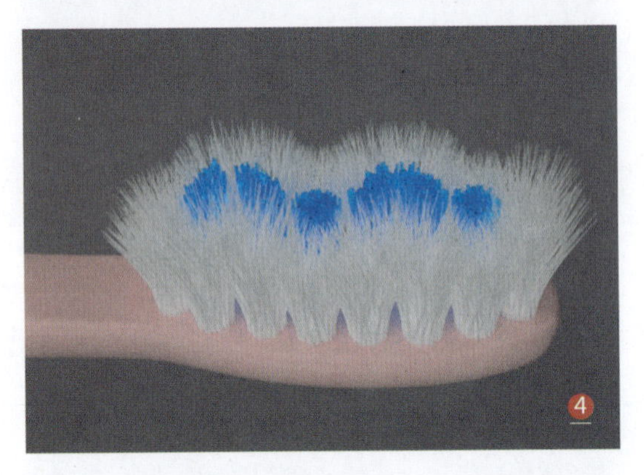

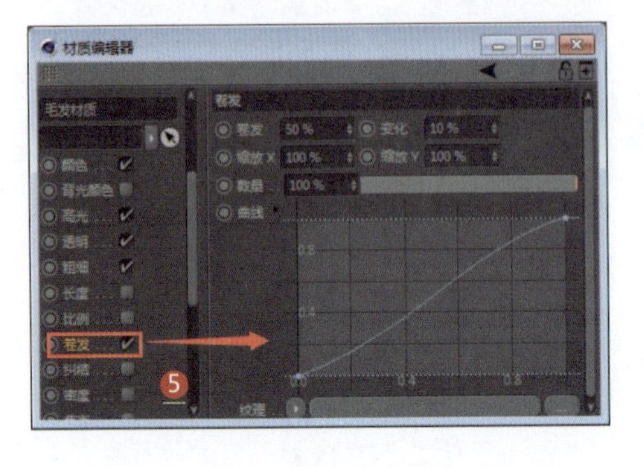

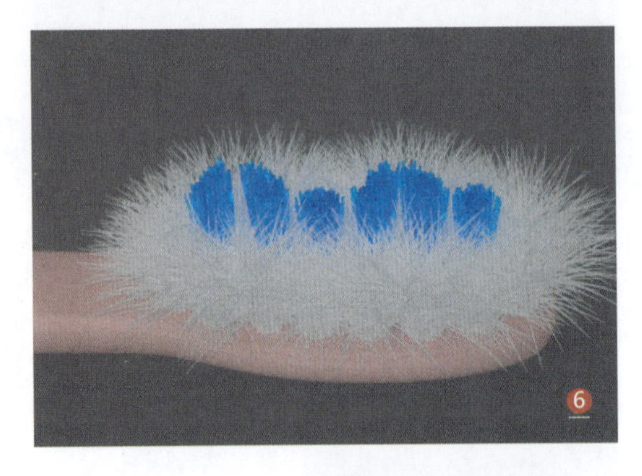

1 在毛发材质中，设置发梢参数
2 发梢渲染效果
3 设置绷紧的曲线
4 毛发绷紧渲染效果
5 设置卷发的曲线
6 毛发卷曲渲染效果

扩展材质\毛发1

059 科技毛发材质

应用领域：CG影视

技术要点：

利用漫射材质类型制作发光材质；设置毛发材质的颜色和背光颜色。

思路分析：

设置发光材质+设置毛发材质。

难度系数：★★☆☆☆

工程：材质文件\M\059

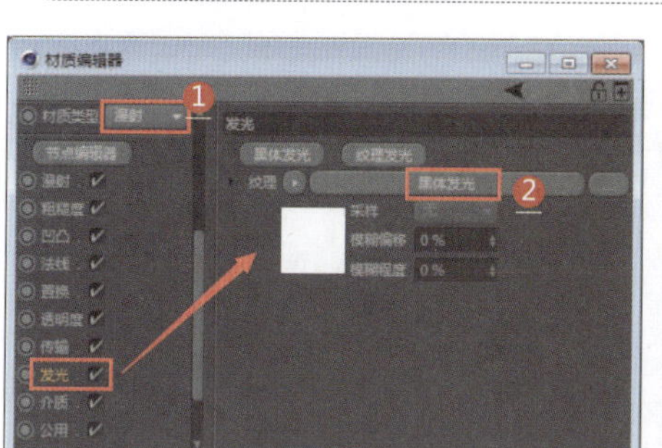

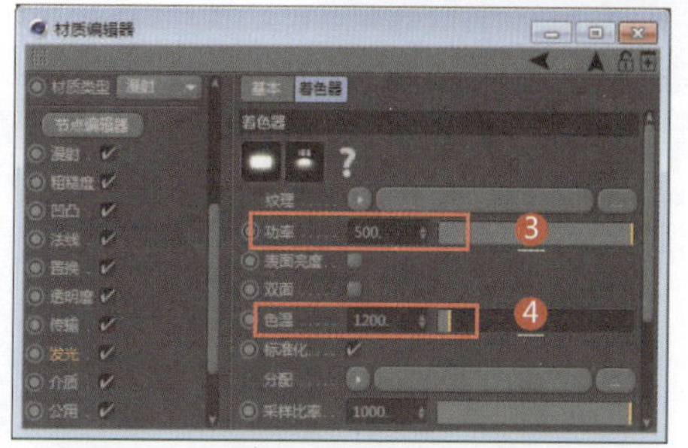

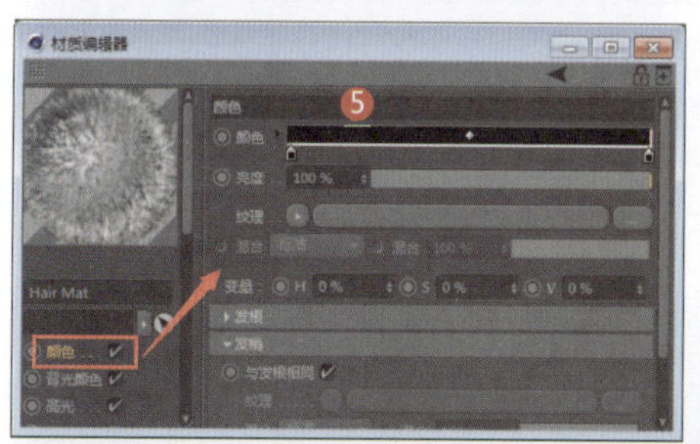

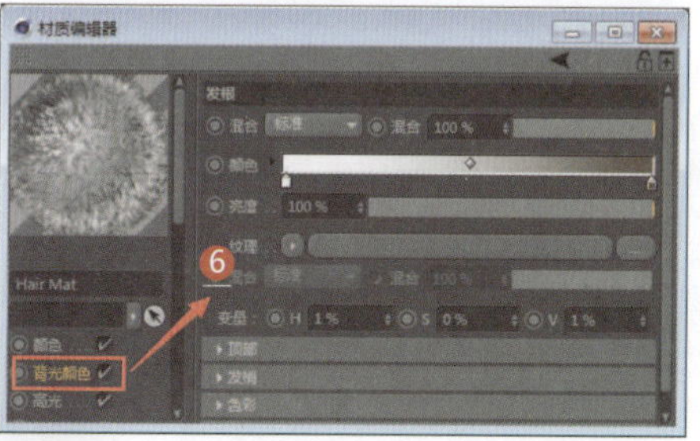

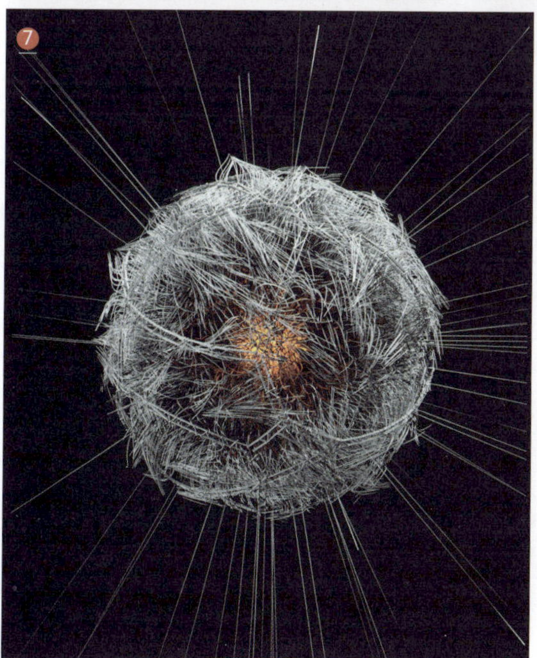

1. 设置材质类型为漫射（发光材质）
2. 设置发光通道的纹理为黑体发光
3. 设置功率（发光强度）
4. 设置色温（较低的数值可以产生暖色）
5. 设置毛发材质的颜色为黑色渐变
6. 设置背光颜色为灰色渐变
7. 渲染效果

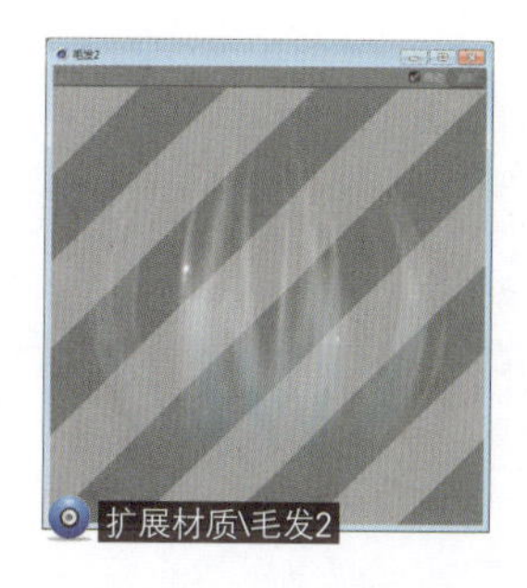

扩展材质\毛发2

060 豹纹毛发材质

应用领域：CG影视

技术要点：

利用豹纹贴图设置毛发的颜色；设置毛发弯曲等属性控制毛发走向；通过设置旋转发射器和湍流发射器，毛发产生卷曲效果和飘逸效果。

思路分析：

设置毛发材质+设置毛发弯曲属性+设置旋转发射器和湍流发射器。

难度系数：★★★☆☆

工程：材质文件\M\060

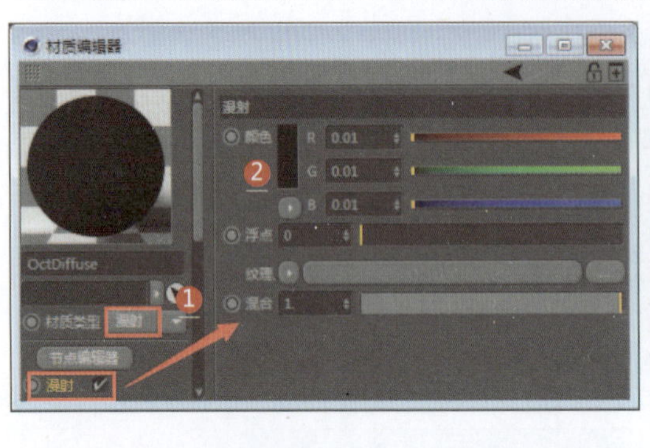

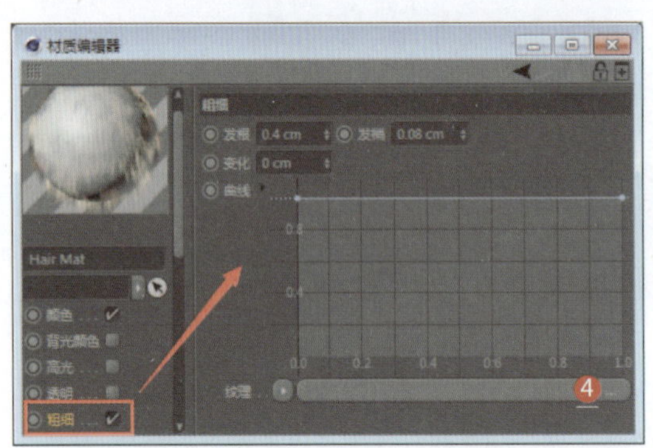

1. 设置材质类型为漫射（毛发材质）
2. 设置漫射通道的颜色为黑色
3. 选择系统自带的毛发材质，设置颜色通道的纹理为豹纹贴图
4. 设置毛发粗细
5. 设置毛发长度
6. 设置毛发比例
7. 设置毛发集束
8. 设置毛发弯曲

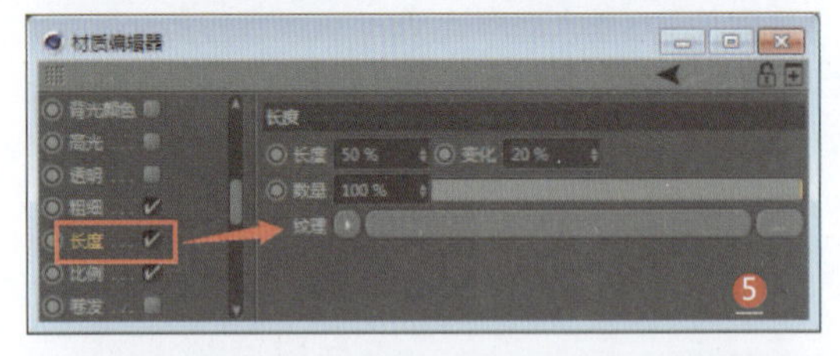

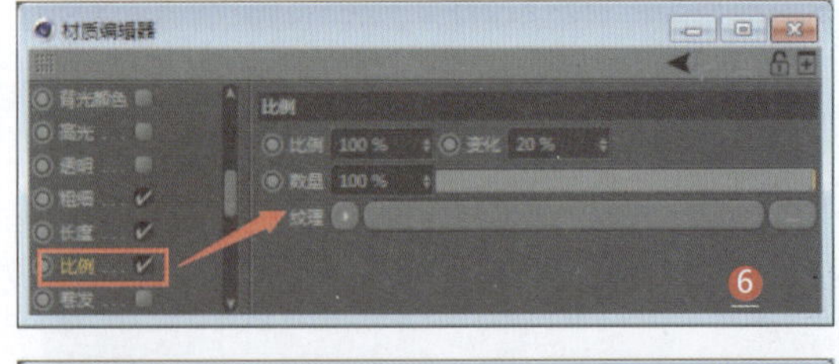

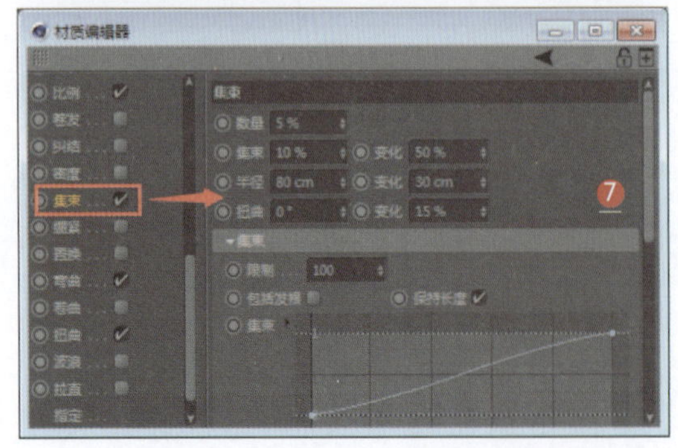

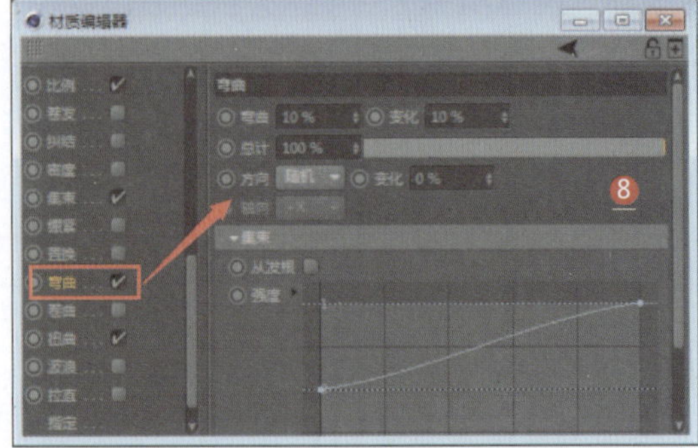

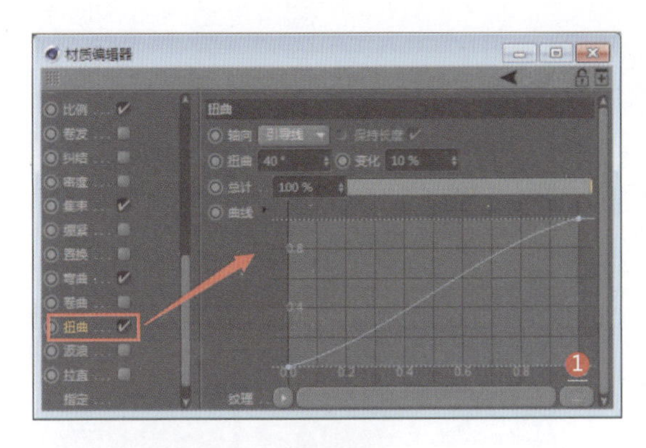

1. 设置毛发扭曲
2. 毛发渲染效果
3. 通过选择“模拟|粒子”子菜单中的命令，创建旋转发射器和湍流发射器
4. 设置旋转发射器（毛发产生卷曲效果）
5. 设置湍流发射器（毛发产生飘逸效果）
6. 最终渲染效果

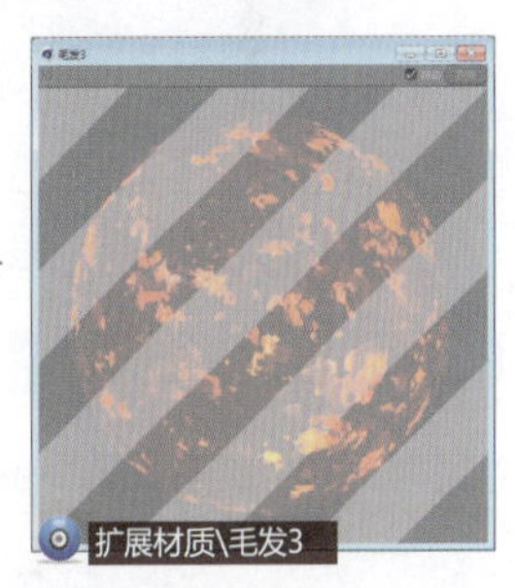

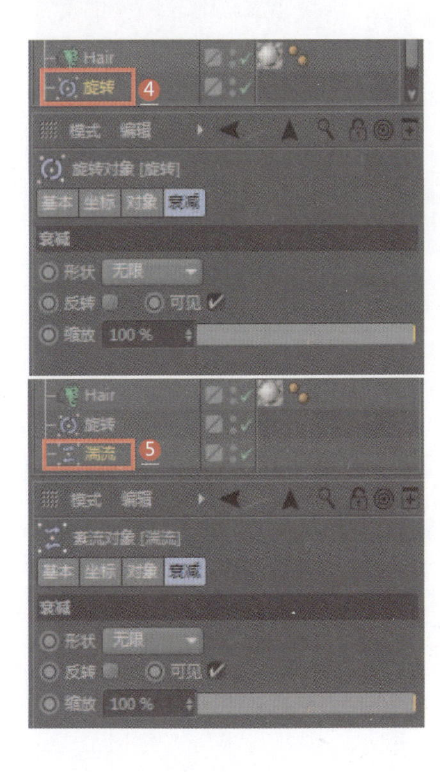

061 皮革手柄材质

应用领域：电商材质

技术要点：

利用光泽度材质类型制作皮革材质；利用梯度渐变颜色控制皮革纹理的深浅。

思路分析：

设置皮革材质+设置凹凸贴图。

难度系数：★★☆☆☆

工程：材质文件\M\061

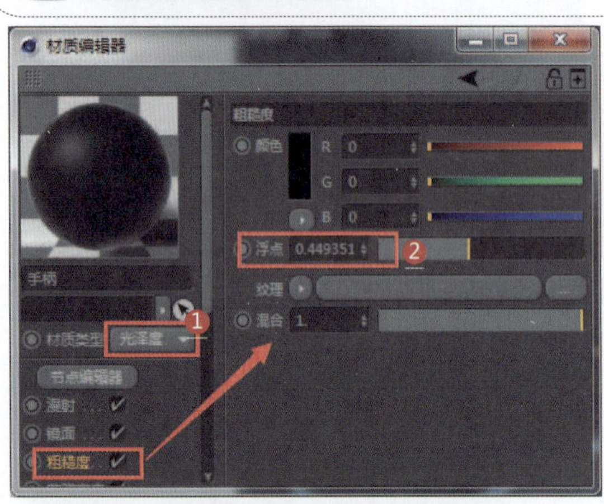

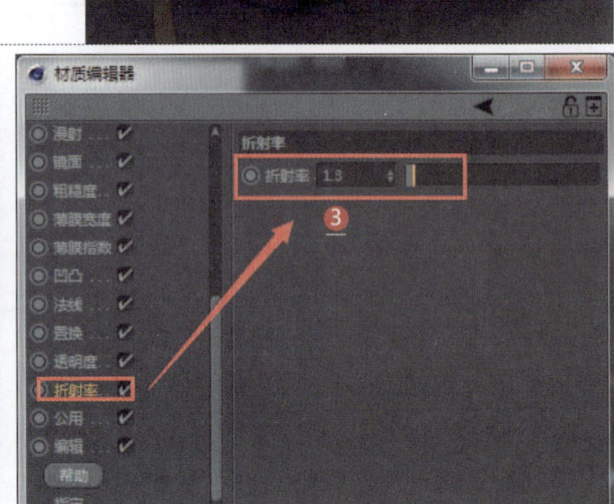

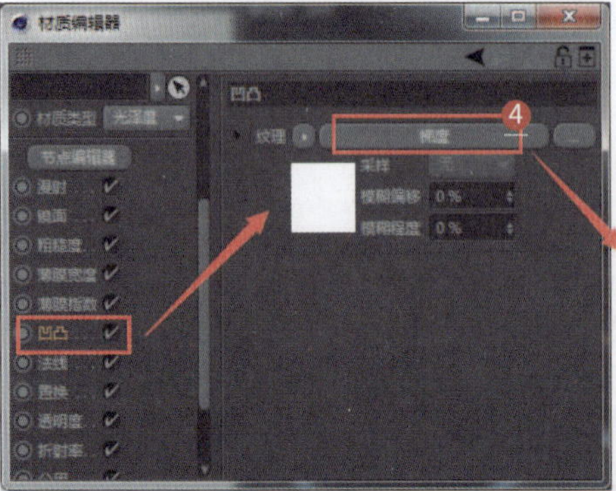

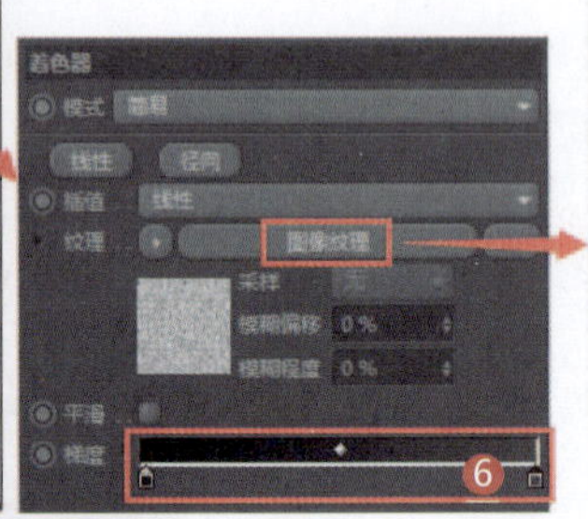

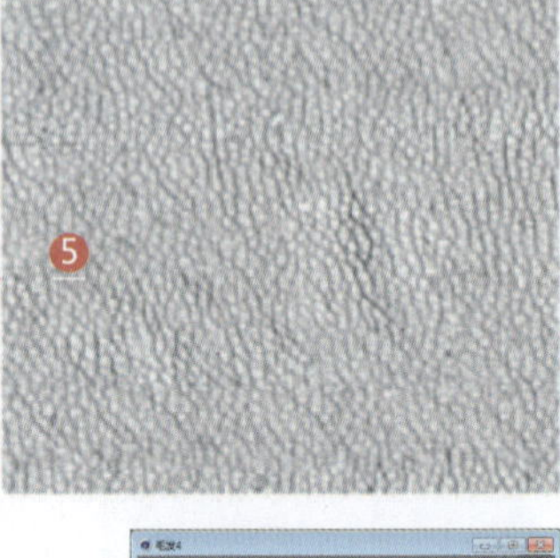

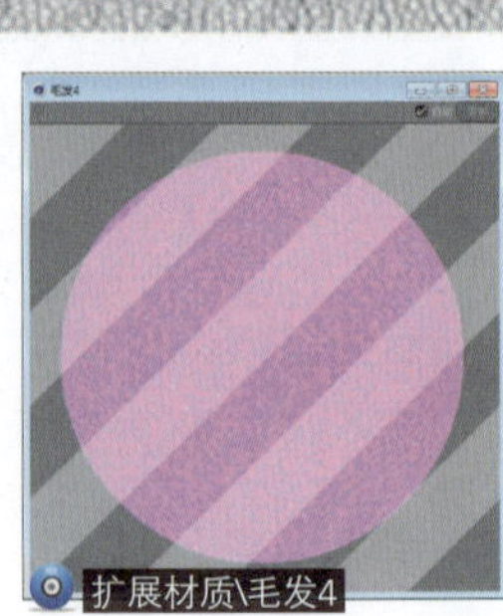

❶ 设置材质类型为光泽度（皮革材质）

❷ 设置皮革的粗糙度

❸ 设置皮革的折射率

❹ 设置凹凸通道的纹理为梯度（控制凹凸强度）

❺ 设置凹凸贴图为皮革纹理

❻ 设置梯度渐变颜色（较暗的渐变颜色使凹凸强度变弱）

❼ 渲染效果

062 皮革表带材质

应用领域：电商材质

技术要点：

利用皮革纹理制作表带外侧皮革材质和表带内侧皮革材质；

利用置换和法线贴图控制皮革的凹凸质感。

思路分析：

设置表带外侧皮革材质和表带内侧皮革材质+设置凹凸质感。

难度系数：★★★★☆

工程：材质文件\M\062

1. 新建一个默认材质（表带外侧皮革材质）
2. 设置颜色通道的纹理为融合
3. 设置基本通道为皮革贴图
4. 设置混合通道为噪波贴图（产生皮革污垢）
5. 设置类型为GGX（标准反射）
6. 设置层颜色为棕色（皮革高光颜色）

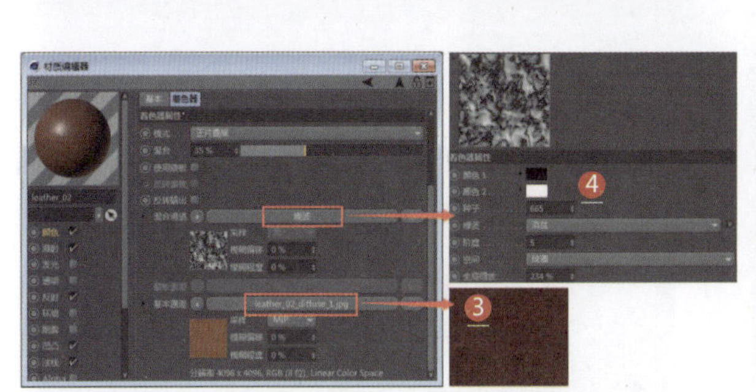

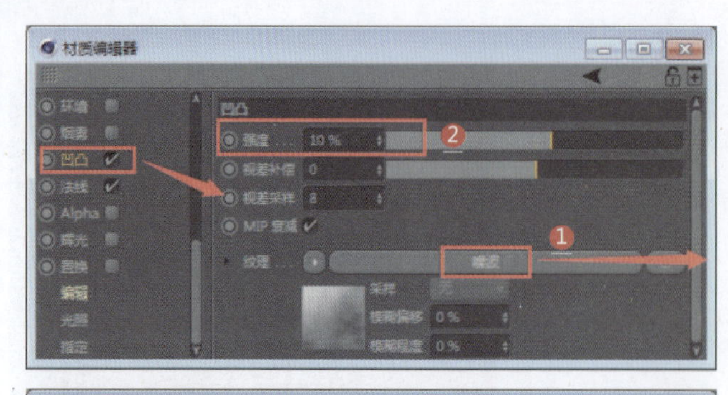

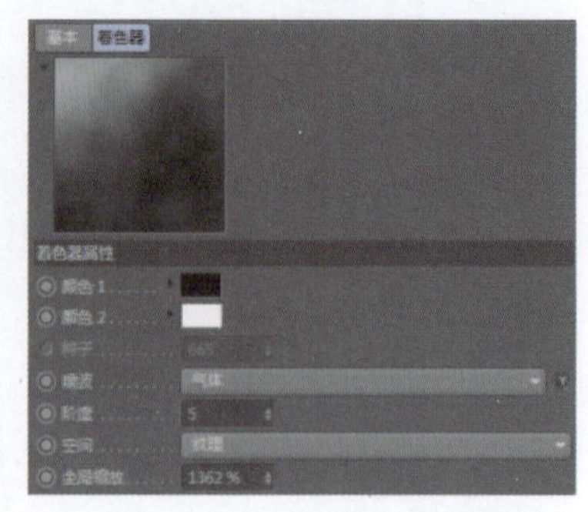

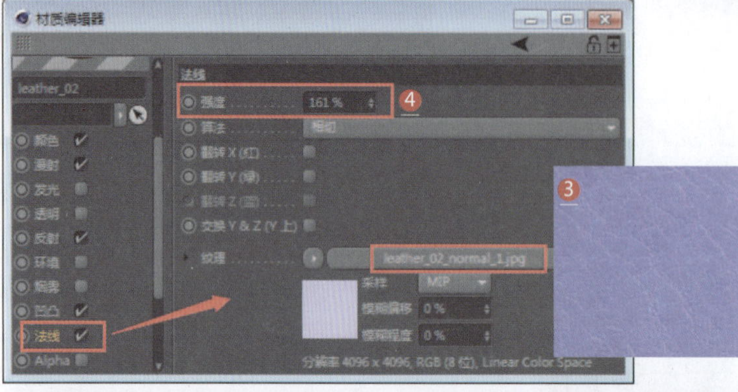

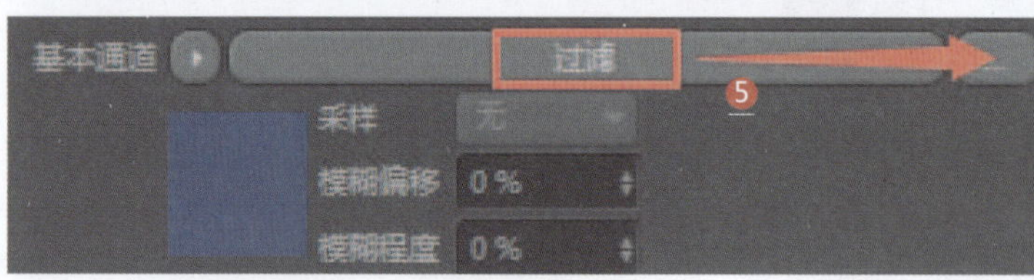

1. 设置凹凸通道的纹理为噪波
2. 设置凹凸强度参数
3. 设置法线贴图
4. 设置法线强度（增强皮革纹理）
5. 设置基本通道为过滤（控制贴图颜色）
6. 设置纹理为皮革贴图
7. 设置色调和饱和度（控制皮革贴图颜色）
8. 设置不同的皮革色调

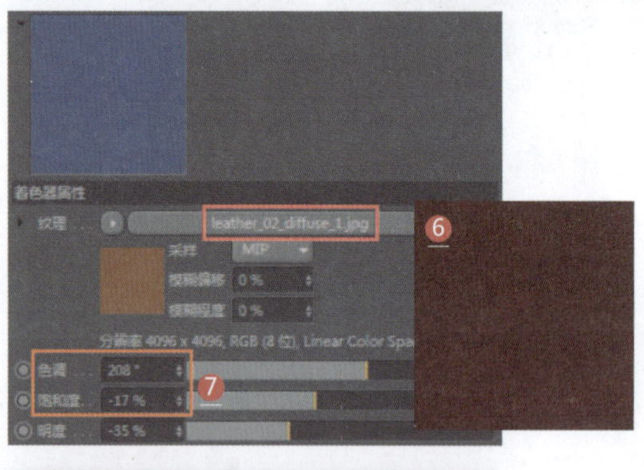

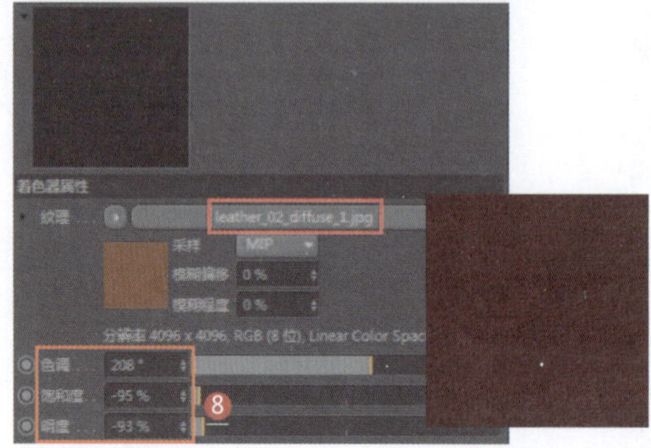

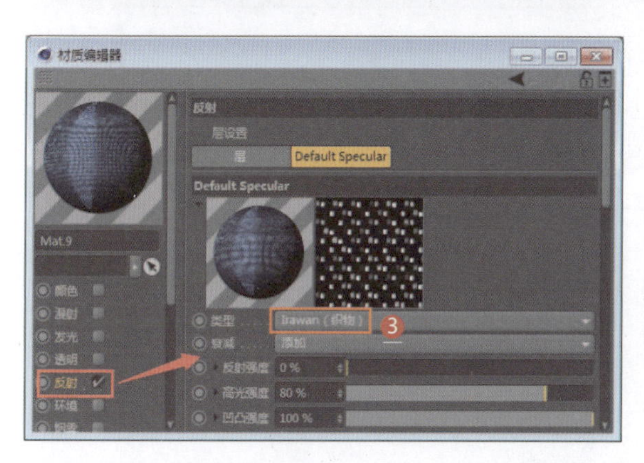

❶ 新建一个默认材质（表带内侧皮革材质），设置置换通道的纹理为噪波（产生凹凸效果）

❷ 设置高度参数

❸ 设置类型为Irawan（织物）

❹ 设置织物的颜色

❺ 渲染效果

063 地毯材质

应用领域：家居装饰

技术要点：

利用毛发自带材质设置毛发形态；利用纹理贴图控制毛发的颜色。

思路分析：

设置毛发自带材质+设置纹理贴图。

难度系数： ★★★☆☆

工程：材质文件\M\063

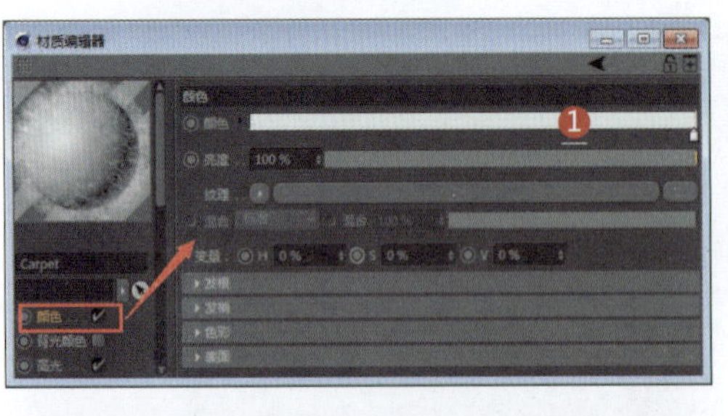

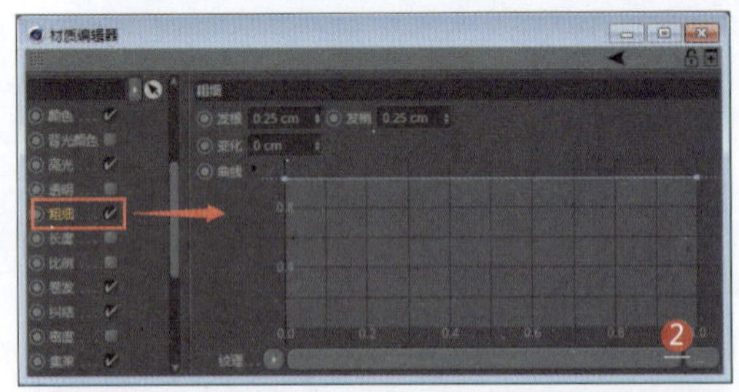

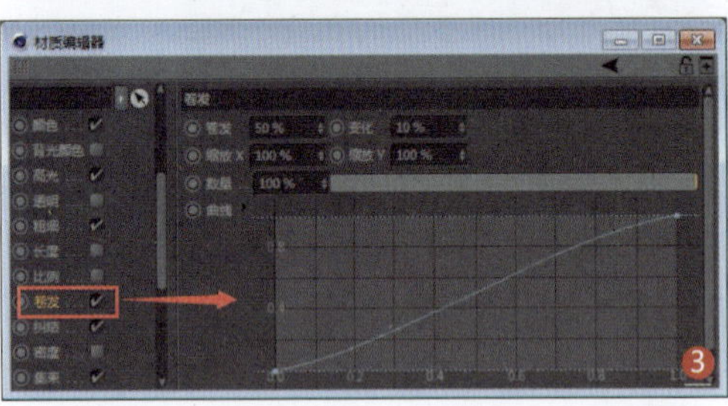

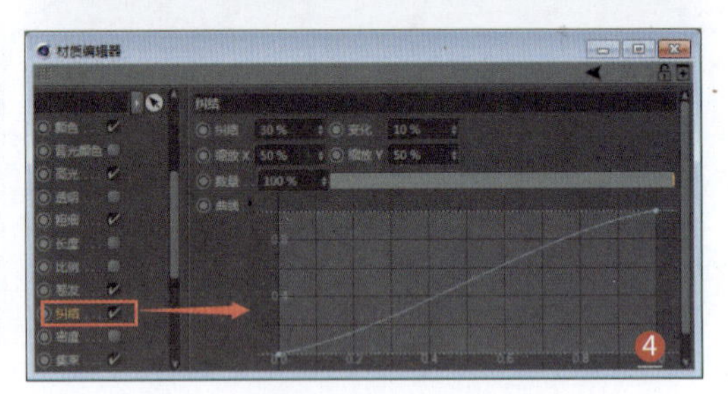

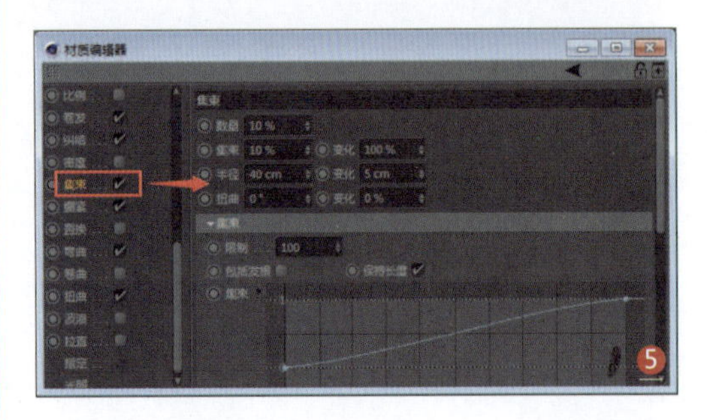

1. 设置毛发自带材质的颜色（过渡色）
2. 设置毛发自带材质的粗细（毛发根部和末梢效果）
3. 设置毛发自带材质的卷发（毛发卷曲效果）
4. 设置毛发自带材质的纠结（毛发缠绕效果）
5. 设置毛发自带材质的集束（毛发集结效果）
6. 设置毛发自带材质的弯曲（随机变化）
7. 设置毛发自带材质的扭曲（根据引导线角度进行扭曲）

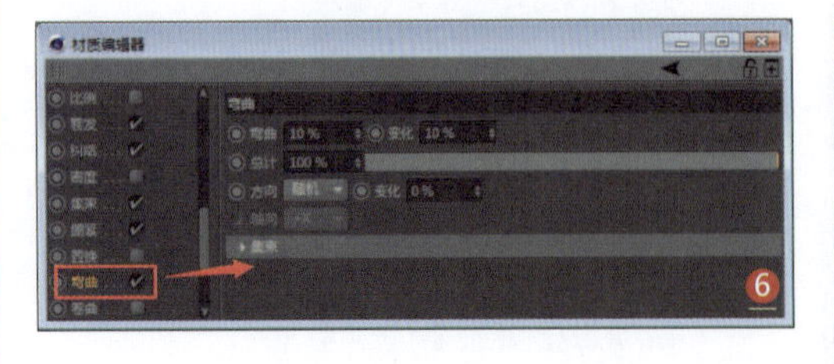

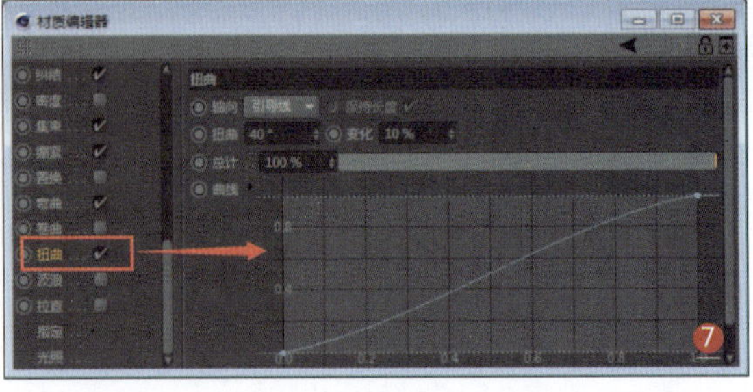

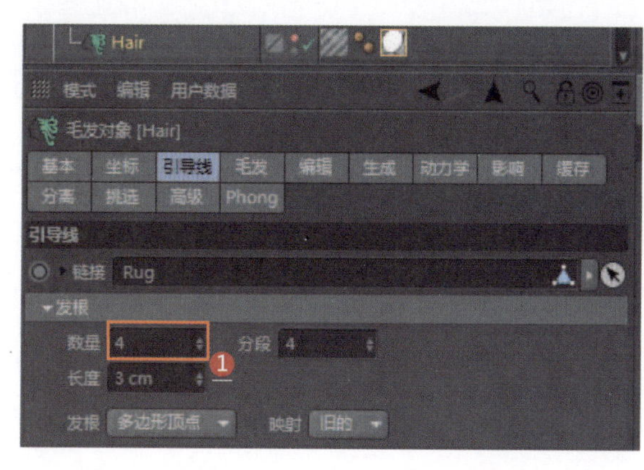

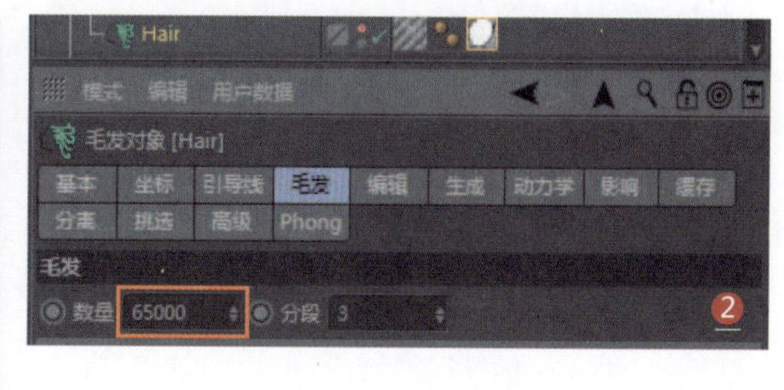

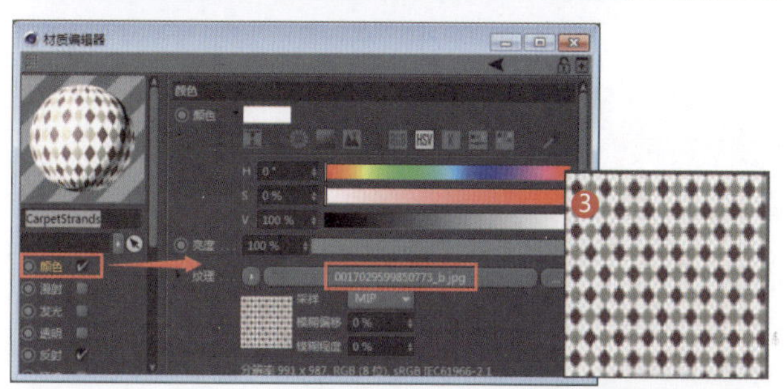

❶ 设置毛发引导线的数量（总体方向）

❷ 设置毛发的数量（毛发的真实数量）

❸ 新建一个默认材质，在颜色道道中设置纹理贴图

❹ 渲染效果

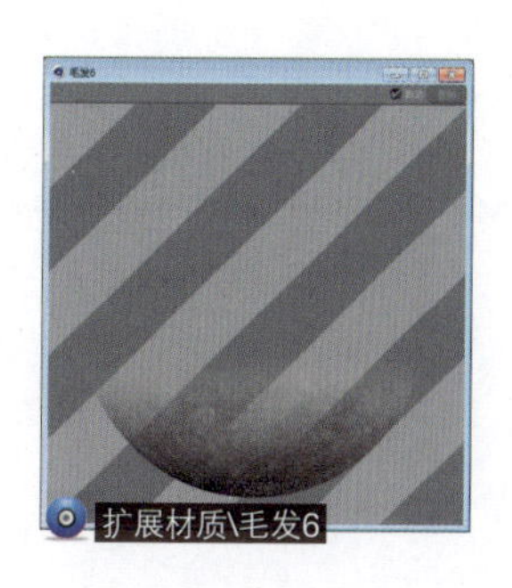

064 实体毛发材质

应用领域：陈设品装饰

技术要点：

利用毛发的实体功能将模型与引导线相结合；通过设置毛发材质属性制作实体毛发。

思路分析：

创建一根头发实体模型+设置毛发材质。

难度系数：★★★★☆

工程：材质文件\M\064

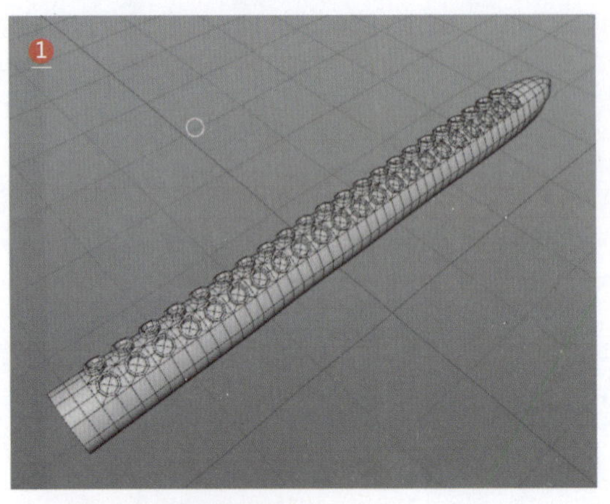

1. 创建一根头发实体模型（本实例为章鱼触角）
2. 选择要生长头发的多边形，对选集进行保存
3. 设置毛发对象的引导线为多边形选集
4. 在设置类型为实例
5. 设置对象为一根头发
6. 利用多边形选集自动生成章鱼触角模型

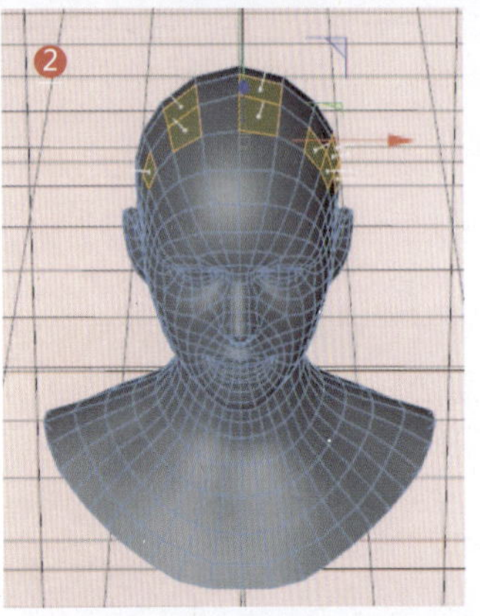

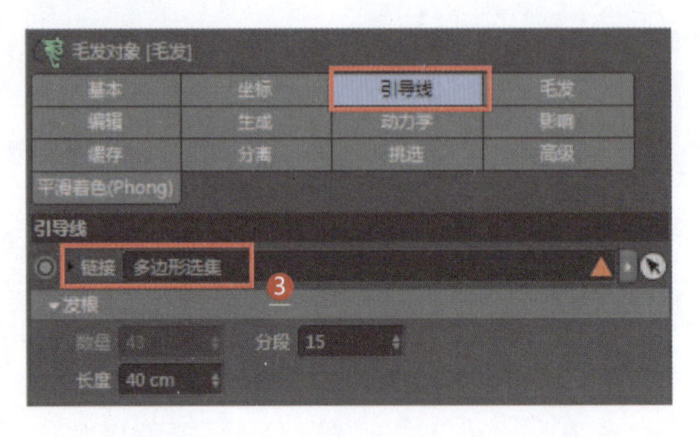

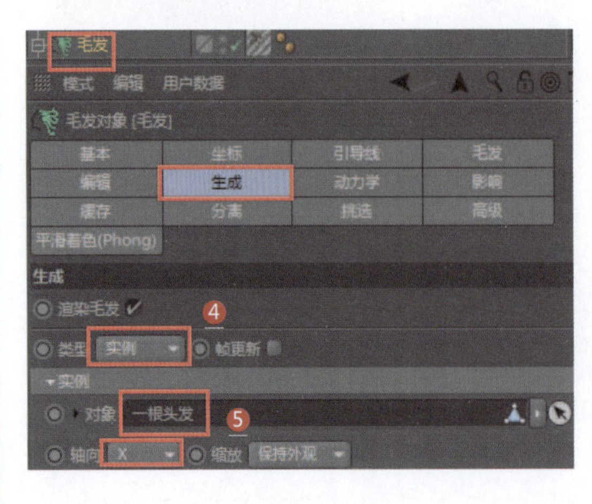

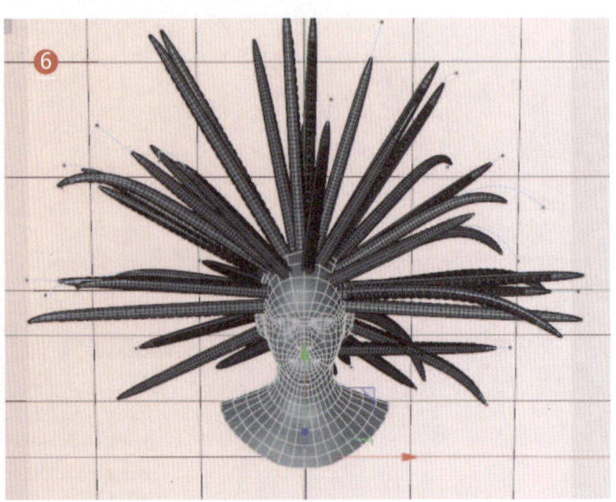

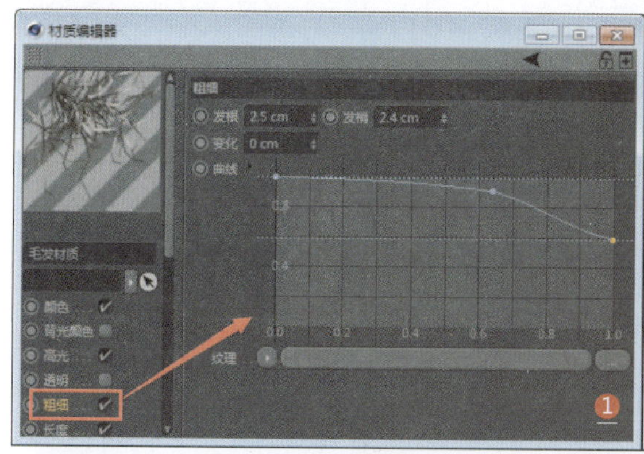

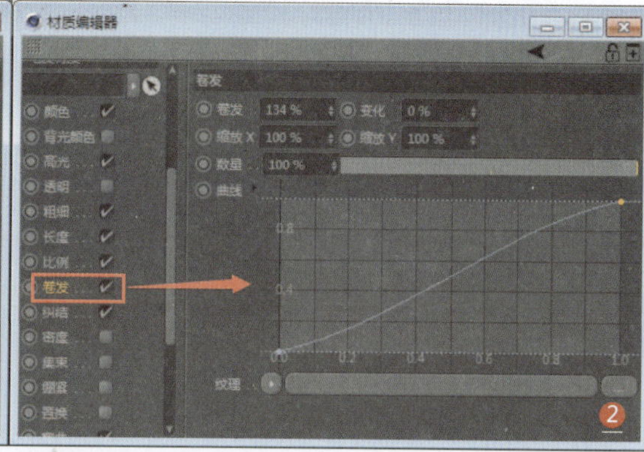

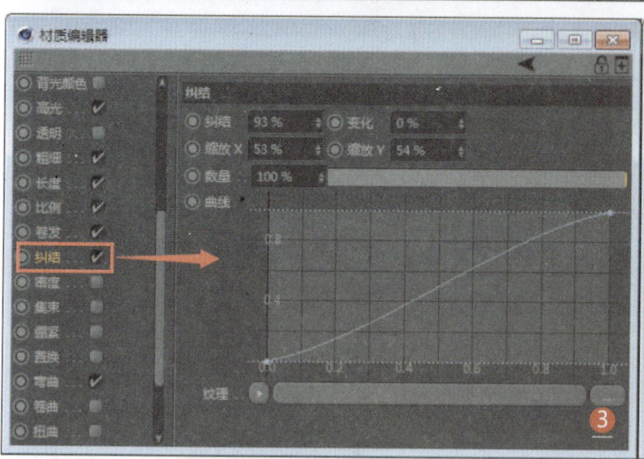

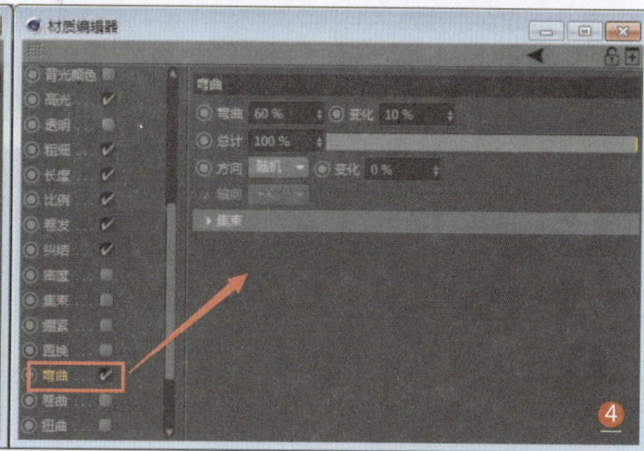

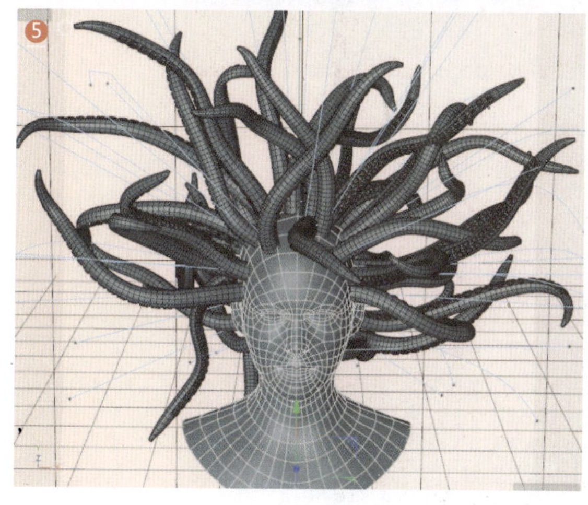

1. 设置毛发材质的粗细（通过曲线控制毛发初始端和末端比例）
2. 设置卷发
3. 设置纠结
4. 设置弯曲
5. 设置毛发效果
6. 渲染效果

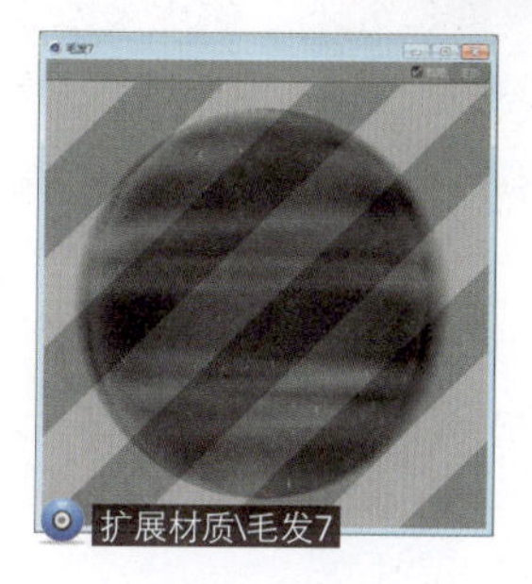
扩展材质\毛发7

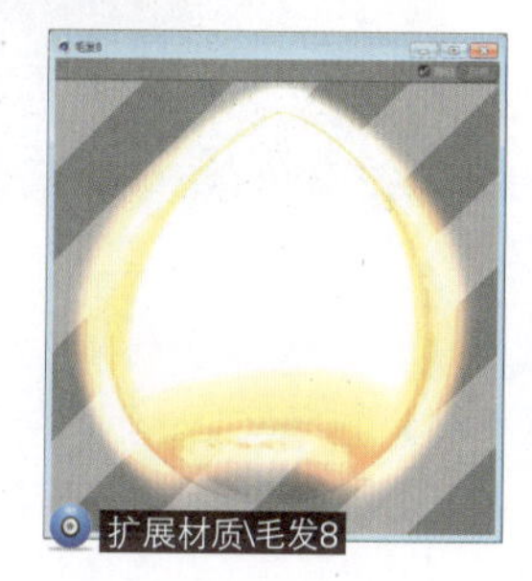
扩展材质\毛发8

065 云朵材质

应用领域：CG影视

技术要点：

利用PyroCluster–体积描绘器生成云朵；利用粒子几何体、矩阵和模型设置云朵材质。

思路分析：

设置PyroCluster–体积描绘器+设置云朵材质。

难度系数：★★★★★

工程：材质文件\M\065

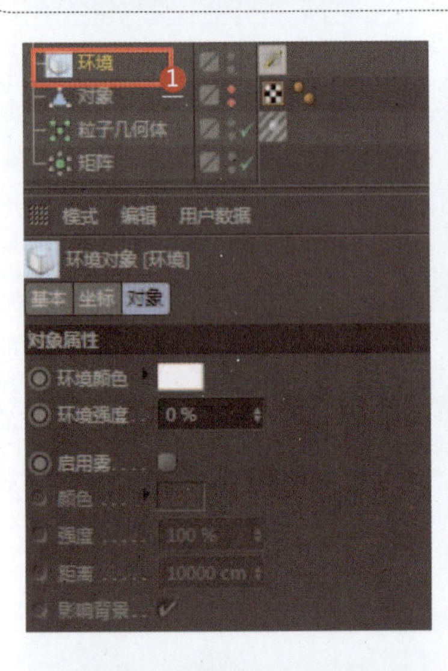

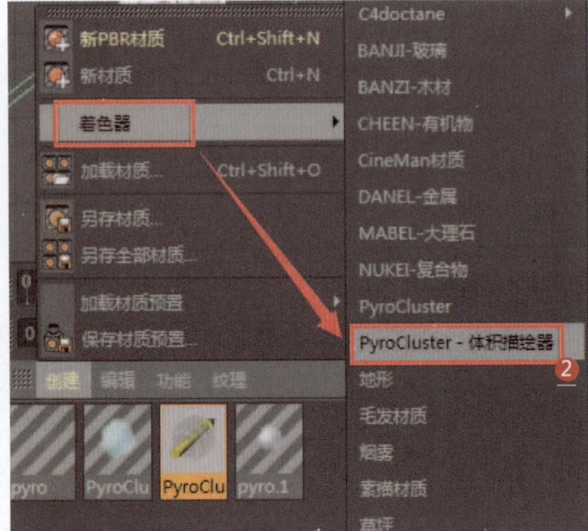

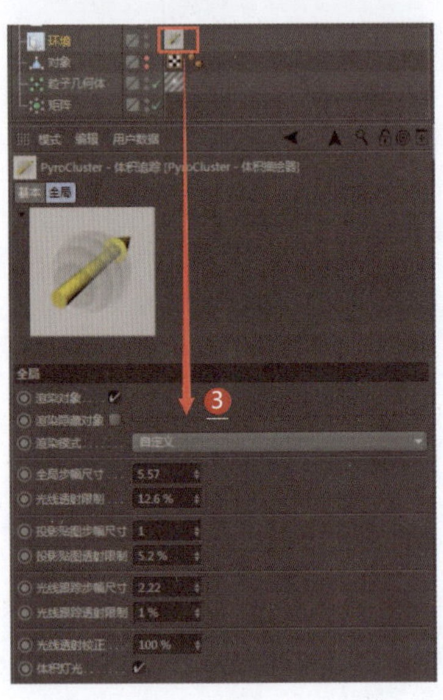

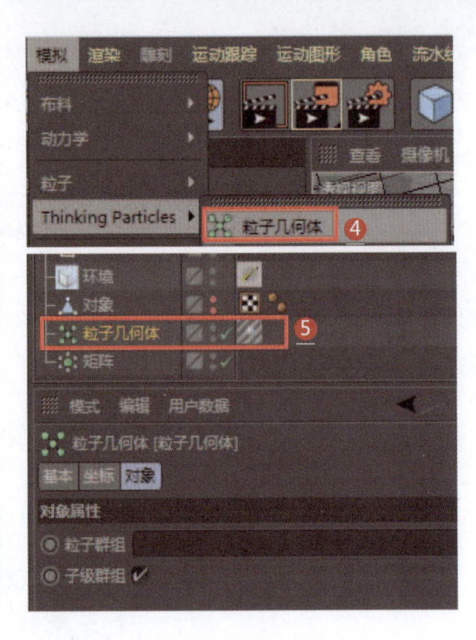

1. 新建一个环境物体
2. 在“材质编辑器”对话框中，新建一个PyroCluster–体积描绘器
3. 将PyroCluster–体积描绘器应用到环境物体，设置云朵形状
4. 新建一个粒子几何体
5. 设置粒子几何体对象为子集群组

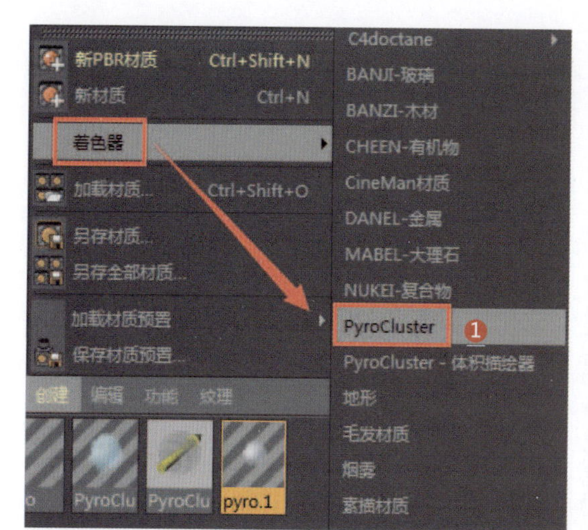

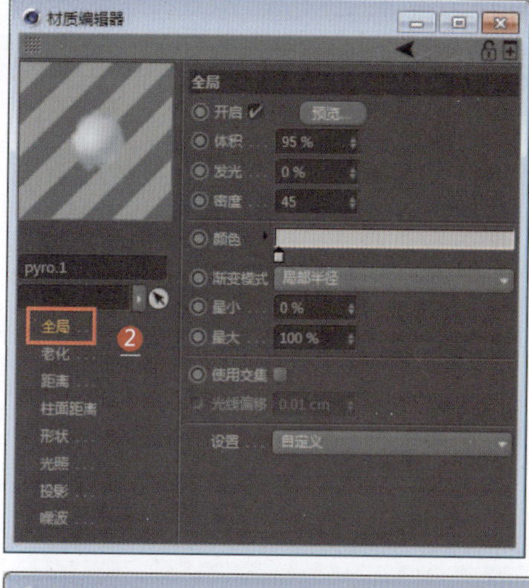

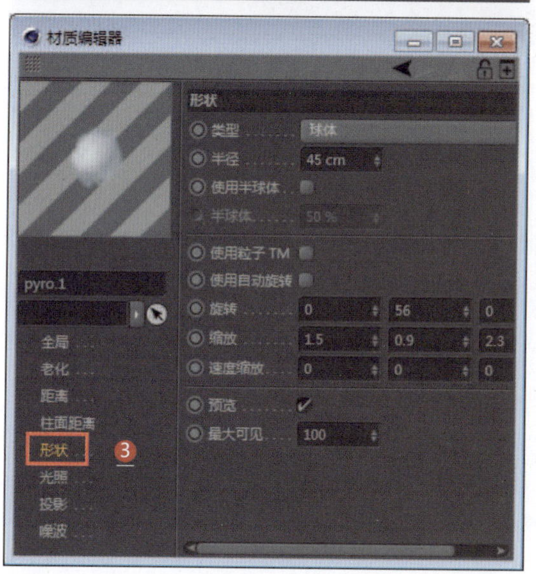

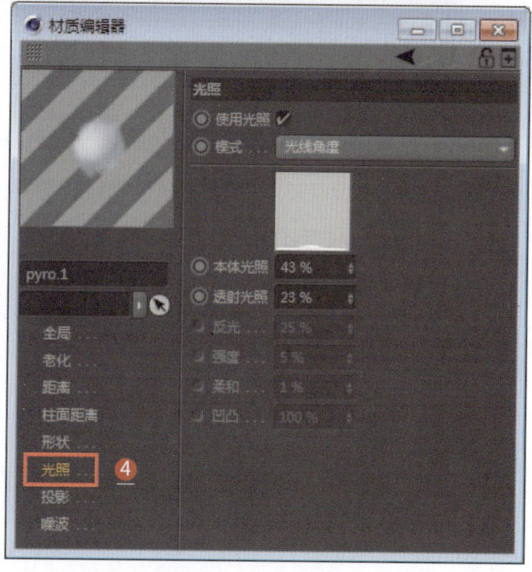

❶ 在“材质编辑器”对话框中新建一个PyroCluster

❷ 设置全局通道（云朵的大小）

❸ 设置形状通道（球体尺寸）

❹ 设置光照通道（产生体积质感）

❺ 设置投影通道（阴影颜色和其他效果）

❻ 将云朵材质应用到粒子几何体，渲染效果

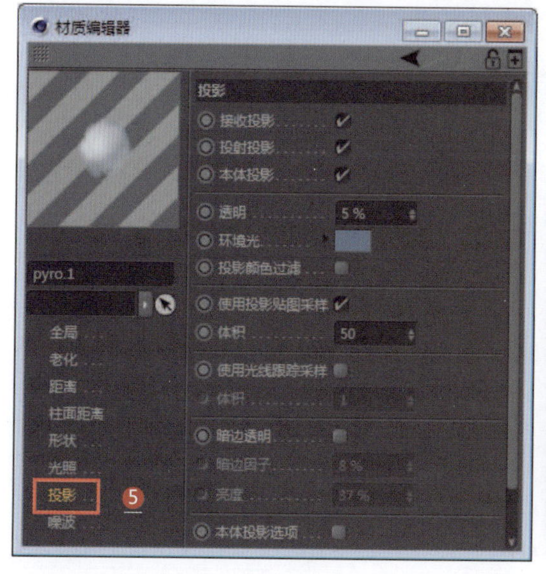

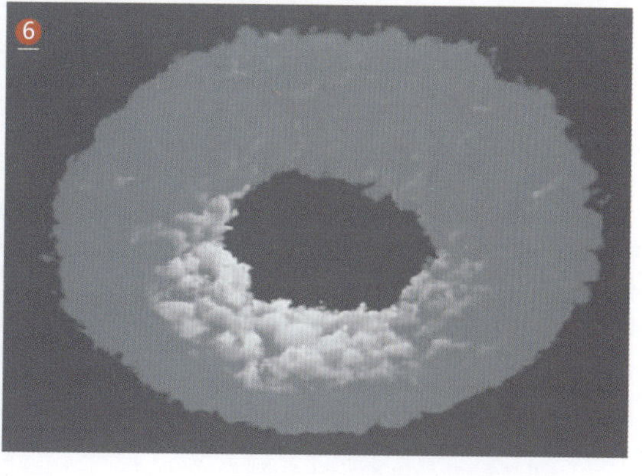

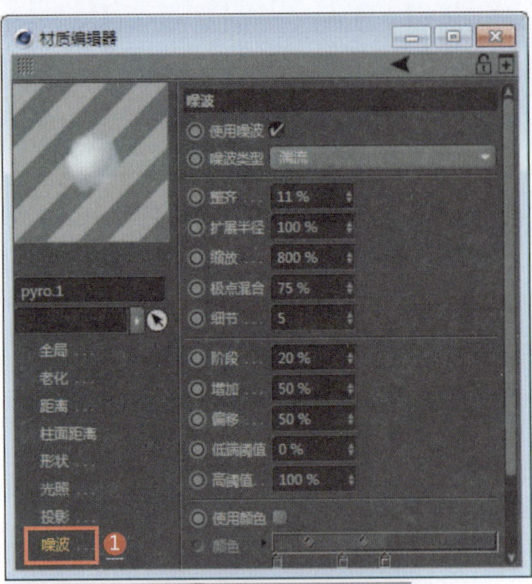

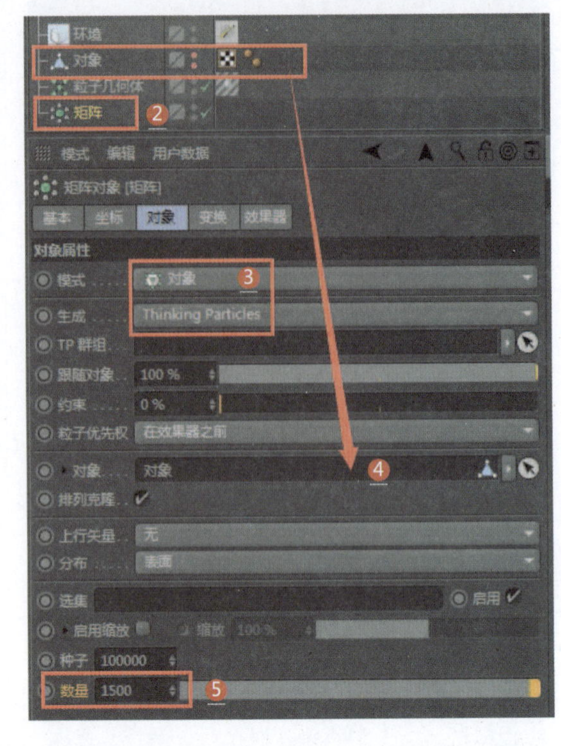

1. 设置噪波通道（云朵的湍流效果）
2. 新建一个矩阵物体
3. 设置模式为对象，生成为Thinking Particles（思想粒子）
4. 将要生成云朵形状的模型（圆环模型）拖动到对象
5. 设置云朵的数量
6. 云朵渲染效果（生成的圆环云朵效果）
7. 云朵渲染效果（利用不同模型生成的云朵效果）
8. 云朵渲染效果（云朵数量和尺寸变化的效果）

066 体积云材质

应用领域：CG影视

技术要点：

利用Octane VDB体积制作云朵；设置云朵材质；设置不同的云朵效果。

思路分析：

设置Octane VDB体积+设置云朵材质。

难度系数：★★★★☆

工程：材质文件\M\066

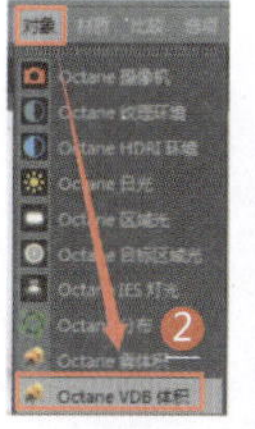

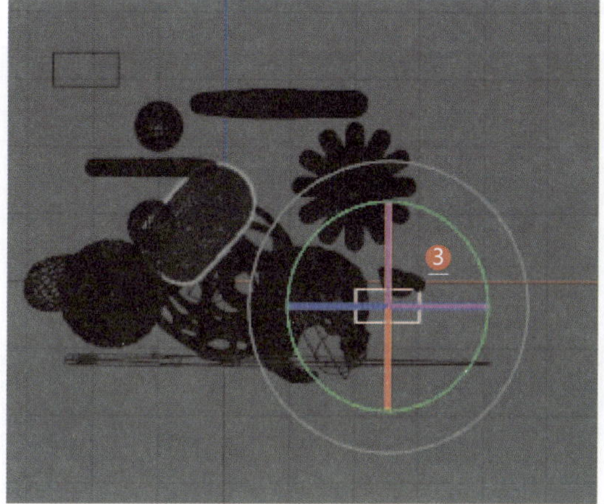

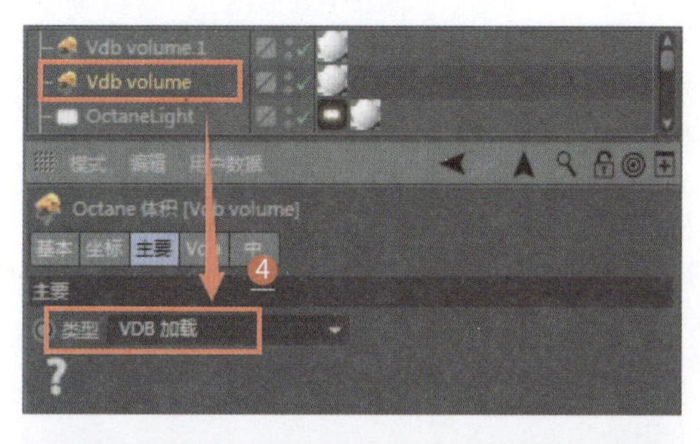

1. 打开场景文件（材质已经设置完成）
2. 创建一个Octane VDB体积（云朵物体）
3. 调整云朵的位置和大小
4. 设置云朵类型
5. 设置云朵的预置文件（设置不同的预置文件会产生不同的云朵）和导入单位（弗隆）
6. 设置云朵材质为体积介质（产生体积云）

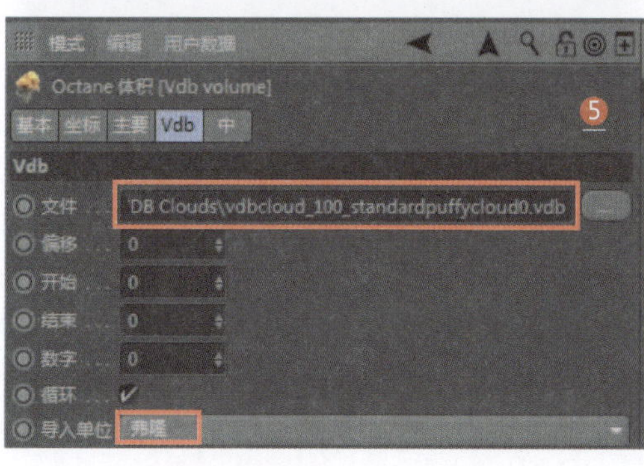

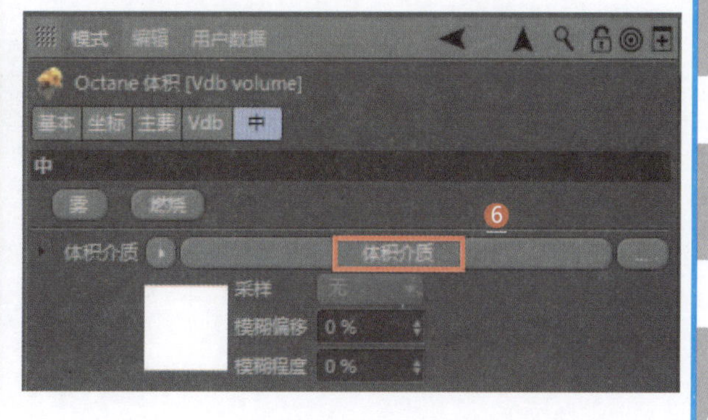

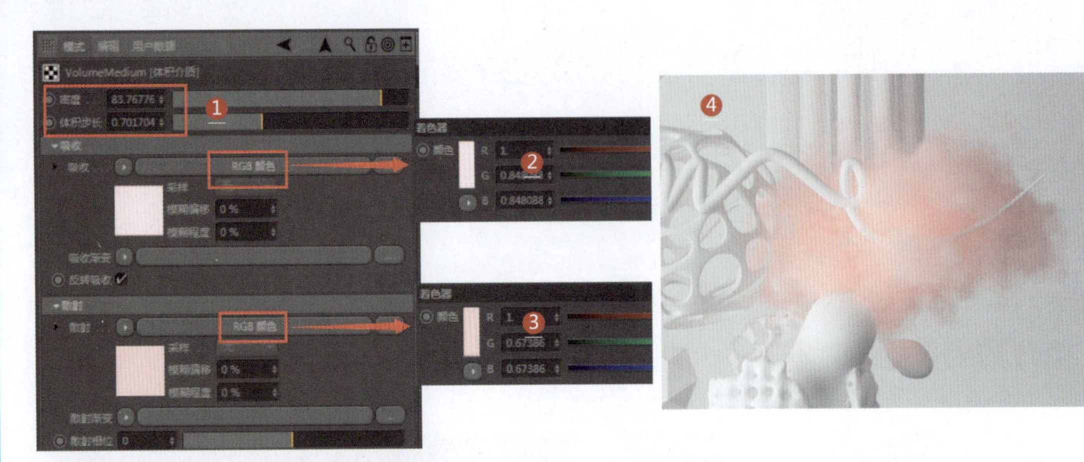

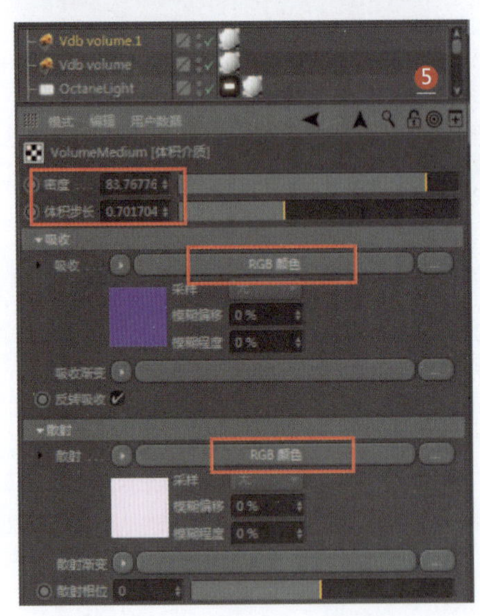

1 设置密度和体积步长参数（密度决定了云朵的透明度）
2 设置吸收为RGB颜色（浅粉色）
3 设置散射为RGB颜色（粉色）
4 云朵渲染效果
5 复制一个云朵体积，重新设置颜色为紫色
6 紫色云朵渲染效果
7 两朵云放置在不同位置的渲染效果
8 重新设置体积步长参数（数值越小，云朵颗粒变得越小）
9 云朵渲染效果

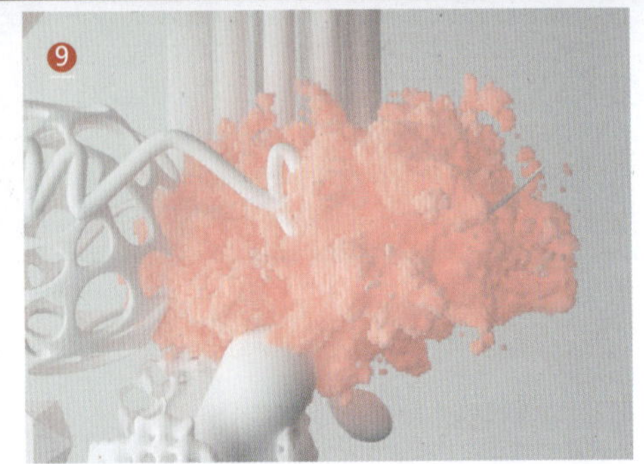

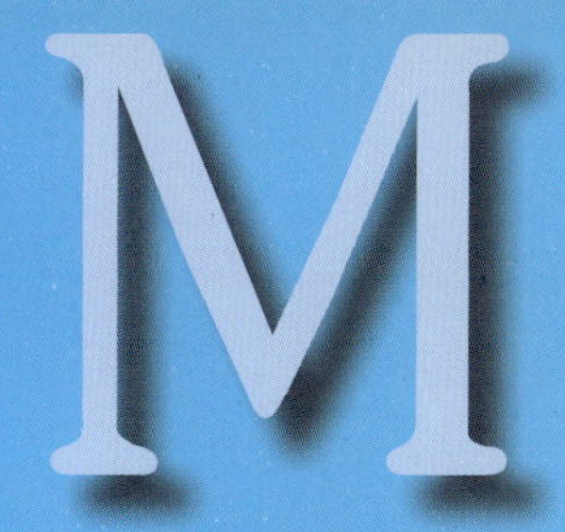

木纹和植物材质 ——067~070

木材是一种主要的建筑材料。在古建筑中，木材被广泛应用于室内外建筑结构。在现代建筑中，木材仍扮演着重要的角色，被广泛应用于室内家具及内部装饰制作。

067 水曲柳材质

应用领域：陈设品装饰

技术要点：

利用水曲柳贴图和置换贴图设置木纹材质；设置镂空贴图制作Logo。

思路分析：

设置木纹材质+设置镂空贴图。

难度系数：★★★☆☆

工程：材质文件\MM\067

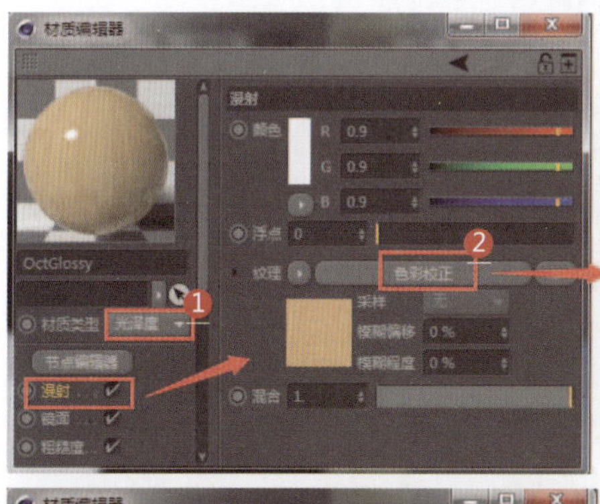

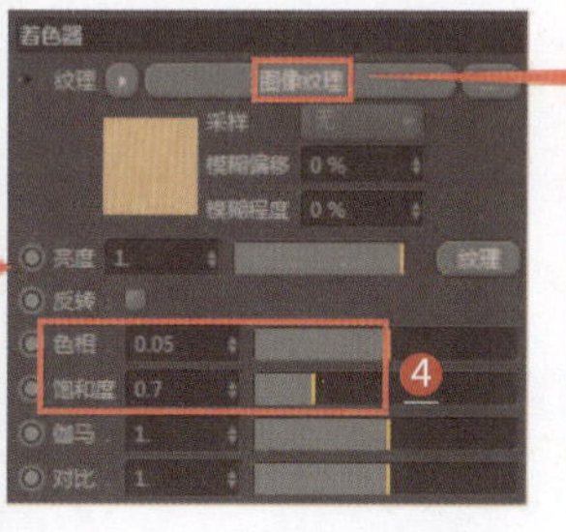

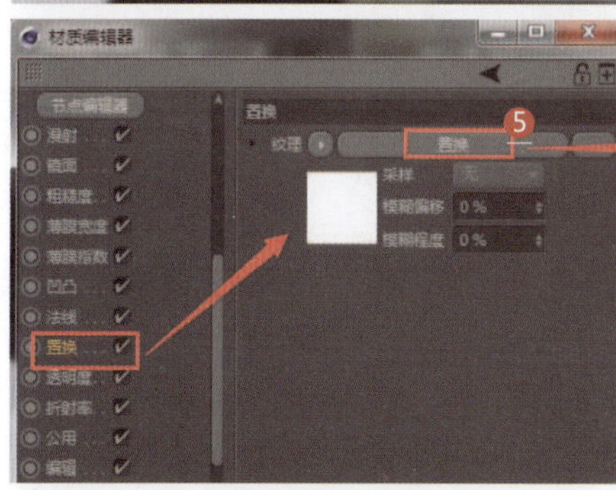

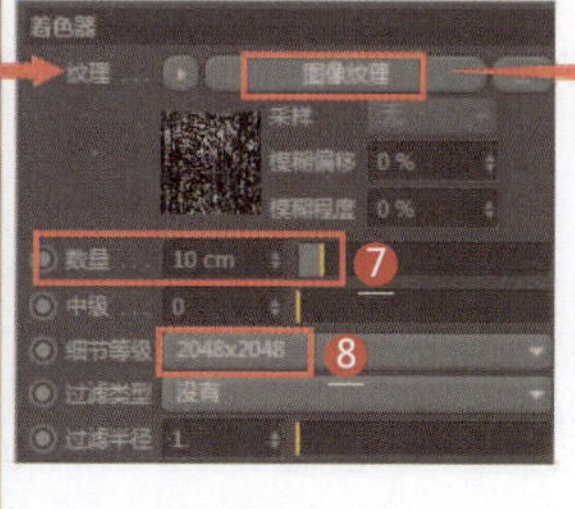

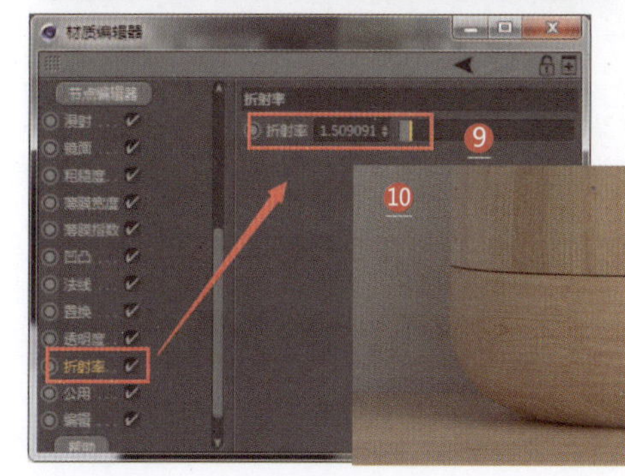

1. 设置材质类型为光泽度（木纹材质）
2. 设置漫射通道的纹理为色彩校正（控制木纹色调）
3. 设置纹理为水曲柳贴图
4. 设置木纹的色相和饱和度
5. 设置置换通道的纹理为置换
6. 设置置换贴图（颜色越暗，凹凸强度越弱）
7. 设置置换的数量
8. 设置细节等级（数值越大细节越丰富）
9. 设置折射率
10. 木纹材质渲染效果

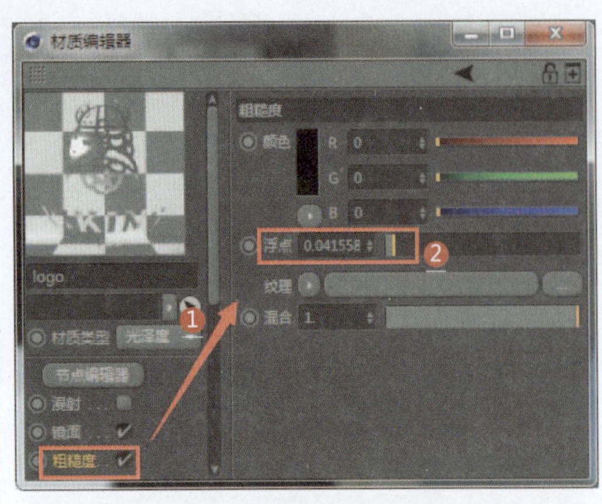

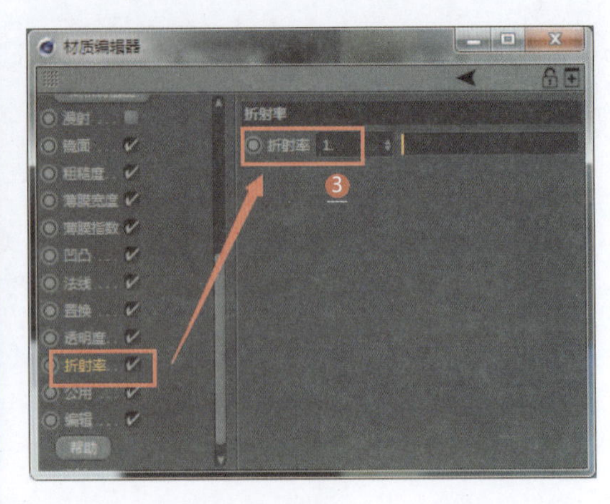

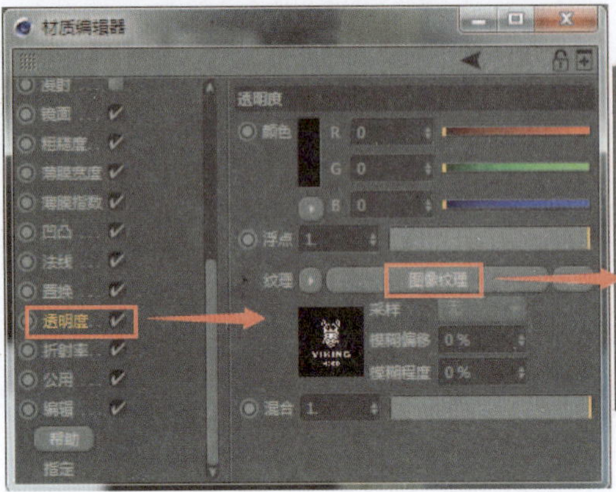

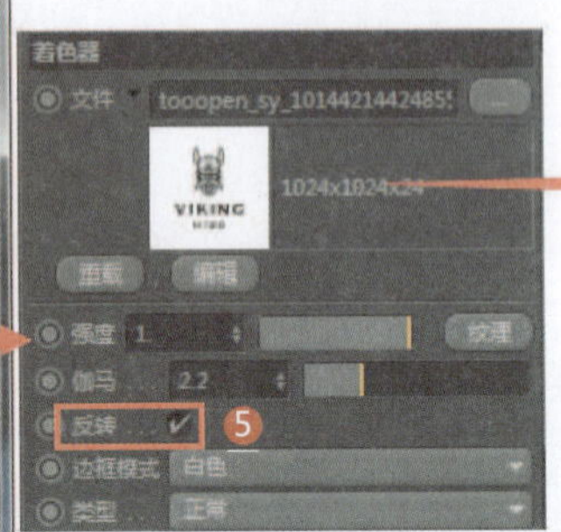

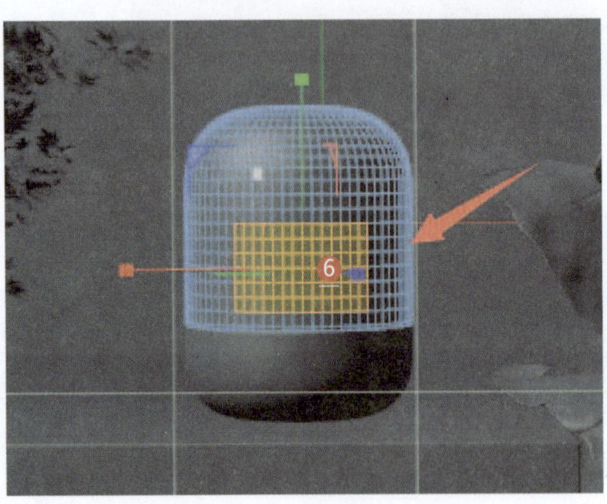

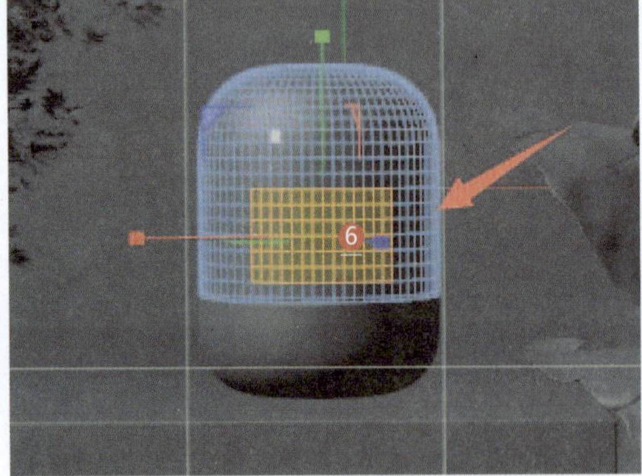

1. 设置材质类型为光泽度材质（镂空材质）
2. 设置粗糙度参数
3. 设置折射率（产生金属光泽）
4. 设置镂空贴图
5. 勾选“反转”复选框可以设置镂空贴图反转（黑色表示不透明，白色表示透明）
6. 选择要粘贴Logo的区域，将镂空贴图应用到该区域

068 榉木清漆材质

应用领域：陈设品装饰

技术要点：

利用系统自带的木材贴图制作榉木贴图；通过设置两层反射贴图控制木纹清漆效果；利用凹凸贴图产生凹凸质感。

思路分析：

设置木材贴图+设置清漆反射+产生凹凸质感。

难度系数：★★★☆☆

工程：材质文件\MM\068

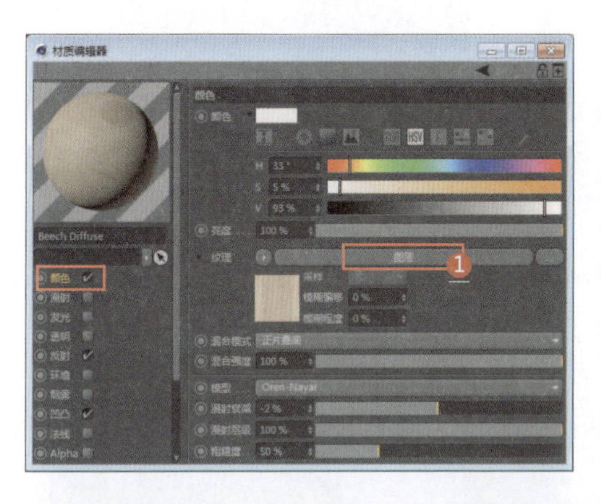

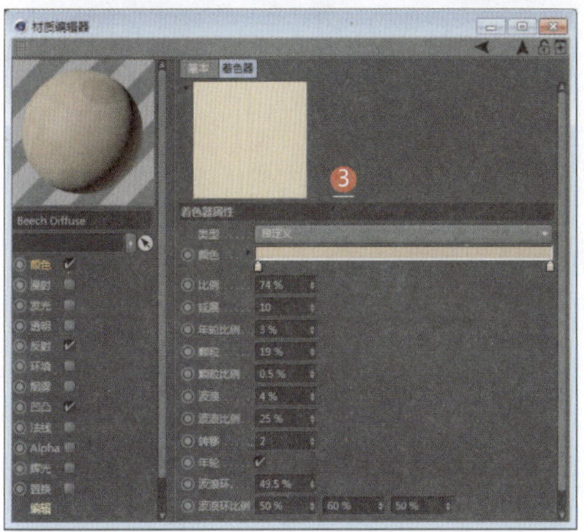

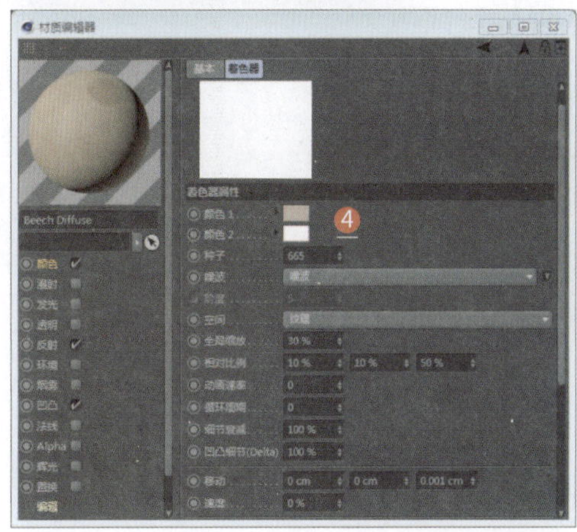

1. 新建一个默认材质（榉木材质），设置颜色通道的纹理为图层
2. 在图层中设置第一层为木材贴图
3. 设置木材贴图的参数（随机产生）
4. 设置第二层为噪波贴图（木材颜色）
5. 设置噪波贴图的混合模式为正片叠底，产生真实的木纹效果

B F H J K L M Q S T X Y

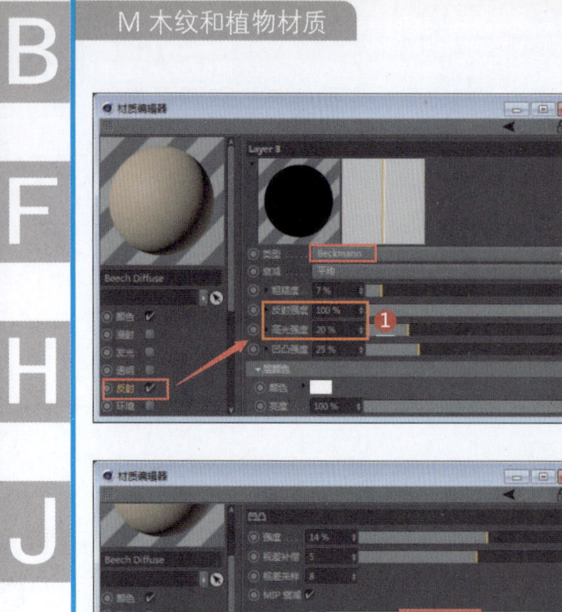

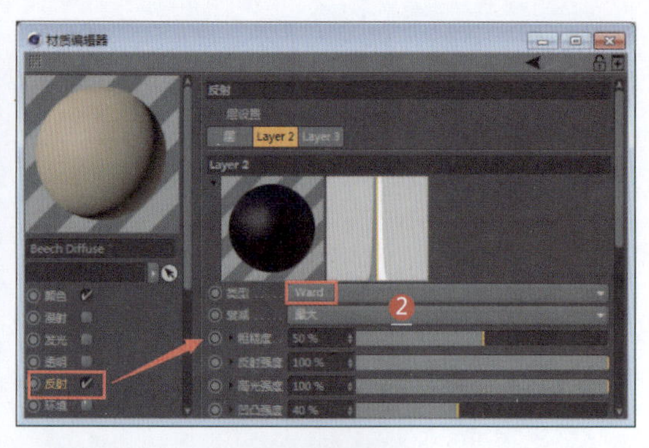

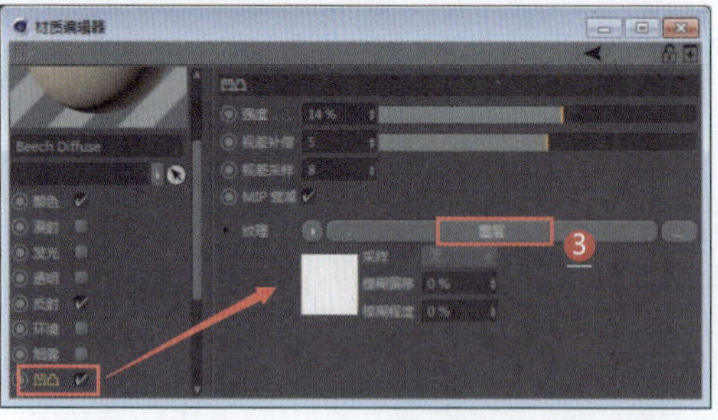

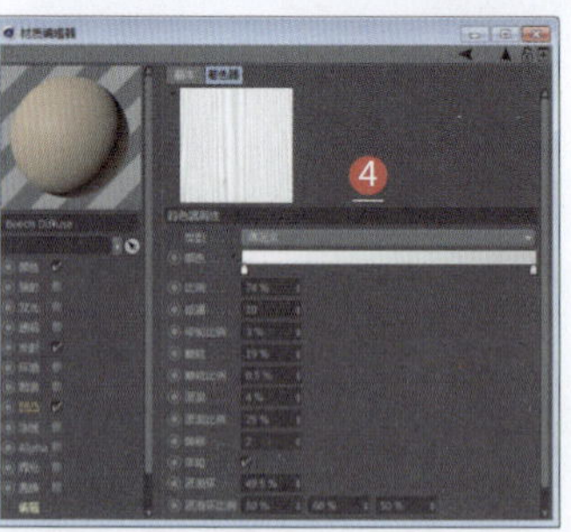

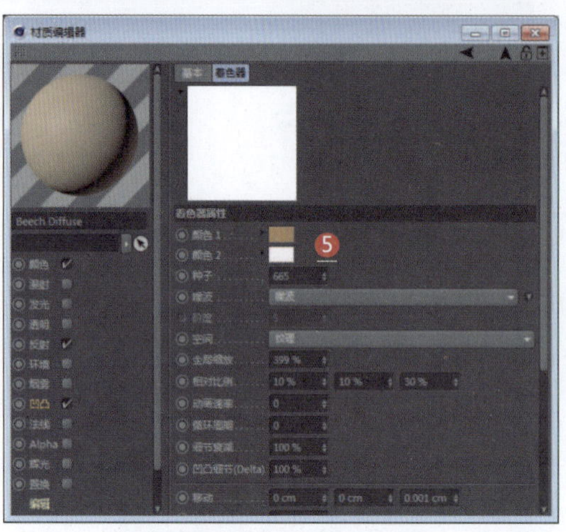

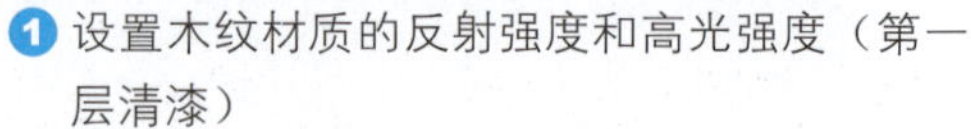

1. 设置木纹材质的反射强度和高光强度（第一层清漆）
2. 添加一个反射层，设置反射类型（清漆下面的木头反射）
3. 设置凹凸通道的纹理为图层
4. 在图层中，设置第一层为木材贴图，设置木材贴图的参数
5. 设置第二层为噪波贴图（木材颜色）
6. 设置噪波贴图的混合模式为正片叠底，产生真实的木纹效果

069 木纹划痕材质

应用领域：陈设品装饰

技术要点：

利用木材贴图制作真实的木纹材质；利用图层混合出木材上的印字贴图；利用反射通道和凹凸通道等制作油漆材质。

思路分析：

设置木纹材质+设置印字材质+设置油漆材质。

难度系数：★★★★☆　　工程：材质文件\MM\069

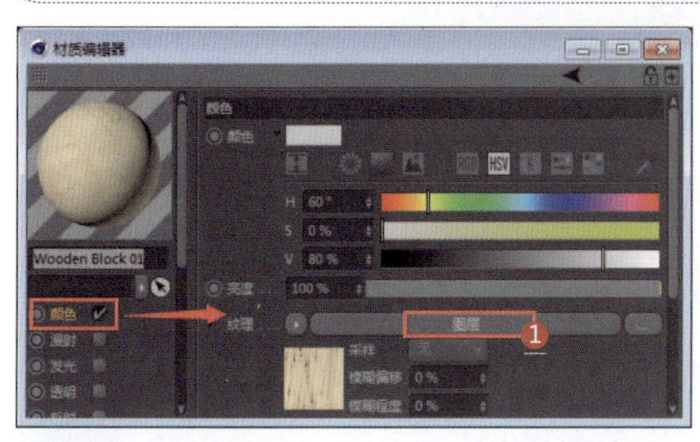

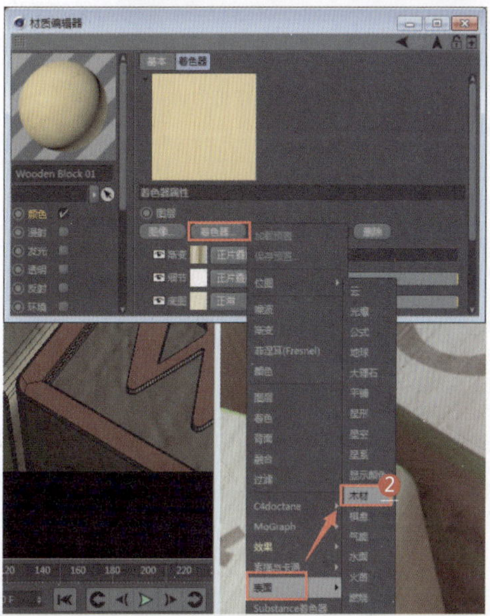

1. 新建一个默认材质（木纹材质），设置颜色通道的纹理为图层
2. 在图层中，设置第一层为木材贴图
3. 设置木材贴图的颜色（设置混合模式为正片叠底）
4. 设置第二层为木材贴图，设置木材贴图的颜色（设置混合模式为正片叠底）

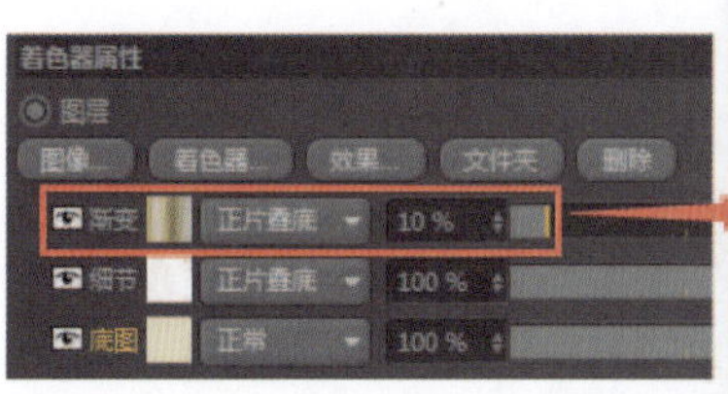

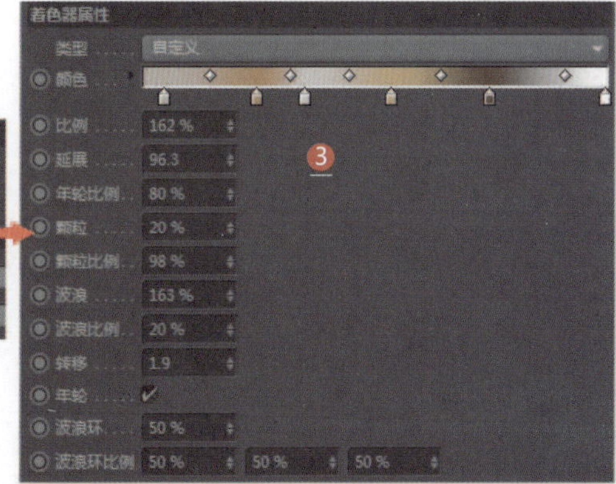

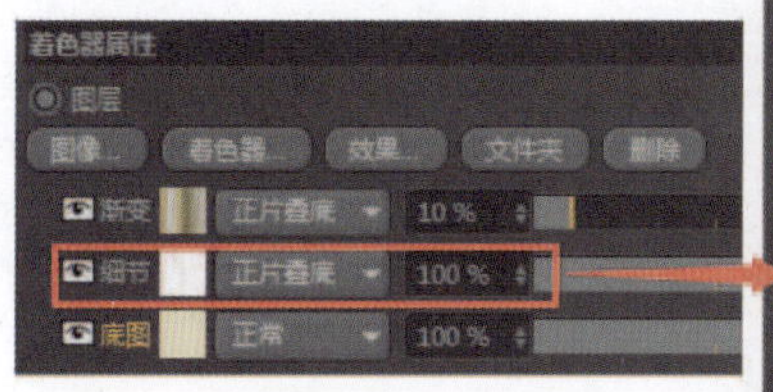

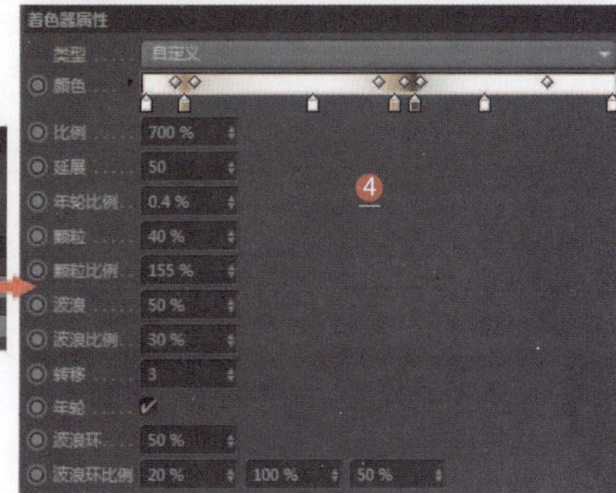

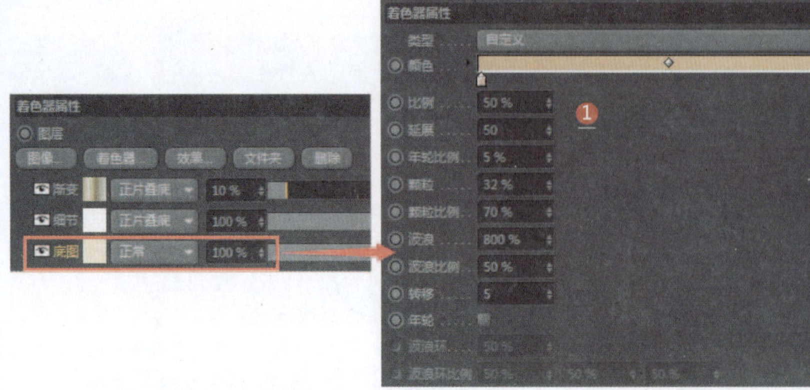

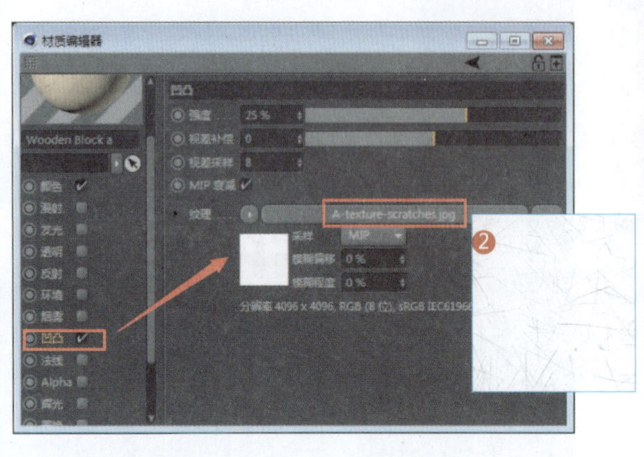

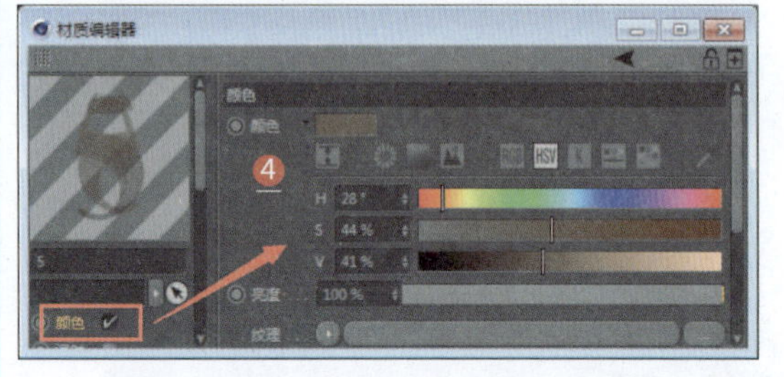

1 设置第三层为木材贴图，设置木材贴图的颜色
2 设置木材的凹凸贴图（划痕）
3 划痕渲染效果
4 新建一个默认材质（印字材质），设置颜色为褐色
5 设置Alpha通道的纹理为图层（混合出肮脏印字）

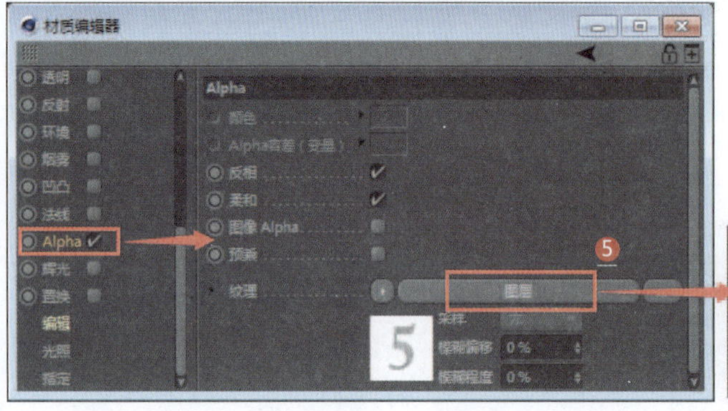

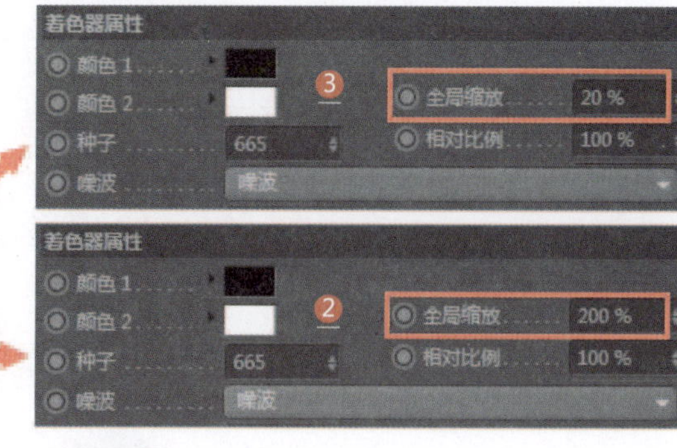

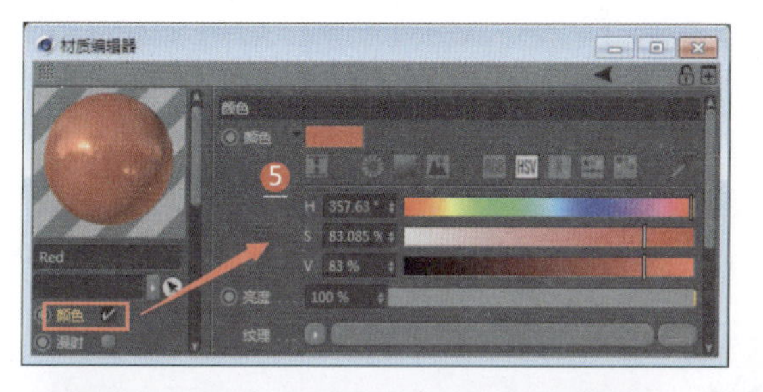

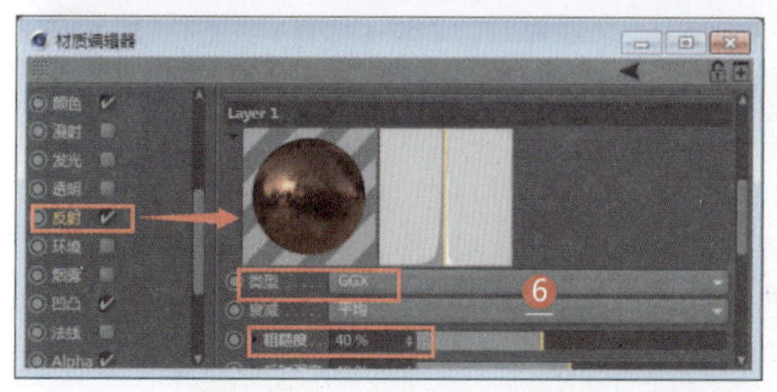

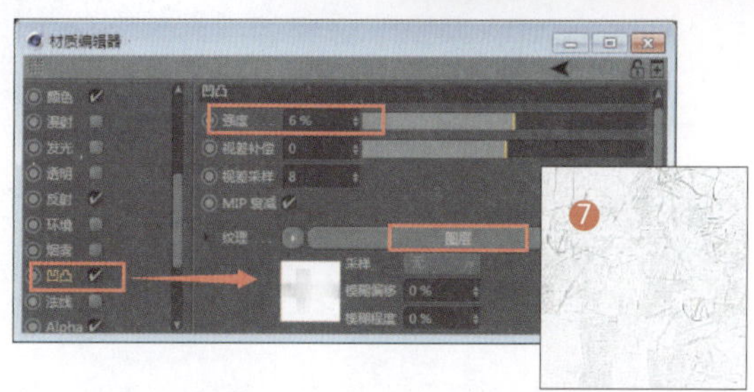

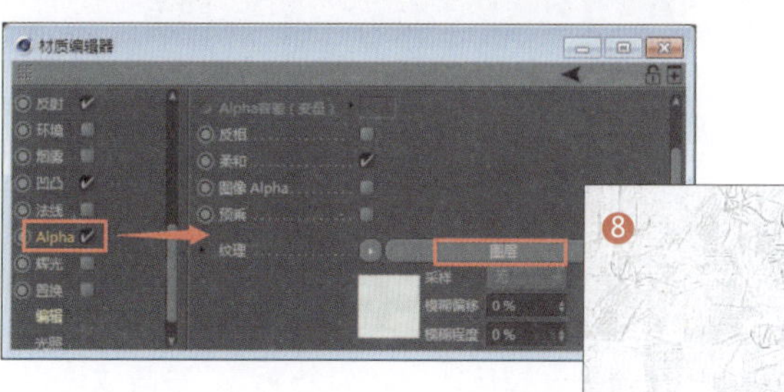

1 在图层中，设置第一层为位图贴图（文字贴图）
2 设置第二层为噪波贴图（设置混合模式为屏幕）
3 设置第三层为噪波贴图（设置混合模式为屏幕）
4 木纹上的印字效果
5 新建一个默认材质（油漆材质），设置油漆颜色为红色
6 通过反射通道设置油漆的反射效果
7 设置凹凸贴图
8 设置Alpha贴图
9 油漆渲染效果

扩展材质\木纹3

070 树叶材质

应用领域：CG影视

技术要点：

利用变化贴图模拟不同颜色的树叶；利用漫射通道的贴图控制树叶的透光效果；利用Alpha通道制作镂空的树叶。

思路分析：

设置变化贴图+设置漫射通道的贴图+设置Alpha通道。

难度系数：★★★★★

工程：材质文件\MM\070

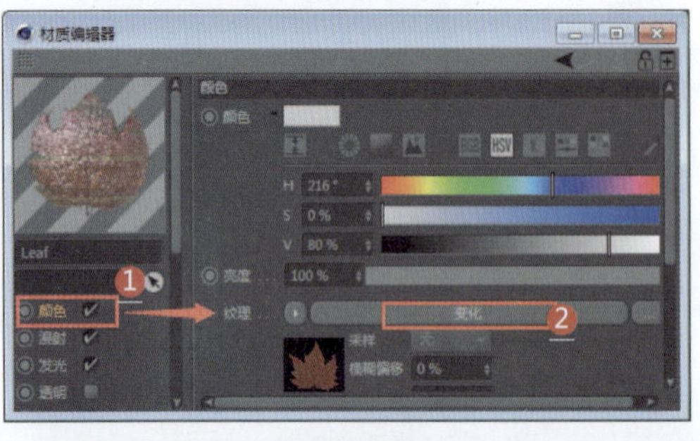

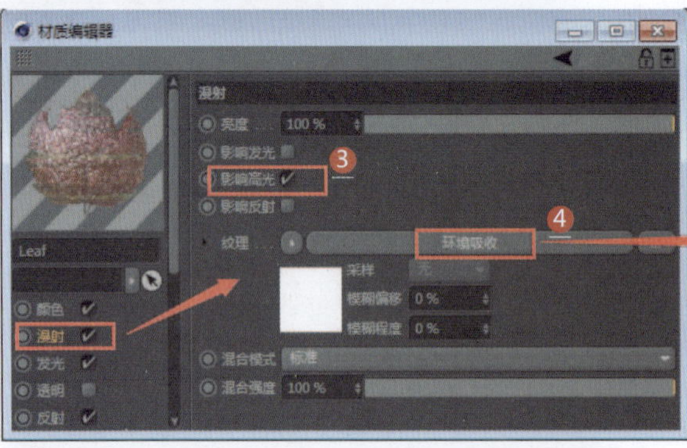

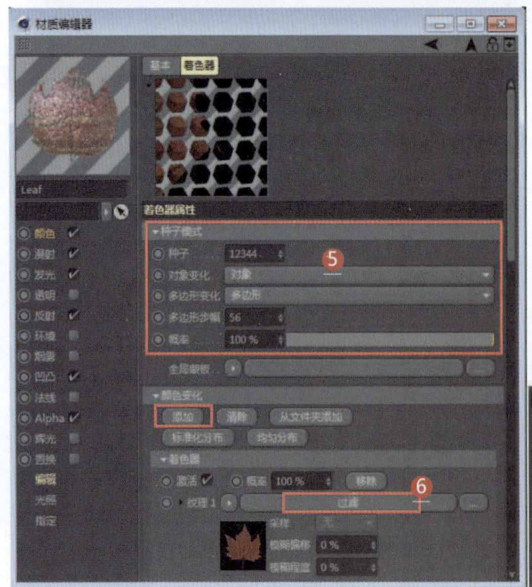

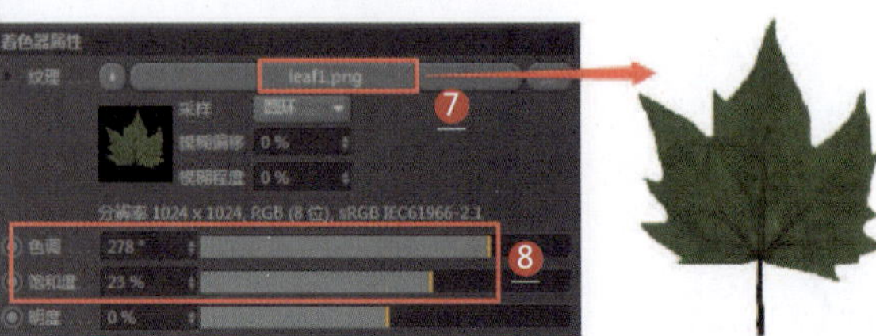

1. 新建一个默认材质
2. 设置颜色通道的纹理为变化
3. 勾选漫射通道的“影响高光”复选框
4. 设置纹理为环境吸收
5. 在颜色通道的变化贴图中，设置种子模式
6. 单击“添加”按钮，添加一个纹理，设置纹理为过滤贴图
7. 设置过滤贴图的纹理为树叶
8. 设置树叶的色调和饱和度

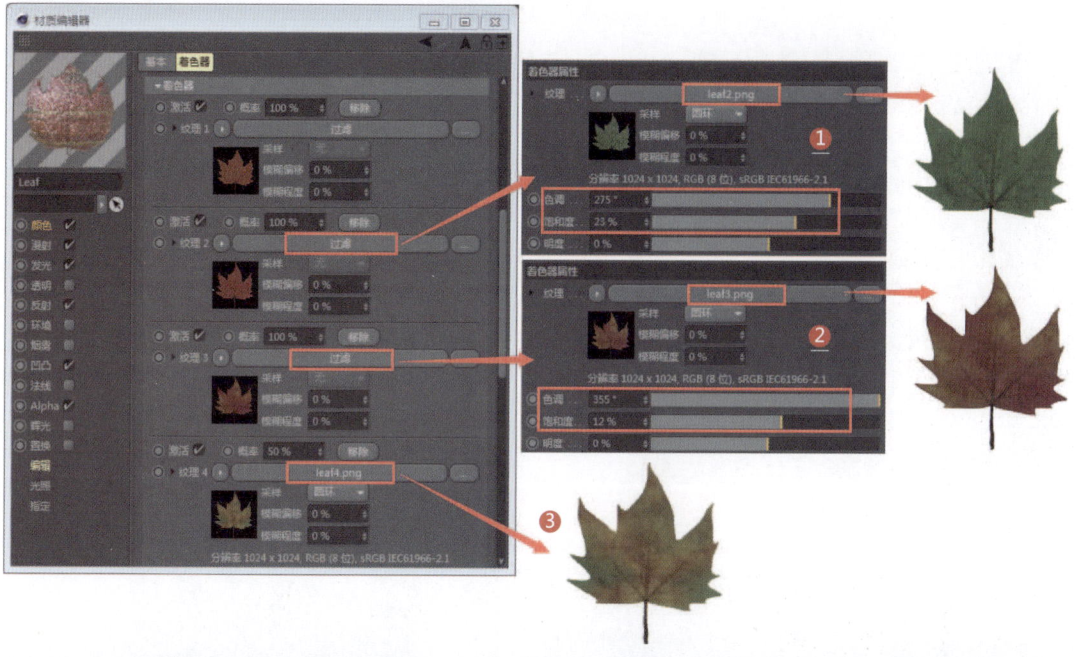

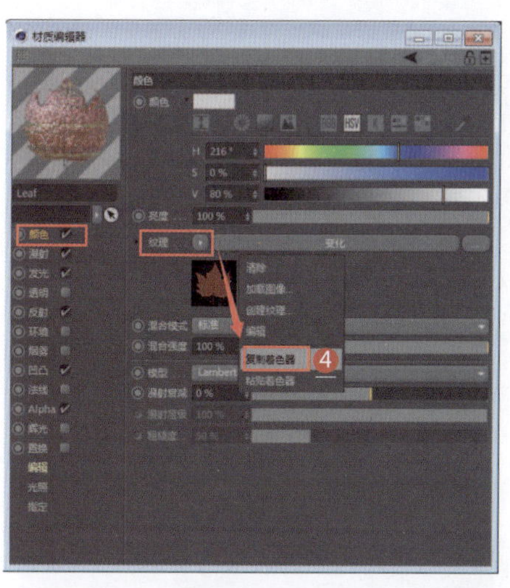

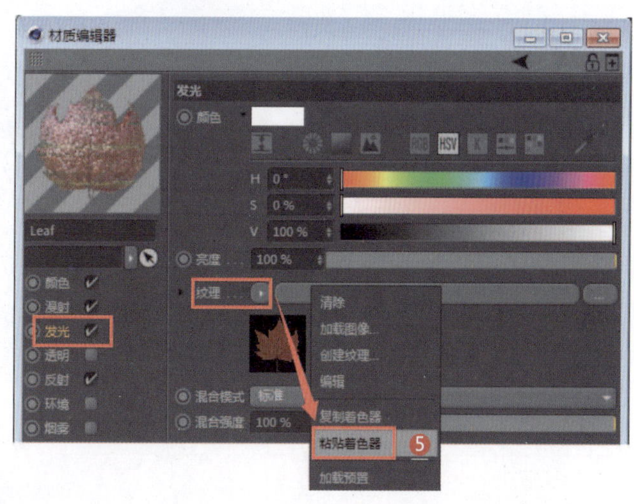

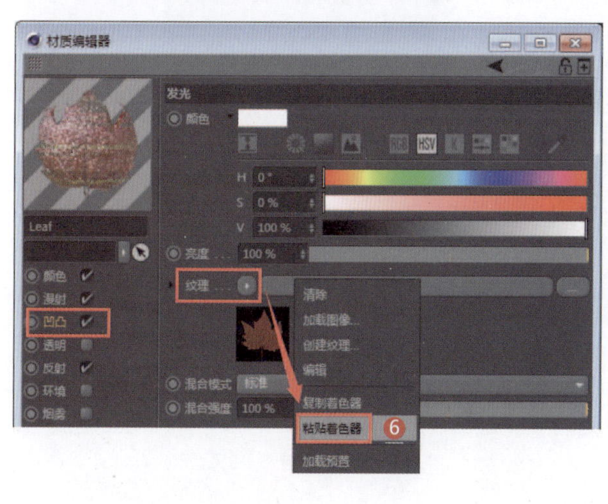

1 继续添加纹理，设置纹理为过滤贴图，设置过滤贴图和树叶的色调及饱和度

2 继续添加纹理，设置纹理为过滤贴图，设置过滤贴图和树叶的色调及饱和度

3 继续添加纹理，设置纹理为过滤贴图，设置过滤贴图和树叶的色调及饱和度

4 复制着色器（复制变化贴图）

5 在发光通道中粘贴着色器（粘贴变化贴图）

6 在凹凸通道中粘贴着色器（粘贴变化贴图）

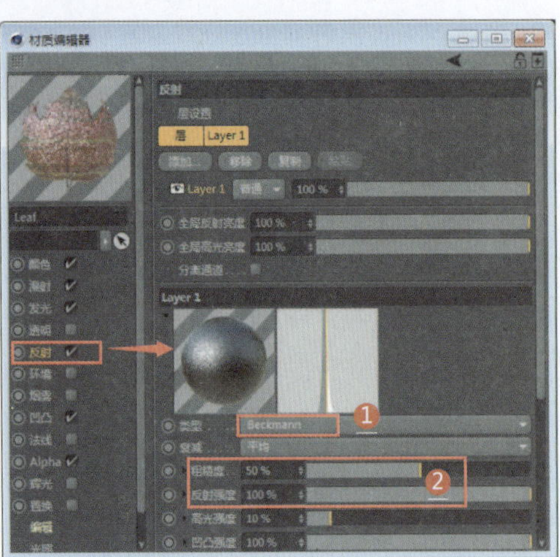

1 在反射通道中设置类型为Beckmann
2 设置粗糙度和反射强度
3 设置Alpha通道的纹理为变化
4 由于贴图都自带通道，所以树叶会产生镂空效果

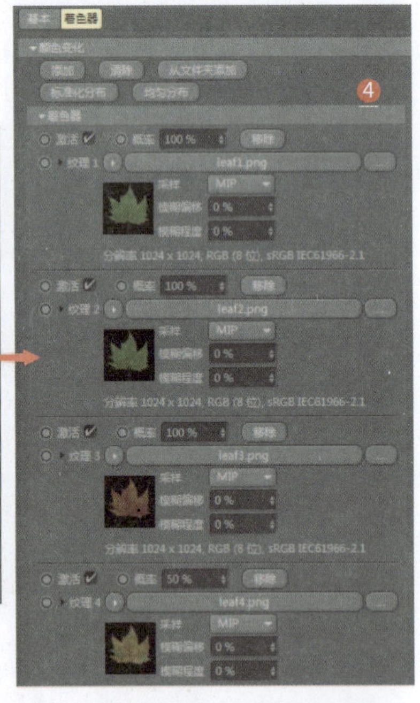

墙面、地面和表面材质——071~079

墙面、地面和表面材质多指建筑物内部和周围地表的铺筑层，也指楼层表面的铺筑层（楼面）装饰材料，如水泥砂浆地面、水磨石、瓷砖、文化石和马赛克等材料。表面材质包括雪山、纸质和漆面等材质。

071 水磨石地面材质

应用领域：CG影视

技术要点：

利用漫射贴图和凹凸贴图制作地面基本色材质；利用光泽度材质类型模拟地面反射效果；设置混合材质。

思路分析：

设置地面基本色材质+设置地面反射材质+设置混合材质。

难度系数：★★★☆☆

工程：材质文件\Q\071

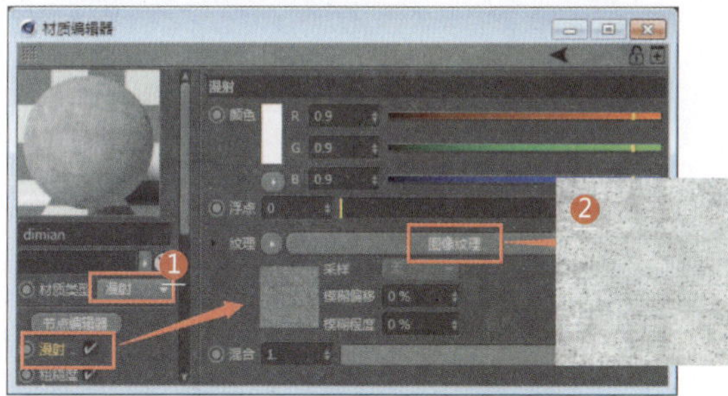

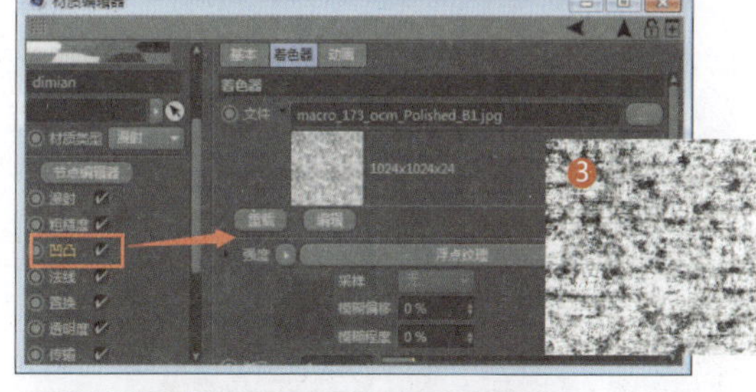

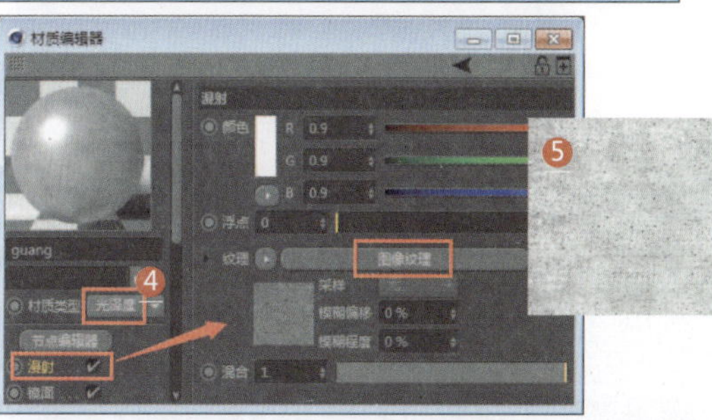

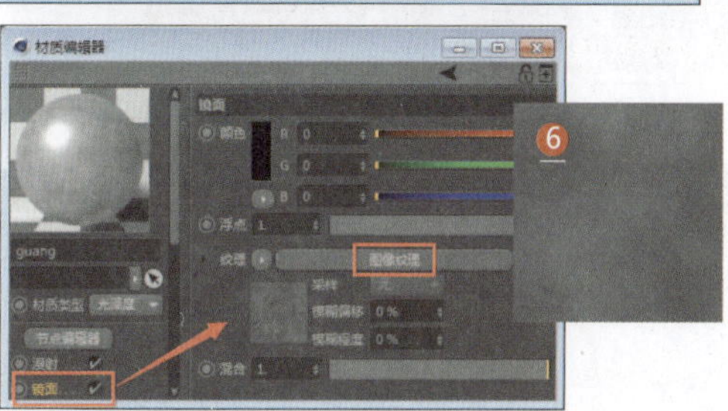

❶ 设置材质类型为漫射（地面基本色材质）

❷ 设置漫射贴图

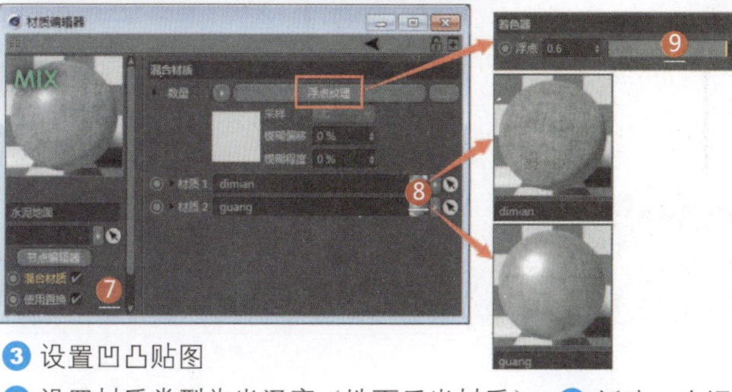

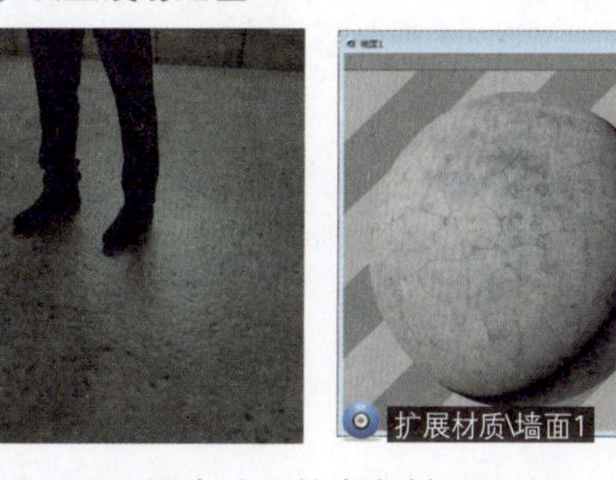

❸ 设置凹凸贴图

❹ 设置材质类型为光泽度（地面反光材质）

❺ 设置漫射贴图

❻ 设置镜面贴图

❼ 新建一个混合材质（用于混合地面基本色材质和地面反光材质）

❽ 将刚才制作的两种材质放置到材质1和材质2通道中

❾ 设置混合强度（浮点纹理）

072 水泥墙面材质

应用领域：家居装饰

技术要点：

利用表面贴图制作水泥墙面；利用反射通道和凹凸贴图控制墙面光的反射。

思路分析：

设置表面贴图+设置反射通道+设置凹凸贴图。

难度系数：★★☆☆☆

工程：材质文件\Q\072

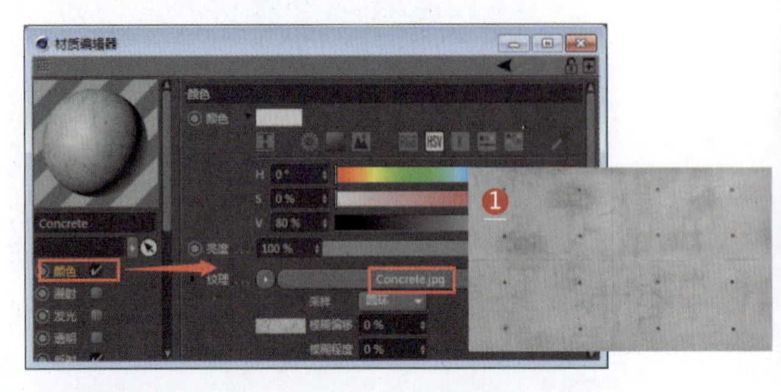

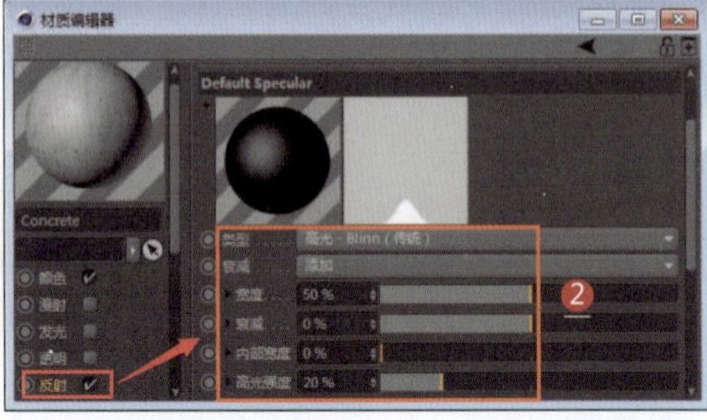

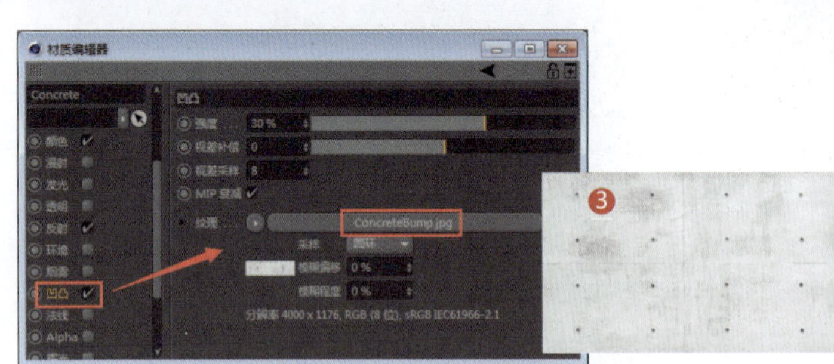

1 新建一个默认材质，设置表面贴图

2 设置反射通道

3 设置凹凸贴图

扩展材质\墙面2

073 肮脏瓷砖墙面材质

应用领域：CG影视

技术要点：

利用漫射通道的混合纹理制作瓷砖表面；通过设置粗糙度贴图和镜面贴图控制瓷砖的反射效果；通过设置法线贴图控制瓷砖的凹凸效果。

思路分析：

设置肮脏贴图和瓷砖缝隙贴图+设置镜面贴图和粗糙度贴图+设置法线贴图。

难度系数：★★★☆☆   工程：材质文件\Q\073

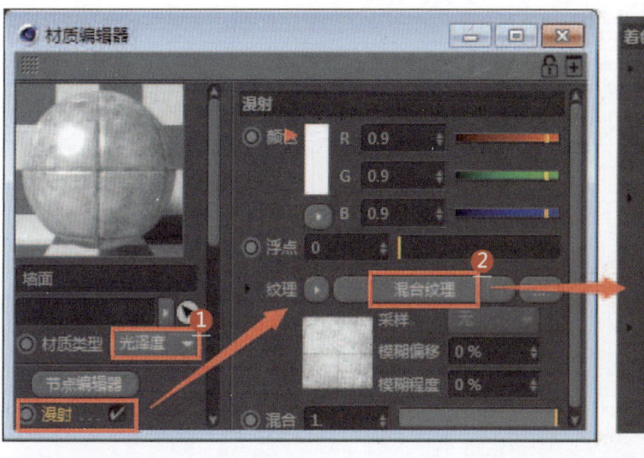

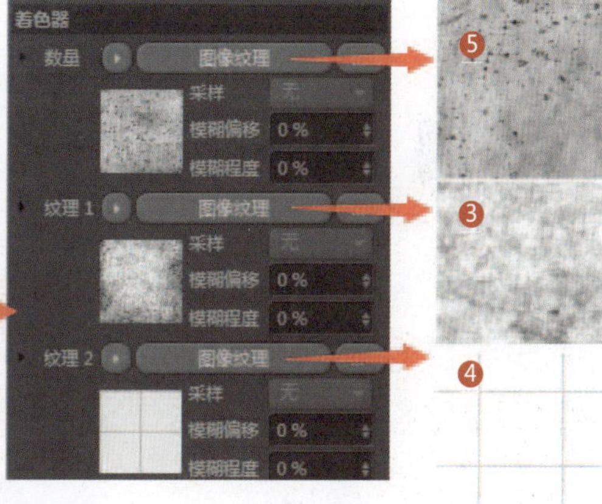

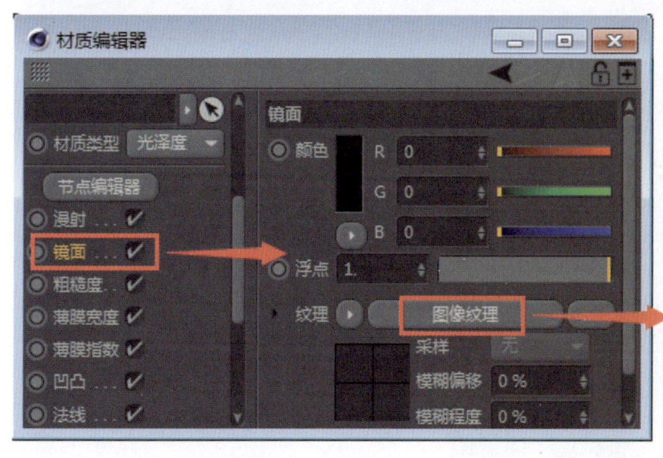

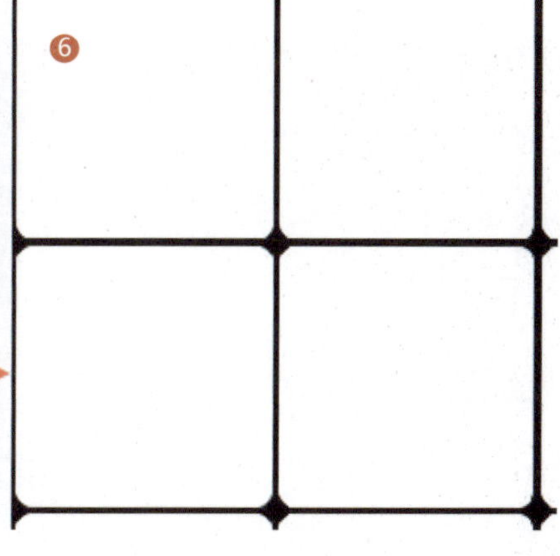

1. 设置材质类型为光泽度
2. 设置漫射通道的纹理为混合纹理
3. 设置纹理1为肮脏贴图
4. 设置纹理2为瓷砖缝隙贴图
5. 设置数量为磨损贴图（用于混合肮脏贴图和瓷砖缝隙贴图）
6. 设置镜面贴图

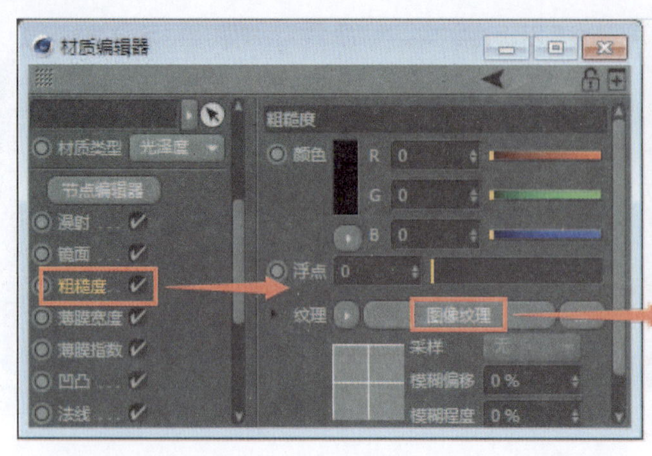

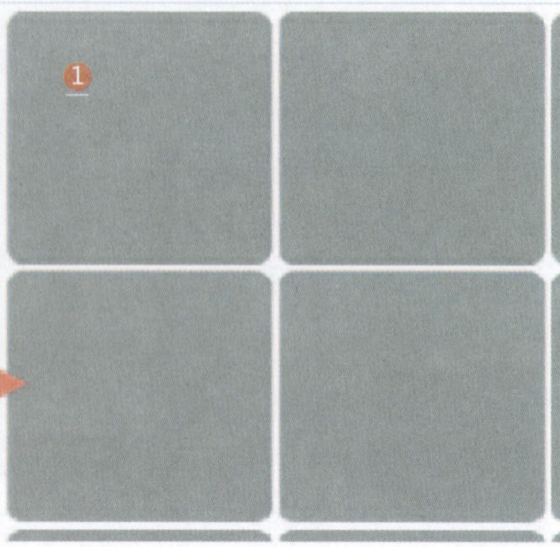

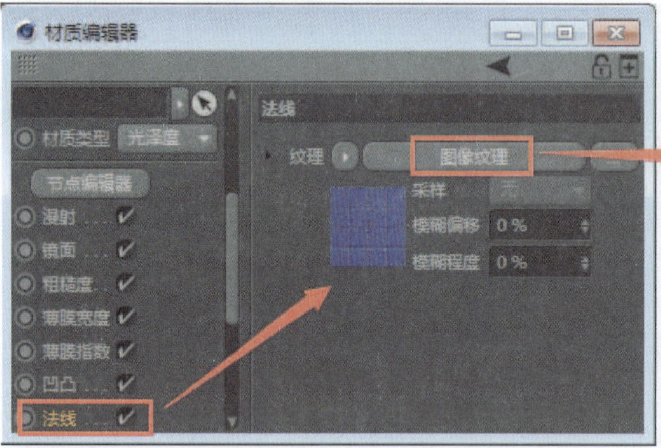

1 设置粗糙度贴图
2 设置法线贴图（控制瓷砖的凹凸效果）
3 渲染效果

074 雪山材质

应用领域：CG影视

技术要点：

利用图层混合贴图制作雪山；在置换通道中通过设置混合贴图表现山脉凹凸起伏的效果。

思路分析：

设置图层混合贴图+设置置换通道混合贴图。

难度系数： ★★★★☆

工程：材质文件\Q\074

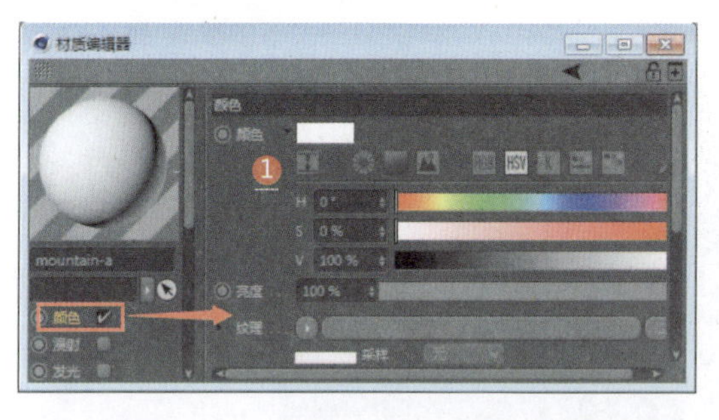

1. 新建一个默认材质，设置雪山的颜色为白色
2. 设置置换通道的纹理为Layer（图层）
3. 图层由Noise（噪波贴图）和Gradient（渐变贴图）混合而成
4. 设置图层1为噪波贴图（设置混合模式为正常）
5. 设置图层2为噪波贴图（设置混合模式为添加）
6. 设置图层3为噪波贴图（设置混合模式为正片叠底）
7. 设置图层4为渐变贴图（设置混合模式为正片叠底）
8. 渲染效果

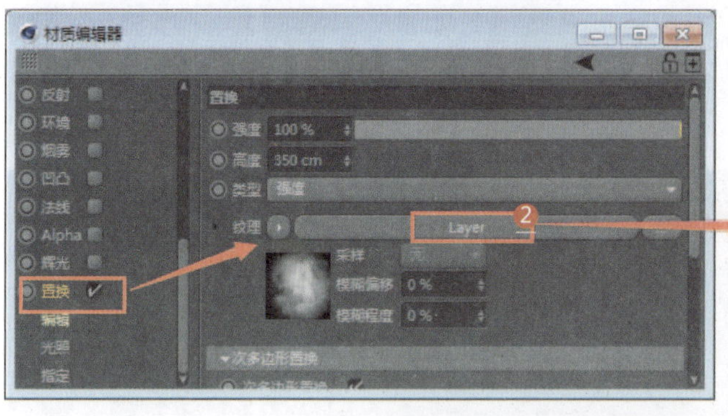

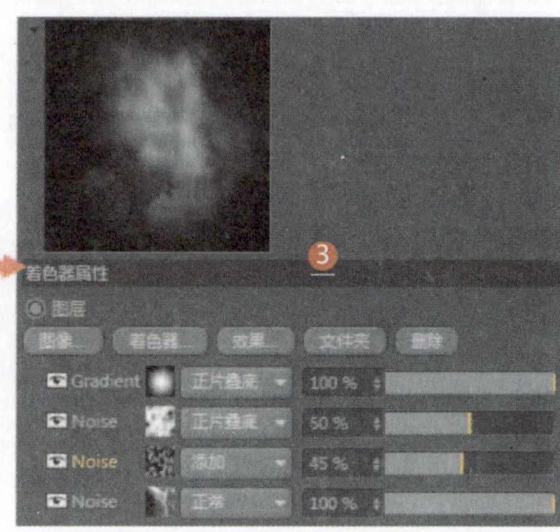

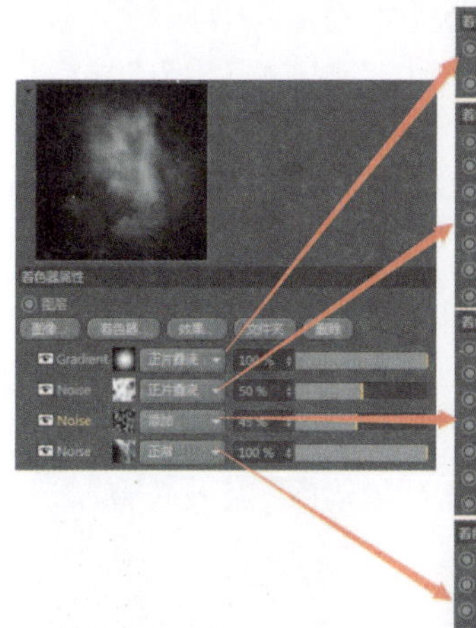

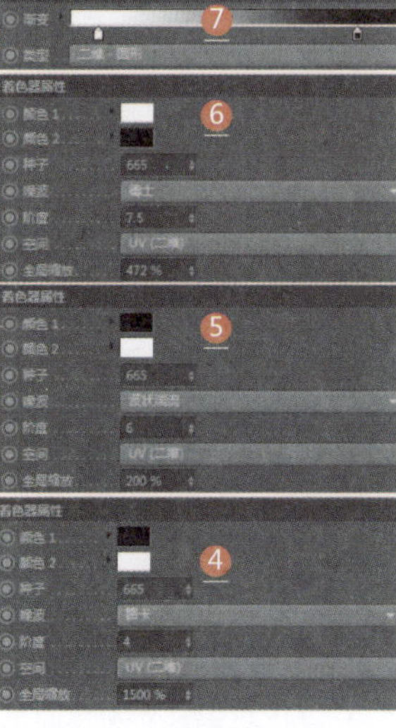

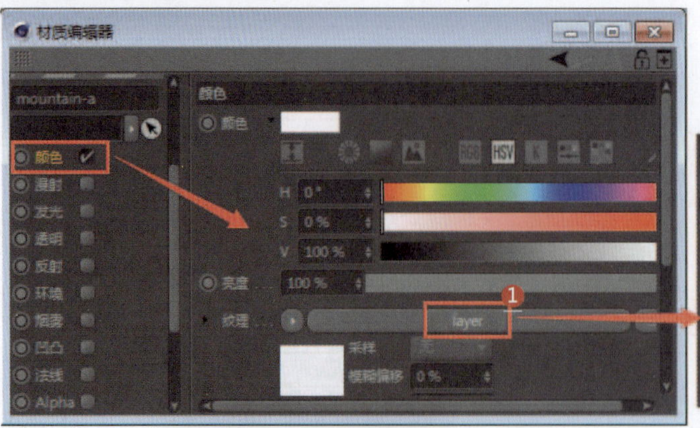

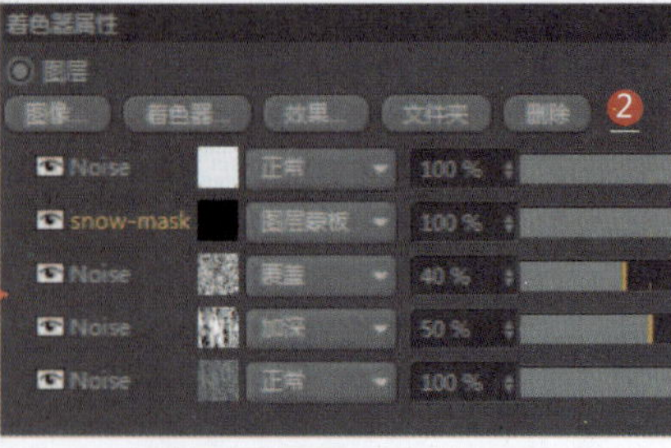

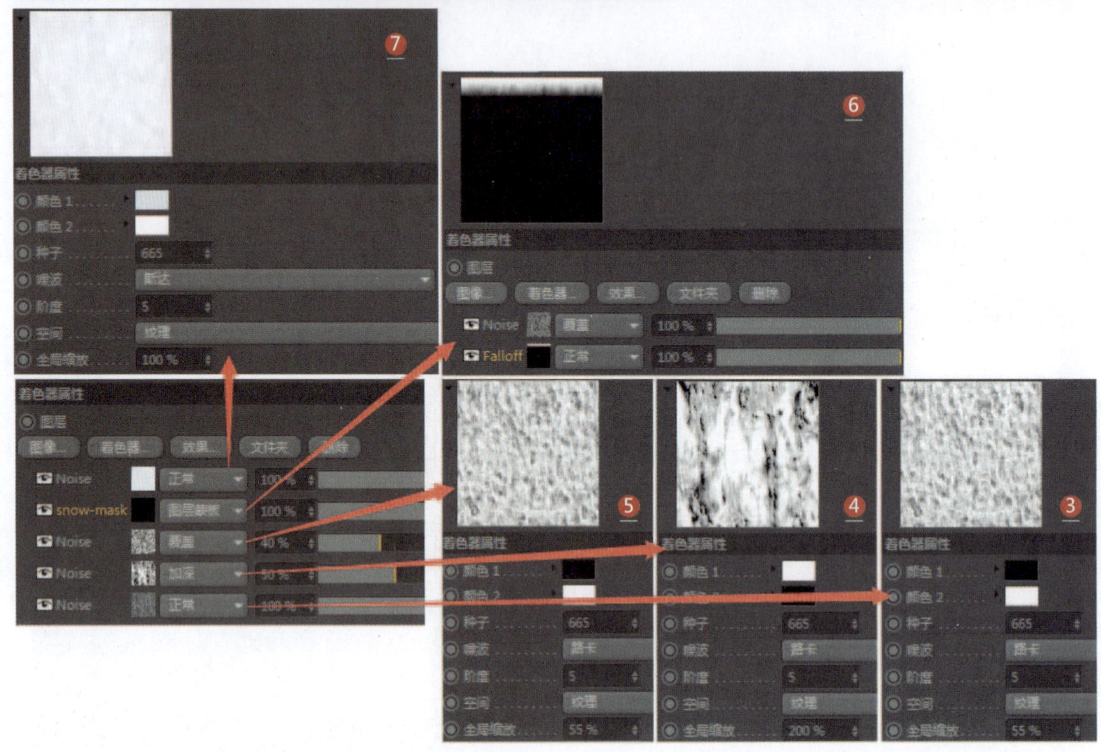

1 设置颜色通道的纹理为Layer（图层）
2 图层由噪波贴图和混合图层贴图混合而成
3 设置图层1为噪波贴图（设置混合模式为正常）
4 设置图层2为噪波贴图（设置混合模式为加深）
5 设置图层3为噪波贴图（设置混合模式为覆盖）
6 设置图层4为Noise和Falloff贴图的混合图层（设置混合模式为图层蒙版，用于设置雪和岩石的颜色）
7 设置图层5为噪波贴图（雪的颜色）

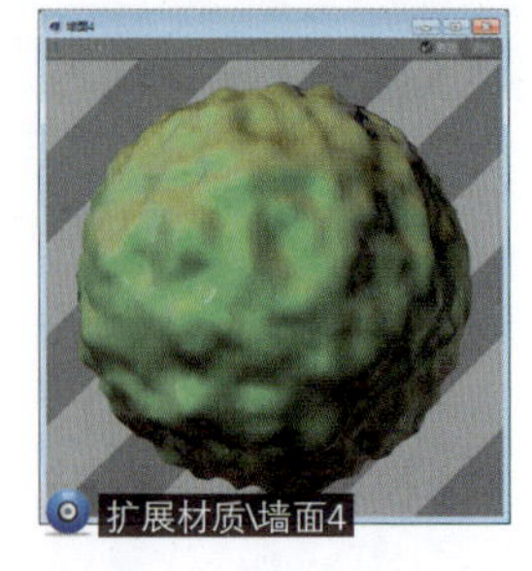

075 纸质标签材质

应用领域：电商材质

技术要点：

利用漫射材质类型制作纸材质；通过设置法线贴图制作纸的凹凸效果。

思路分析：

设置漫射贴图+设置法线贴图。

难度系数：★★☆☆☆

工程：材质文件\Q\075

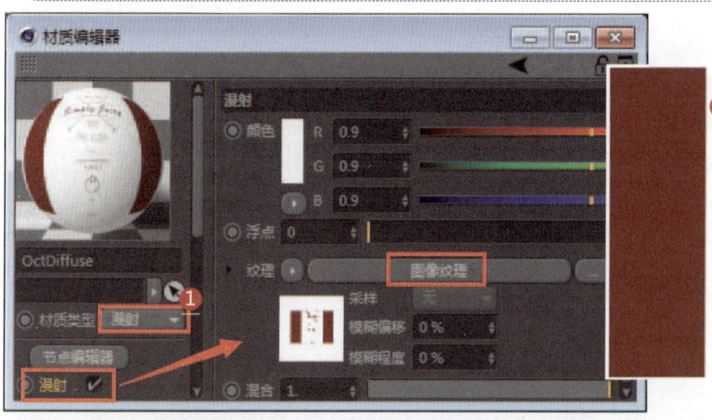

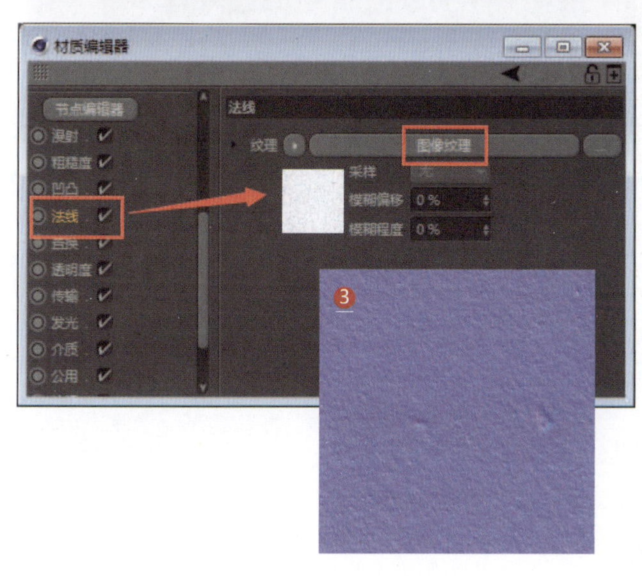

1 设置材质类型为漫射（纸材质）

2 设置漫射贴图

3 设置法线贴图（纸的凹凸效果）

076 文化石材质

应用领域：家居装饰

技术要点：

利用反射通道和层颜色贴图控制文化石表面；利用凹凸贴图和置换贴图控制文化石凹凸起伏的表面。

思路分析：

设置层颜色贴图+设置凹凸贴图+设置置换贴图。

难度系数：★★☆☆☆

工程：材质文件\Q\076

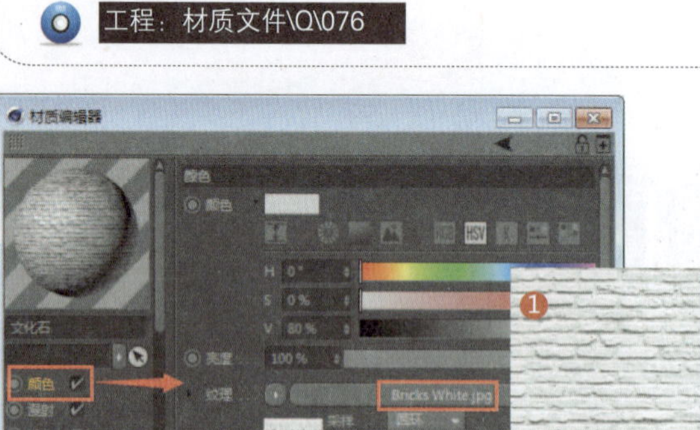

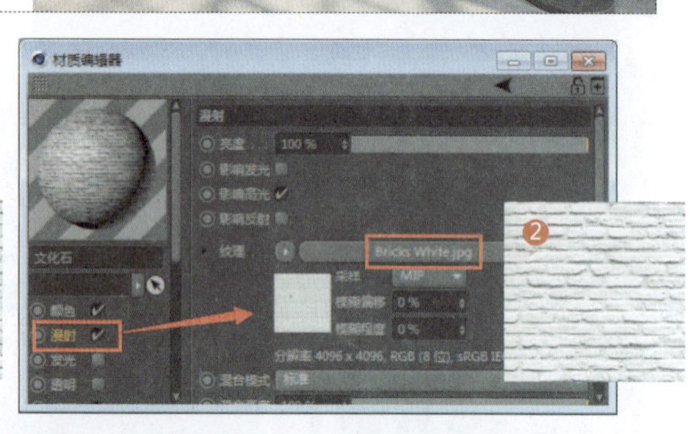

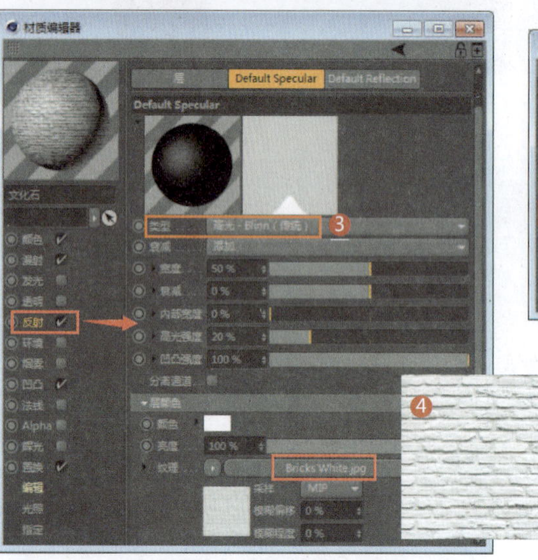

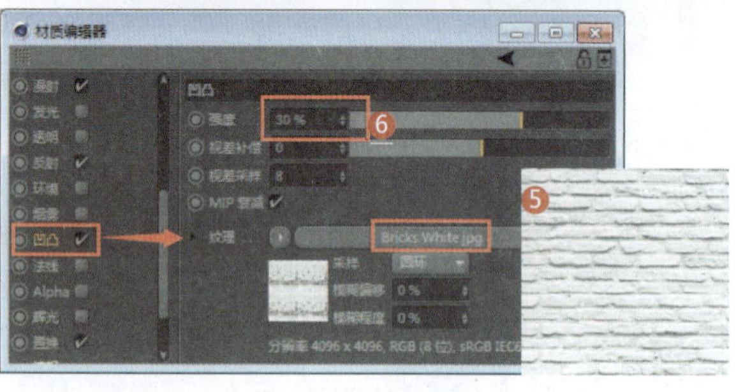

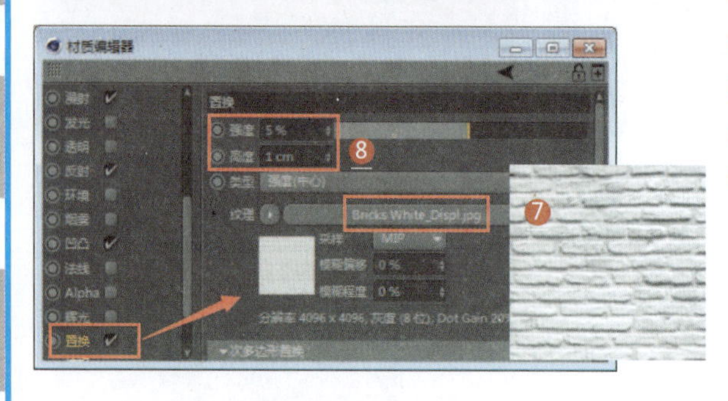

1. 新建一个默认材质，设置颜色通道的纹理贴图
2. 设置漫射贴图
3. 设置反射通道的类型为高光-Blinn（传统）
4. 设置层颜色贴图（控制岩石缝隙光影的反射）
5. 设置凹凸贴图
6. 设置凹凸通道的强度参数
7. 设置置换贴图
8. 设置置换通道的强度参数和高度参数

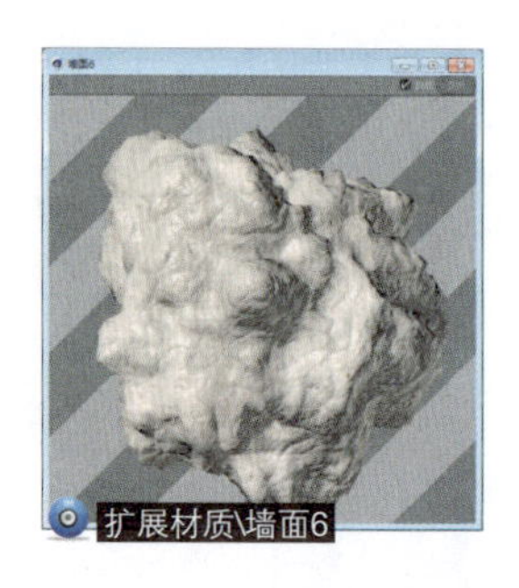

扩展材质\墙面6

077 马赛克材质

应用领域：家居装饰

技术要点：

利用颜色通道的纹理贴图制作马赛克效果；利用反射强度和层颜色贴图控制马赛克缝隙的效果；利用法线贴图使瓷砖表面产生凹凸感；利用长度U和长度V控制马赛克贴图的尺寸。

思路分析：

设置纹理贴图+设置法线贴图。

难度系数：★★☆☆☆

工程：材质文件\Q\077

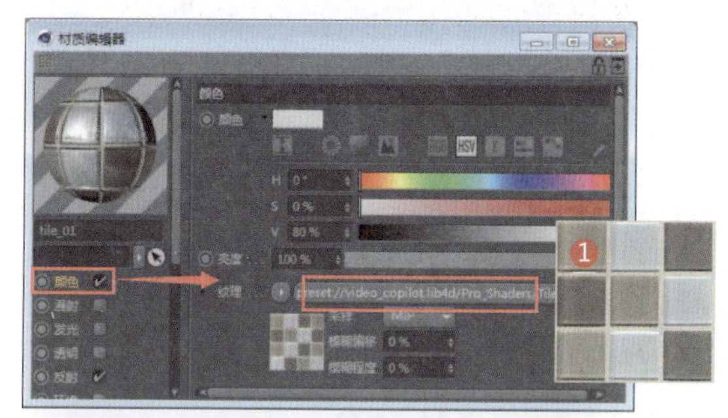

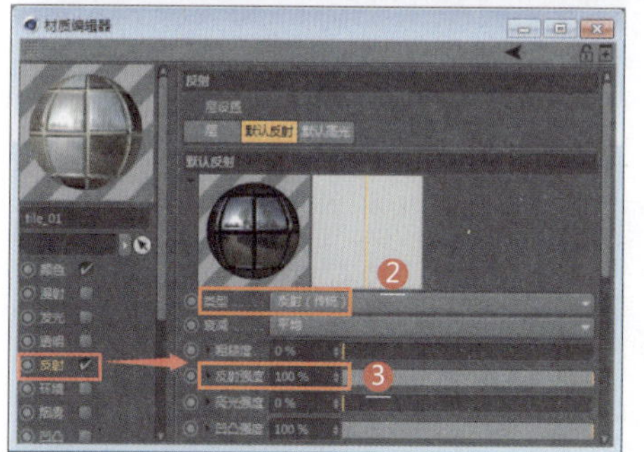

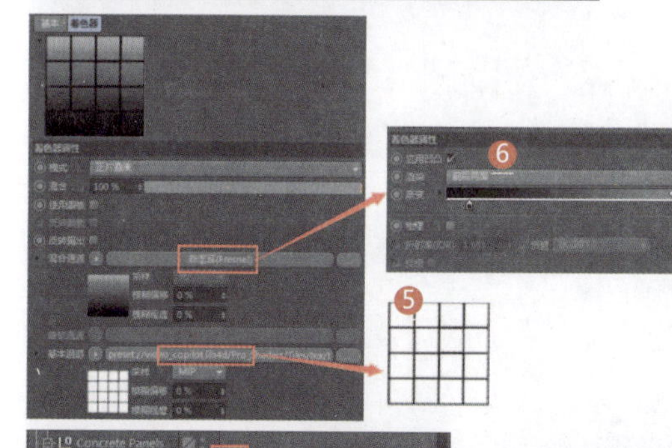

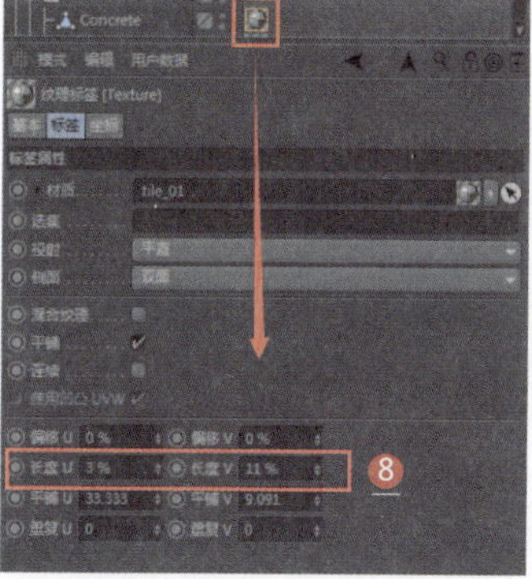

1. 新建一个默认材质，设置颜色通道的纹理贴图
2. 设置反射通道的类型为反射（传统）
3. 设置反射强度参数
4. 设置层颜色的纹理为融合
5. 设置基本通道为瓷砖缝隙贴图
6. 设置混合通道为菲涅耳（Fresnel）贴图，并设置该贴图的渐变颜色（模拟瓷砖表面的变化）
7. 设置法线贴图（使瓷砖表面产生凹凸感）
8. 将材质应用到墙面，在对象面板中选择材质标签，设置该材质的长度U和长度V，用来控制马赛克贴图的尺寸

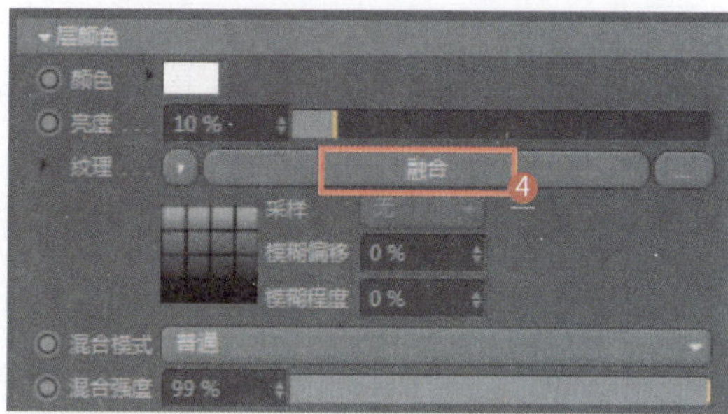

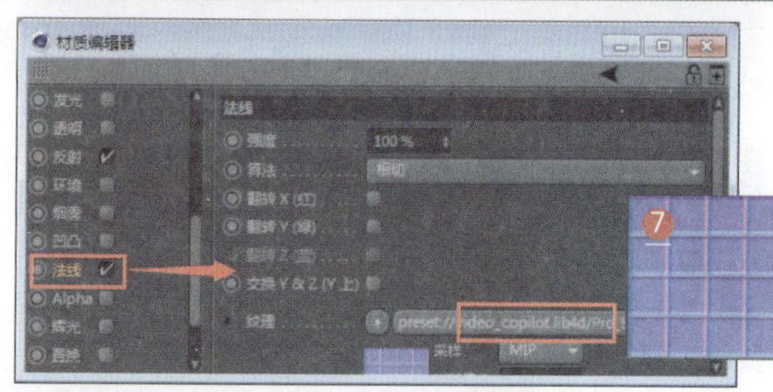

078 车漆材质

应用领域：CG影视

技术要点：

分别利用光泽度材质类型制作深色车漆材质和蓝色车漆材质；设置混合材质，并通过混合贴图控制车漆混合效果。

思路分析：

设置黑色车漆材质和蓝色车漆材质+设置车漆内部的反射颗粒和轻微反射颗粒+设置混合材质。

难度系数：★★★★☆

工程：材质文件\Q\078

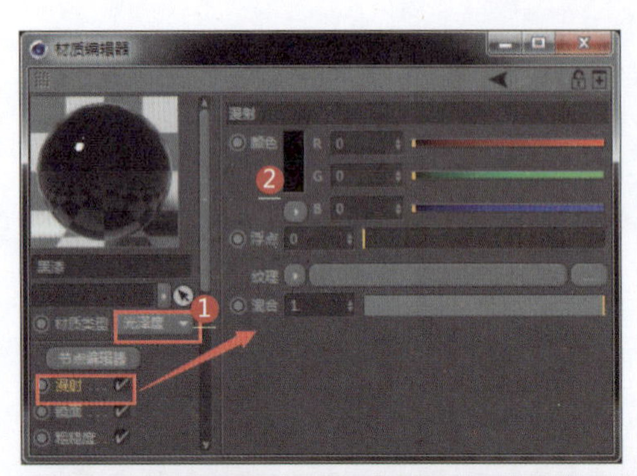

1 设置材质类型为光泽度（黑色车漆材质）
2 设置漫射通道的颜色参数
3 设置法线贴图
4 设置强度参数
5 设置法线贴图的长宽比（车漆内部的反射颗粒）
6 设置材质类型为光泽度（蓝色车漆材质）
7 设置漫射通道的颜色参数

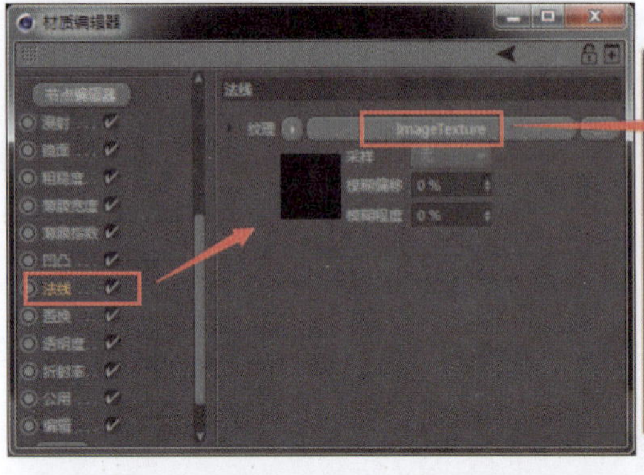

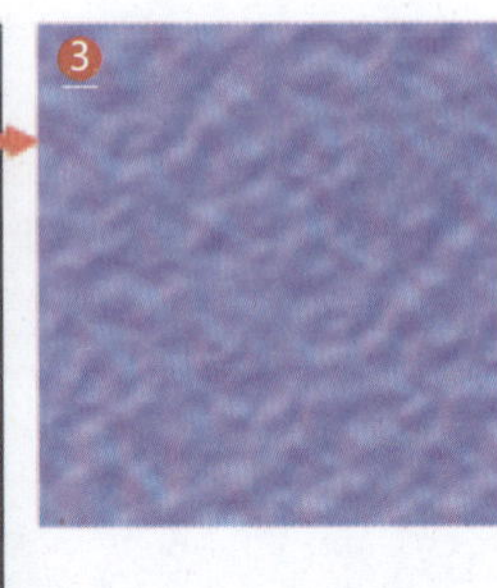

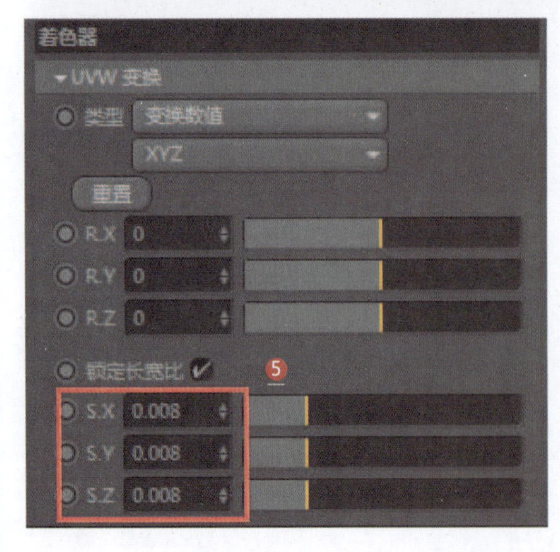

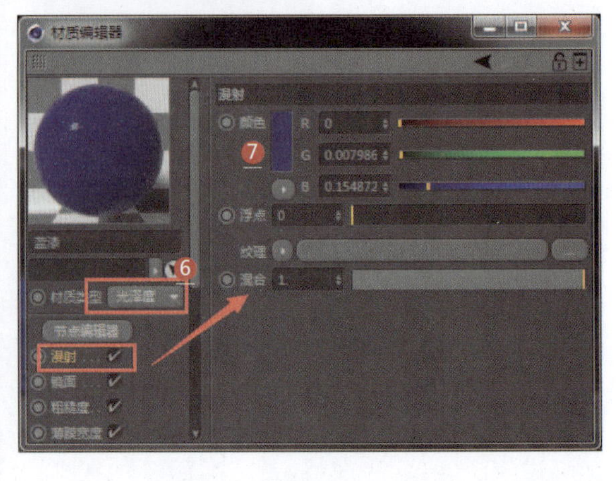

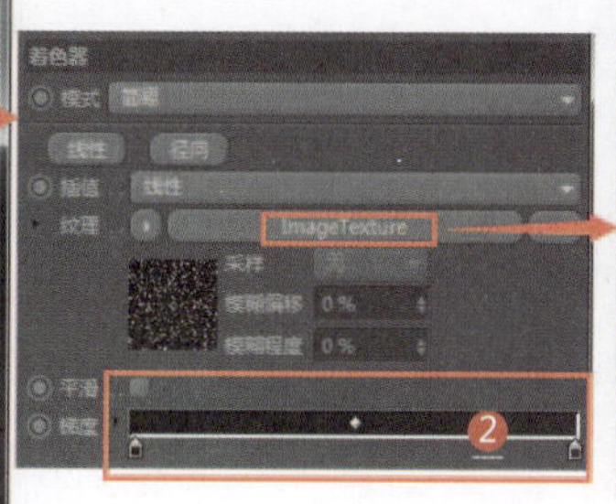

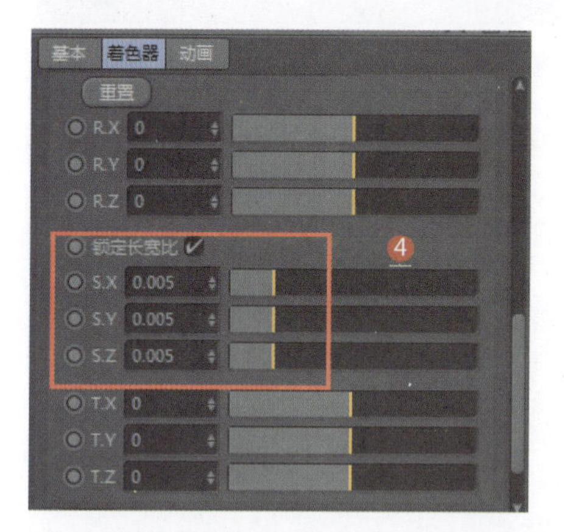

❶ 设置凹凸通道的纹理为梯度（用于控制凹凸强度）

❷ 设置梯度渐变颜色（较暗的渐变颜色可以产生轻微凹凸效果）

❸ 设置凹凸贴图

❹ 设置凹凸贴图的长宽比（车漆内部的微型反射颗粒）

❺ 新建一个混合材质（用于混合深色车漆材质和蓝色车漆材质）

❻ 将黑色车漆材质和蓝色车漆材质分别放置在材质1和材质2通道中

❼ 通过着色器设置车漆混合贴图

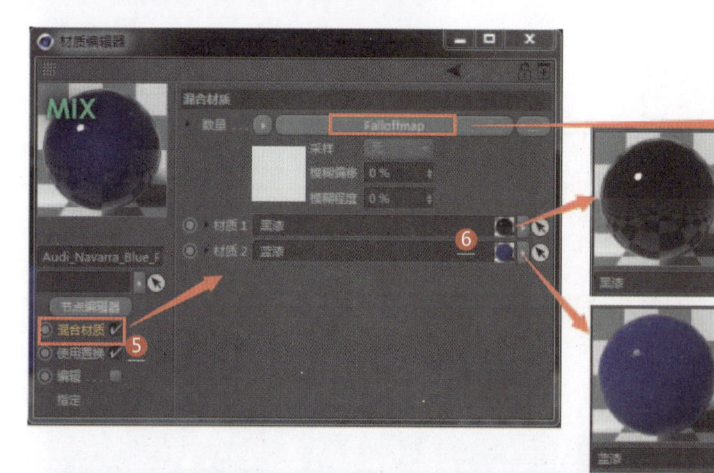
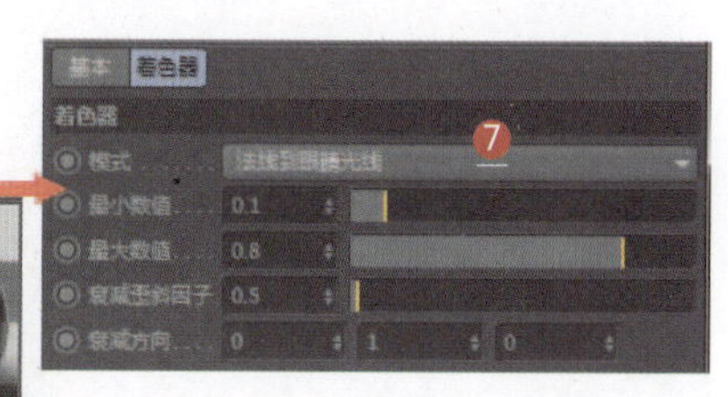

079 破损漆皮材质

应用领域：CG影视

技术要点：

利用颜色通道设置油漆表面；利用融合贴图模拟凹凸贴图；利用融合贴图修改油漆颜色。

思路分析：

设置油漆表面+模拟凹凸贴图+修改油漆颜色。

难度系数：★★★★★

工程：材质文件\Q\079

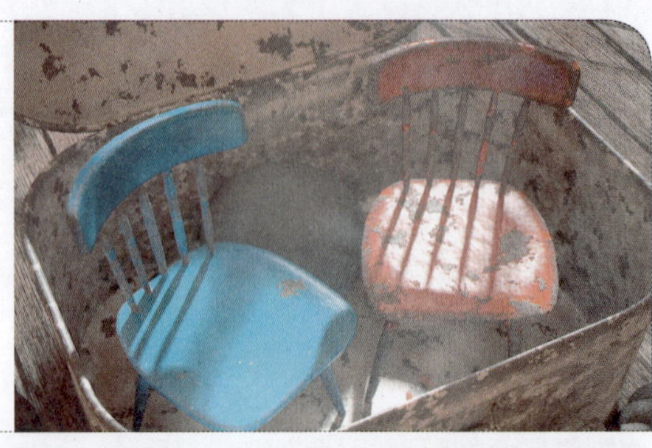

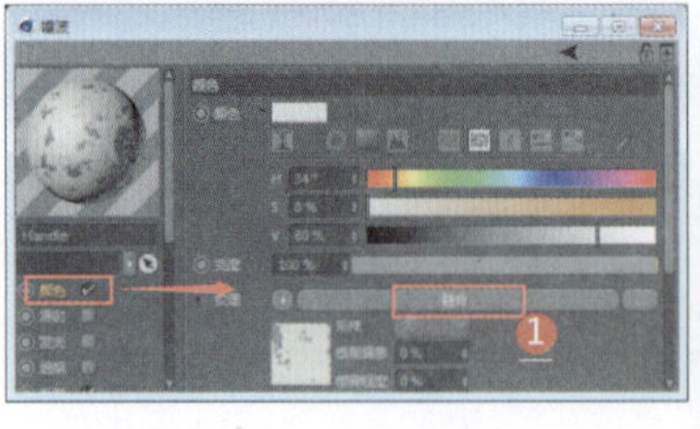

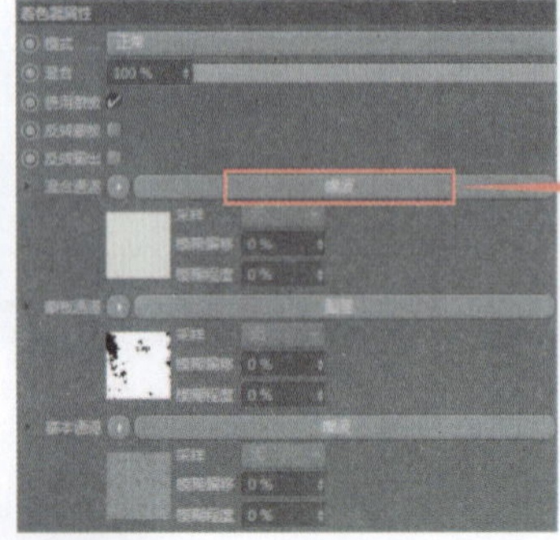

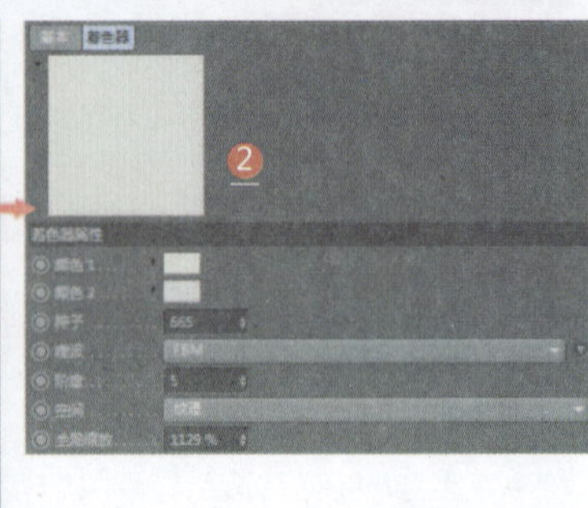

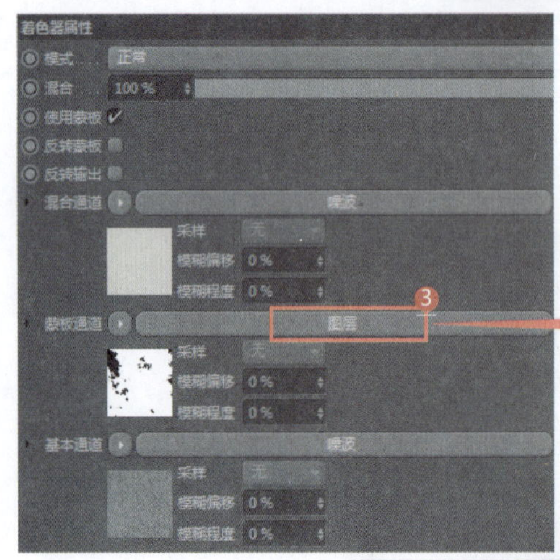

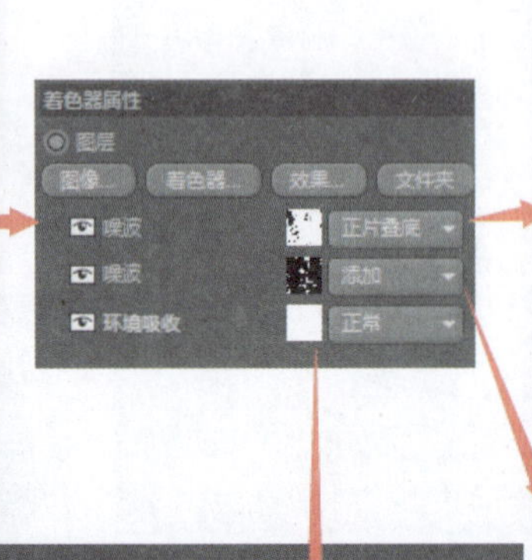

❶ 新建一个默认材质，设置颜色通道的纹理为融合

❷ 设置混合通道为噪波（产生青灰色油漆表面）

❸ 设置蒙版通道为图层（包含3种贴图，混合成破损遮罩贴图）

❹ 设置蒙版通道第一层为环境吸收贴图（设置混合模式为正常）

❺ 设置蒙版通道第二层为噪波贴图（设置混合模式为添加）

❻ 设置蒙版通道第三层为噪波贴图（设置混合模式为正片叠底）

着色器属性
模式 正常
混合 100 %
使用蒙板 ✓
反转蒙板
反转输出
混合通道 噪波
采样 无
模糊偏移 0 %
模糊程度 0 %
蒙板通道 图层
采样 无
模糊偏移 0 %
模糊程度 0 %
基本通道 噪波
采样 无
模糊偏移 0 %
模糊程度 0 %

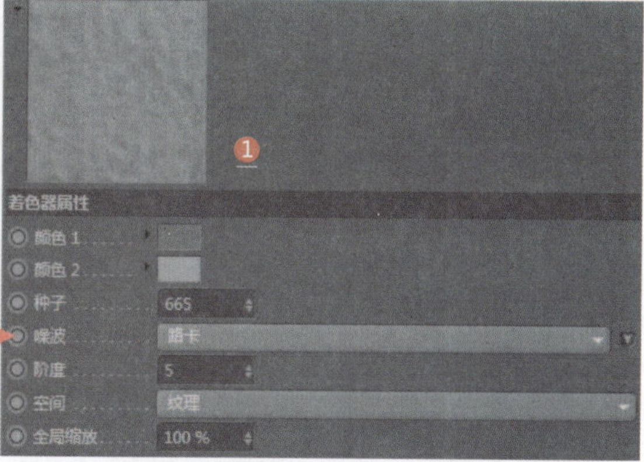

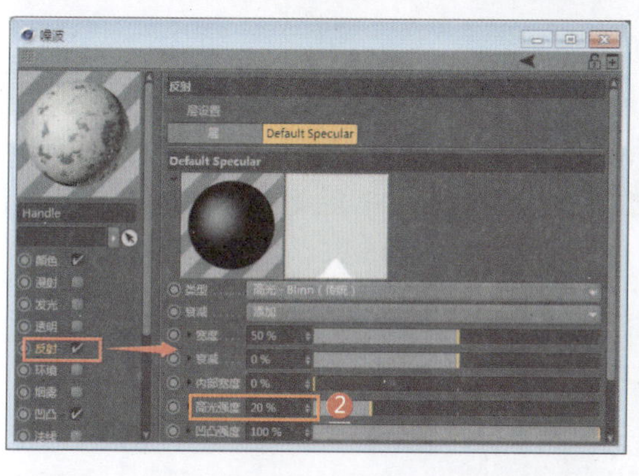

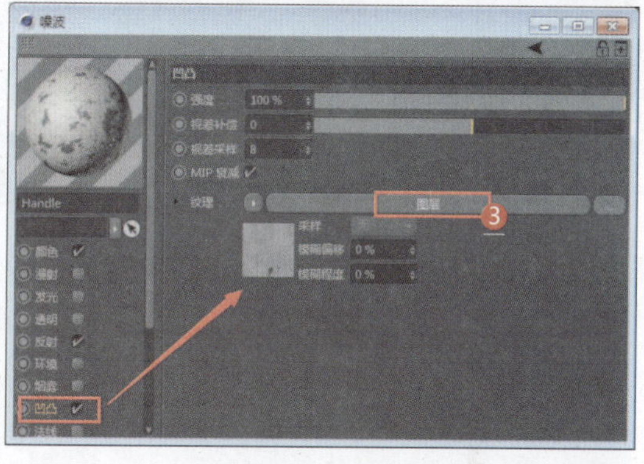

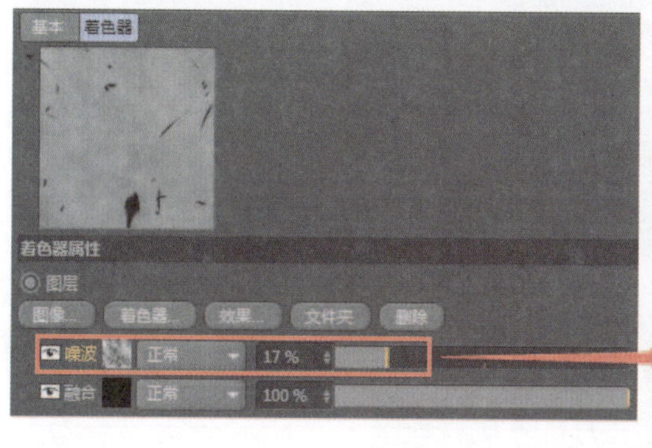

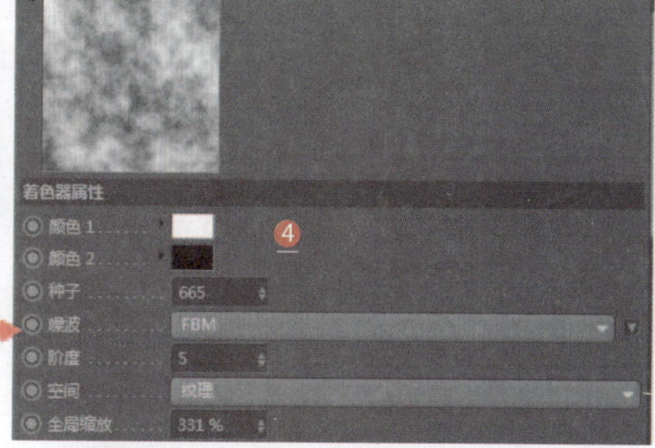

1. 设置基本通道为噪波（产生破损铁皮的底色）
2. 设置高光强度参数
3. 设置凹凸通道的纹理为图层（使用两种贴图混合成凹凸划痕贴图）
4. 设置第一层为噪波贴图（设置混合模式为正常）
5. 油漆的破损表面效果

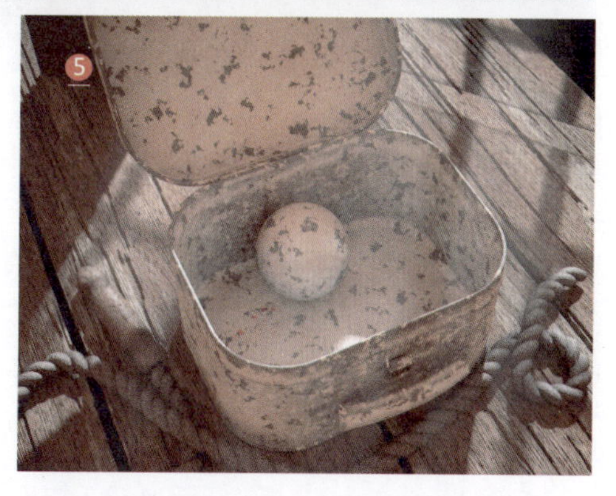

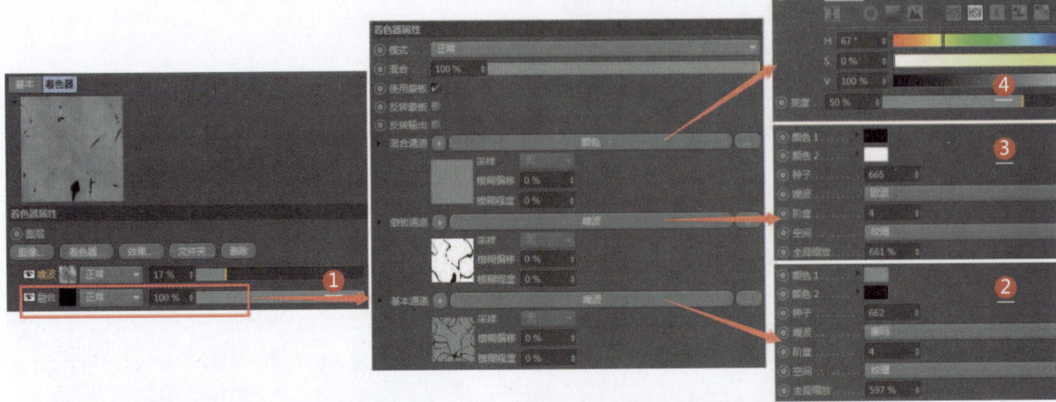

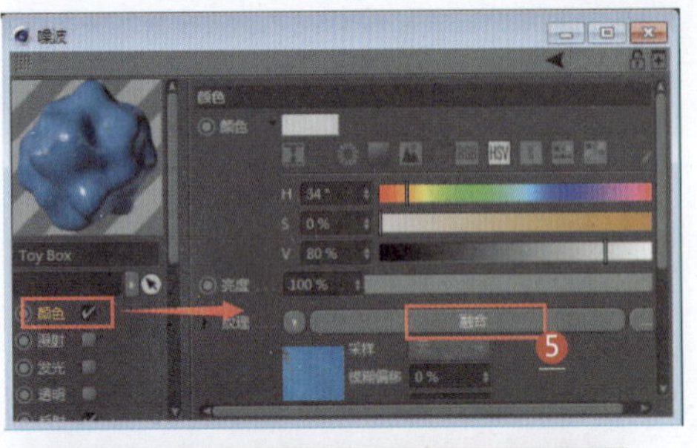

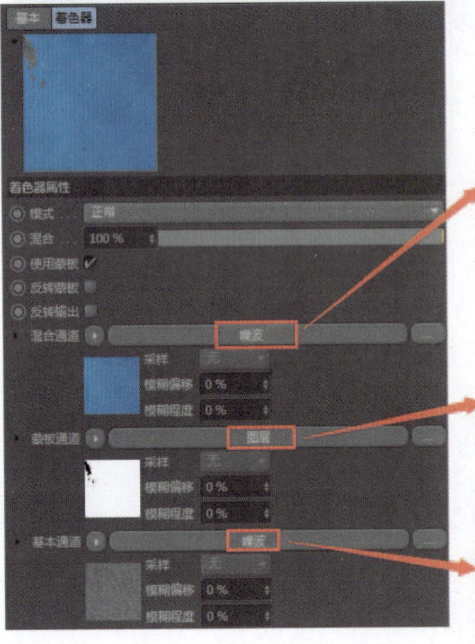

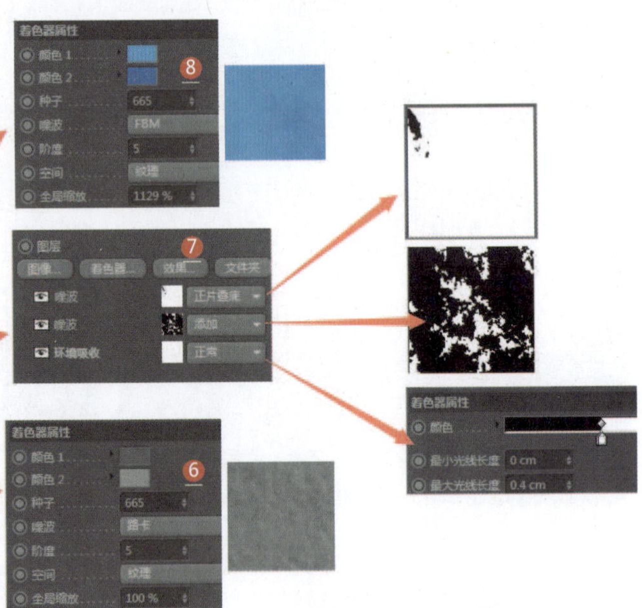

1 设置第二层为融合贴图（模拟凹凸贴图）
2 设置基本通道为噪波
3 设置蒙版通道为噪波
4 设置混合通道为颜色（使用256色灰度值控制颜色的混合比例）
5 如果想要修改油漆颜色，则可以在颜色通道中修改融合贴图
6 设置基本通道为噪波，油漆底色（铁皮）
7 设置蒙版通道为图层，划痕（油漆破损程度）
8 设置混合通道为噪波，油漆颜色（蓝色噪波）

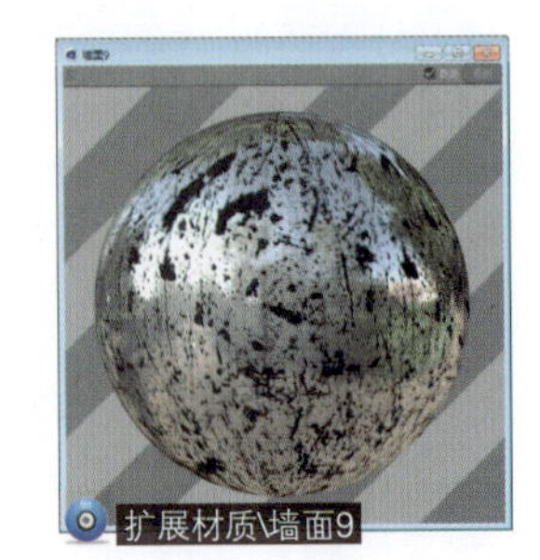

食物材质——080~087

食物是人类赖以生存的元素，除了可以解决人类的温饱，还能起到装饰作用。在室内效果图中，食物凭借逼真的造型和丰富的颜色成为装饰环境的附属品，如餐厅的主题装饰品等。本章主要介绍如何使用Cinema 4D制作出逼真的食物材质。

080 半透明糖果材质

应用领域：陈设品装饰

技术要点：

利用传输通道的颜色和介质通道的散射介质制作红色糖果材质；勾选“伪阴影”复选框使黄色糖果材质的阴影更透亮。

思路分析：

设置散射介质+勾选“伪阴影”复选框。

难度系数：★★★☆☆

 工程：材质文件\S\080

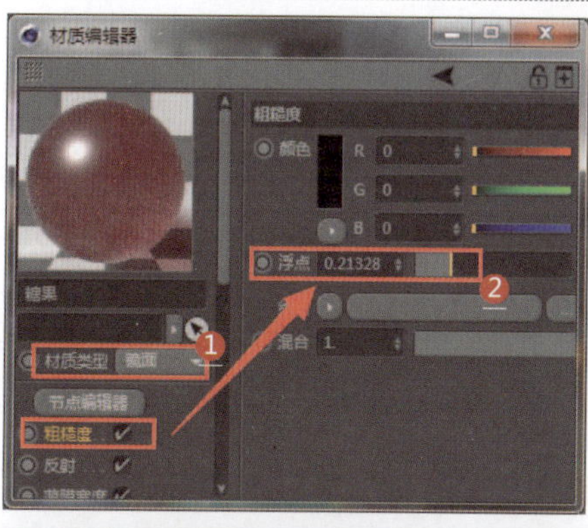

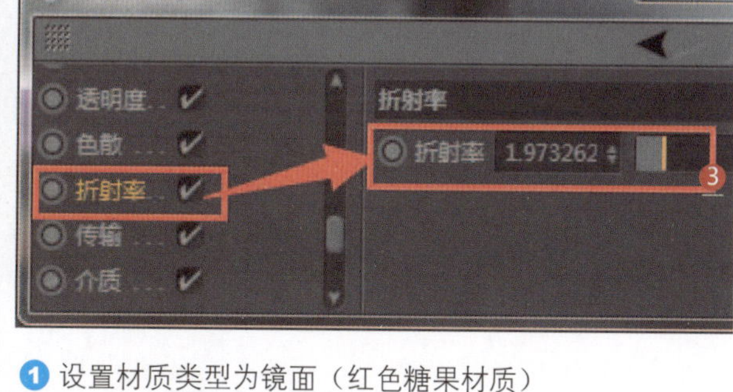

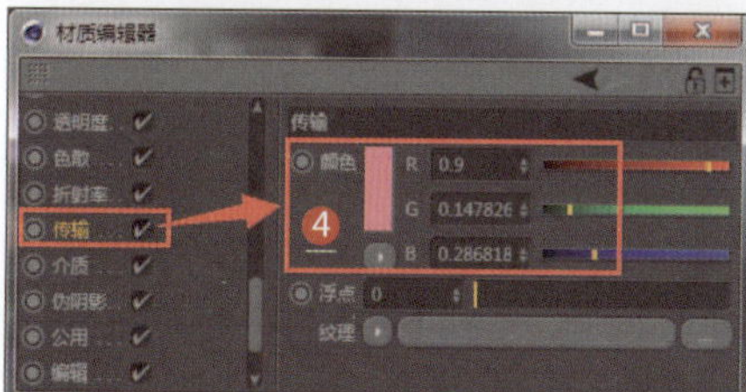

1. 设置材质类型为镜面（红色糖果材质）
2. 设置粗糙度参数
3. 设置折射率
4. 设置传输通道的颜色为红色
5. 设置介质通道的纹理为散射介质
6. 设置吸收纹理为菲涅耳（Fresnel）
7. 设置菲涅耳渐变颜色

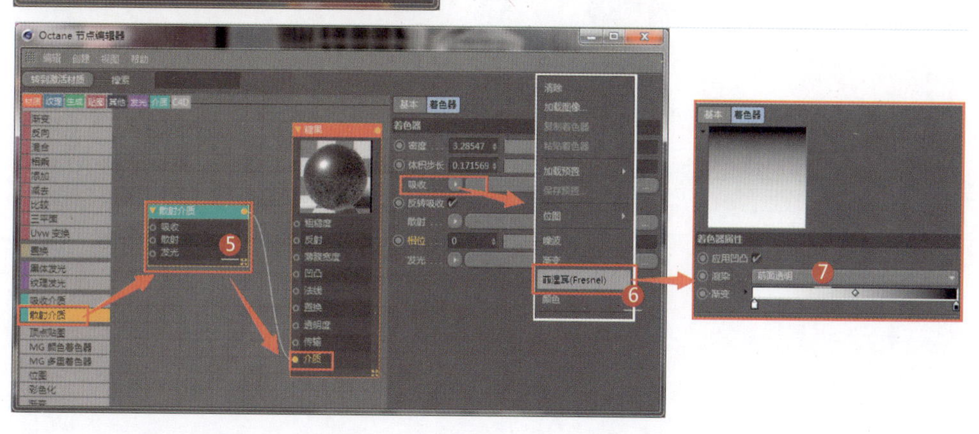

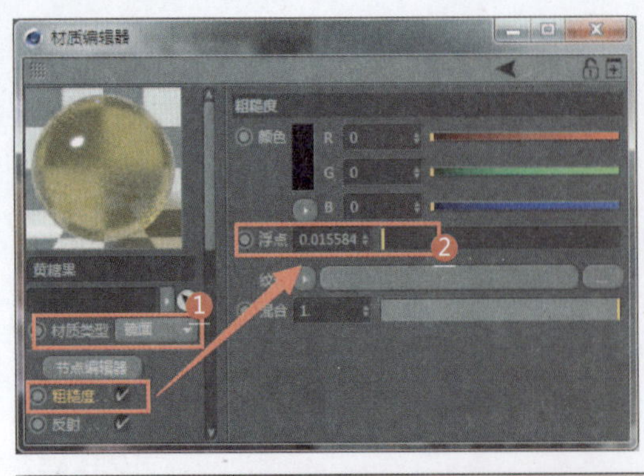

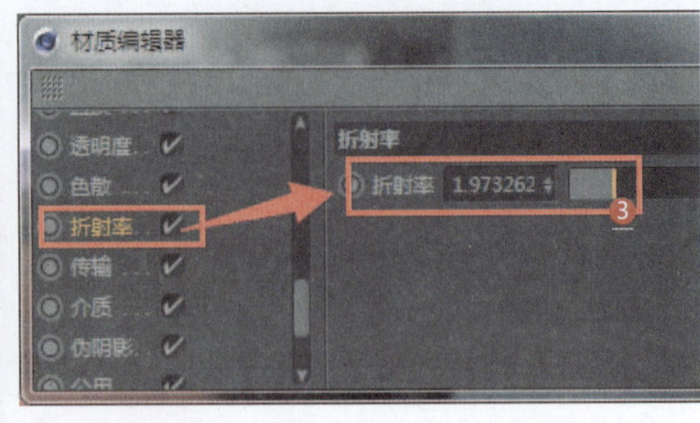

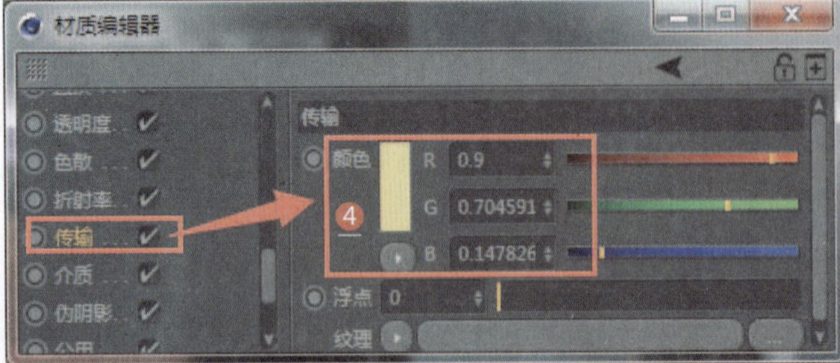

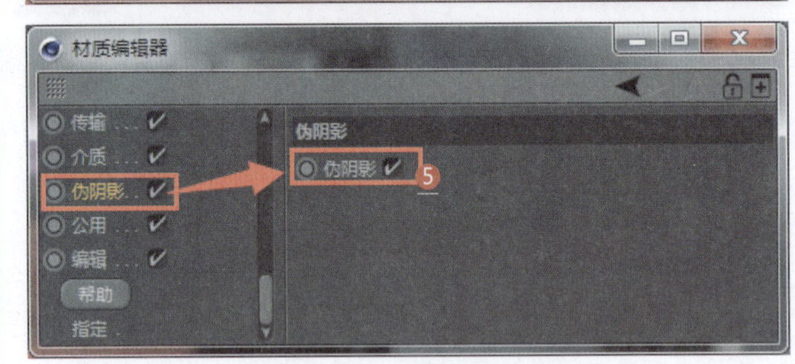

1. 设置材质类型为镜面（黄色糖果材质）
2. 设置粗糙度参数
3. 设置折射率
4. 设置传输通道的颜色为黄色
5. 勾选“伪阴影”复选框（使黄色糖果材质的阴影更透亮）

081 草莓材质

应用领域：CG影视

技术要点：

利用颜色贴图和发光贴图控制物体表面的发光强度；通过设置反射通道的类型和反射贴图控制物体表面光线的反射效果。

思路分析：

设置颜色贴图+设置发光贴图+设置反射贴图。

难度系数：★★★☆☆

工程：材质文件\S\081

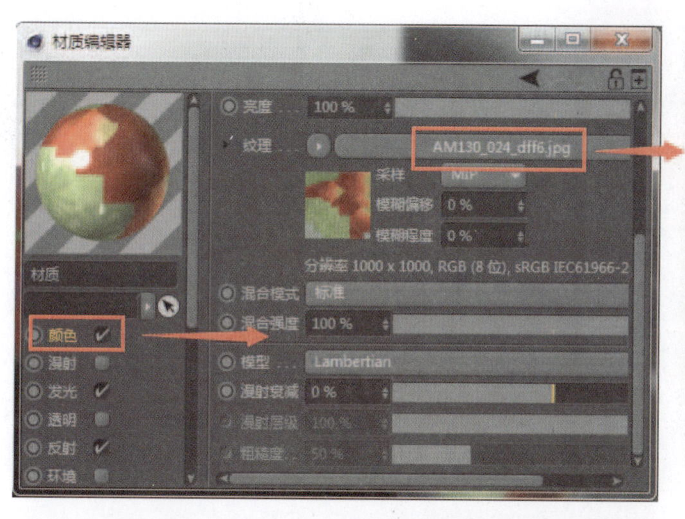

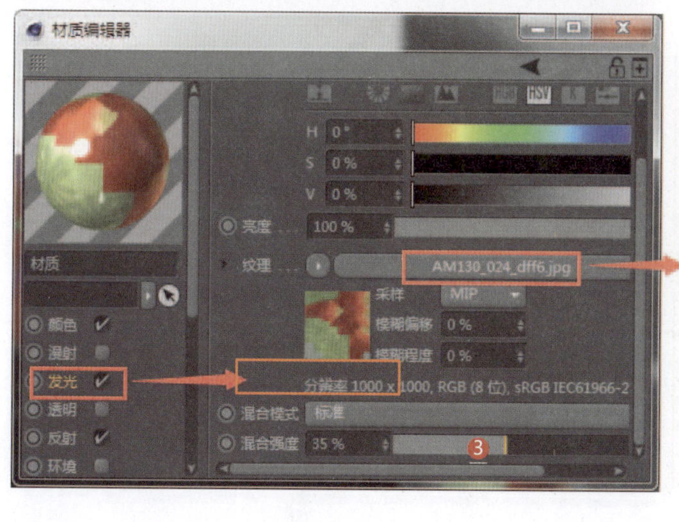

❶ 新建一个默认材质，设置颜色贴图

❷ 设置发光贴图

❸ 设置发光通道中的混合强度参数（控制物体表面的发光强度）

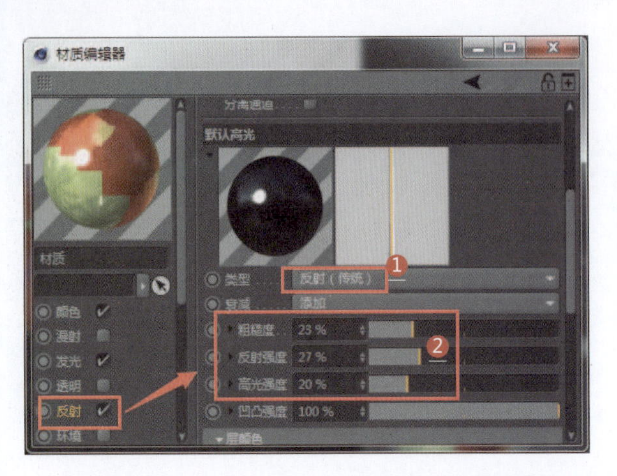

1. 设置类型为反射（传统）
2. 设置粗糙度、反射强度及高光强度的参数
3. 设置反射贴图（控制物体表面光线的反射效果）
4. 设置反射通道中的混合强度参数

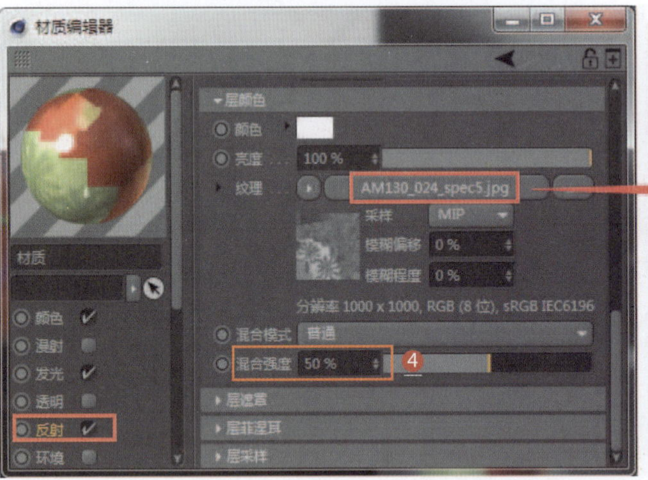

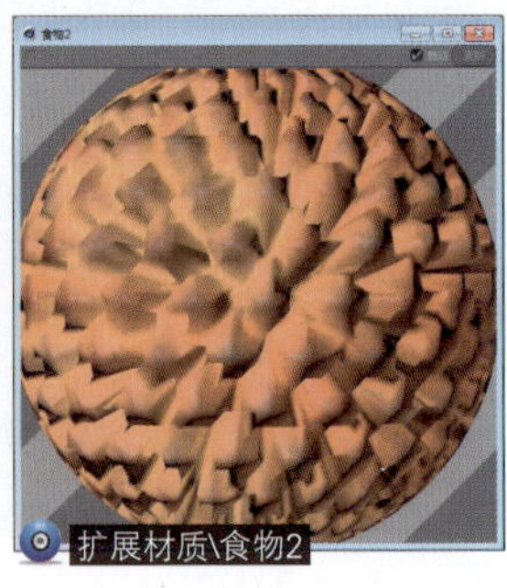

082 冰块材质

应用领域：电商材质

技术要点：

利用镜面材质类型制作冰块材质；设置冰块不同的折射率，并通过混合材质对两个冰块材质进行混合。

思路分析：

设置冰块材质+设置混合材质。

难度系数：★★★★☆

工程：材质文件\S\082

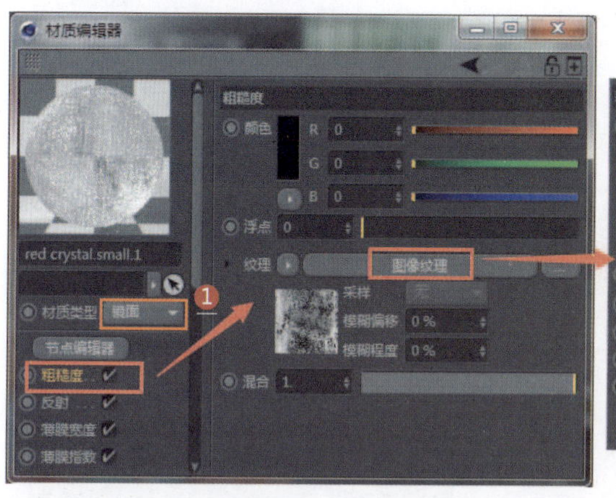

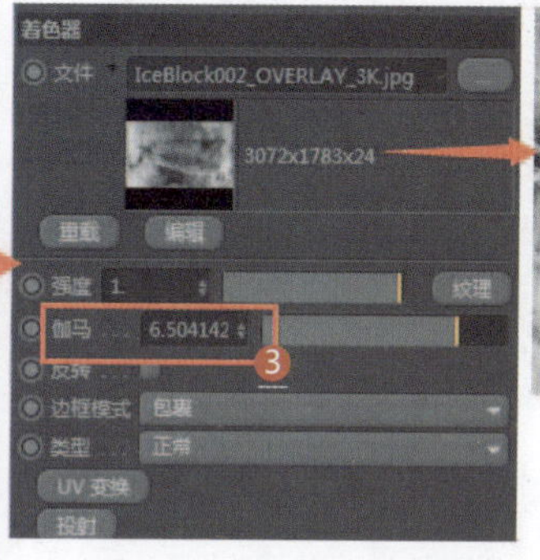

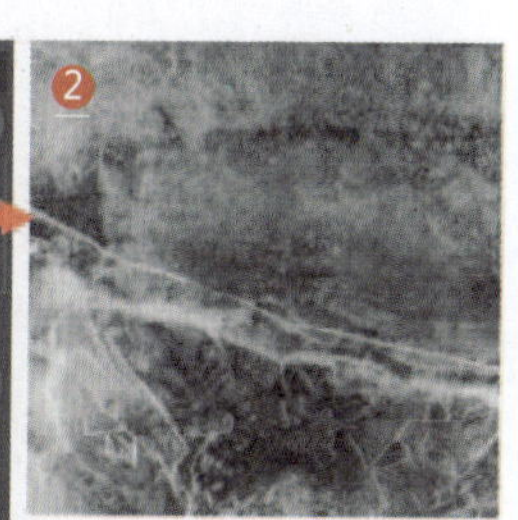

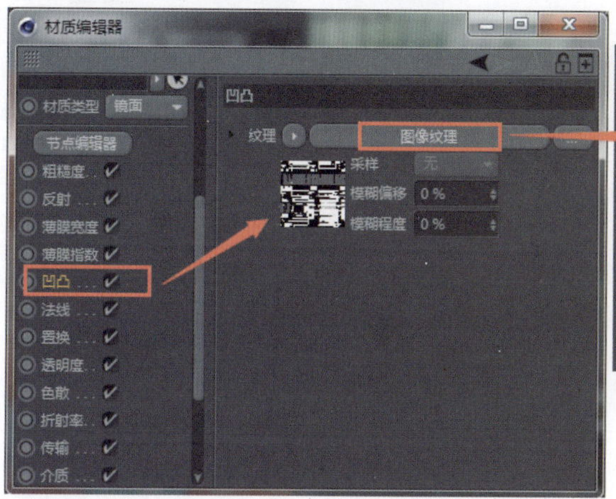

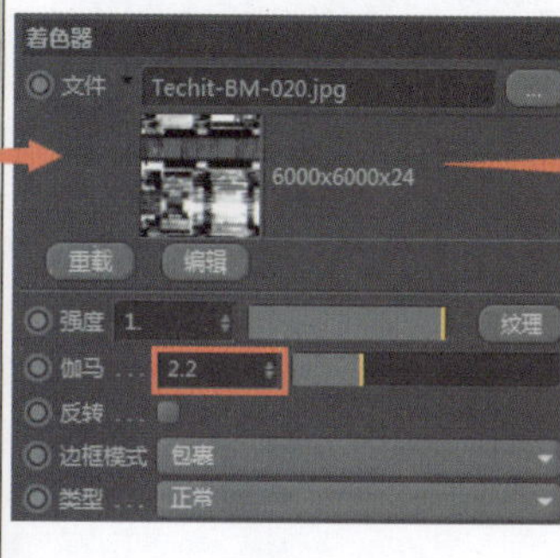

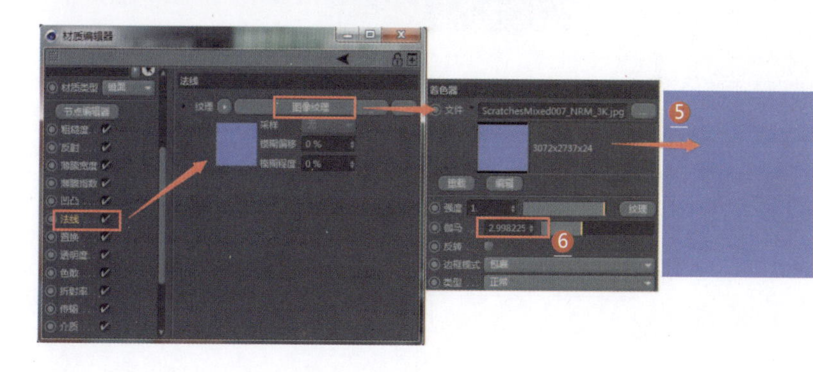

1 设置材质类型为镜面（冰块材质）

2 设置粗糙度贴图

3 设置伽马参数（数值越高，图像的像素就会越高）

4 设置凹凸贴图

5 在法线贴图

6 设置伽马参数

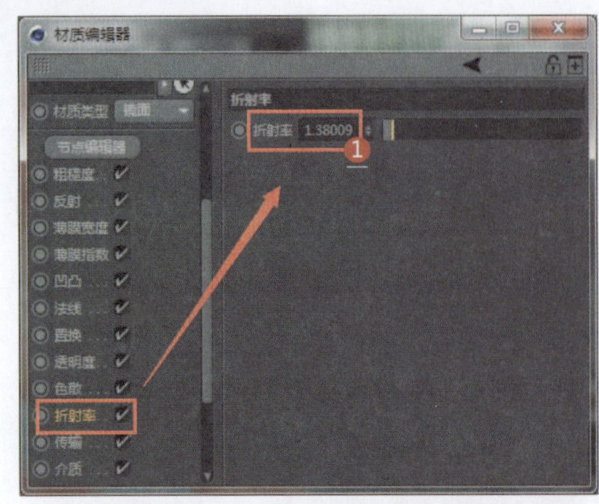

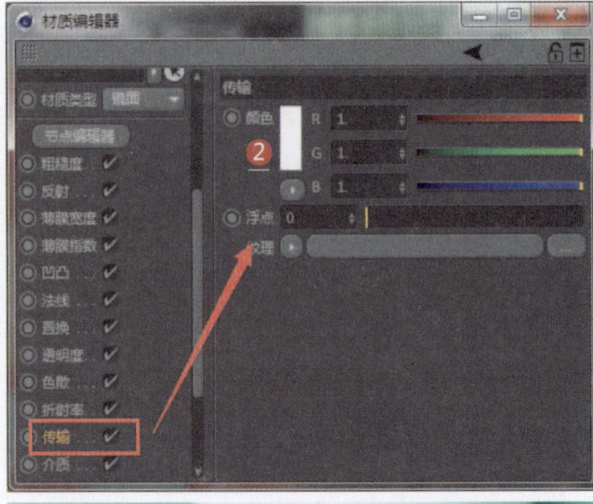

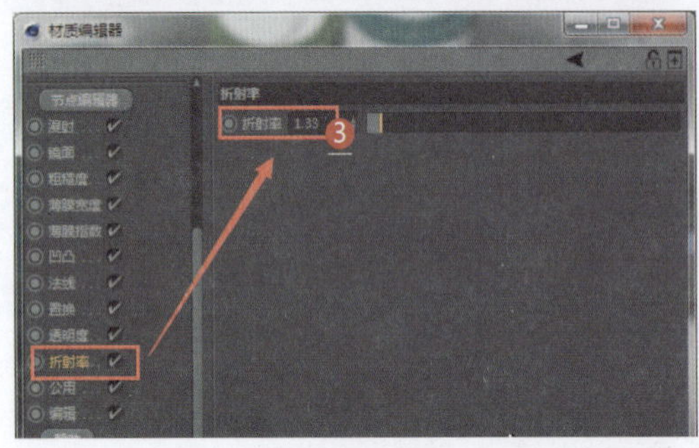

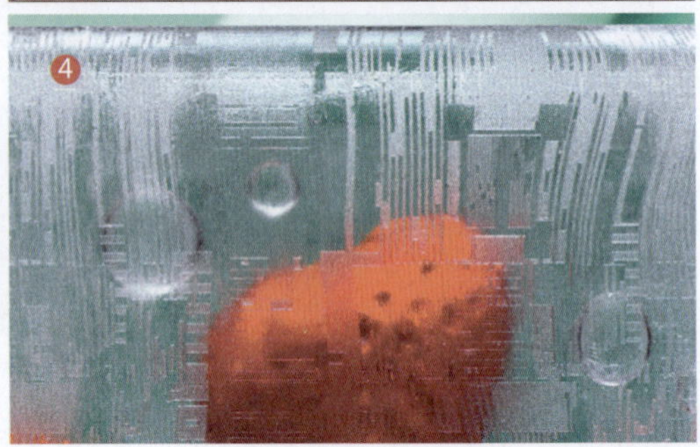

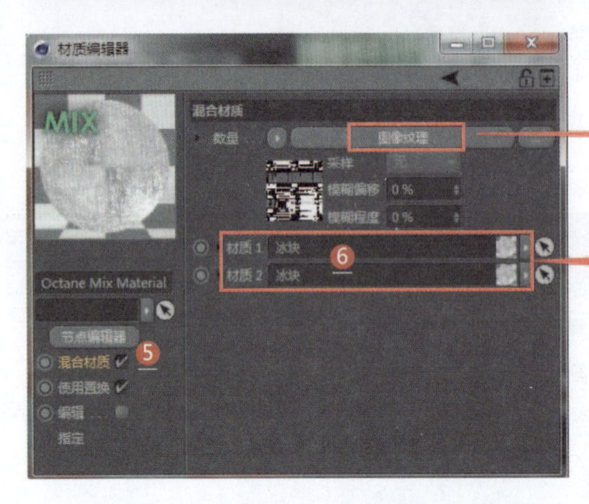

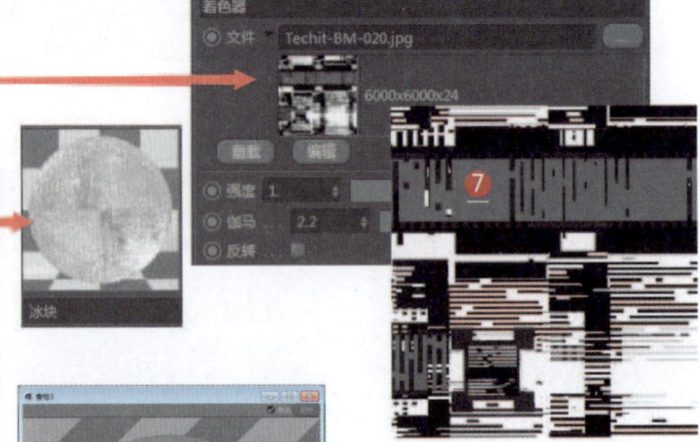

扩展材质\食物3

1. 设置冰块的折射率
2. 设置传输通道的颜色参数（冰块的颜色）
3. 复制一个冰块材质，将折射率设置为1.33
4. 冰块内的水珠效果
5. 新建一个混合材质（混合两个冰块材质）
6. 将两个冰块材质分别放置在材质1和材质2通道中
7. 设置混合贴图

083 咖啡豆材质

应用领域：CG影视

技术要点：

利用反射通道的层颜色和三层贴图制作咖啡豆表面效果；设置置换贴图制作咖啡豆的凹凸感。

思路分析：

设置三层贴图+设置置换贴图。

难度系数：★★★☆☆

工程：材质文件\S\083

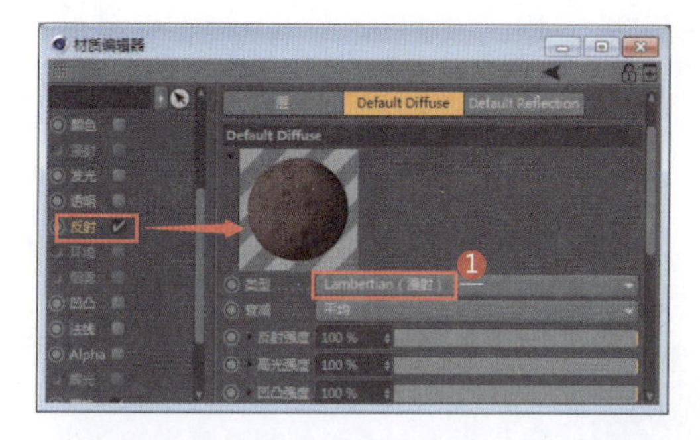

1 新建一个默认材质，设置反射通道的类型为Lambertian（漫射）

2 设置层颜色的纹理为图层

3 通过三层贴图制作咖啡豆表面效果

4 设置第一层为位图贴图（设置混合模式为正常）

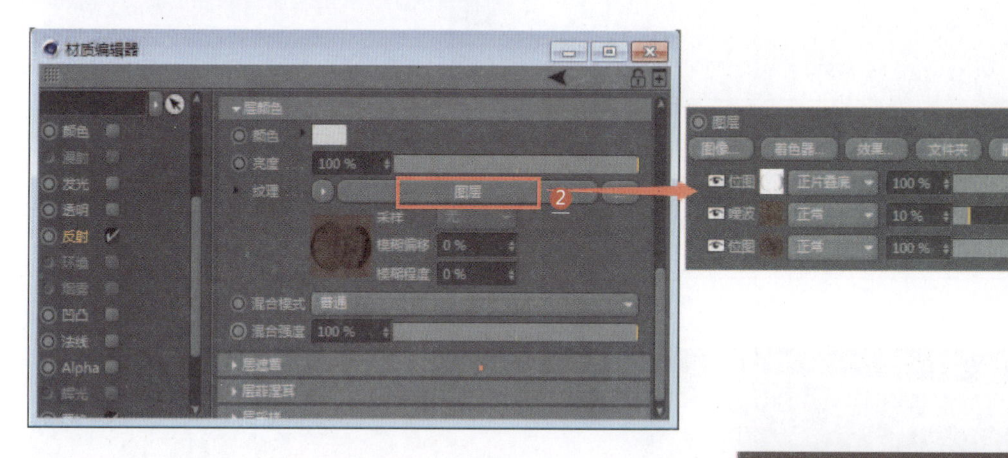

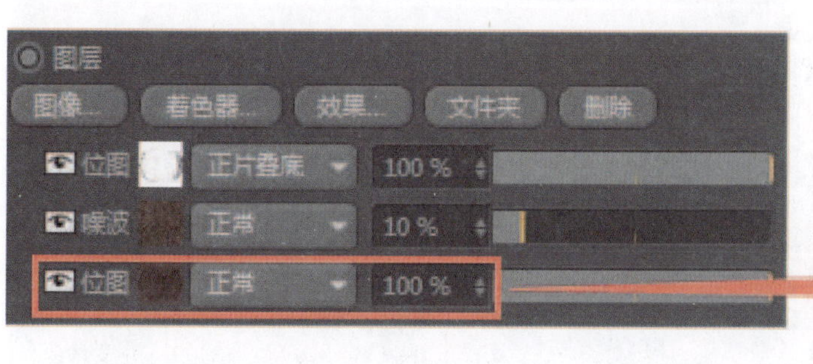

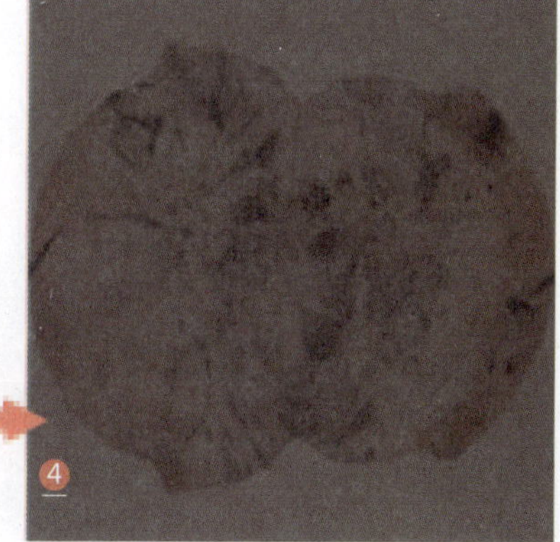

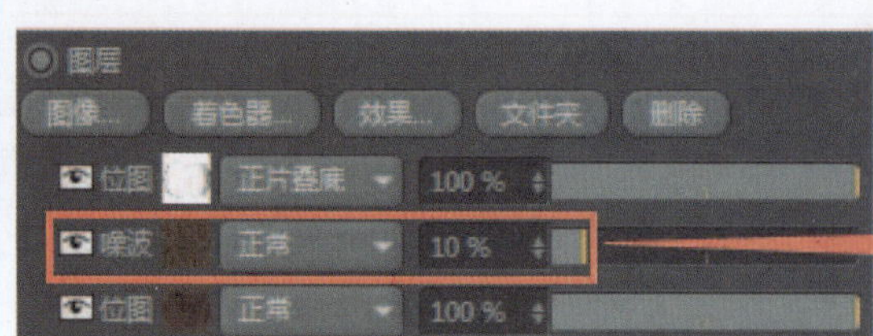

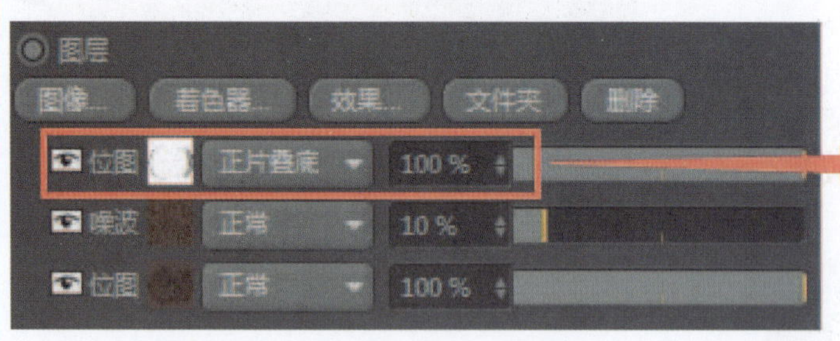

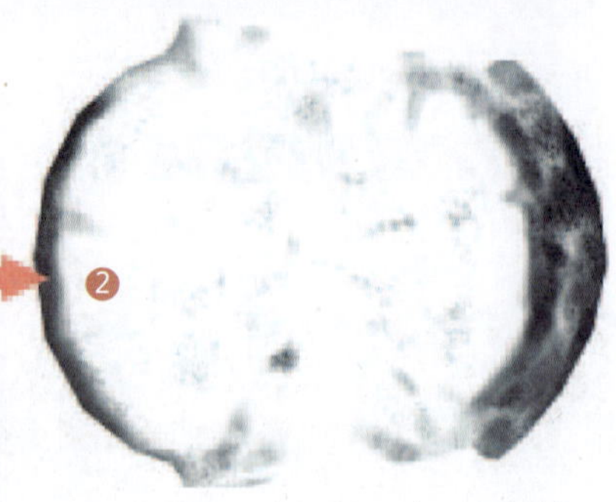

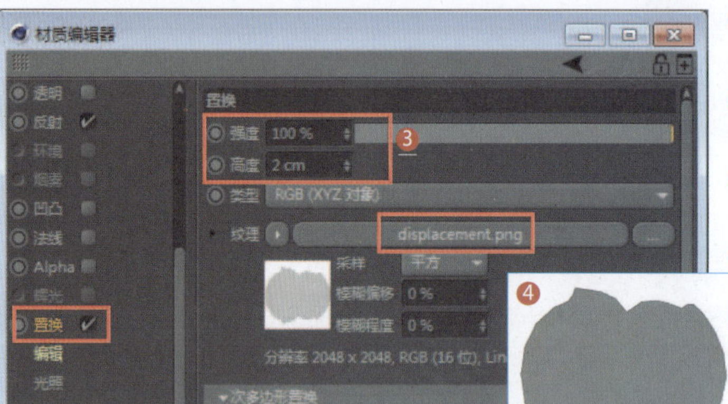

1. 设置第二层为噪波贴图（设置混合模式为正常）
2. 设置第三层为位图贴图（设置混合模式为正片叠底）
3. 设置置换通道的强度参数和高度参数（咖啡豆的凹凸感）
4. 设置置换贴图

扩展材质\食物4

084 奶酪材质

应用领域：CG影视

技术要点：

利用默认材质制作奶酪材质和奶酪表皮材质；通过设置凹凸通道的强度参数增强奶酪表皮的质感。

思路分析：

设置奶酪材质+设置奶酪表皮材质。

难度系数：★★★★☆

工程：材质文件\S\084

1 新建一个默认材质（奶酪材质），设置颜色通道的纹理为图层（该图层由三层贴图混合而成）

2 设置第一层为渐变贴图（奶酪底色）

3 设置第二层为图层贴图（设置混合模式为屏幕），该图层由两个渐变贴图混合成奶酪的贴图

4 设置第一个渐变贴图的类型为二维-圆形（设置混合模式为屏幕）

5 设置第二个渐变贴图的类型为二维-U（设置混合模式为正常）

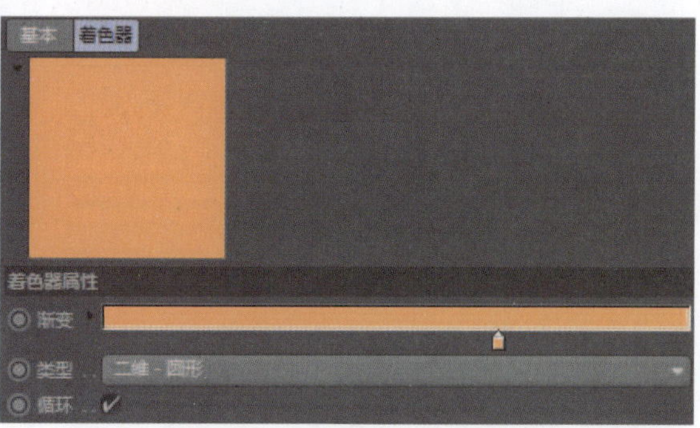

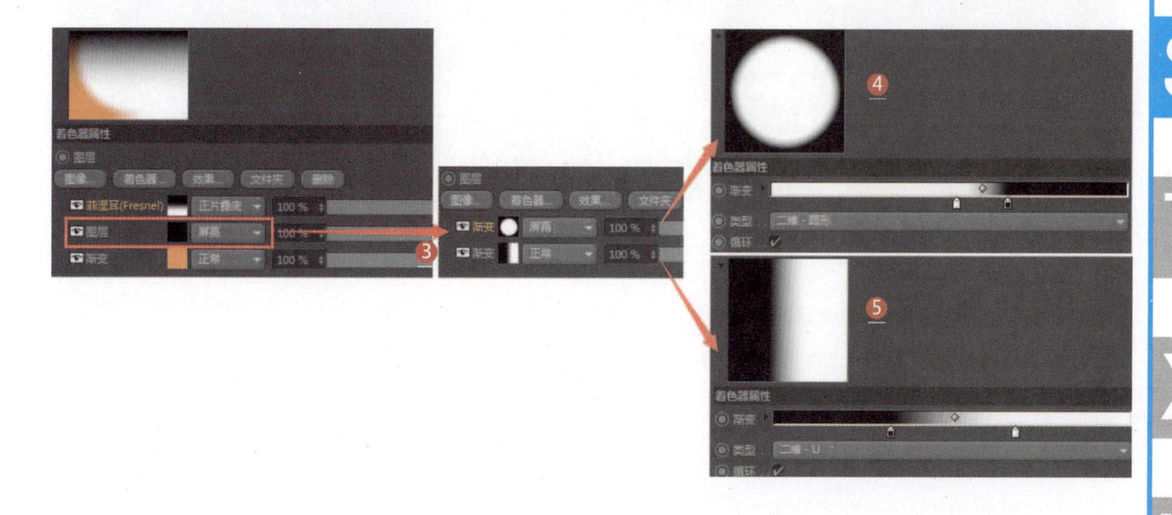

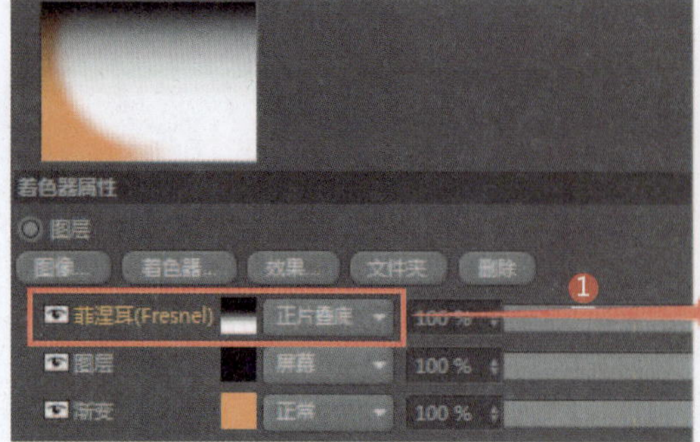

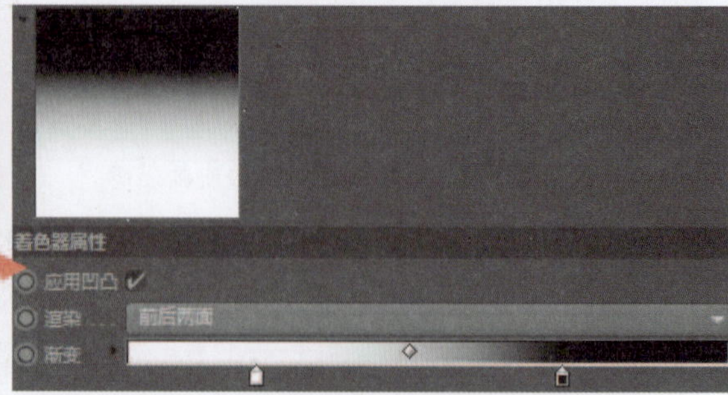

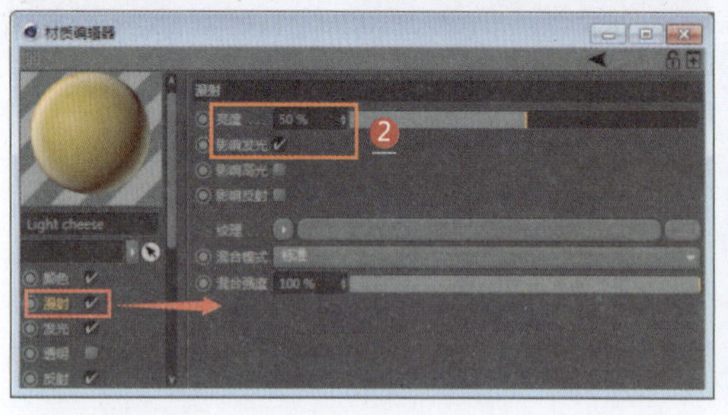

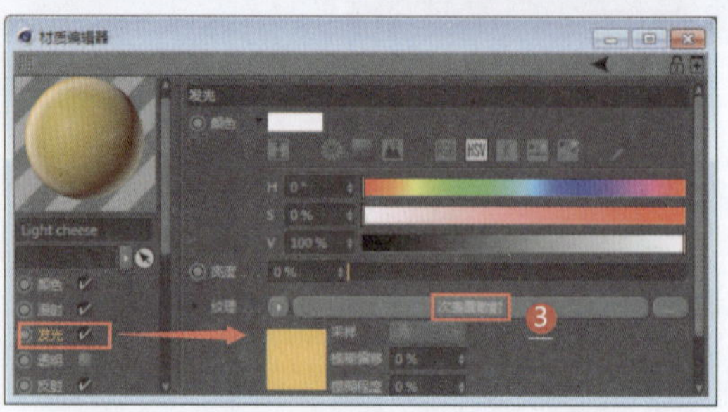

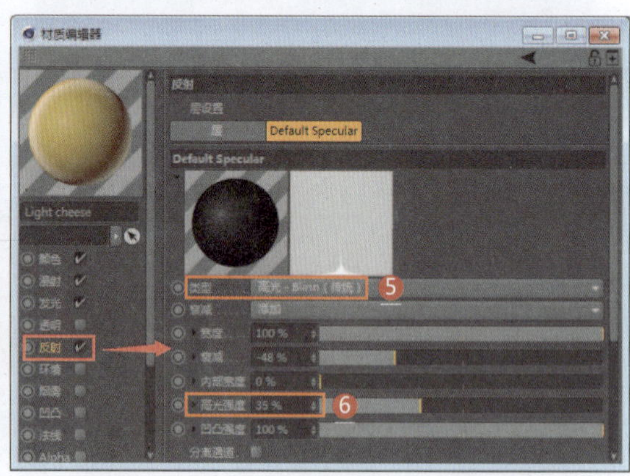

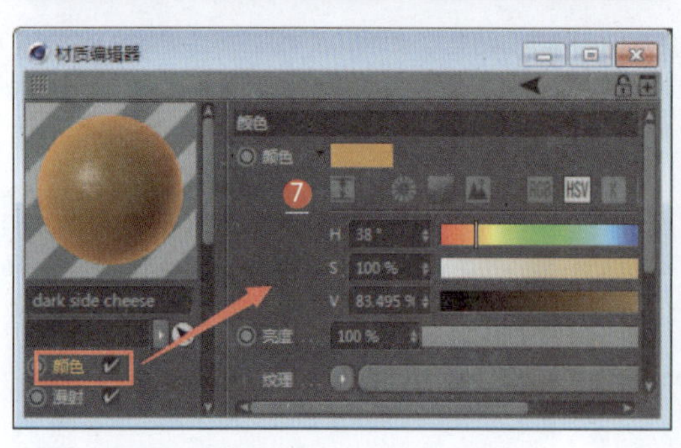

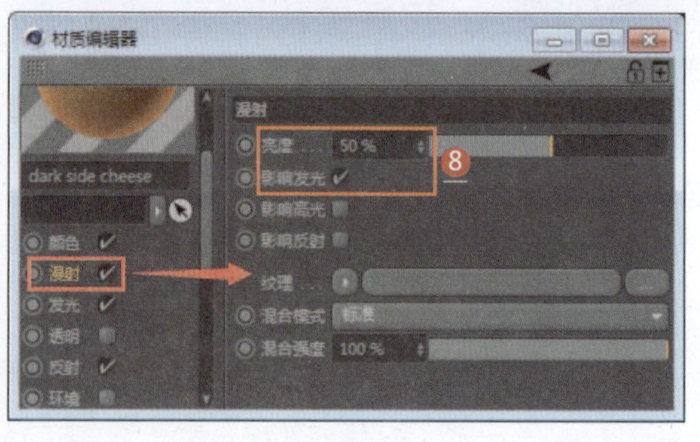

1. 设置第三层为菲涅耳（Fresnel）贴图（设置混合模式为正片叠底）
2. 设置漫射通道的亮度参数，勾选“影响发光”复选框
3. 设置发光通道的纹理为次表面散射
4. 设置发光通道颜色参数（使奶酪产生透光效果）
5. 设置类型为高光-Blinn（传统）
6. 设置高光强度参数
7. 新建一个默认材质（奶酪表皮材质），设置奶酪表皮的颜色为黄色
8. 设置漫射通道的亮度参数，勾选“影响发光”复选框

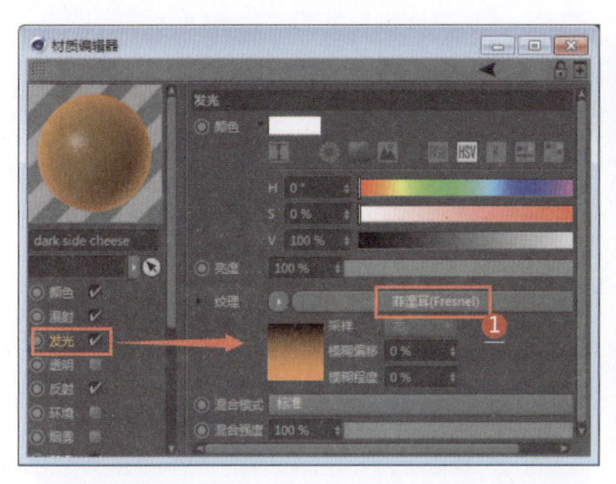

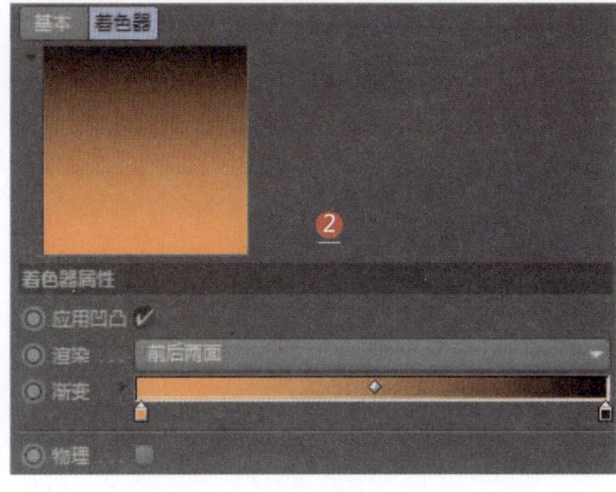

❶ 设置发光通道的纹理为菲涅耳（Fresnel）
❷ 设置菲涅耳贴图为黄色渐变
❸ 设置类型为高光-Blinn（传统）
❹ 设置高光强度参数
❺ 设置凹凸通道的纹理为噪波
❻ 设置强度参数（增强奶酪表皮的质感）

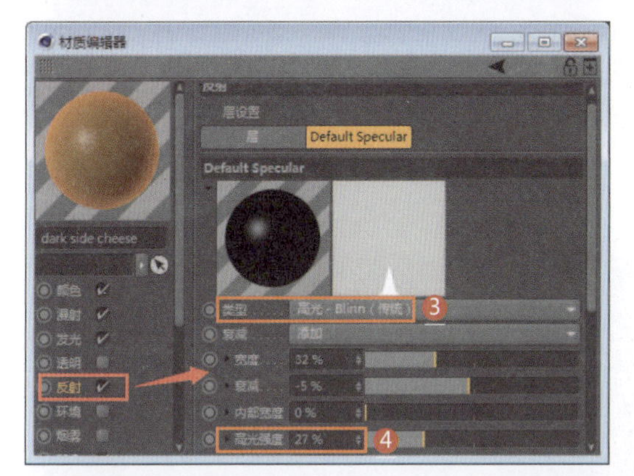

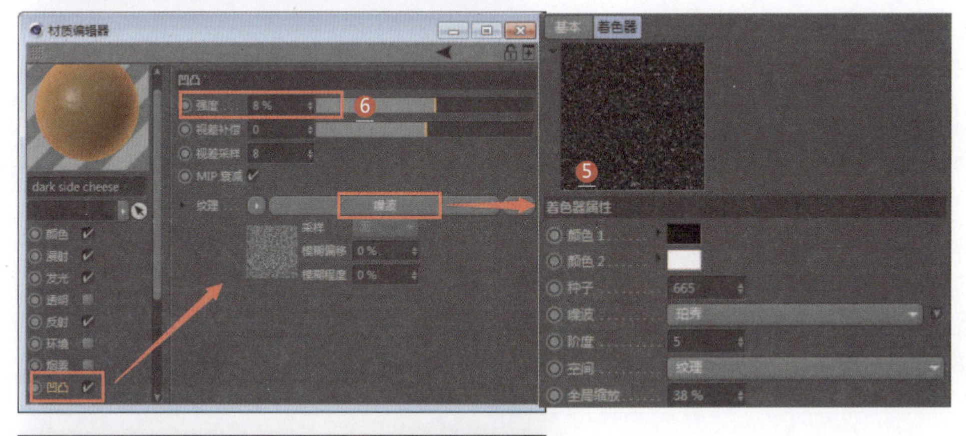

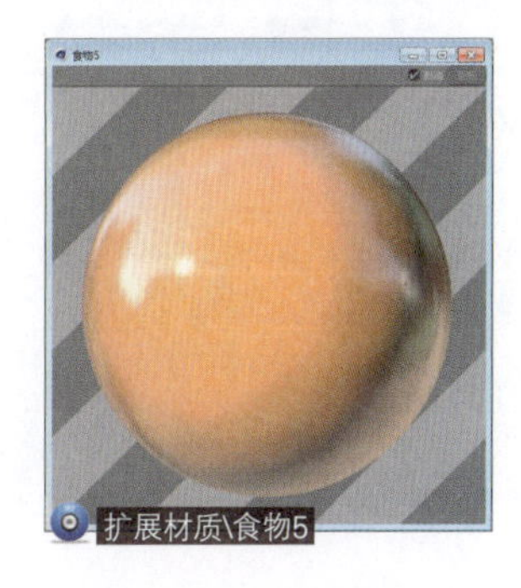

085 葡萄材质

应用领域：CG影视

技术要点：

利用默认材质制作葡萄材质和白霜材质；通过设置透明度通道的亮度参数控制白霜的透明度。

思路分析：

设置葡萄材质+设置白霜材质。

难度系数：★★★★★

工程：材质文件\S\085

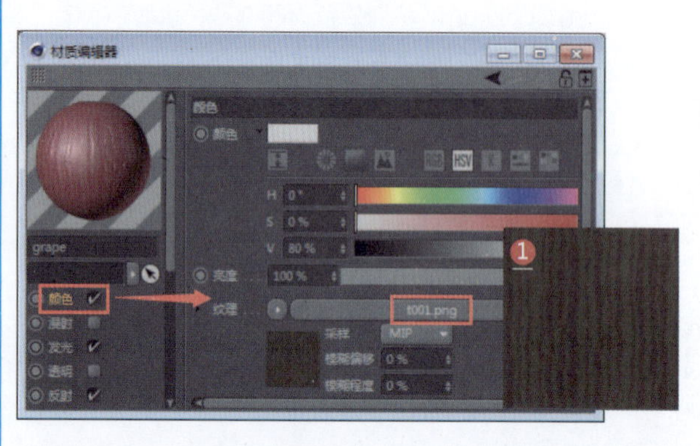

1. 新建一个默认材质（葡萄材质），设置颜色贴图
2. 设置发光通道的纹理为次表面散射
3. 设置次表面散射（使葡萄产生半透明效果）
4. 设置类型为反射（传统）
5. 设置反射强度参数和高光强度参数
6. 设置凹凸贴图

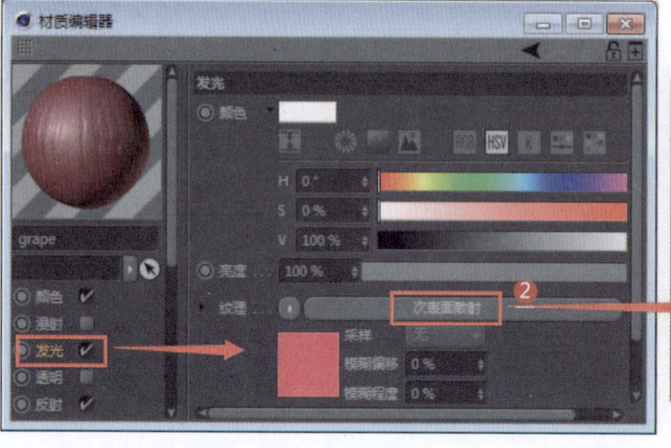

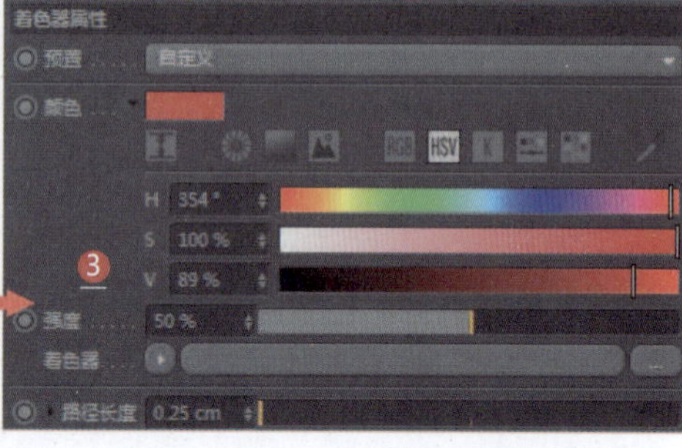

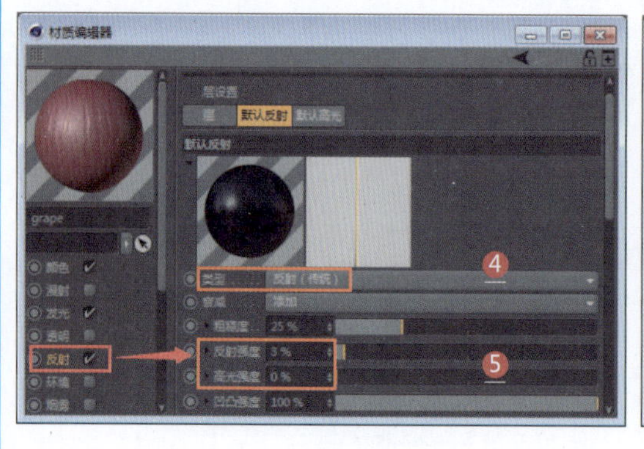

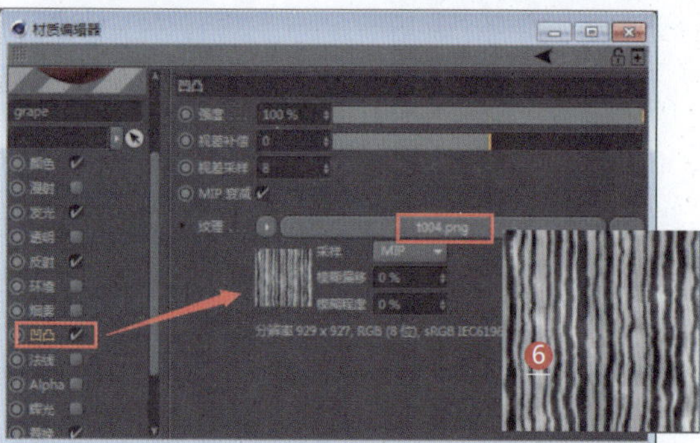

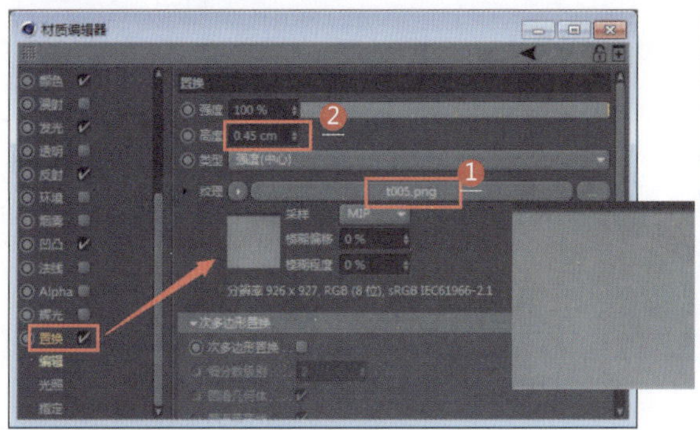

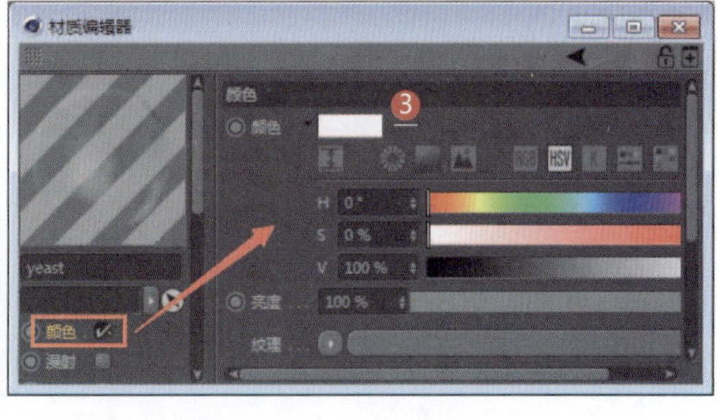

1. 设置置换贴图
2. 设置高度参数
3. 新建一个默认材质（白霜材质），设置颜色为白色
4. 设置透明通道的亮度参数（白霜的透明度）
5. 设置Alpha通道的纹理为噪波贴图
6. 设置噪波贴图的颜色（影响白霜的分布）
7. 勾选“柔和”复选框
8. 将葡萄材质应用到模型，再将白霜材质应用到模型（产生叠加效果）
9. 设置发光通道的颜色参数，可改变葡萄的整体色调

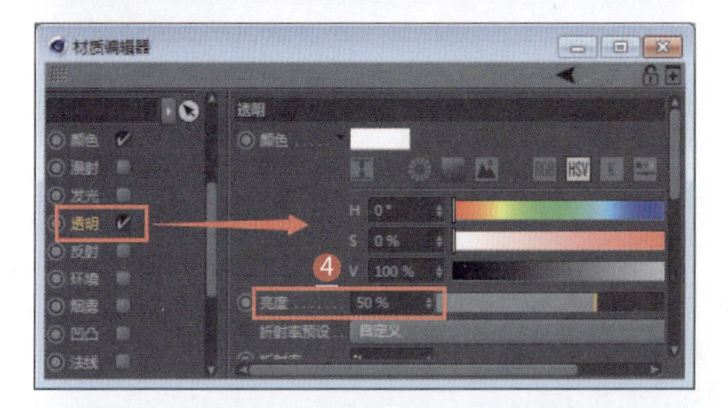

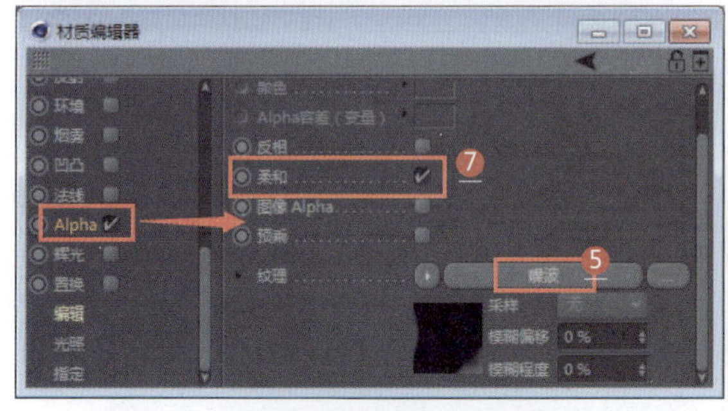

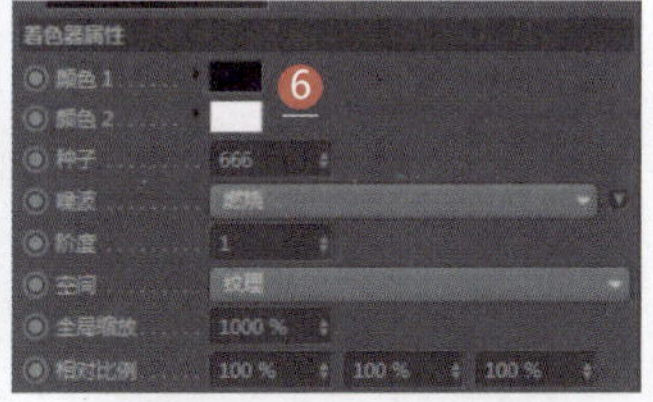

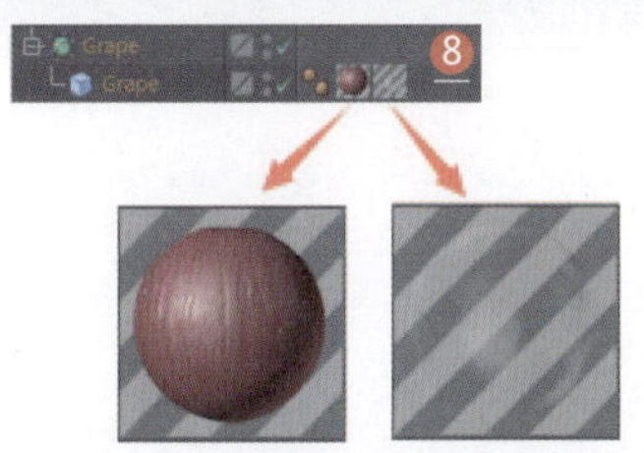

086 月饼材质

应用领域：电商材质

技术要点：

利用月饼油材质和面粉材质混合成月饼上半部分材质；再利用月饼上半部分材质和面粉材质混合成月饼整体材质。

思路分析：

设置月饼油材质+设置面粉材质+设置混合材质。

难度系数：★★★★★

工程：材质文件/S/086

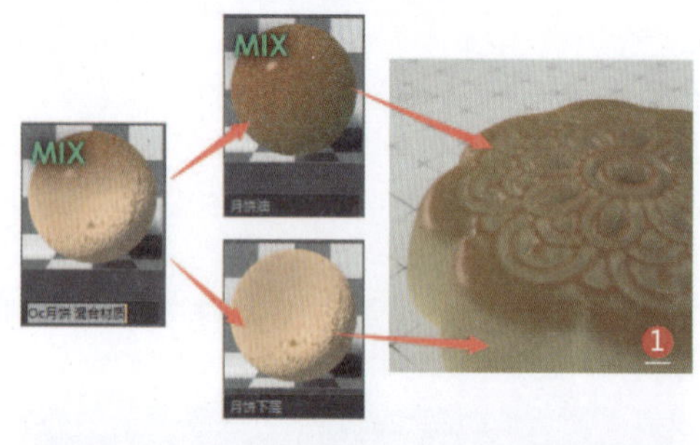

1 材质制作原理：将两个材质上下叠加，产生混合材质
2 制作月饼表面材质，设置材质类型为镜面（月饼油材质）
3 设置粗糙度贴图
4 设置凹凸贴图（月饼表面的划痕）
5 设置传输通道的纹理为RGB颜色（月饼表面的色调）
6 设置介质通道的纹理为散射介质

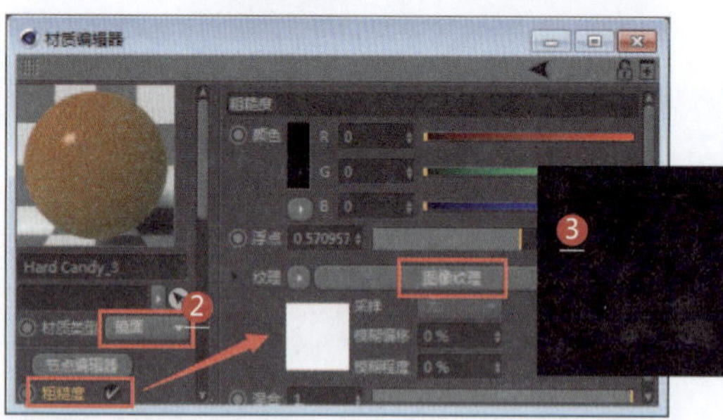

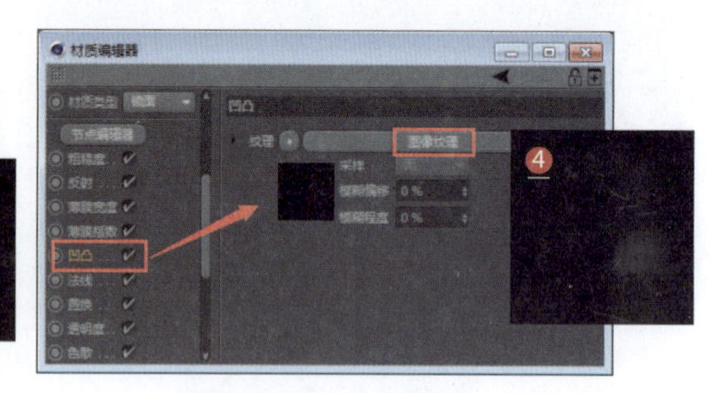

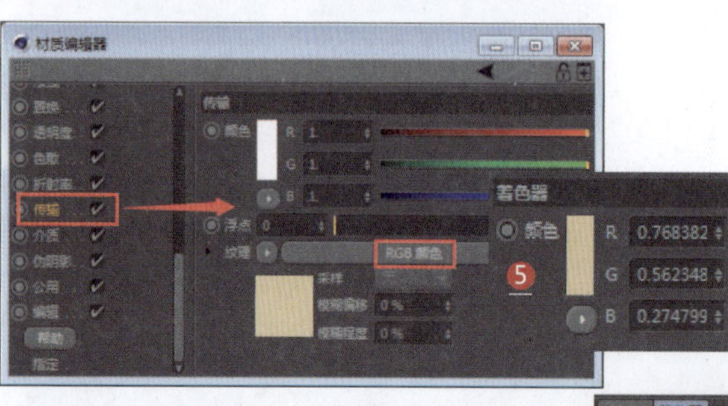

7 设置密度参数
8 设置吸收为RGB颜色（月饼内部阴影色调）
9 设置散射为RGB颜色（月饼透光色调）

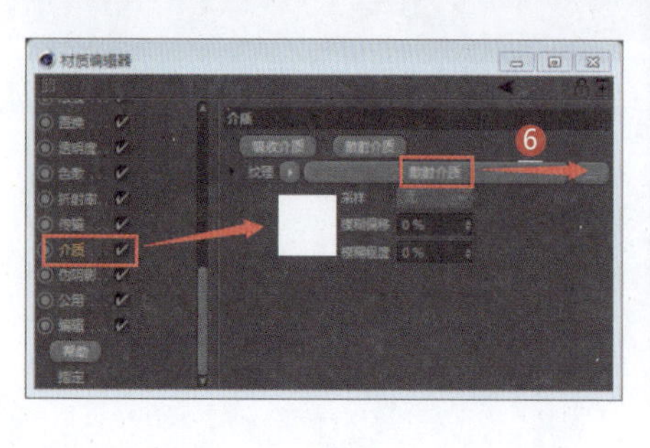

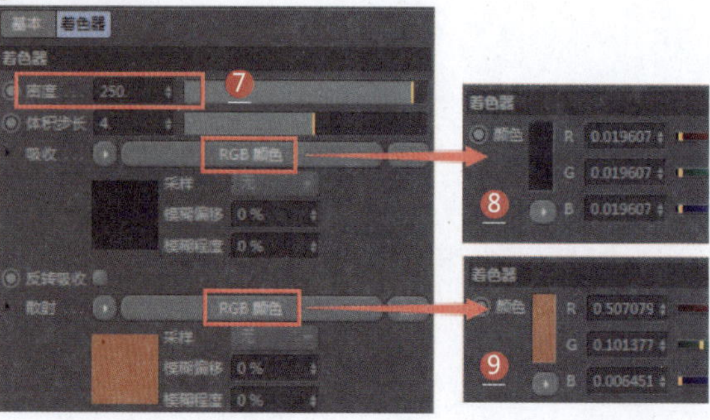

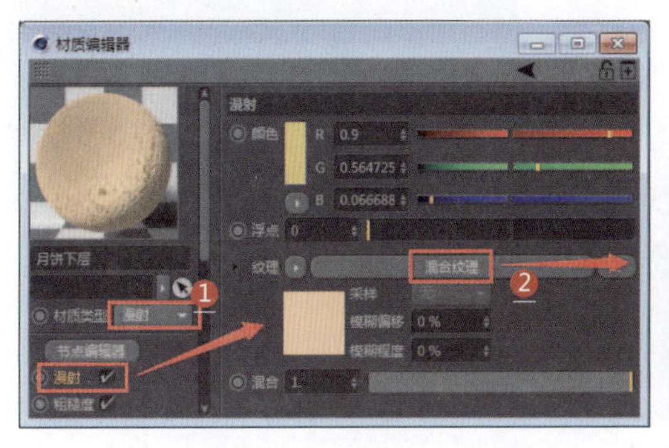

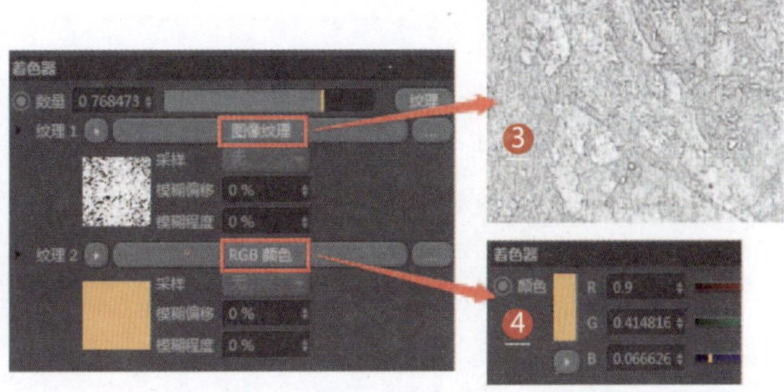

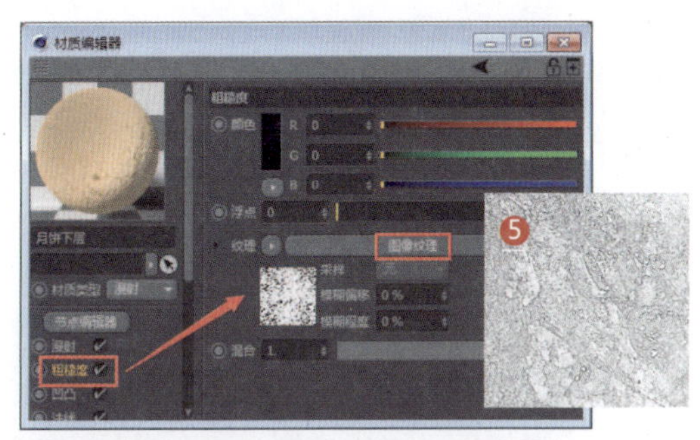

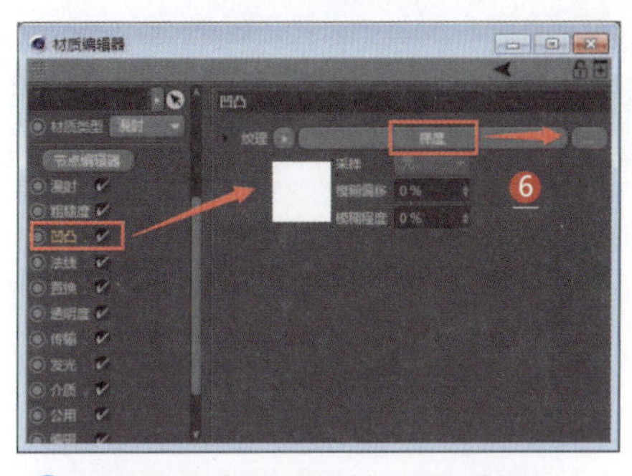

1. 设置材质类型为漫射（面粉材质）
2. 设置漫射通道的纹理为混合纹理
3. 设置纹理1为面粉贴图
4. 设置纹理2的RGB颜色为黄色（面粉底色）
5. 设置粗糙度贴图
6. 设置凹凸纹理为梯度（影响凹凸强度）
7. 设置凹凸贴图
8. 设置梯度渐变颜色（较暗的渐变颜色减弱凹凸感）

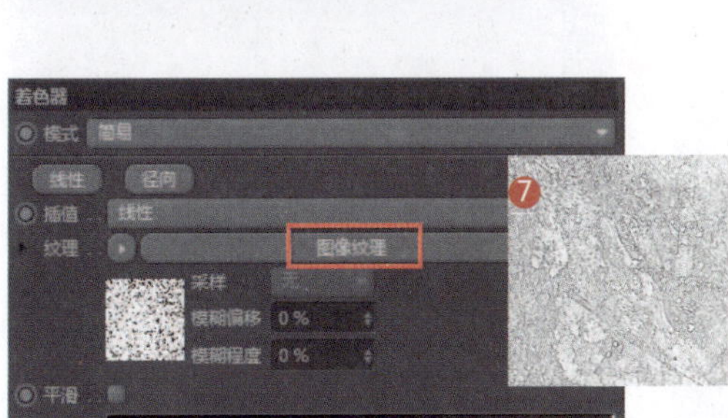

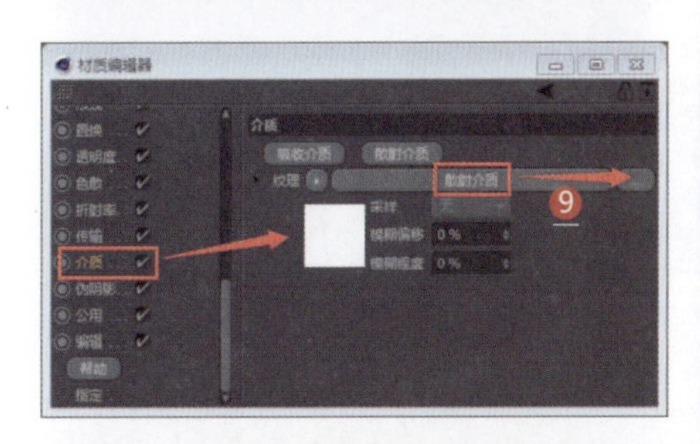

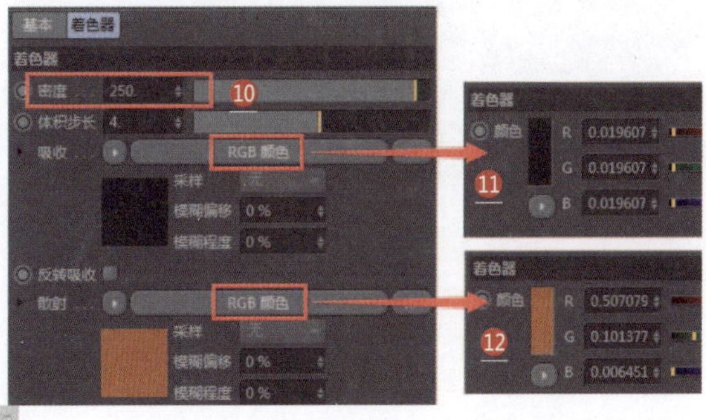

9. 设置介质通道的纹理为散射介质
10. 设置密度参数
11. 设置吸收为RGB颜色（面粉内部阴影的色调）
12. 设置散射为RGB颜色（面粉透光色调）

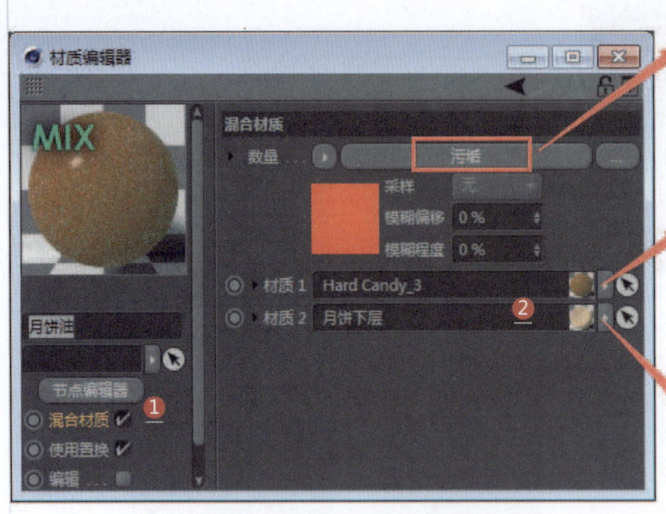

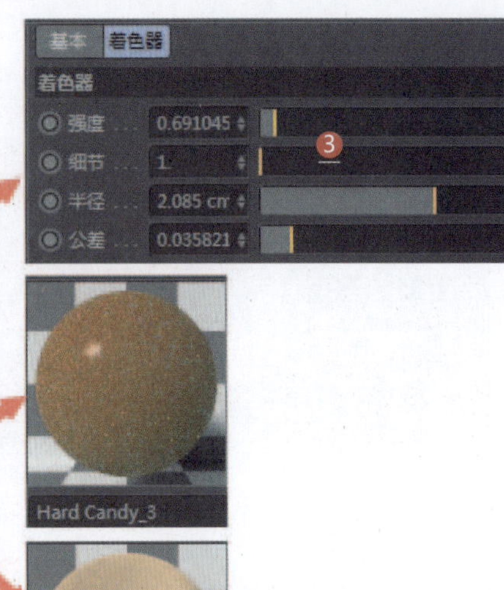

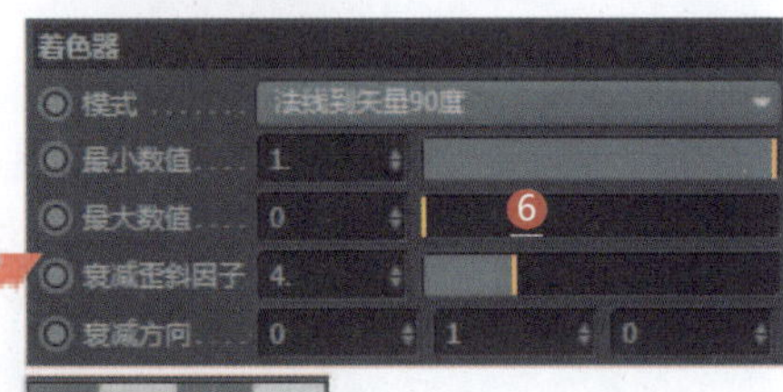

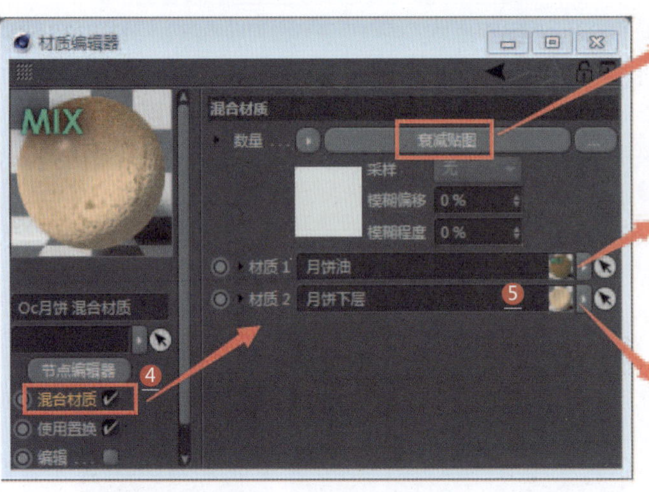

1. 新建一个混合材质（用于混合月饼油材质和面粉材质）
2. 将月饼油材质和面粉材质分别放置在材质1和材质2的通道中
3. 设置混合材质为污垢（月饼上半部部分材质）
4. 新建一个混合材质（再次混合月饼油材质和面粉材质）
5. 将刚才设置的混合材质和面粉材质分别放置在材质1和材质2通道中
6. 设置混合材质为衰减贴图（月饼的最终材质）

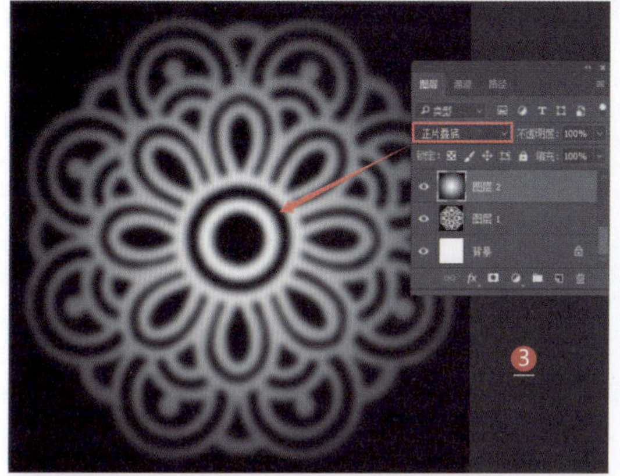

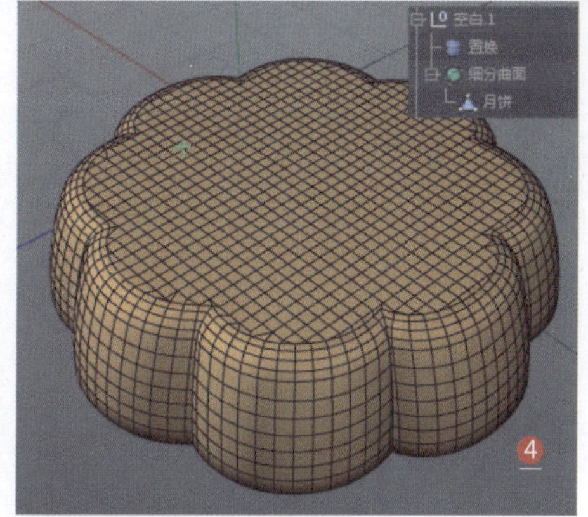

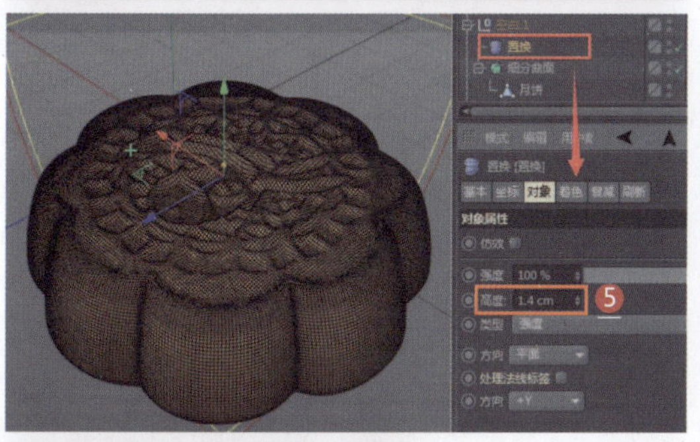

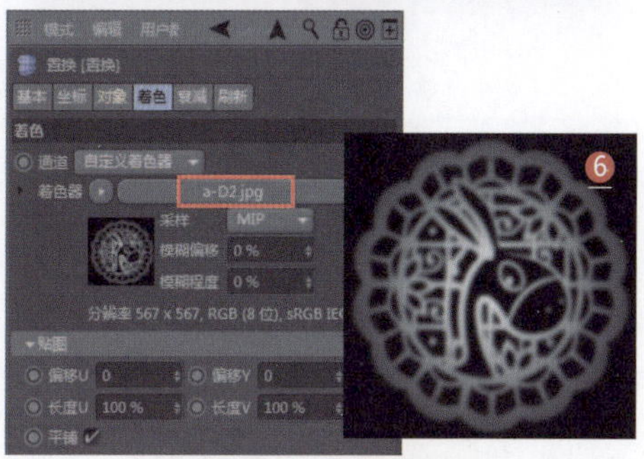

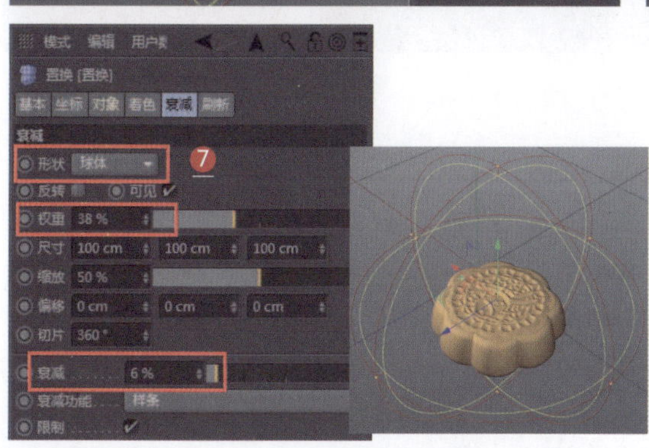

❶ 原始贴图（使用高斯模糊进行轻微的模糊处理）

❷ 在原始贴图上层叠加一个圆形渐变贴图

❸ 设置混合模式为正片叠底，生成置换贴图

❹ 添加一个置换修改器，将这个置换修改器和月饼模型组成一个群组（这样置换修改器就能够作用于月饼模型）

❺ 在对象面板中设置高度参数

❻ 在着色面板中设置刚才制作的置换贴图

❼ 在衰减面板中设置置换贴图的形状、权重和衰减（生成月饼花纹）

❽ 使用不同的置换贴图制作月饼

087 果冻材质

应用领域：电商材质

技术要点：

利用镜面材质类型制作果冻材质；通过设置置换贴图数量参数来制作果冻表面的凹凸感。

思路分析：

设置果冻材质+设置置换贴图。

难度系数：★★★★☆

工程：材质文件/S/087

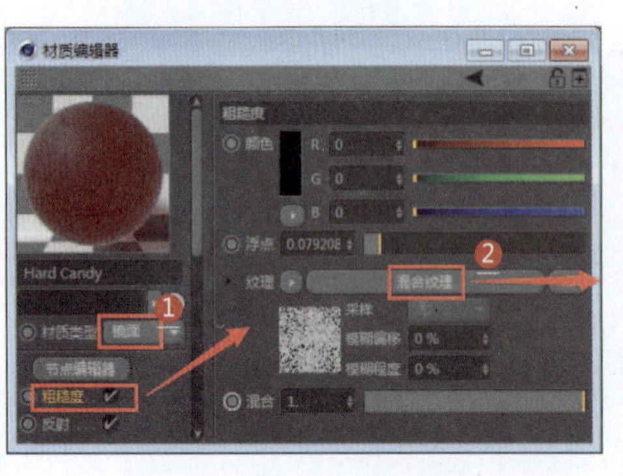

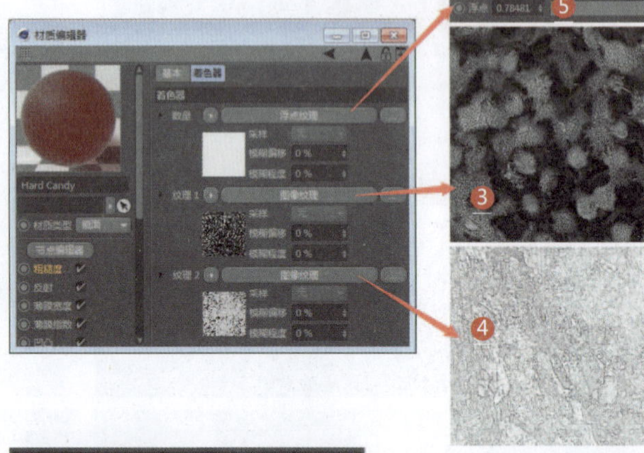

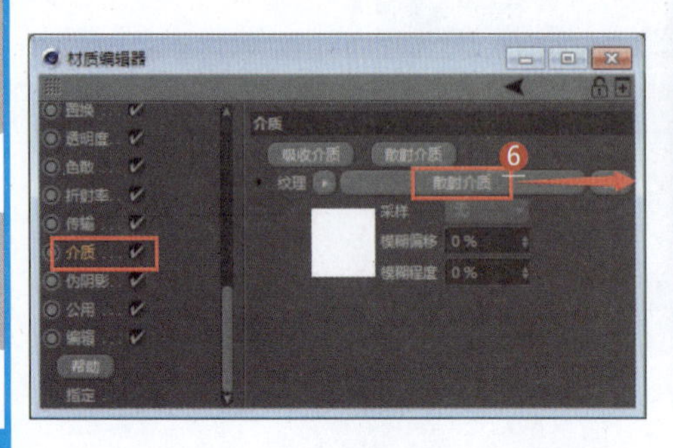

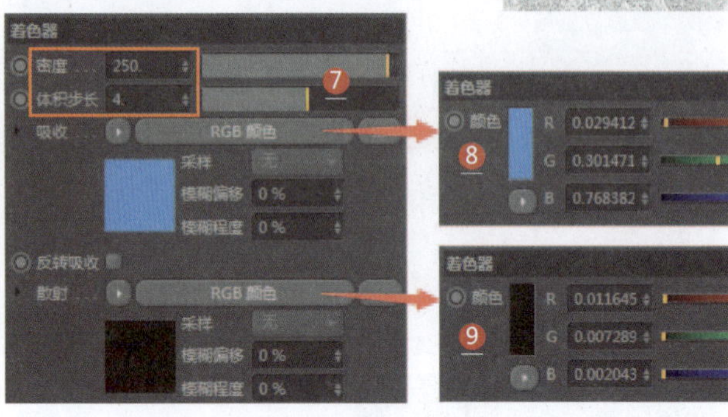

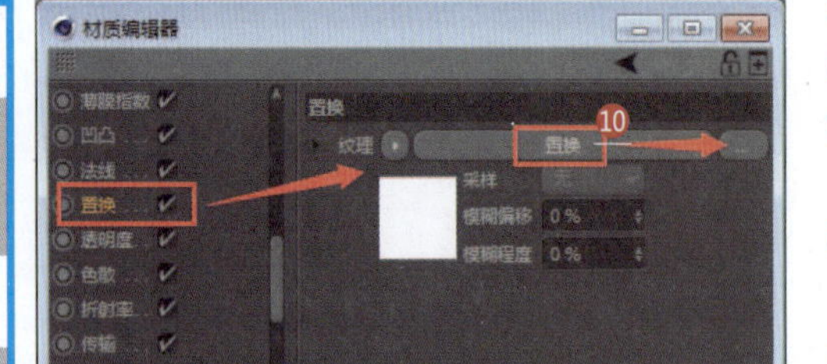

1. 设置材质类型为镜面（果冻材质）
2. 设置粗糙度的纹理为混合纹理
3. 设置纹理1为深色贴图
4. 设置纹理2为浅色贴图
5. 设置浮点纹理（利用浮点参数可以调整纹理1和纹理2的混合比例）
6. 设置介质通道的纹理为散射介质（使果冻产生半透明效果）
7. 设置密度和体积步长参数（控制果冻的透明密度）
8. 设置吸收为RGB颜色（当RGB颜色设置为冷色调时，果冻材质为暖色调）
9. 设置散射为RGB颜色（表现果冻的透光效果）
10. 设置置换通道的纹理为置换

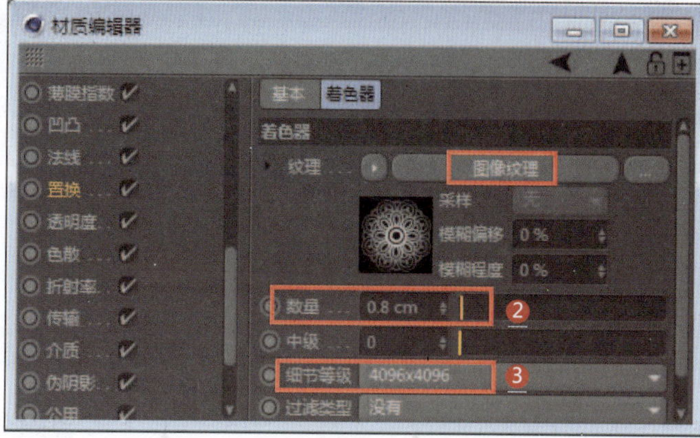

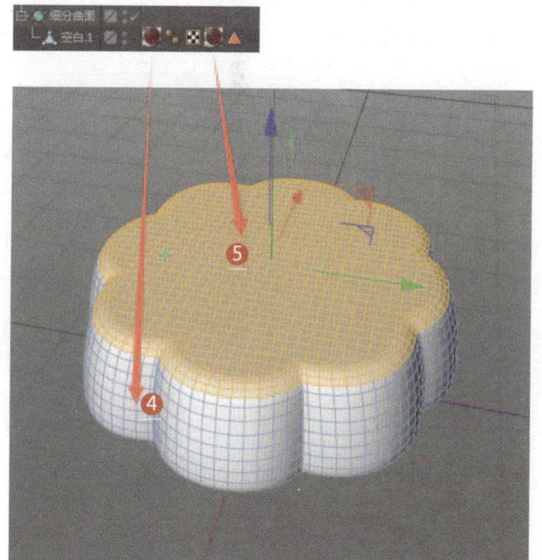

1. 设置置换贴图
2. 设置数量参数（制作果冻表面的凹凸感）
3. 设置细节等级参数
4. 复制果冻材质，关闭置换通道属性，将果冻材质应用到模型底部
5. 将果冻材质应用到模型顶部
6. 果冻渲染效果
7. 设置吸收颜色为绿色后的渲染效果

1 为模型设置不同的置换贴图
2 使用不同的置换贴图制作果冻

扩展材质\食物6

扩展材质\食物7

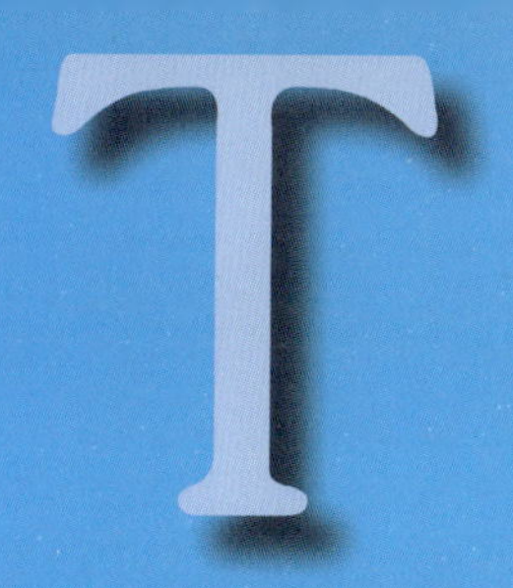

陶瓷材质——088~090

陶瓷材质作为一种不透明、高亮度反射材质，与镜面反射不同之处在于，陶瓷具有内部颜色，表面有一层半透明釉子质。本章介绍如何制作陶瓷材质。

088 陶瓷材质

应用领域：陈设品装饰

技术要点：

利用漫射通道和镜面通道设置陶瓷表面颜色；利用透明度通道设置镂空贴图。

思路分析：

设置陶瓷材质+设置镂空贴图。

难度系数：★★★☆☆

工程：材质文件\T\088

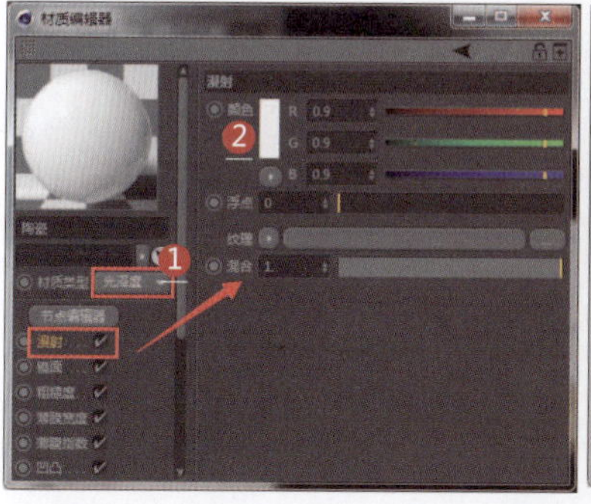

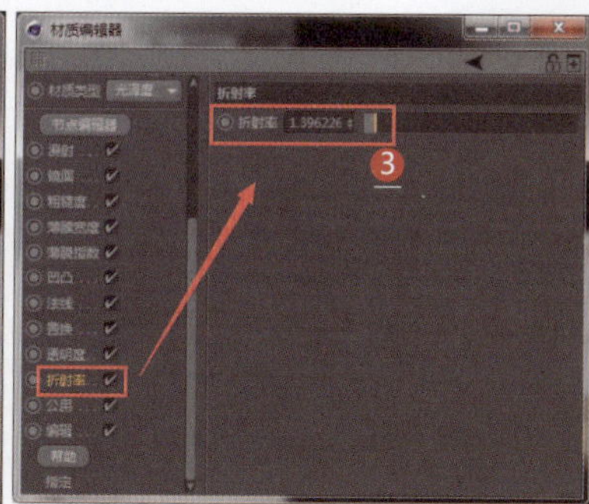

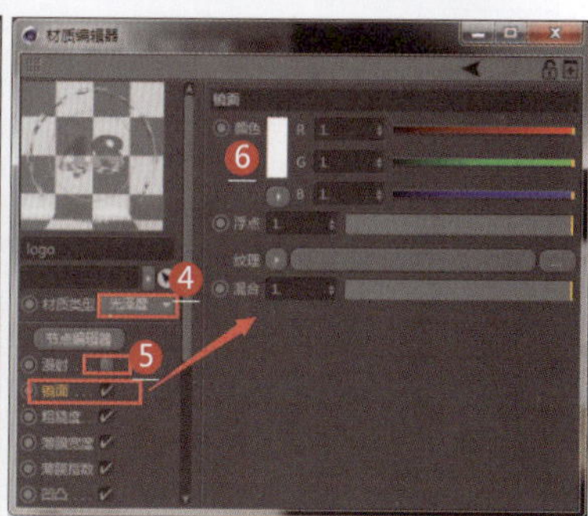

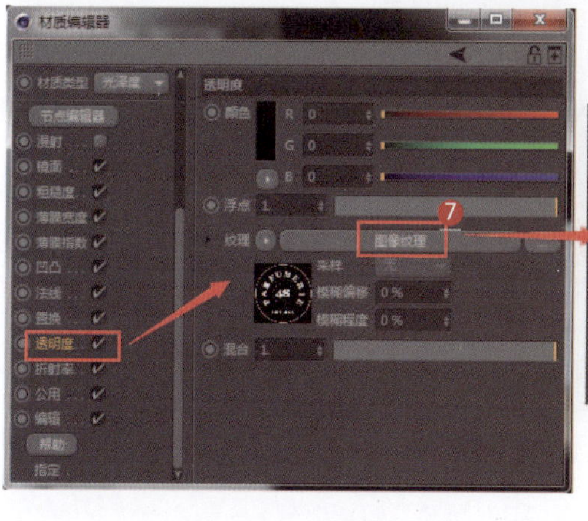

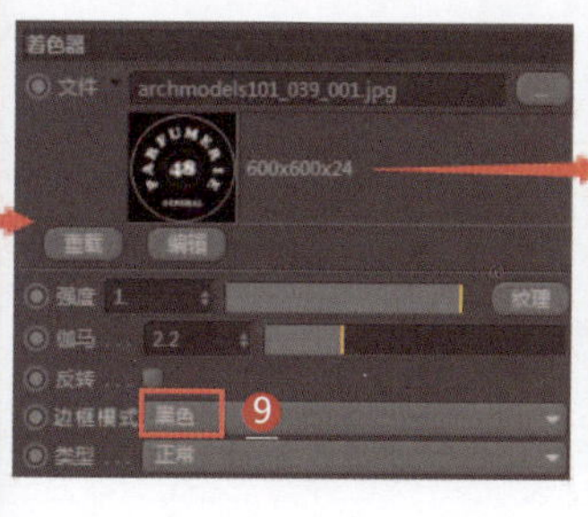

1. 设置材质类型为光泽度（陶瓷材质）
2. 设置漫射通道的颜色参数
3. 设置折射率
4. 设置材质类型为光泽度（镂空Logo材质）
5. 关闭漫射通道
6. 设置镜面通道的颜色为白色
7. 设置透明度通道的纹理为图像纹理
8. 设置镂空贴图
9. 设置边框模式为黑色（Logo不会产生连续纹样）

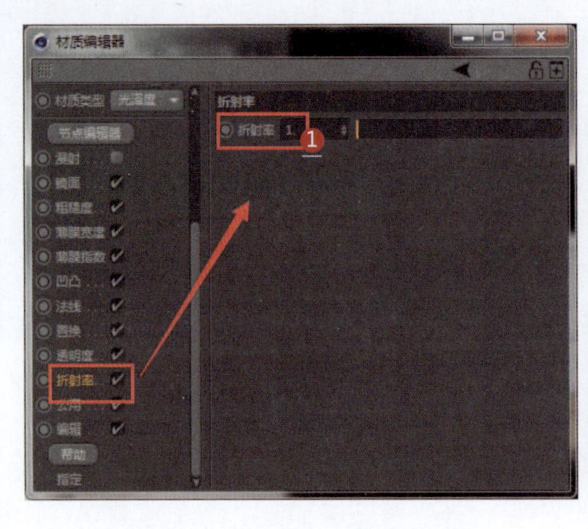

❶ 设置折射率为1（产生光滑金属质感）
❷ 将陶瓷材质应用到杯子，选择杯子要粘贴Logo的区域，将镂空贴图应用到该区域
❸ 将陶瓷材质应用到高花瓶，选择该花瓶要粘贴Logo的区域，将镂空贴图应用到该区域
❹ 将陶瓷材质应用到矮花瓶，选择该花瓶要粘贴Logo的区域，将镂空贴图应用到该区域

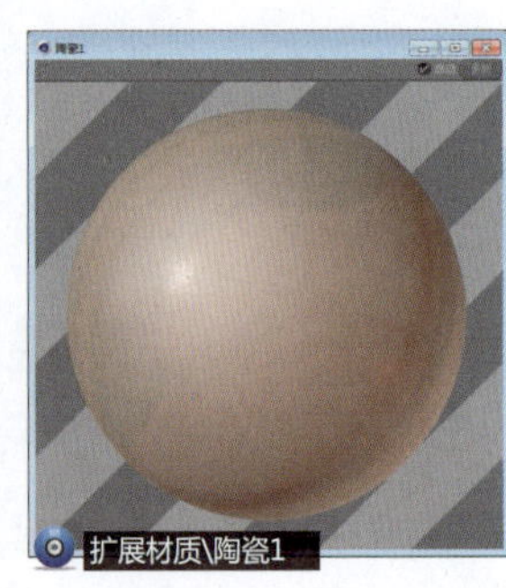

089 裂纹陶瓷材质

应用领域：陈设品装饰

技术要点：

利用环境吸收贴图制作陶瓷绿色渐变效果；利用图像纹理制作陶瓷表面的裂纹。

思路分析：

设置环境吸收贴图和菲涅耳贴图+设置裂纹贴图。

难度系数：★★★★☆

工程：材质文件\T\089

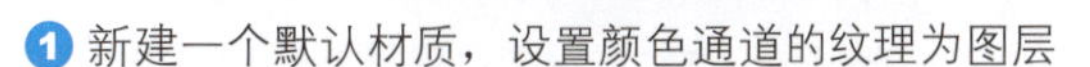

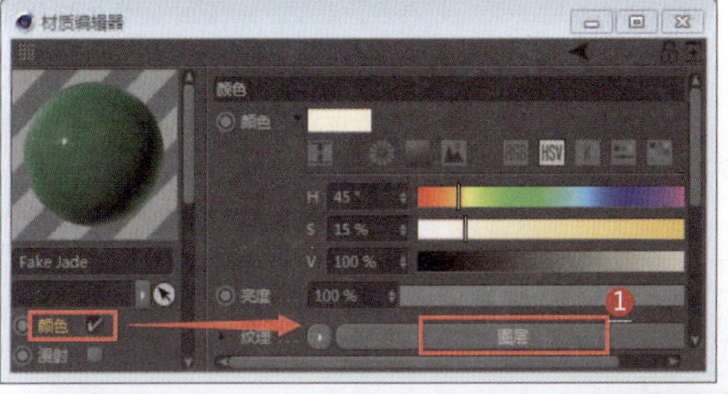

1 新建一个默认材质，设置颜色通道的纹理为图层

2 设置第一层为环境吸收贴图，设置混合模式为正常，在着色器中设置颜色为黄绿色渐变

3 设置第二层为菲涅耳（Fresnel）贴图，设置混合模式为减淡，设置渐变颜色

4 设置第三层为图像纹理，设置混合模式为正片叠底，设置裂纹贴图

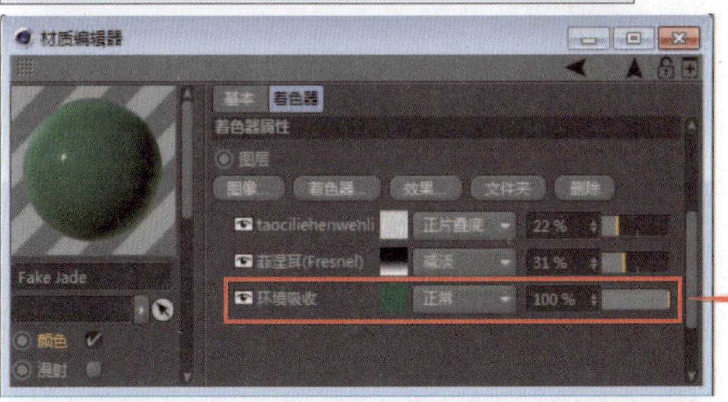

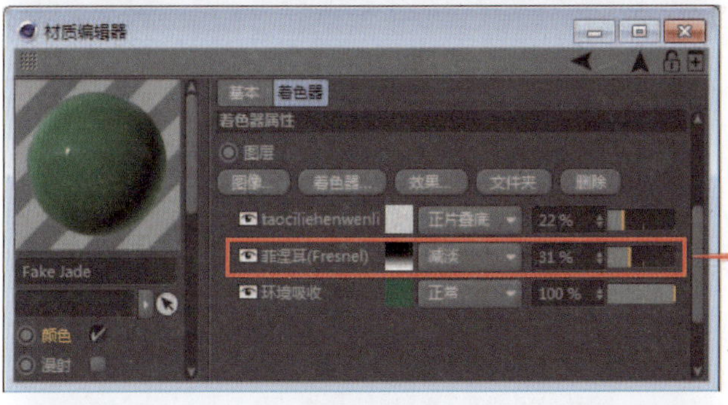

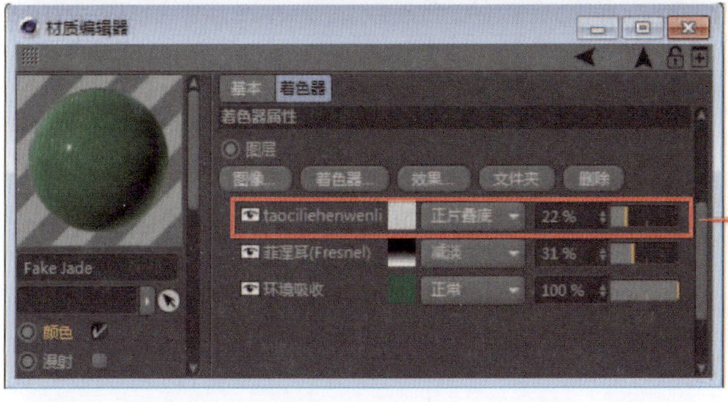

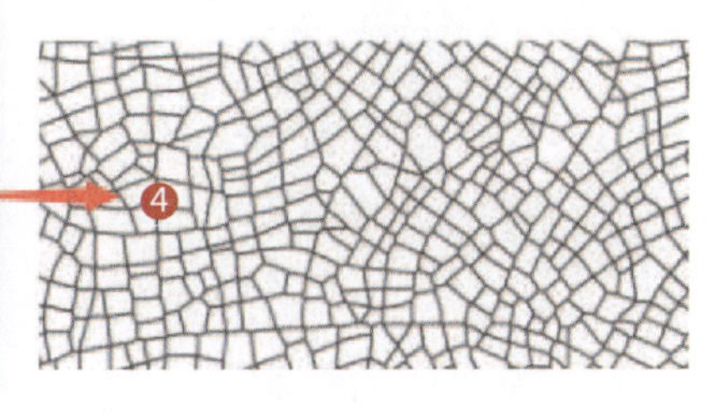

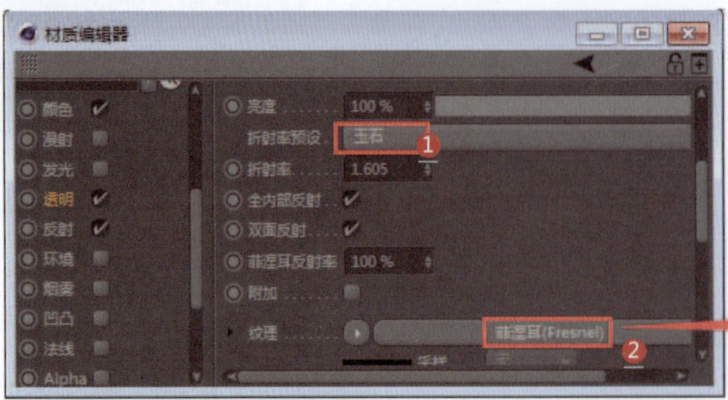

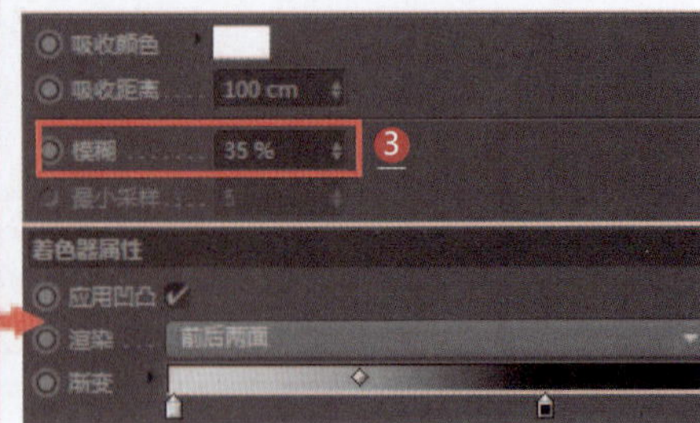

1. 设置透明通道的折射率预设为玉石
2. 设置纹理为菲涅耳（Fresnel）
3. 设置模糊参数
4. 设置类型为GGX（通用反射模式）
5. 裂纹陶瓷的局部渲染效果

090 金边陶瓷材质

应用领域：CG影视

技术要点：

利用默认材质制作陶瓷材质和污垢材质；利用层遮罩贴图制作陶瓷的金边；利用凹凸贴图和Alpha贴图制作陶瓷的污垢。

思路分析：

设置陶瓷材质+设置污垢材质+设置层遮罩贴图+设置凹凸贴图+设置Alpha贴图。

难度系数：★★★★☆

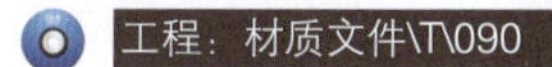

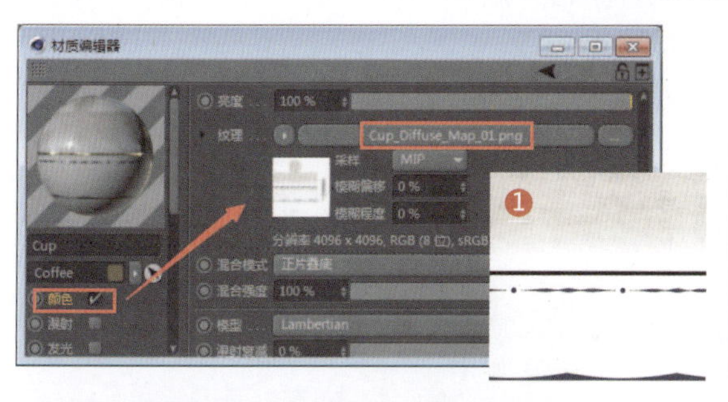

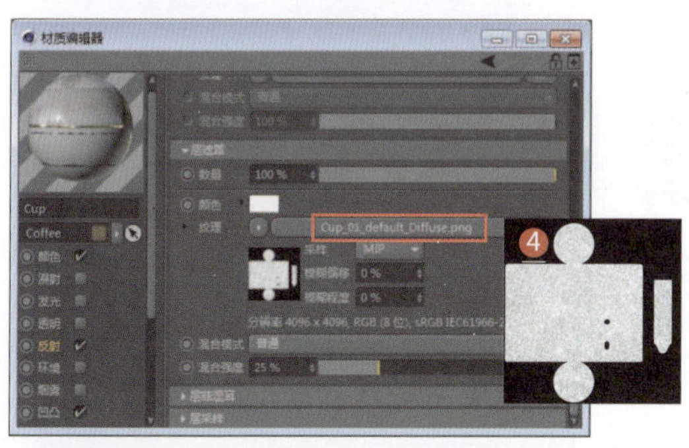

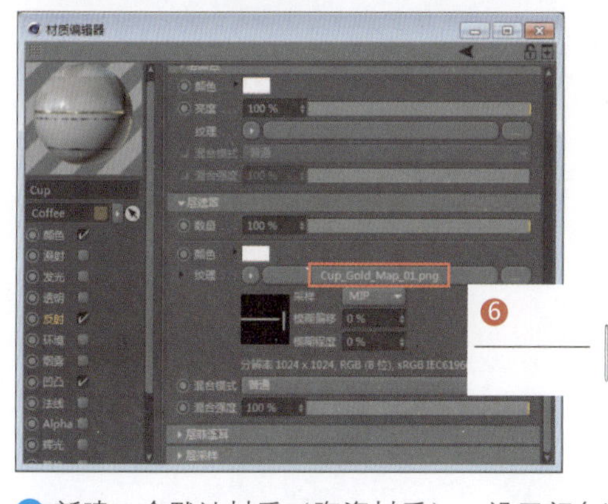

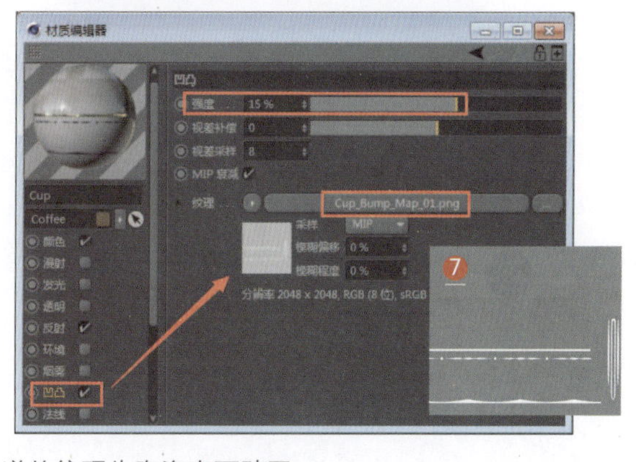

1. 新建一个默认材质（陶瓷材质），设置颜色通道的纹理为陶瓷表面贴图
2. 设置反射通道的类型为Beckmann（陶瓷反射模式）
3. 设置粗糙度参数和反射强度参数
4. 设置层遮罩的纹理贴图（陶瓷的裂纹）
5. 在反射通道中单击“添加”按钮，添加一个反射层，设置类型为GGX
6. 设置层遮罩贴图（陶瓷的金边）
7. 设置凹凸贴图

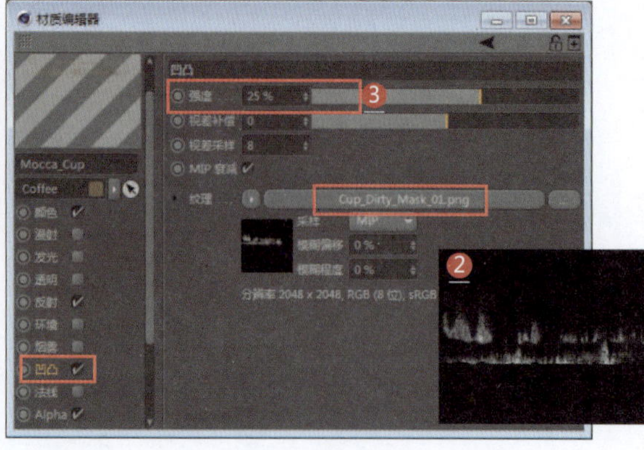

❶ 新建一个默认材质（污垢材质），设置颜色为棕色
❷ 设置凹凸贴图
❸ 设置强度参数（凹凸效果）
❹ 设置Alpha贴图
❺ 将陶瓷材质应用到模型
❻ 将污垢材质应用到模型（产生叠加效果）
❼ 陶瓷的污垢效果
❽ 陶瓷的裂纹效果

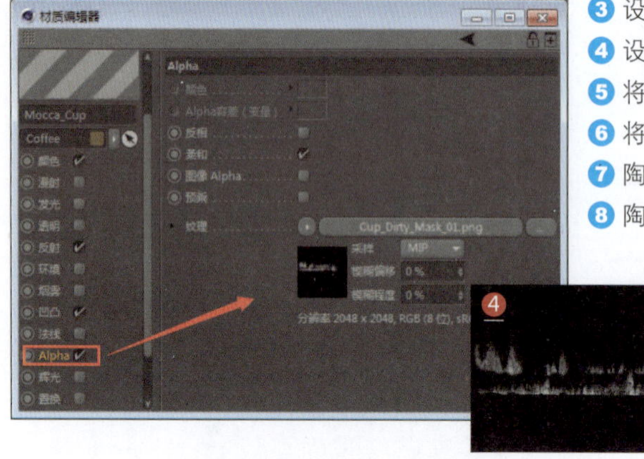

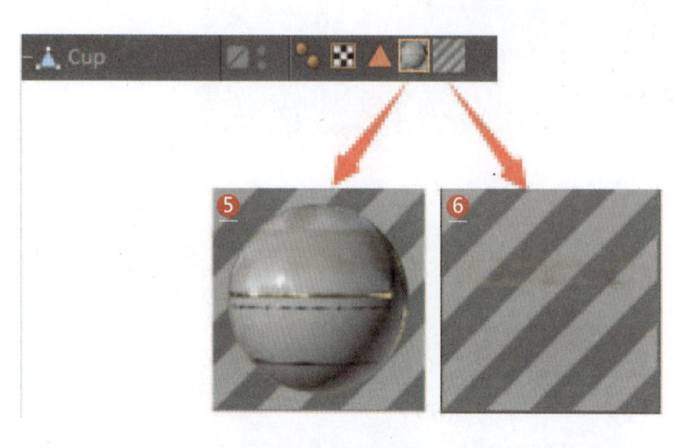

橡胶、塑料材质——091~096

橡胶和塑料是合成的高分子化合物。橡胶材质和塑料材质具有耐用、防水、质量轻等特点，它们的造型和色彩丰富多变，其外观可以呈现出完全透明或半透明效果。另外，人们通过不同的加工方法能够将橡胶材质和塑料材质制作成各种创意造型。

091 轮胎材质

应用领域：陈设品装饰

技术要点：

利用光泽度材质类型制作橡胶材质；利用镜面材质类型制作不锈钢材质。

思路分析：

设置橡胶材质+设置不锈钢材质。

难度系数：★★☆☆☆

工程：材质文件\X\091

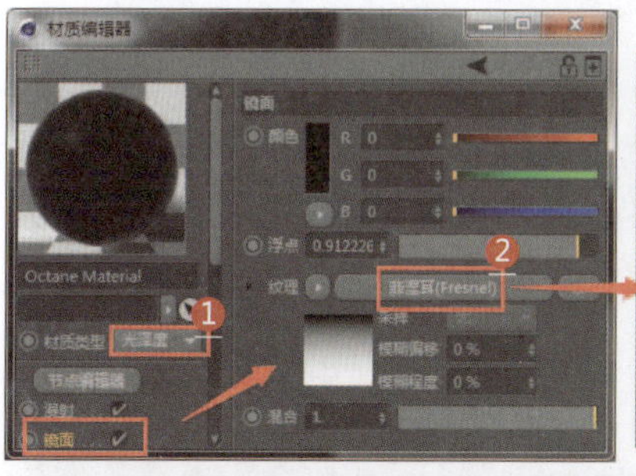

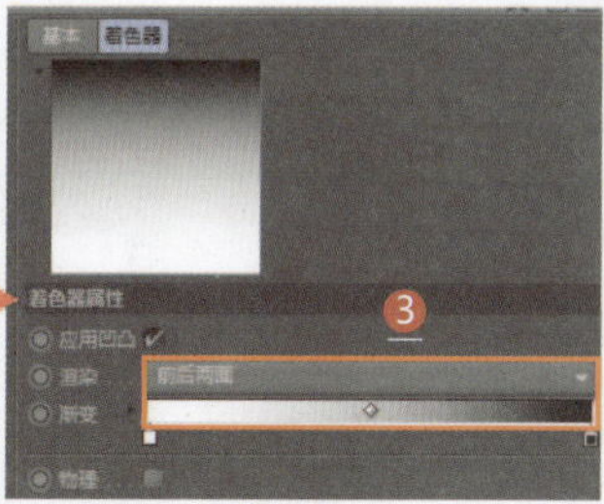

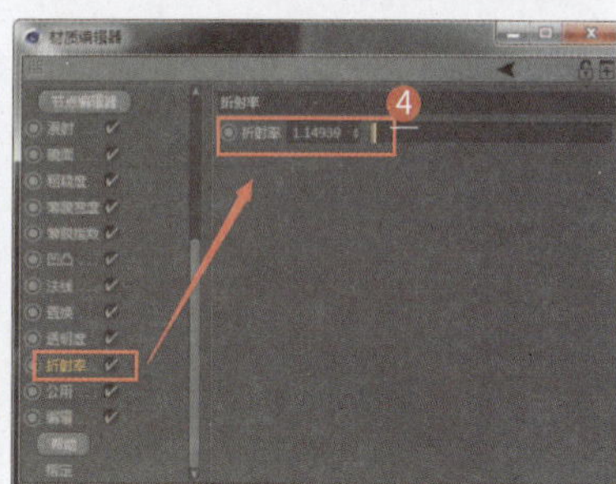

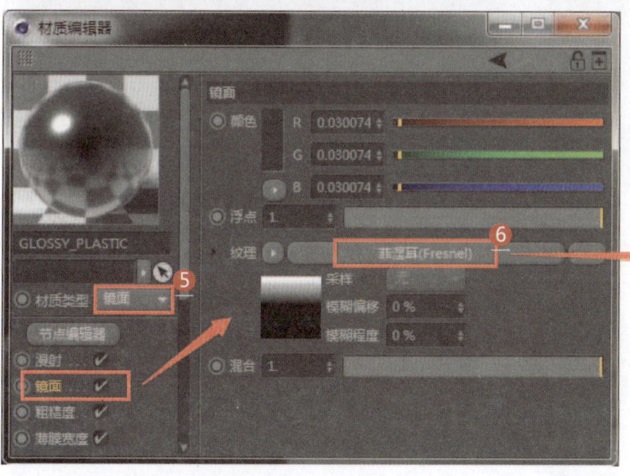

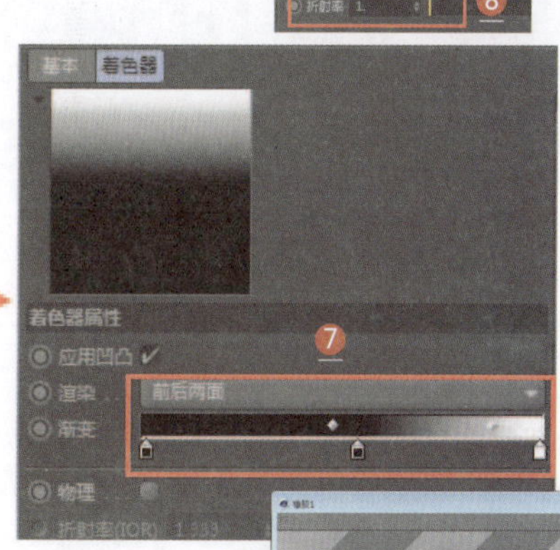

❶ 设置材质类型为光泽度（橡胶材质）

❷ 设置镜面通道的纹理为菲涅耳（Fresnel）

❸ 设置渲染选项和渐变颜色

❹ 设置橡胶的折射率

❺ 设置材质类型为镜面（不锈钢材质）

❻ 设置镜面通道的纹理为菲涅耳（Fresnel）

❼ 设置渲染选项和渐变颜色

❽ 设置金属的折射率

092 橡胶皮肤材质

应用领域：陈设品装饰

技术要点：

利用颜色通道来控制皮肤的血管颜色；利用漫射通道来控制皮肤的颜色；利用发光通道的次表面散射贴图来控制皮肤内部的透光性。

思路分析：

设置皮肤的血管颜色+设置皮肤的颜色+设置皮肤内部的透光性。

难度系数：★★★☆☆　　工程：材质文件\X\092

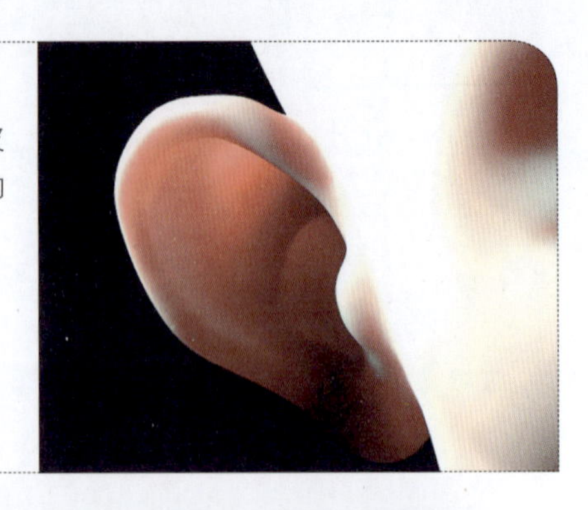

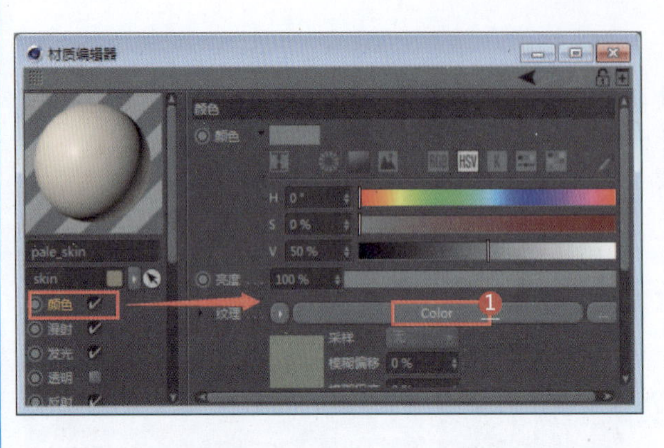

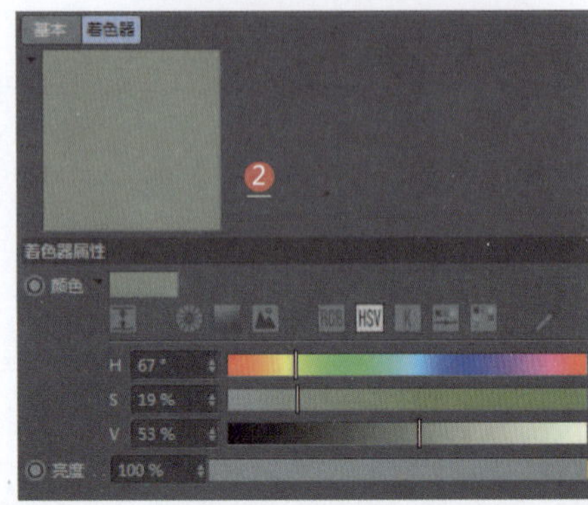

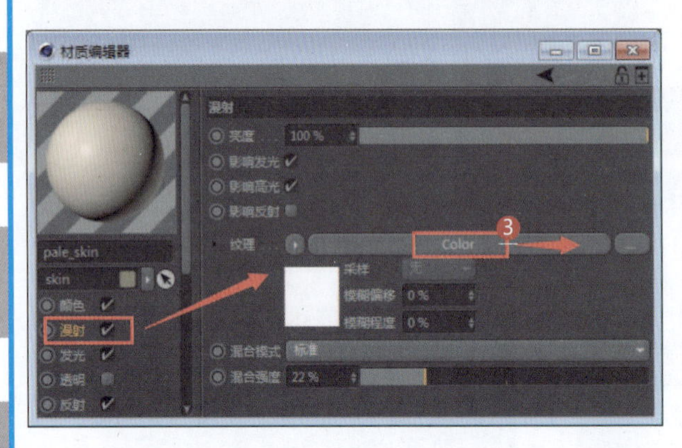

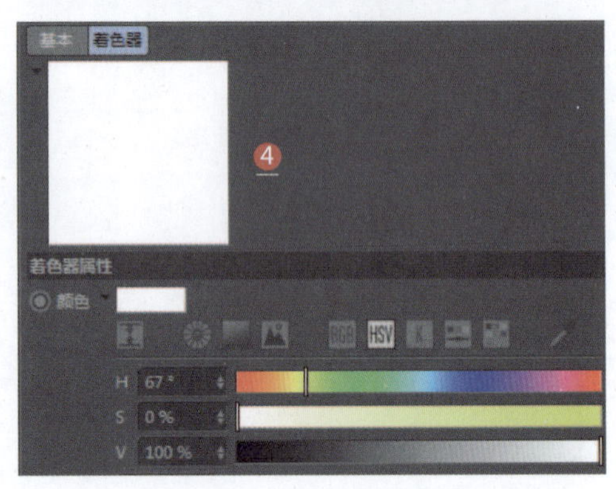

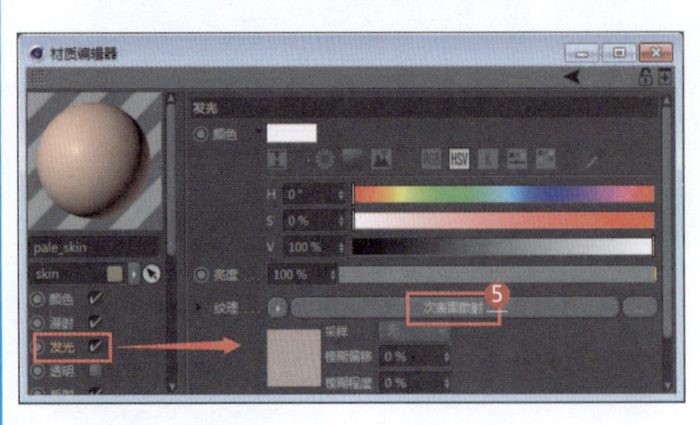

1. 新建一个默认材质，设置颜色通道的纹理为Color（颜色）
2. 设置颜色为淡绿色（皮肤的血管颜色）
3. 设置漫射通道的纹理为Color（颜色）
4. 设置颜色为乳白色（皮肤的颜色）
5. 设置发光通道的纹理为次表面散射（皮肤内部的透光性）

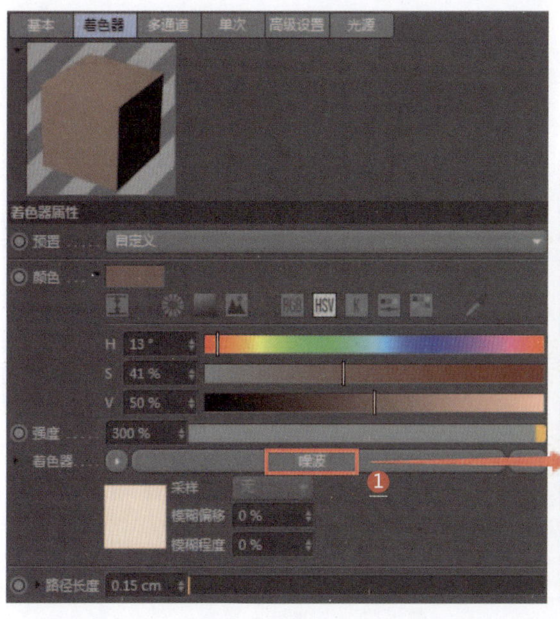

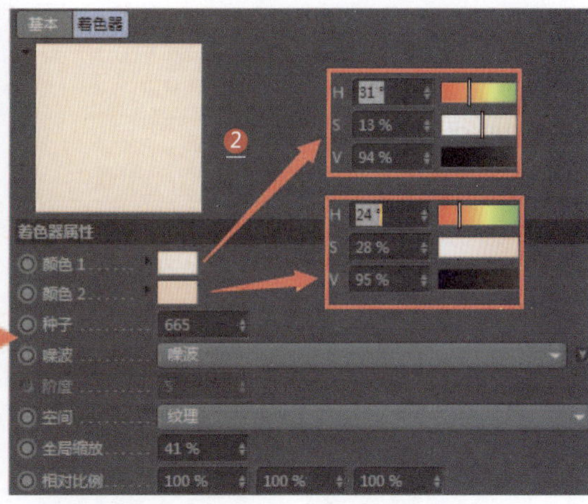

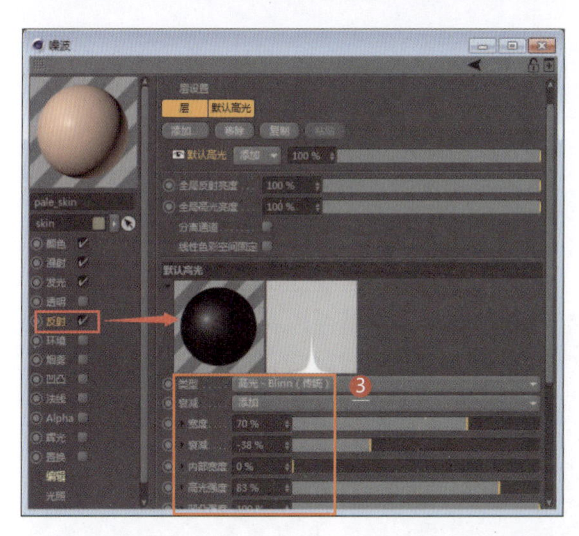

❶ 设置着色器为噪波
❷ 设置噪波贴图的颜色
❸ 设置反射通道中默认高光的参数
❹ 设置凹凸通道的纹理为噪波
❺ 设置噪波纹理（全局缩放的值越小，越能够凸显出皮肤表面的凹凸感）

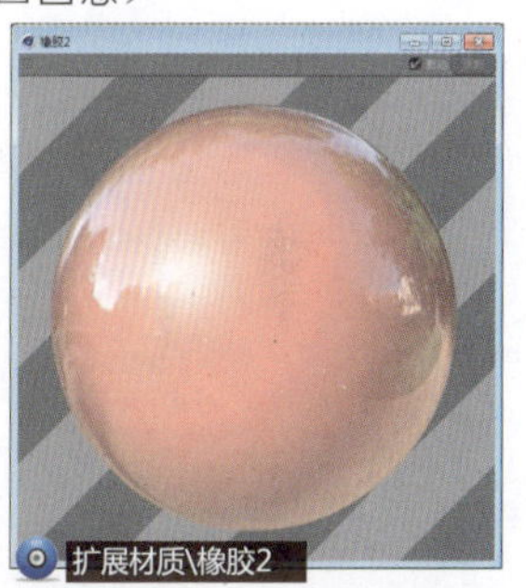

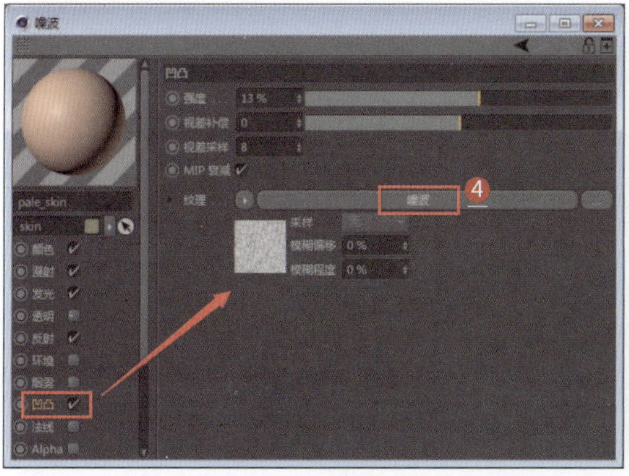

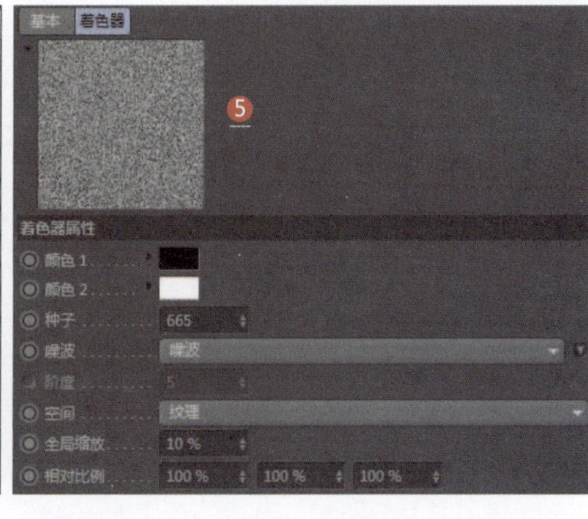

093 塑料材质

应用领域：陈设品装饰

技术要点：

利用置换贴图制作塑料凹凸效果；利用镂空贴图制作Logo。

思路分析：

设置塑料材质+设置镂空材质。

难度系数：★★★☆☆

工程：材质文件\X\093

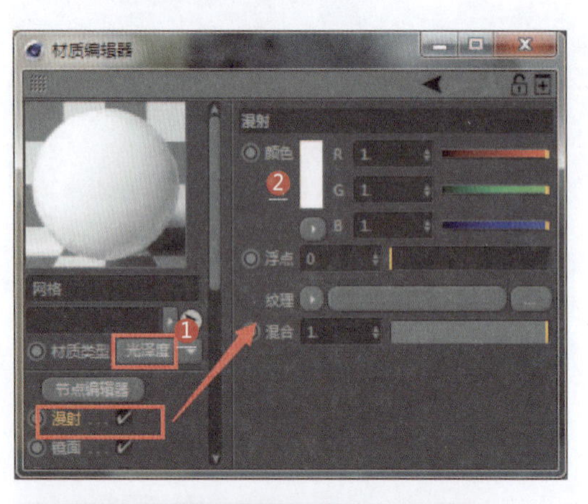

1. 设置材质类型为光泽度（塑料材质）
2. 设置漫射通道的颜色参数
3. 设置置换通道的纹理为置换
4. 设置置换贴图
5. 设置数量参数（凹凸的强度）
6. 渲染效果

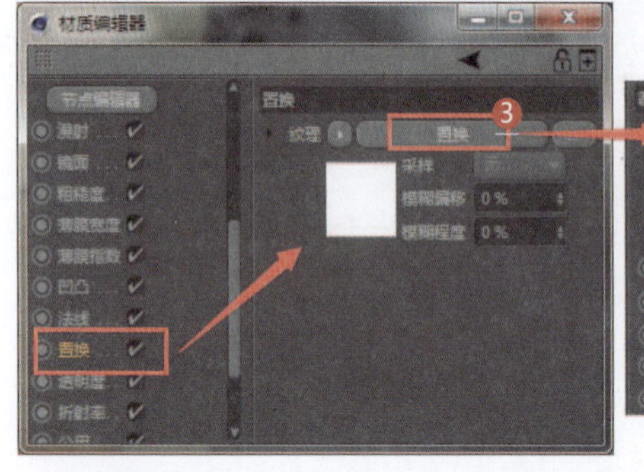

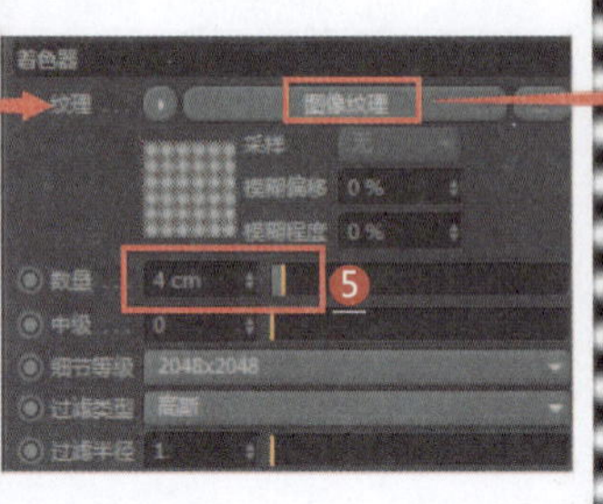

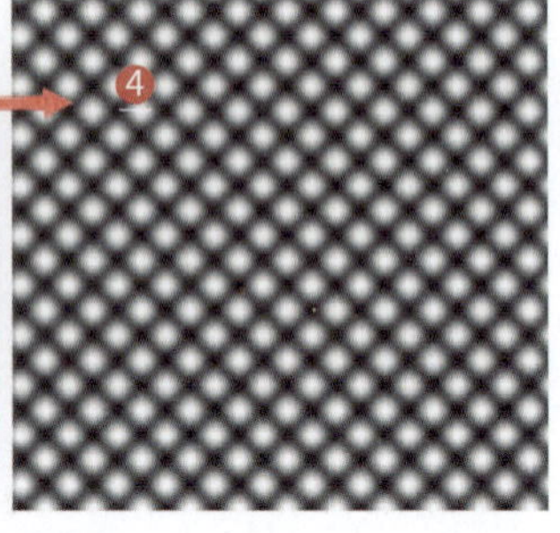

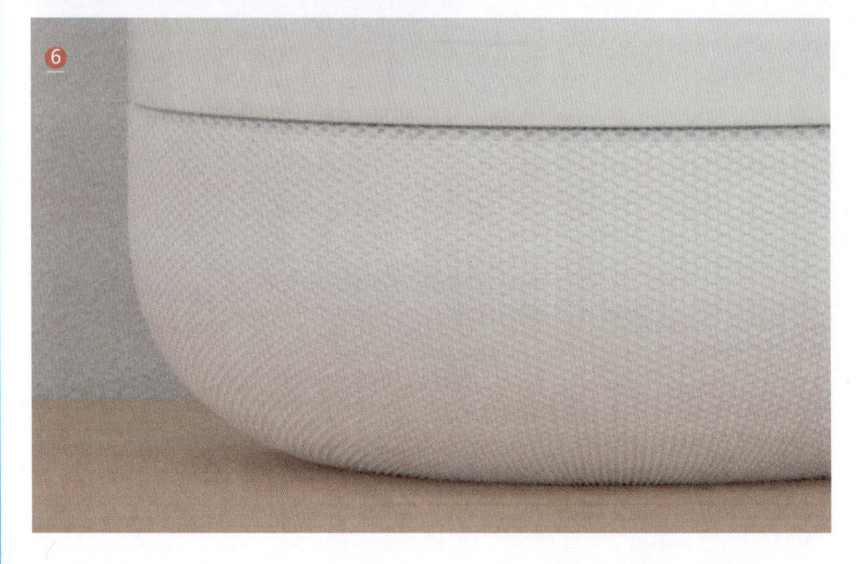

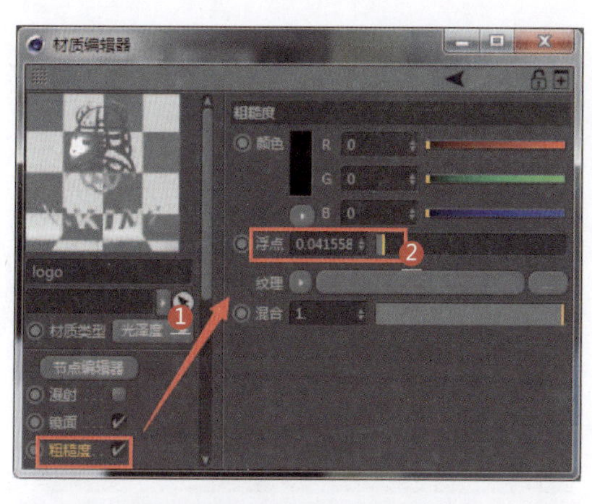
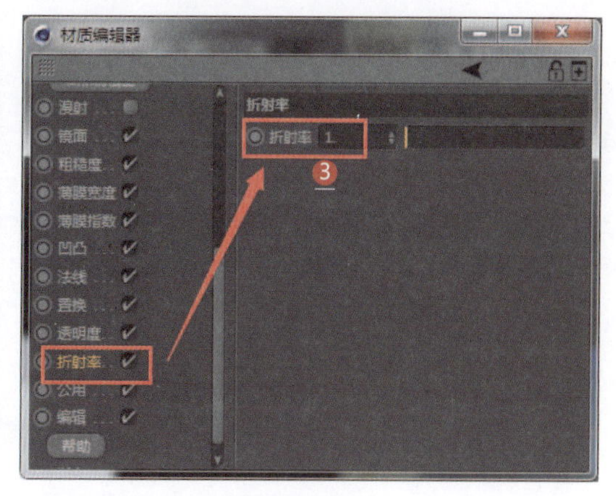
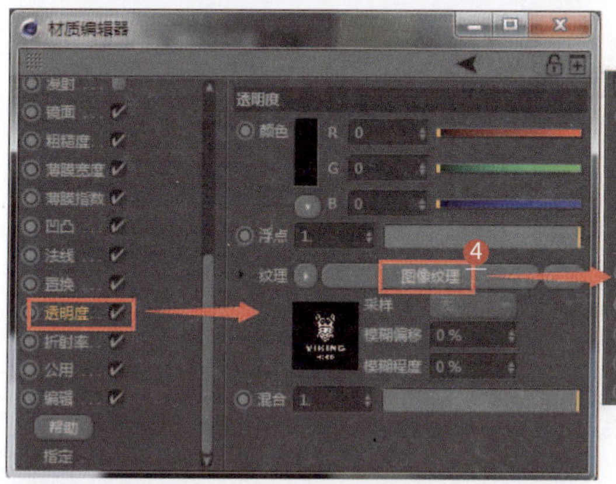
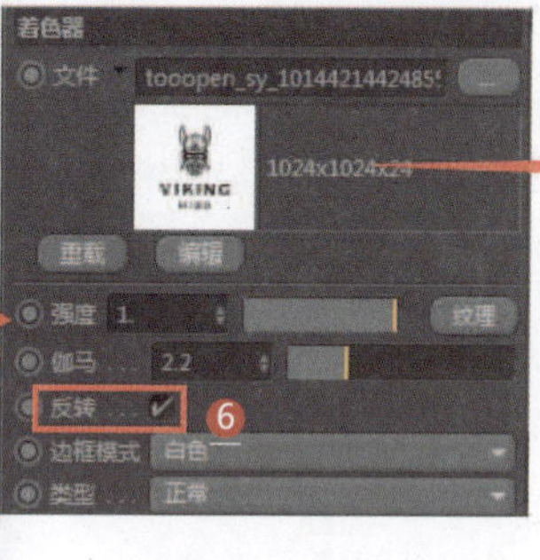
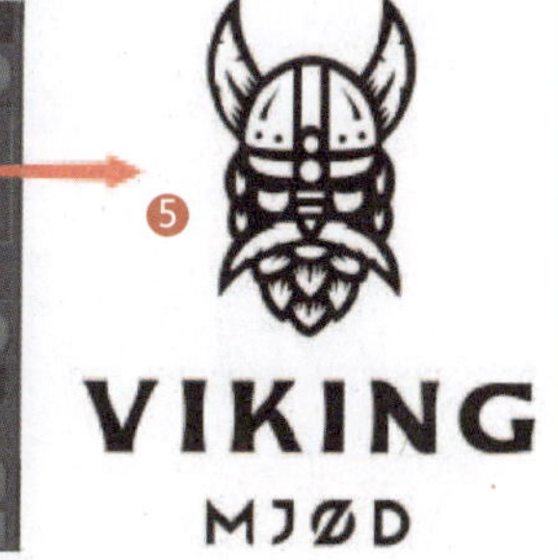

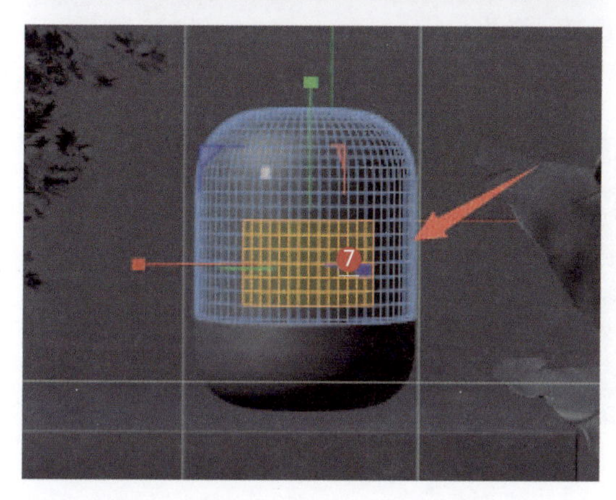

1. 设置材质类型为光泽度（镂空材质）
2. 设置粗糙度参数
3. 设置折射率（1表示产生光滑金属效果）
4. 设置透明度通道的纹理为图像纹理
5. 设置镂空贴图
6. 勾选“反转”复选框可以设置贴图反转（控制Logo的位置）
7. 选择模型要粘贴Logo的区域，将镂空贴图应用到该区域
8. 渲染效果

094 耳机外壳材质

应用领域：电商材质

技术要点：

利用置换贴图使耳机材质产生皱褶效果；利用光泽度材质类型和漫射通道的颜色制作不同颜色的塑料材质；利用混合材质制作Logo贴图效果。

思路分析：

设置耳机材质+设置不同颜色的塑料材质+混合材质。

难度系数：★★★☆☆ 工程：材质文件\X\094

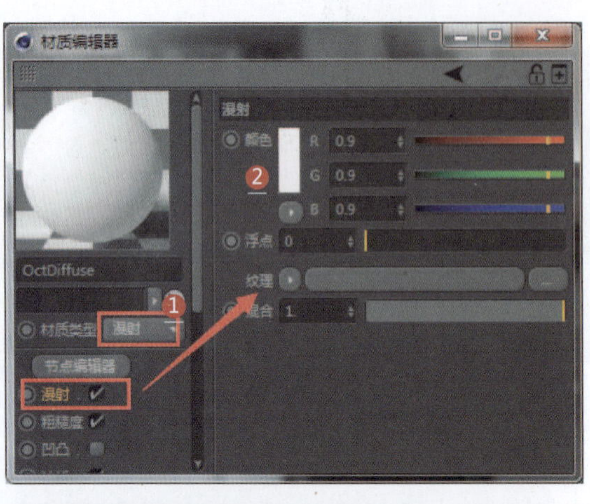

1. 设置材质类型为漫射（耳机材质）
2. 设置漫射通道的颜色参数
3. 设置置换通道的纹理为置换
4. 设置置换贴图
5. 设置数量参数（凹凸的强度）
6. 设置细节等级参数（细节等级参数越高，渲染效果越细腻）
7. 渲染效果

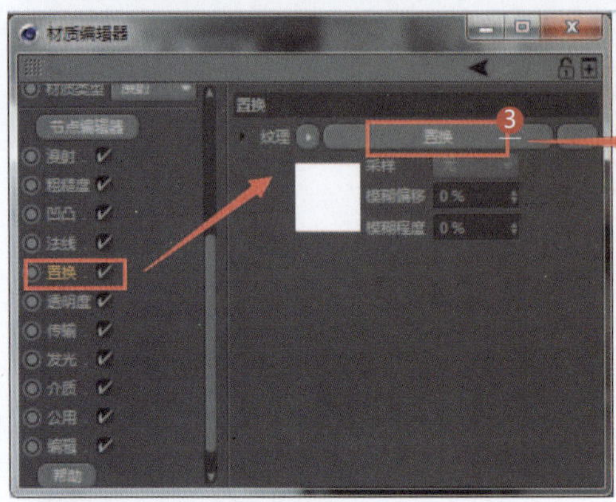

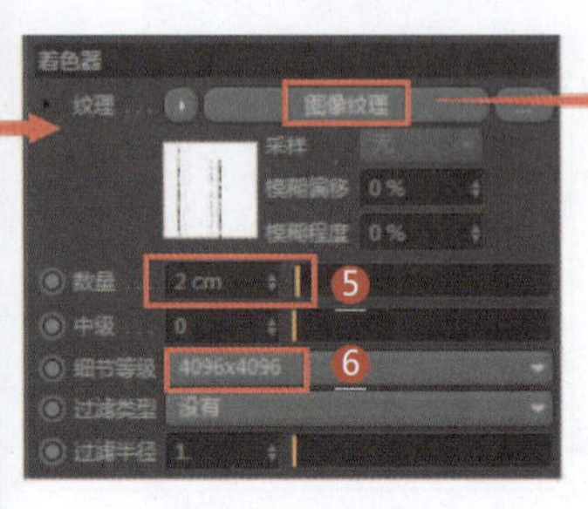

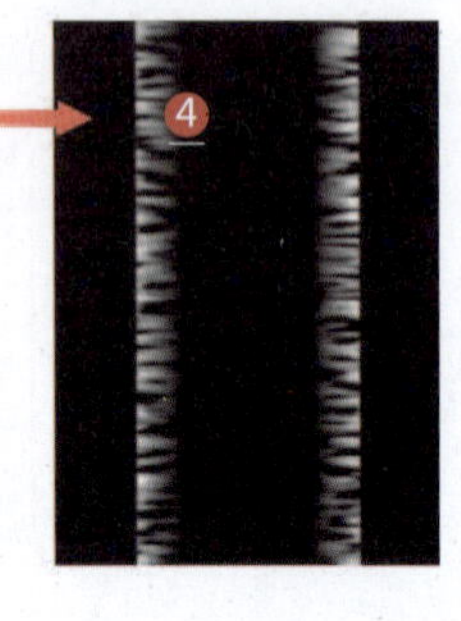

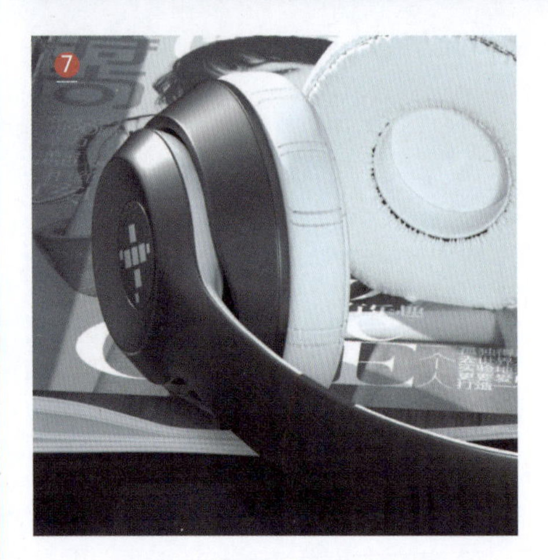

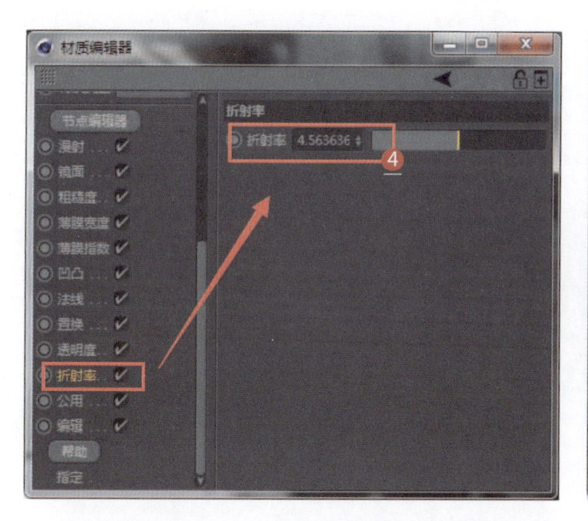

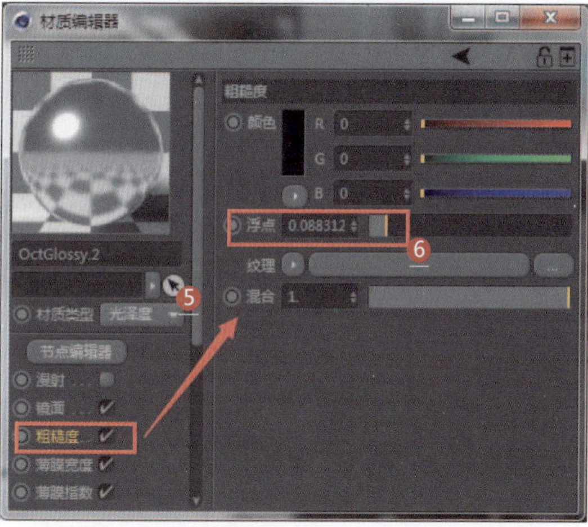

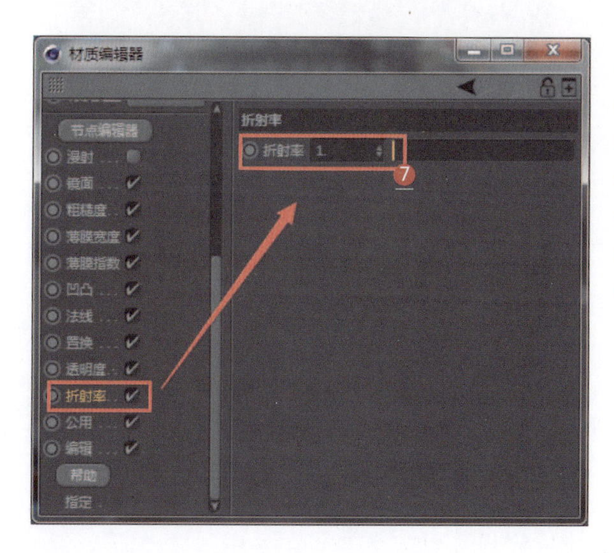

1. 设置材质类型为光泽度（黑色塑料材质）
2. 设置漫射通道的颜色参数
3. 设置粗糙度参数
4. 设置折射率（较高的折射率）
5. 设置材质类型为光泽度（金属材质）
6. 设置粗糙度参数
7. 设置折射率（1表示产生光滑金属效果）

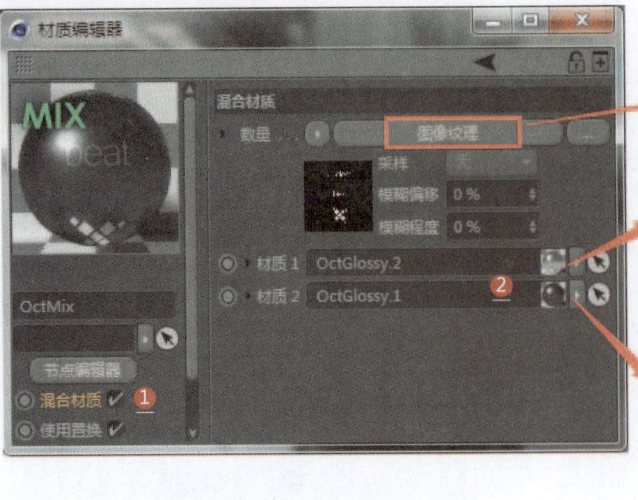

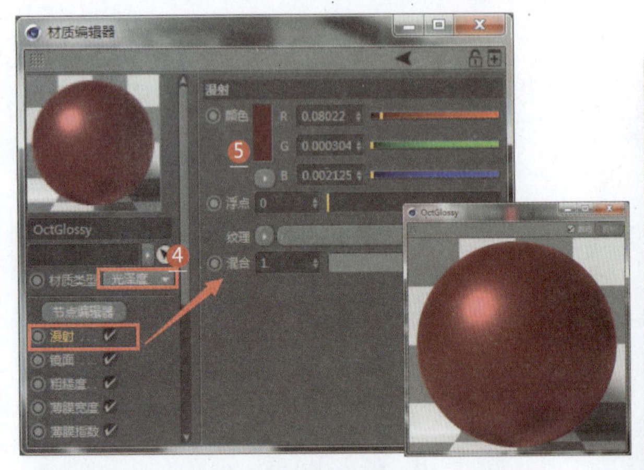

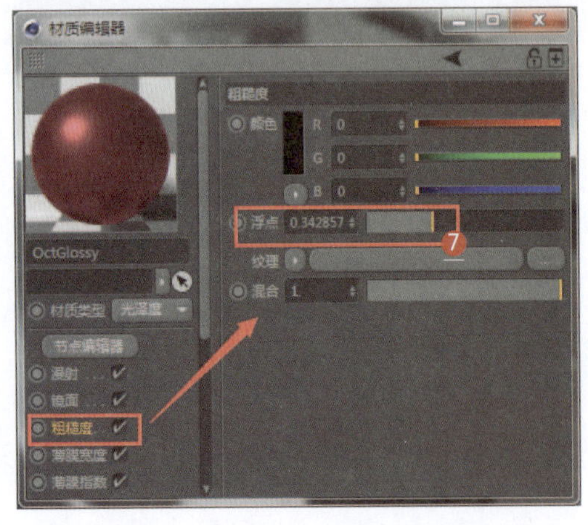

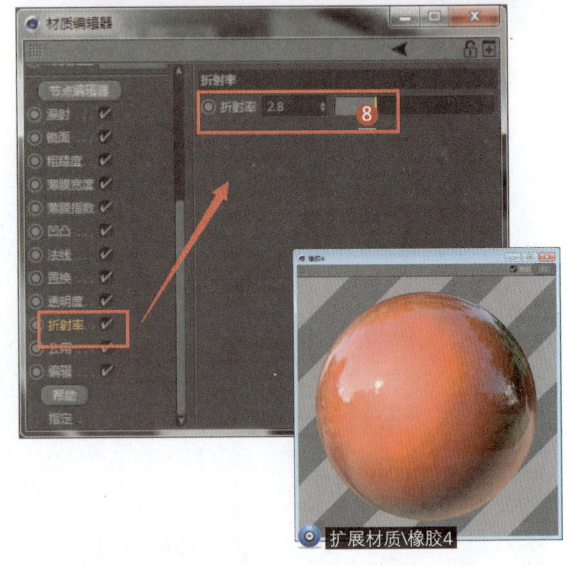

❶ 新建一个混合材质（用于混合Logo材质）

❷ 将金属材质和黑色塑料材质放置在材质1和材质2通道中

❸ 设置混合贴图

❹ 设置材质类型为光泽度（红色塑料材质）

❺ 设置漫射通道的颜色参数

❻ 设置镜面通道的颜色参数（产生金属光泽）

❼ 设置粗糙度参数

❽ 设置折射率

095 苹果手表塑料材质

应用领域：电商材质

技术要点：

利用传输通道的颜色控制苹果手表塑料的颜色；利用散射介质属性模拟半透明苹果手表塑料效果。

思路分析：

设置传输通道的颜色+设置散射介质。

难度系数：★★☆☆☆

工程：材质文件\X\095

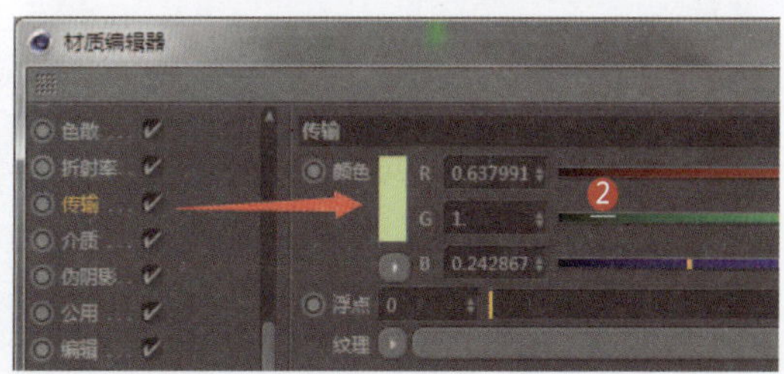

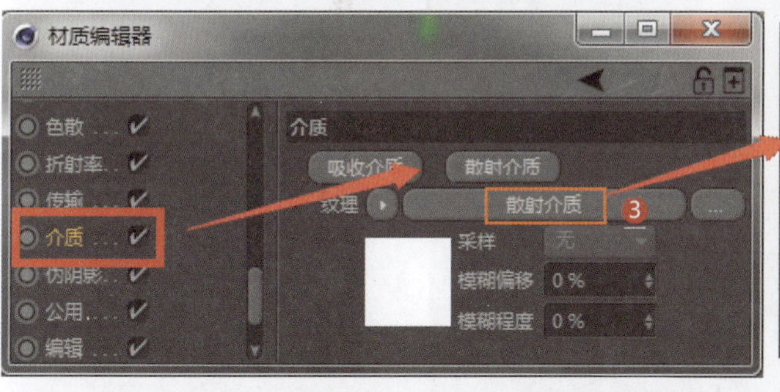

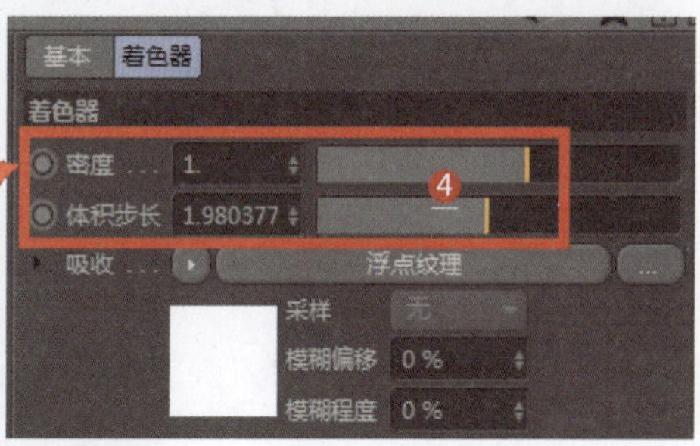

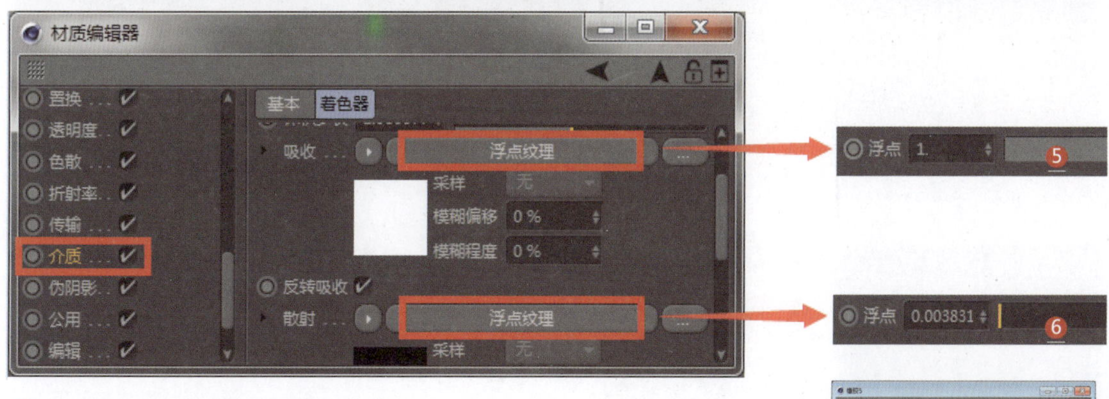

❶ 设置材质类型为镜面，设置折射率

❷ 设置传输通道的颜色为绿色

❸ 设置介质通道的纹理为散射介质（产生半透明效果）

❹ 设置密度和体积步长参数（塑料的密度）

❺ 设置吸收的浮点纹理值（透出色泽）

❻ 设置散射的浮点纹理值（透出光线）

扩展材质\橡胶5

096 手机外壳材质

应用领域：电商材质

技术要点：

利用粗糙度来控制手机背面的反射；利用不用的折射率来控制手机背面的光滑程度。

思路分析：

设置手机侧面材质+设置手机背面材质。

难度系数： ★★☆☆☆

工程：材质文件\X\096

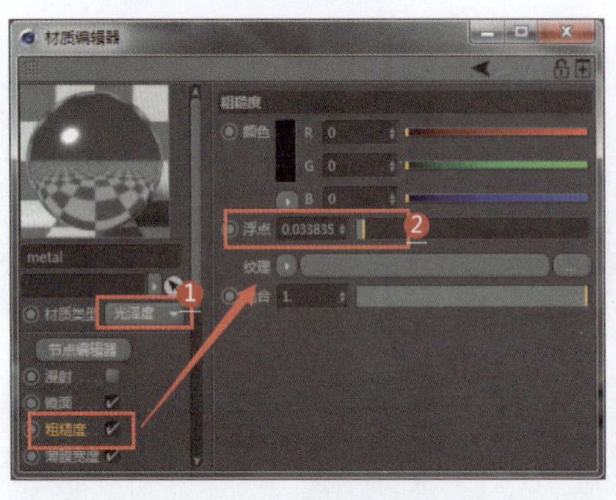

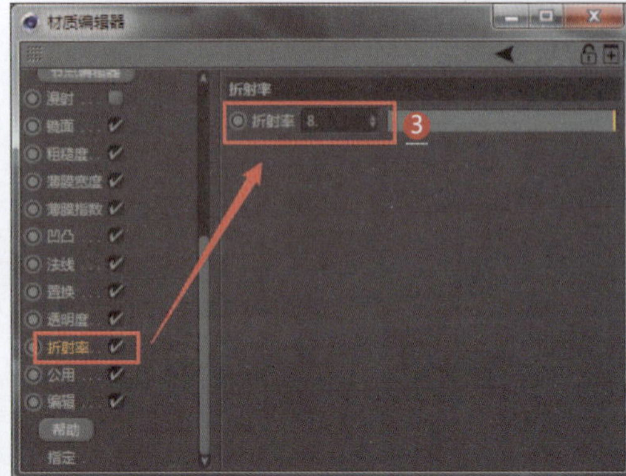

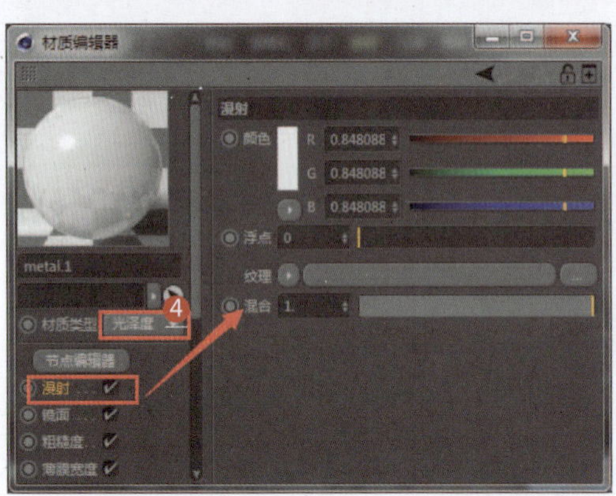

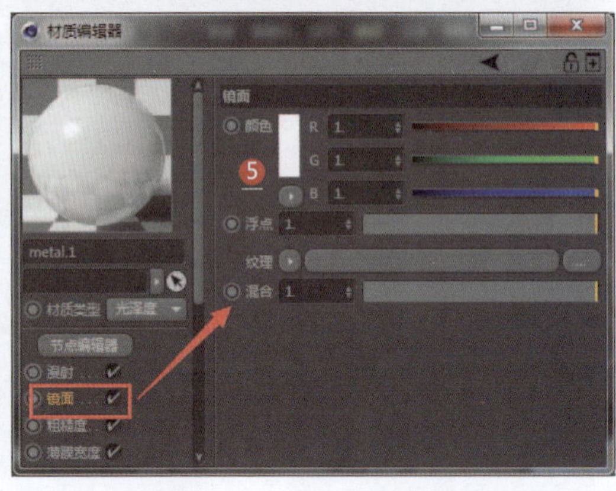

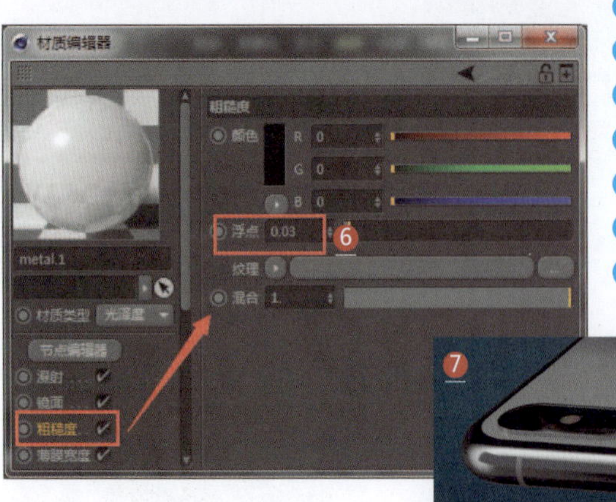

1. 设置材质类型为光泽度（手机侧面材质）
2. 设置粗糙度参数
3. 设置折射率
4. 设置材质类型为光泽度（手机背面材质）
5. 设置镜面通道的颜色为白色
6. 设置粗糙度参数
7. 手机面板的渲染效果

液体材质——097~104

液体材质种类繁多，很难将它归类为一个独立的材质属性。使用Cinema 4D制作液体材质的方法基本相同，本章主要介绍如何使用Cinema 4D制作不同的液体材质。

097 海水材质

应用领域：CG影视

技术要点：

利用透明通道制作海水；利用凹凸通道和法线通道的纹理模拟海水的起伏效果。

思路分析：

设置透明通道属性和反射通道属性+设置噪波贴图和海水贴图。

难度系数：★★★★☆

工程：材质文件\Y\097

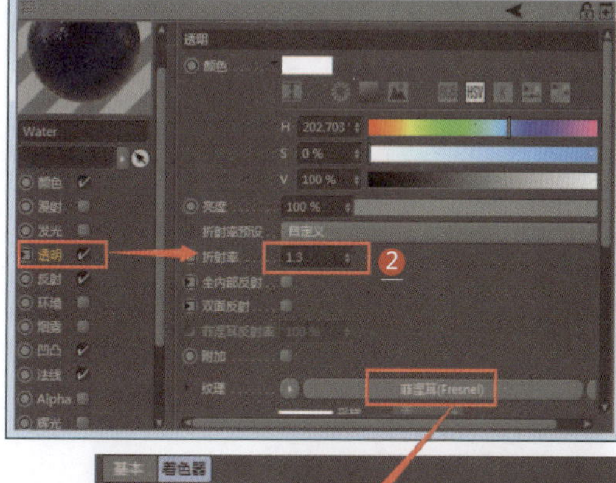

1. 新建一个默认材质，在颜色通道设置颜色为深蓝色（海水颜色）
2. 设置透明通道的折射率为1.3（海水的折射率）
3. 设置透明通道的纹理为菲涅耳（Fresnel）（使海水产生真实透明效果）
4. 设置吸收颜色为淡蓝色（海水半透明色调），设置吸收距离和模糊参数

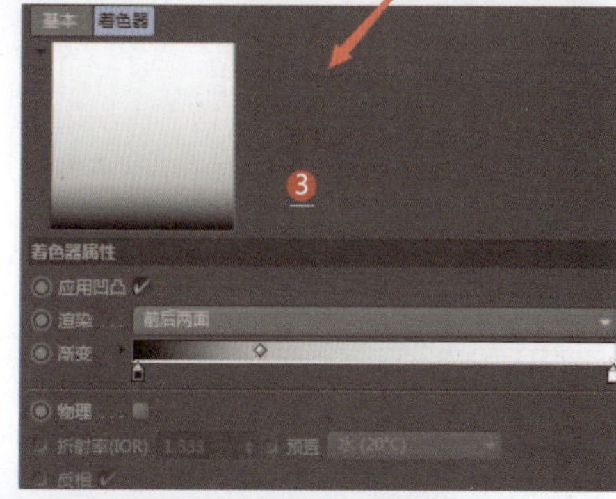

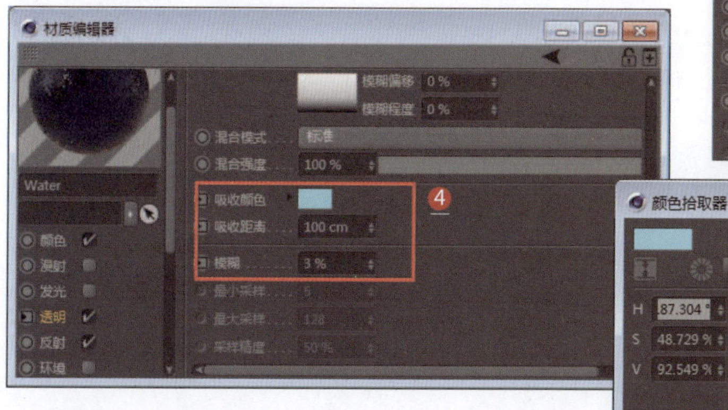

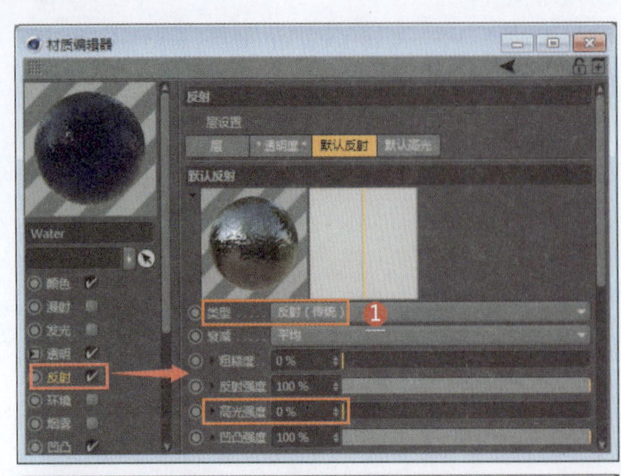

1. 设置反射通道的类型和高光强度参数
2. 设置层颜色为菲涅耳（Fresnel）贴图（使海水产生真实反射效果）
3. 设置凹凸通道的纹理为噪波贴图
4. 设置强度参数
5. 设置法线通道的纹理为海水贴图（产生凹凸质感）

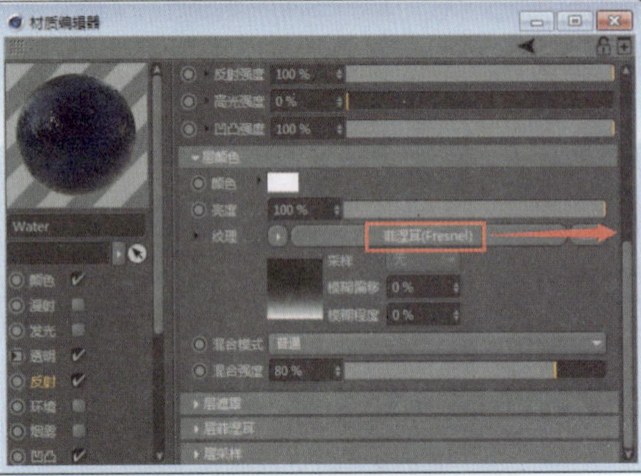

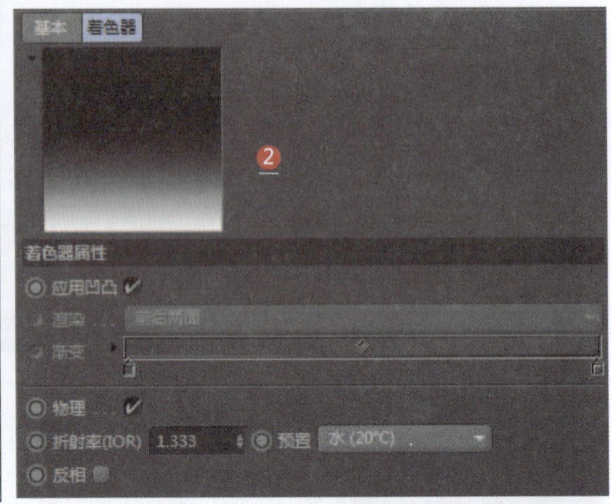

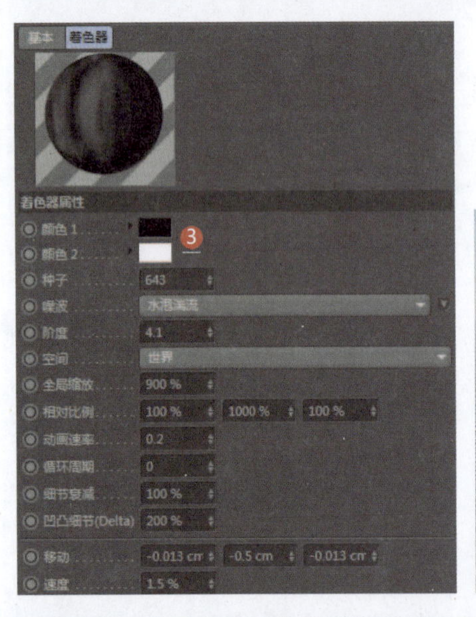

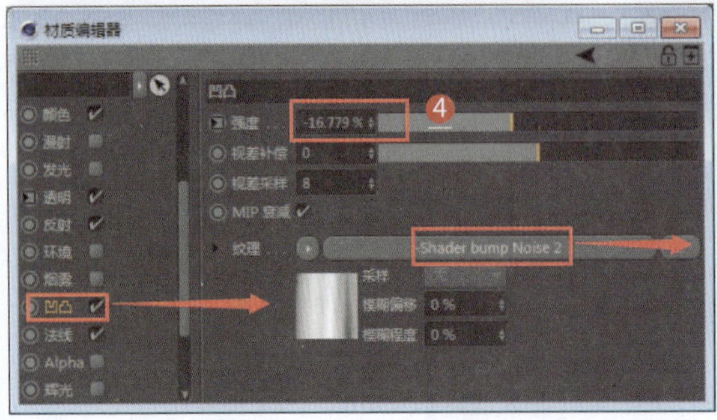

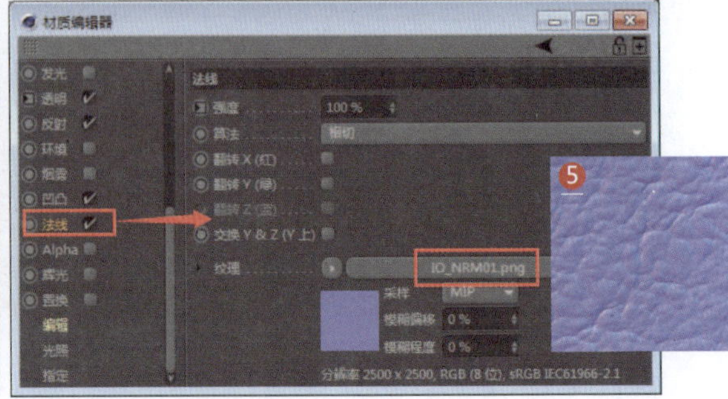

098 带涟漪的水面材质

应用领域：CG影视

技术要点：

利用透明通道和凹凸通道制作水面；利用凹凸贴图单独生成涟漪波纹；将水材质和涟漪材质进行叠加。

思路分析：

设置水材质+设置涟漪材质。

难度系数：★★★★☆

工程：材质文件\Y\098

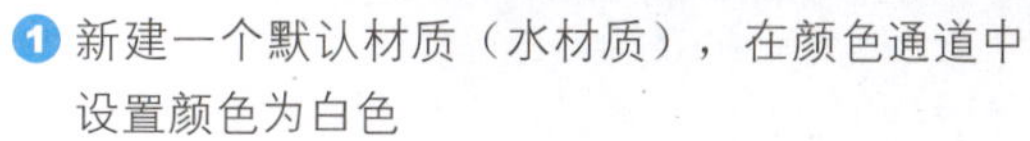

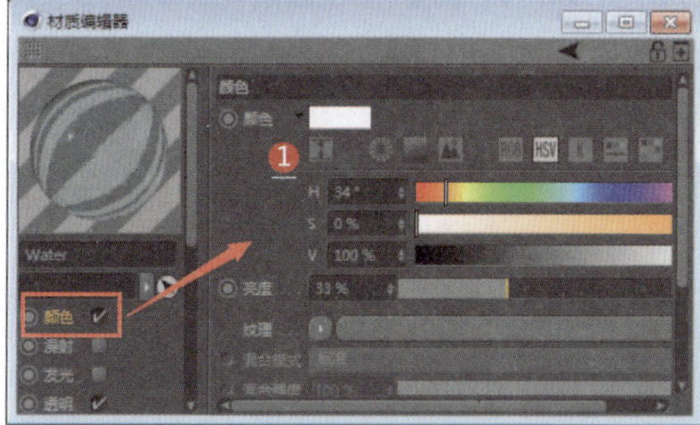

1. 新建一个默认材质（水材质），在颜色通道中设置颜色为白色
2. 设置透明通道的折射率预设为水
3. 设置透明通道的纹理为菲涅耳（Fresnel）贴图
4. 设置凹凸通道的纹理为图层
5. 设置第一层为噪波贴图（大波纹）
6. 设置第二层为噪波贴图（碎波纹），设置混合模式为正片叠底

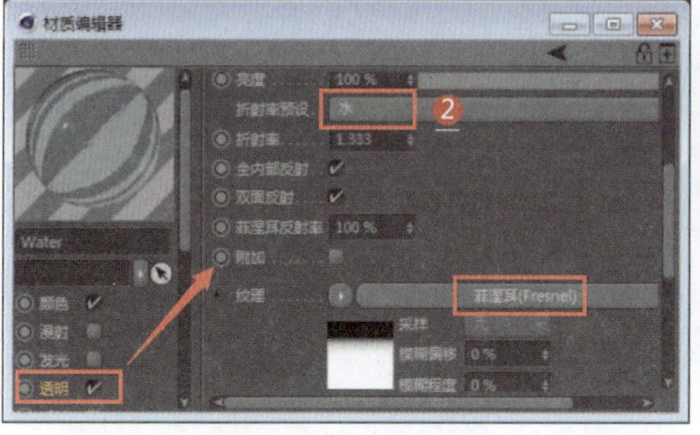

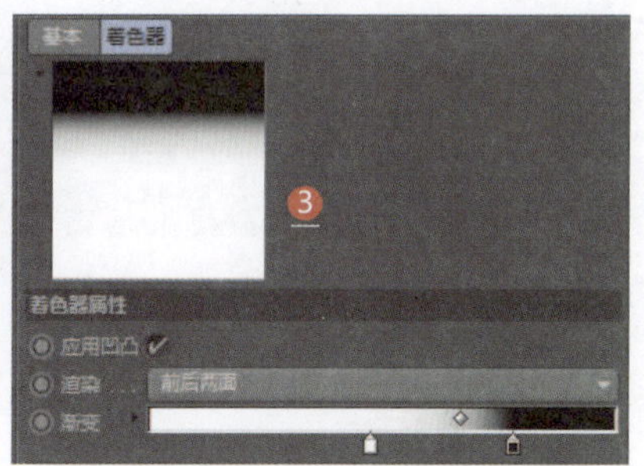

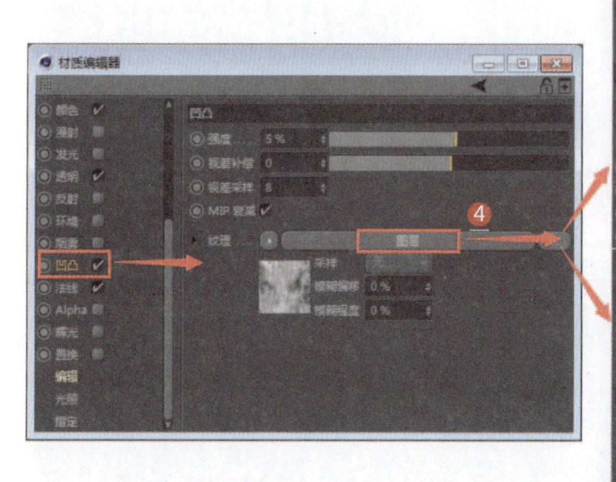

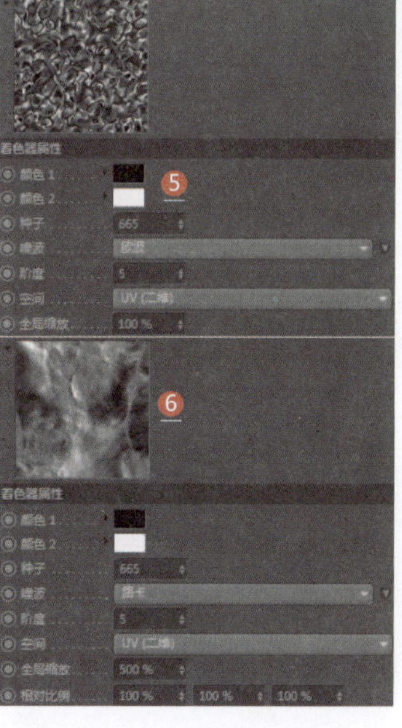

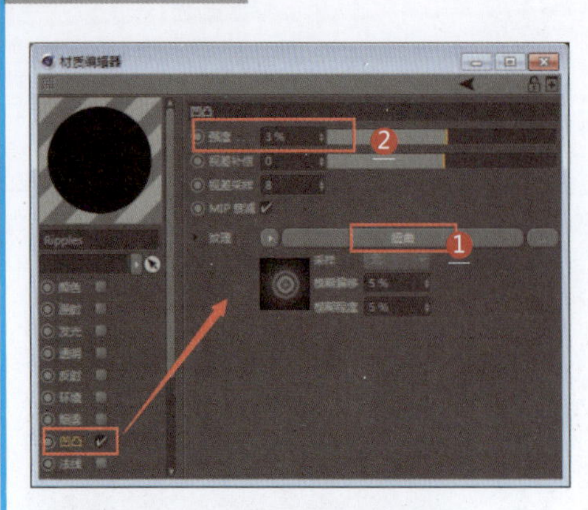

1. 新建一个默认材质（涟漪材质），设置凹凸通道的纹理为扭曲
2. 设置强度为3%
3. 在扭曲贴图页面中，设置纹理为图层
4. 设置第一层为平铺贴图（产生圆形涟漪）
5. 设置第二层为渐变贴图（设置混合模式为正片叠底）
6. 设置扭曲为噪波（产生随机性涟漪）
7. 将水材质应用到模型
8. 将涟漪材质应用到模型（多次应用到模型，并设置不同的位置，会产生多个涟漪波纹）

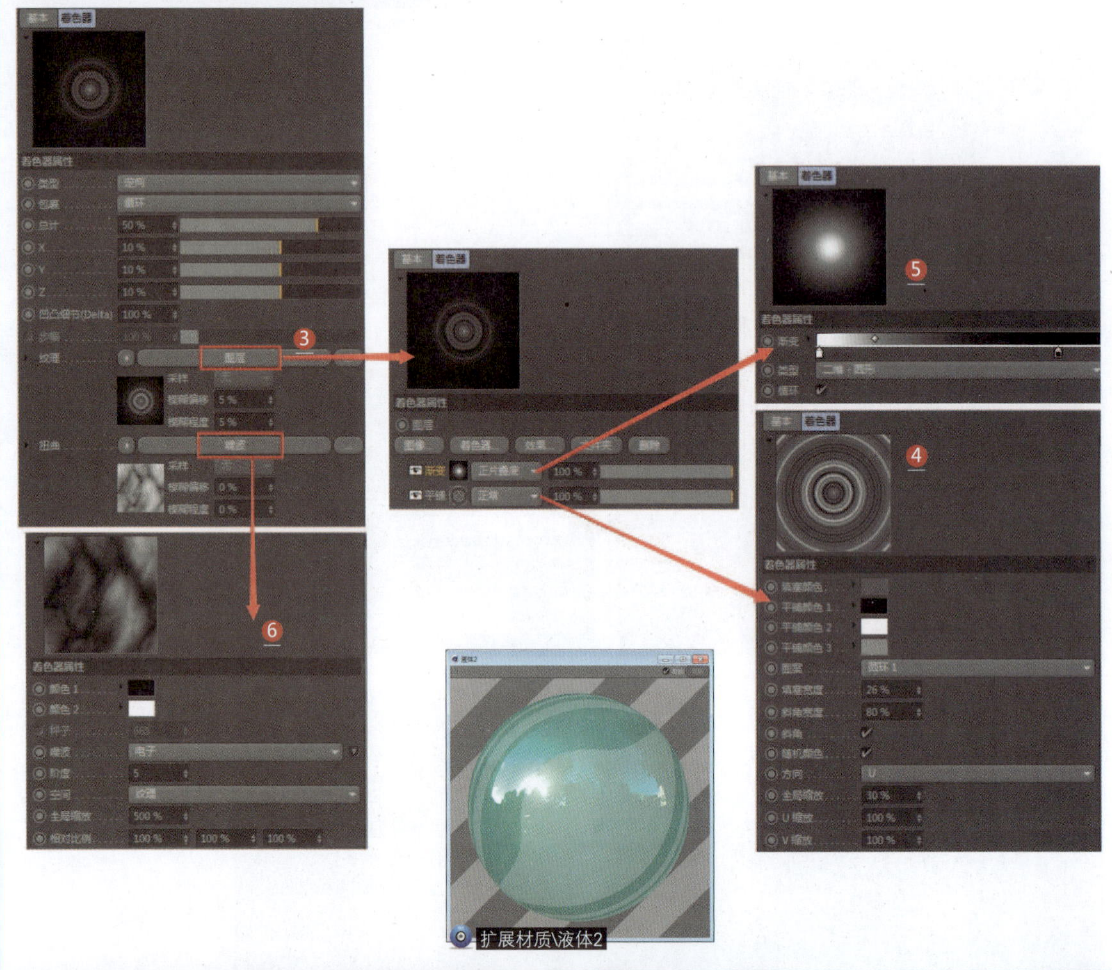

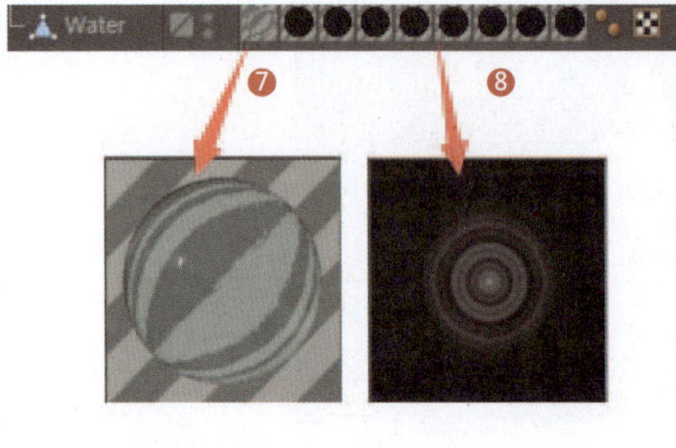

099 带张力的水面材质

应用领域：CG影视

技术要点：

利用透明通道和凹凸通道制作水面；利用Photoshop制作法线贴图；通过设置法线贴图制作带有张力的水面效果。

思路分析：

设置水材质+制作法线贴图+设置法线贴图。

难度系数： ★★★★★

工程：材质文件\Y\099

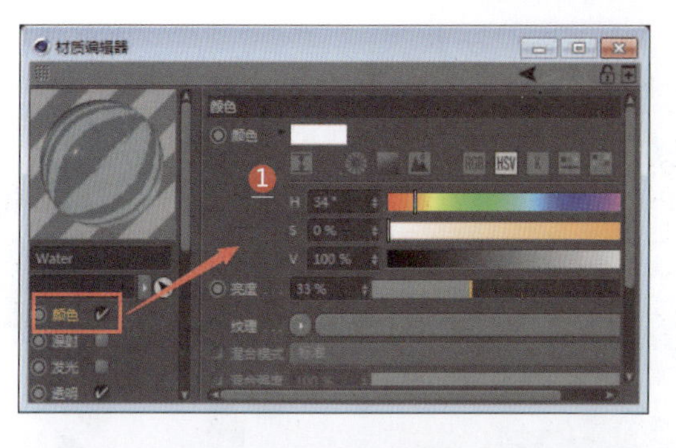

1. 新建一个默认材质（水材质），在颜色通道中设置颜色为白色
2. 设置透明通道的折射率预设为水
3. 设置透明通道的纹理为菲涅耳（Fresnel）贴图
4. 设置凹凸通道的纹理为图层
5. 设置第一层为噪波贴图（大波纹）
6. 设置第二层为噪波贴图（碎波纹），设置混合模式为正片叠底

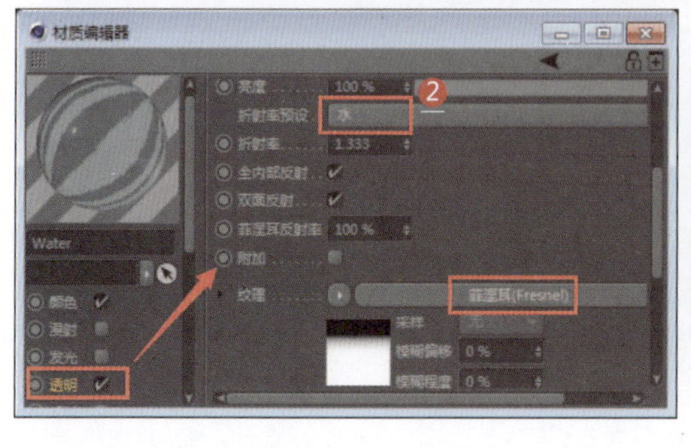

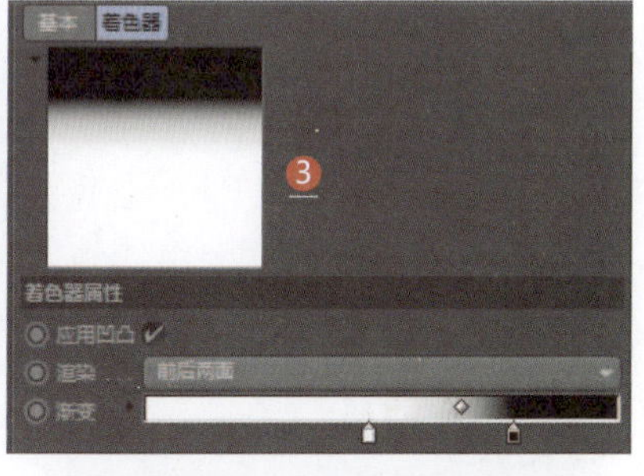

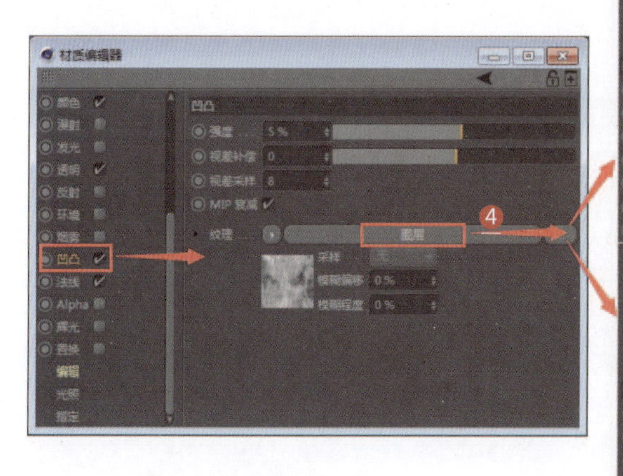

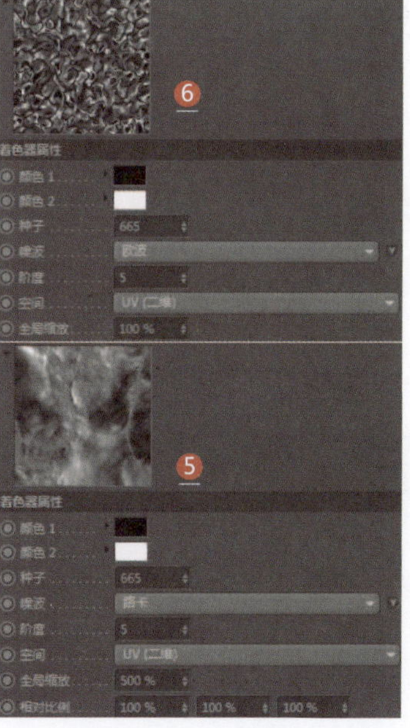

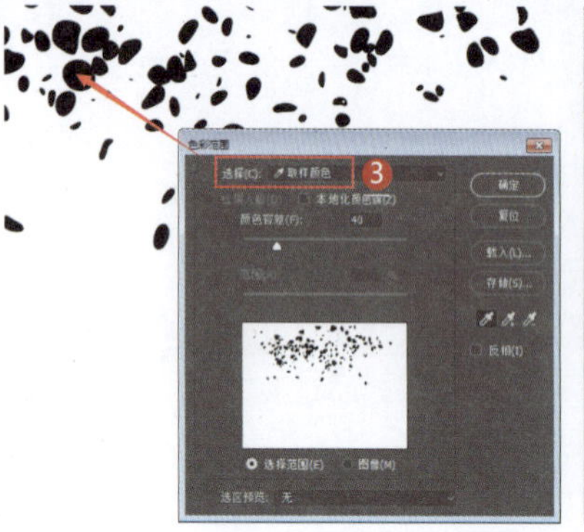

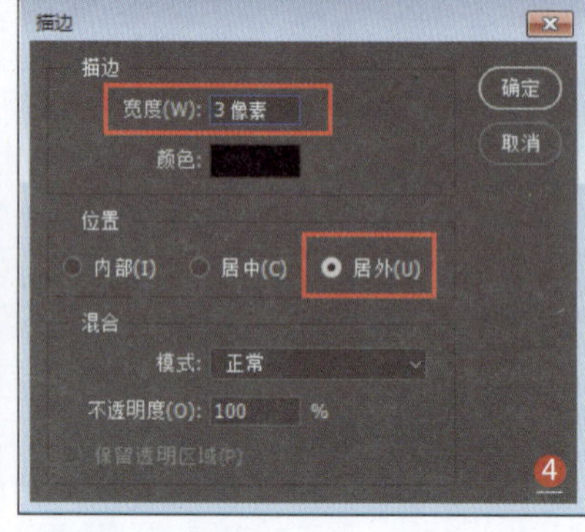

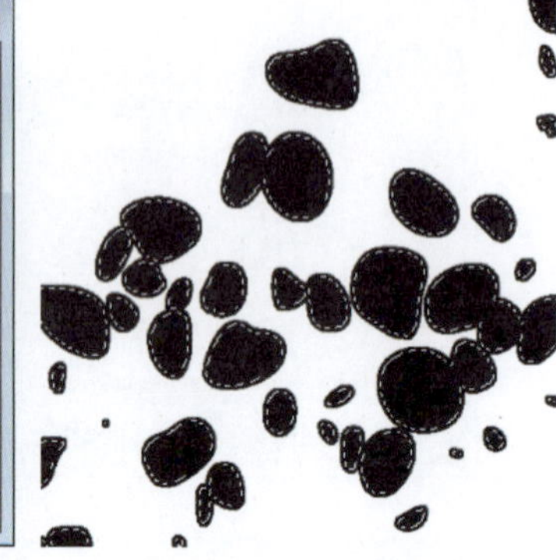

1. 从渲染出来的效果图中可以看到，水和石头之间没有产生张力
2. 打开Photoshop，在顶视图渲染一张黑白图（设置水的颜色为白色，鹅卵石的颜色为黑色）
3. 选中黑色的鹅卵石
4. 设置描边宽度和位置
5. 除描边外，其他都填充为白色
6. 在“高斯模糊”对话框中，设置半径为4像素，单击“确定”按钮，对描边进行高斯模糊（模糊效果更容易产生张力）
7. 选择“滤镜 | 3D | 生成法线图”命令

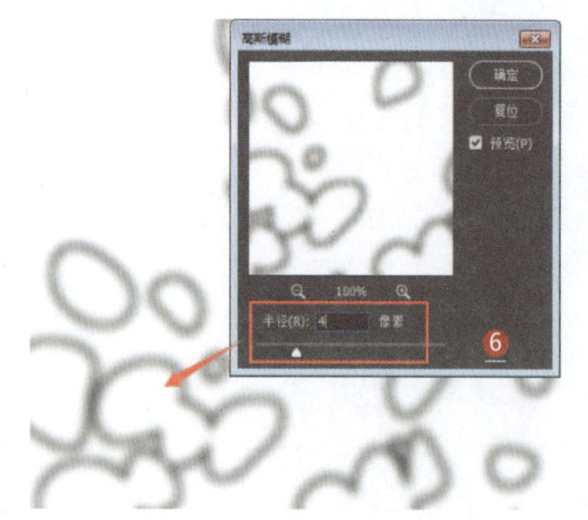

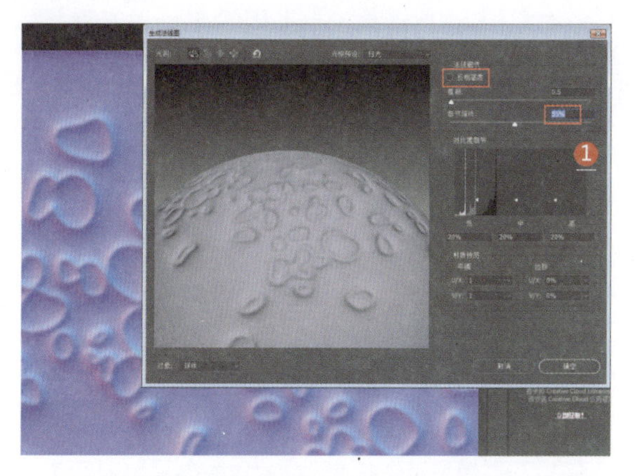

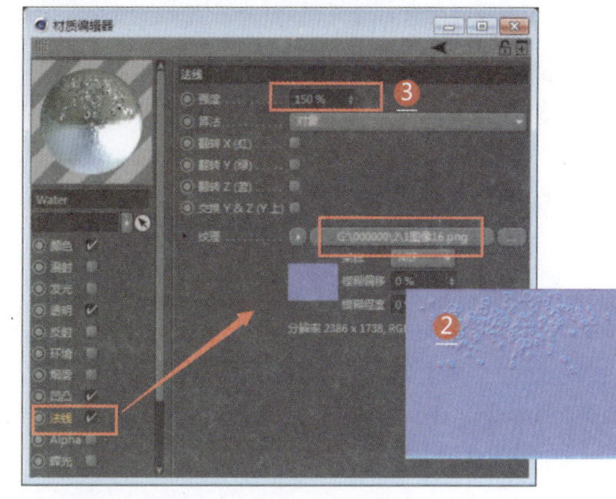

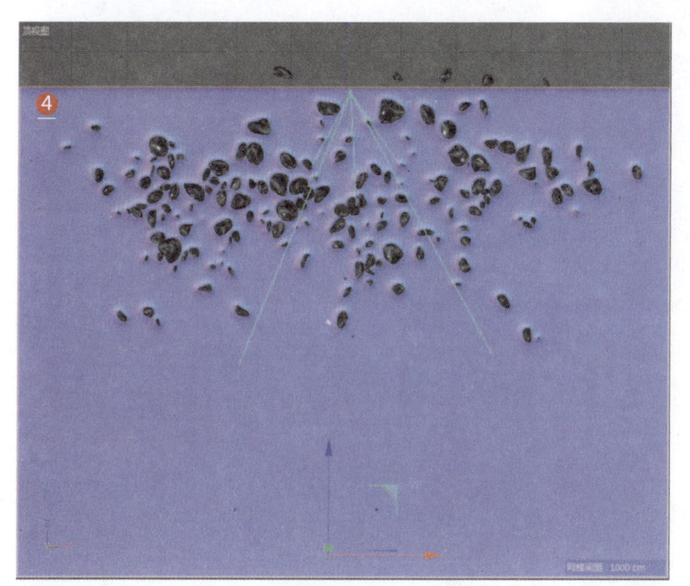

1 设置法线细节，并生成法线贴图
2 返回“材质编辑器”对话框，在法线通道设置生成好的法线贴图
3 设置法线强度
4 在顶视图将鹅卵石与法线贴图对齐
5 渲染效果

100 蜂蜜材质

应用领域：电商材质

技术要点：

利用传输通道的颜色参数和折射率制作蜂蜜材质；

利用散射介质来模拟蜂蜜的半透明效果。

思路分析：

设置传输通道的颜色参数+设置散射介质。

难度系数：★★☆☆☆

工程：材质文件\Y\100

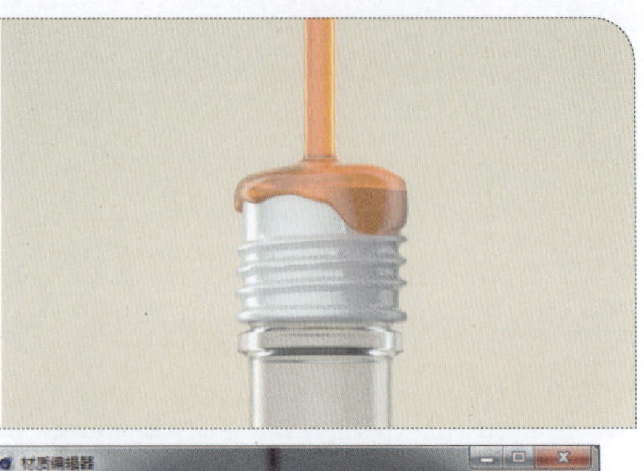

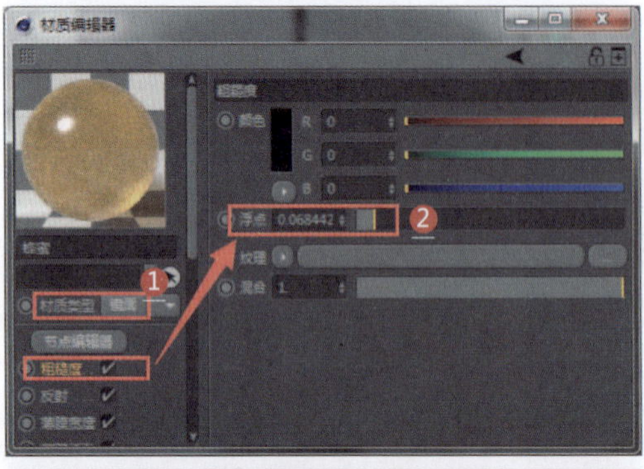

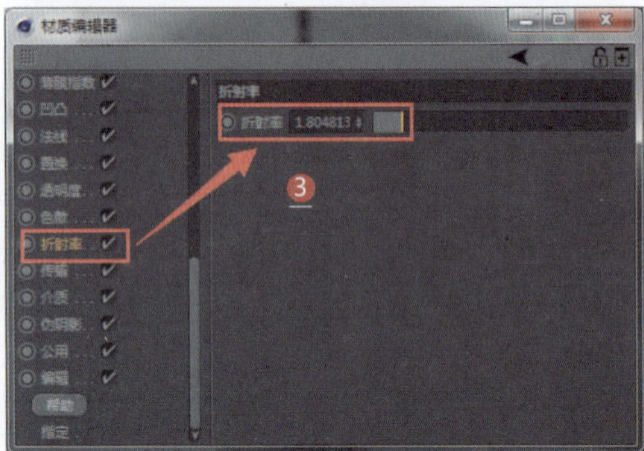

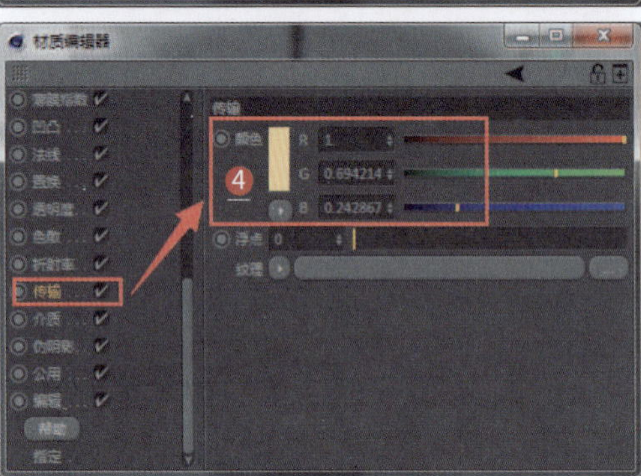

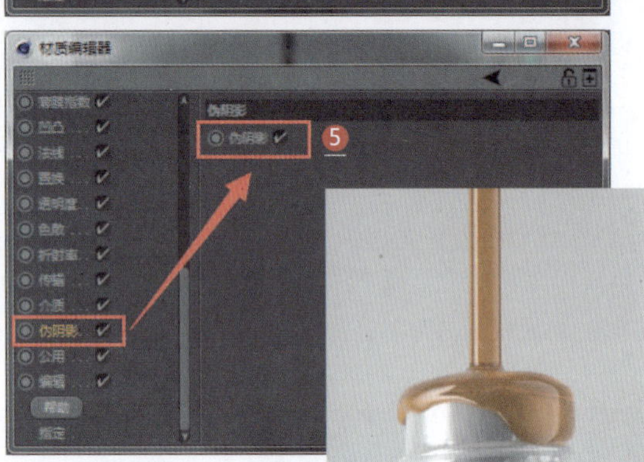

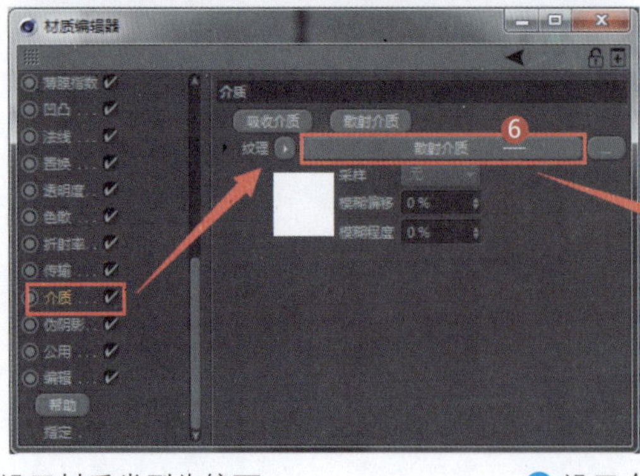

扩展材质\液体4

1. 设置材质类型为镜面
2. 设置粗糙度参数
3. 设置折射率
4. 设置传输通道的颜色参数（蜂蜜的颜色）
5. 勾选“伪阴影”复选框（使蜂蜜显得更透亮）
6. 设置介质通道的纹理为散射介质（使蜂蜜产生半透明效果）
7. 设置吸收为浮点纹理（使蜂蜜内部表现出厚重的阴影）
8. 设置散射为浮点纹理（从蜂蜜内部透出亮光）

101 半透明膏体材质

应用领域：电商材质

技术要点：

利用传输通道的颜色控制膏体的颜色；利用吸收和散射控制膏体内部的半透明效果；利用发光纹理控制半透明膏体的亮度。

思路分析：

设置膏体材质+设置膏体的颜色+设置膏体内部的半透明效果。

难度系数：★★★★☆

工程：材质文件\Y\101

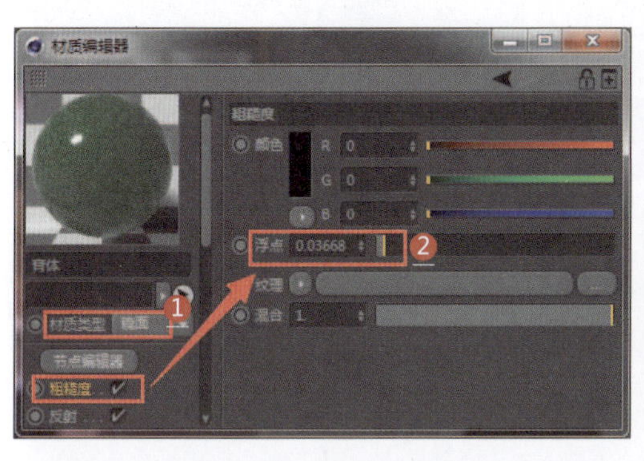

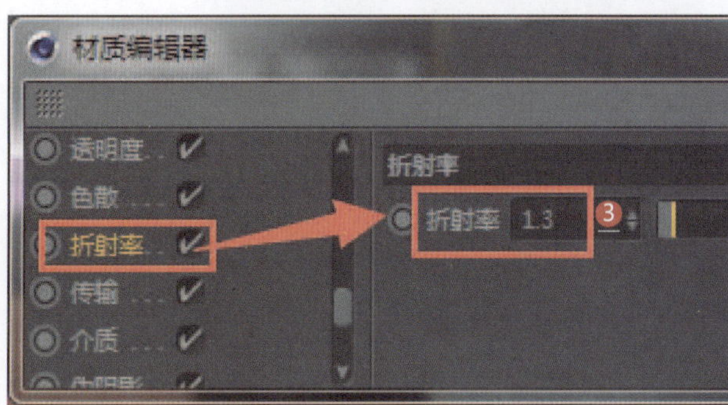

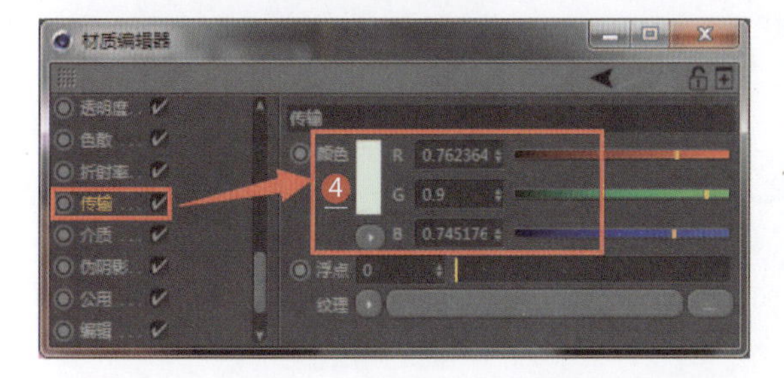

1 设置材质类型为镜面
2 设置粗糙度参数
3 设置折射率
4 设置传输通道的颜色为淡绿色
5 设置介质通道的纹理为散射介质
6 设置散射通道的颜色为绿色

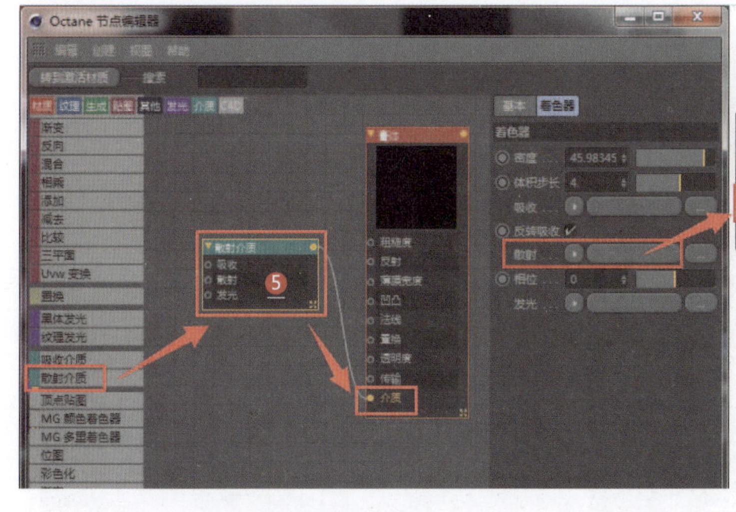

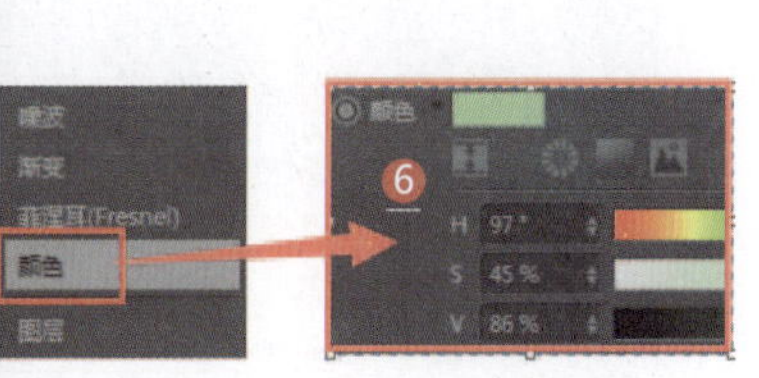

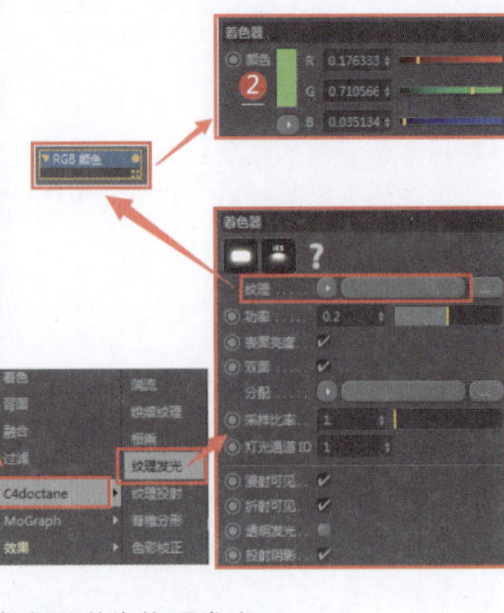

1 设置发光通道为纹理发光

2 设置纹理为RGB颜色（绿色）

3 设置吸收和散射的控制器为浮点（控制它们的发散值）

4 设置吸收浮点（产生内部阴影效果）

5 设置散射浮点（产生内部透光效果）

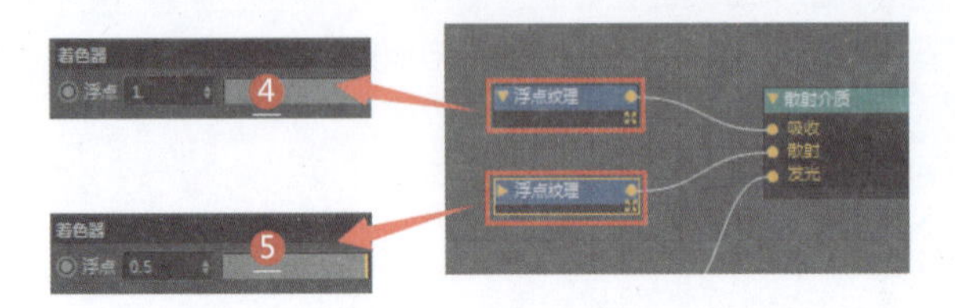

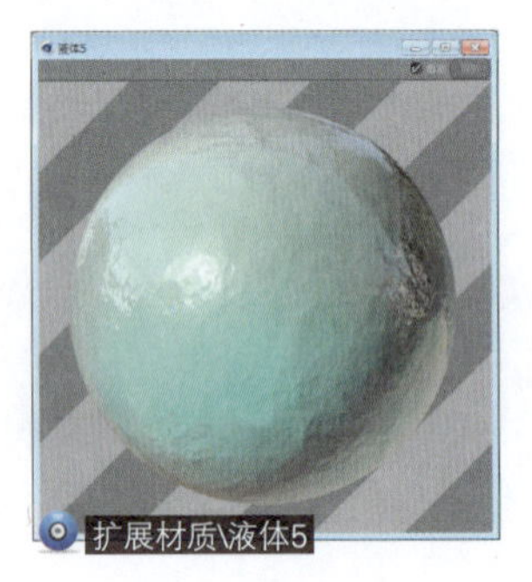

扩展材质\液体5

102 彩虹玻璃瓶材质

应用领域：电商材质

技术要点：

利用镜面材质类型设置玻璃瓶材质和酒水材质；利用渐变混合贴图控制酒水的色泽；利用镂空贴图制作酒瓶标志。

思路分析：

设置玻璃瓶材质+设置酒水材质+设置镂空标志材质。

难度系数：★★★★☆  工程：材质文件\Y\102

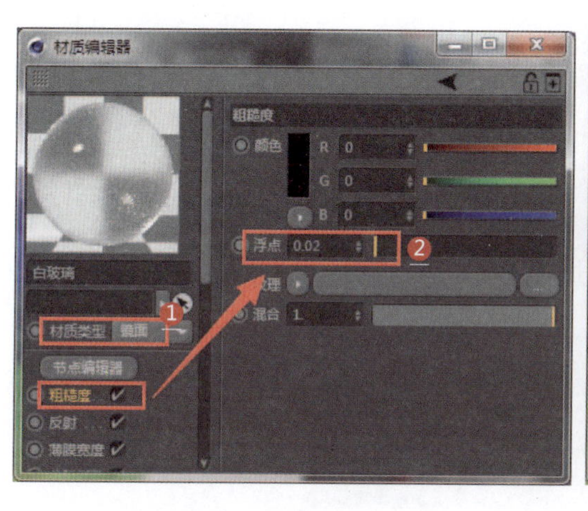

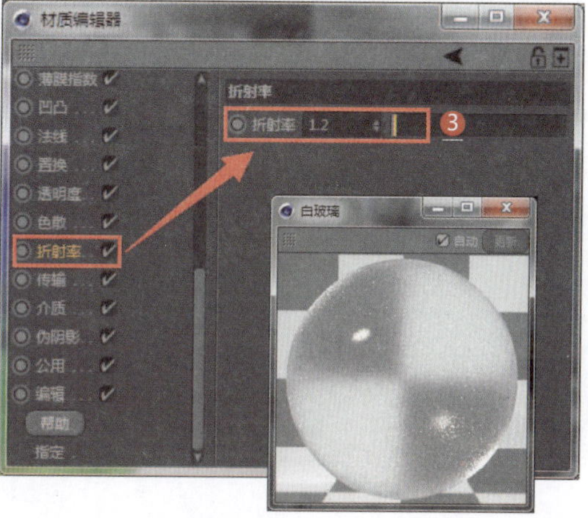

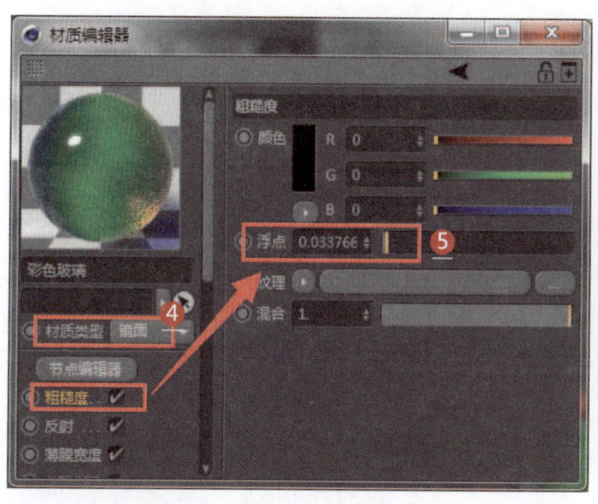

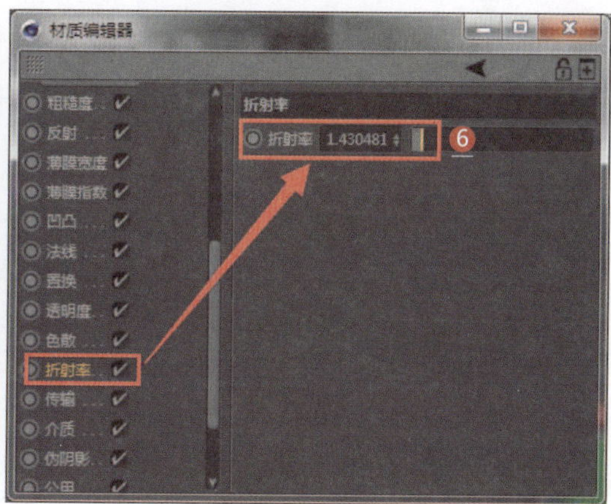

❶ 设置材质类型为镜面（玻璃瓶材质）
❷ 设置粗糙度参数
❸ 设置折射率
❹ 设置材质类型为镜面（酒水材质）
❺ 设置粗糙度参数
❻ 设置折射率

B F H J K L M Q S T X Y

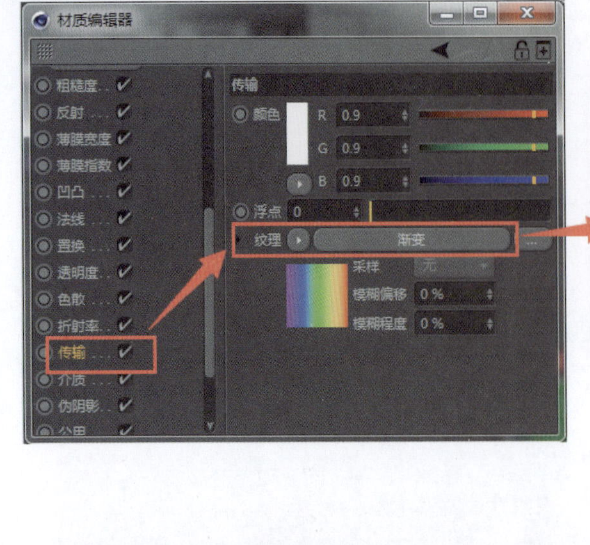

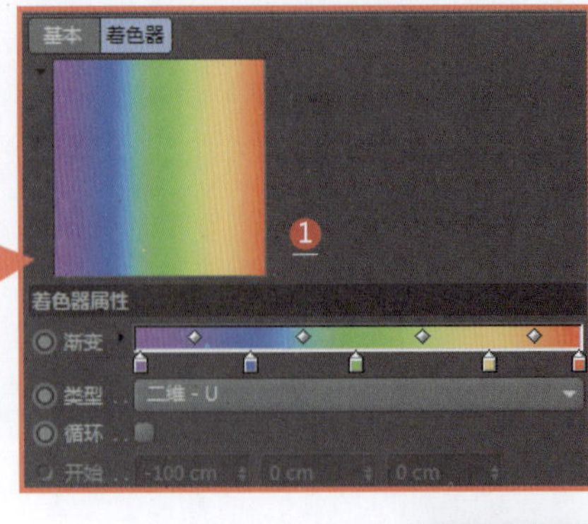

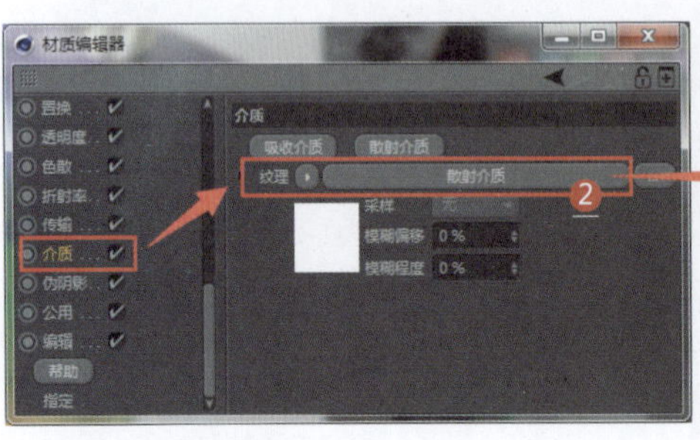

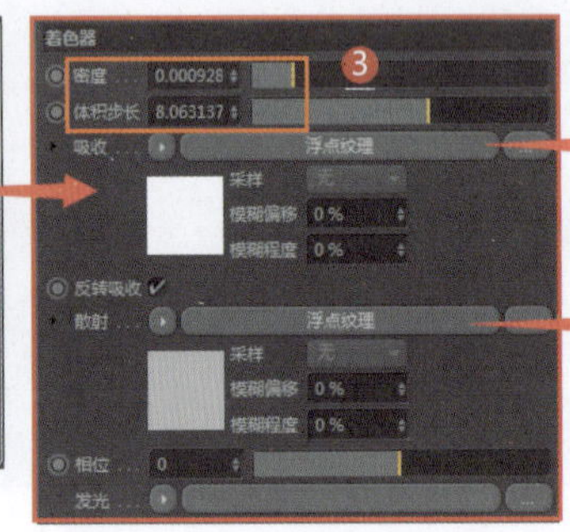

❶ 设置传输通道的纹理为渐变，在着色器中设置渐变颜色

❷ 设置介质通道的纹理为散射介质

❸ 设置密度和体积步长参数（控制半透明酒水密度）

❹ 设置吸收为浮点纹理（控制酒水的内部阴影）

❺ 设置散射为浮点纹理（控制酒水的透光性）

❻ 选择“材质|Octane混合材质”命令，新建一个混合材质（混合玻璃瓶材质和酒水材质）

❼ 将玻璃瓶材质和酒水材质分别放置在材质1和材质2通道中

❽ 设置混合贴图为渐变

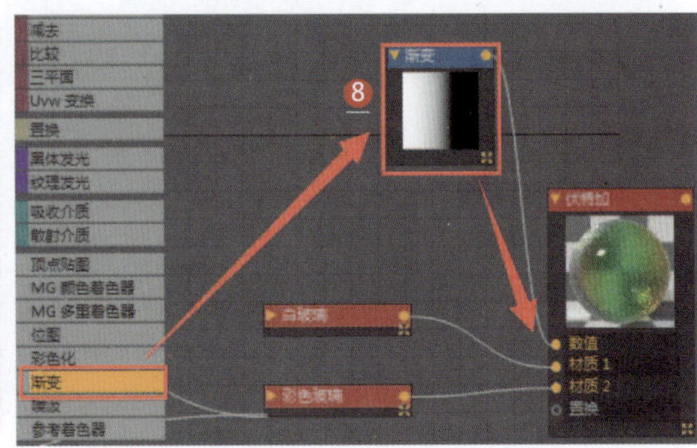

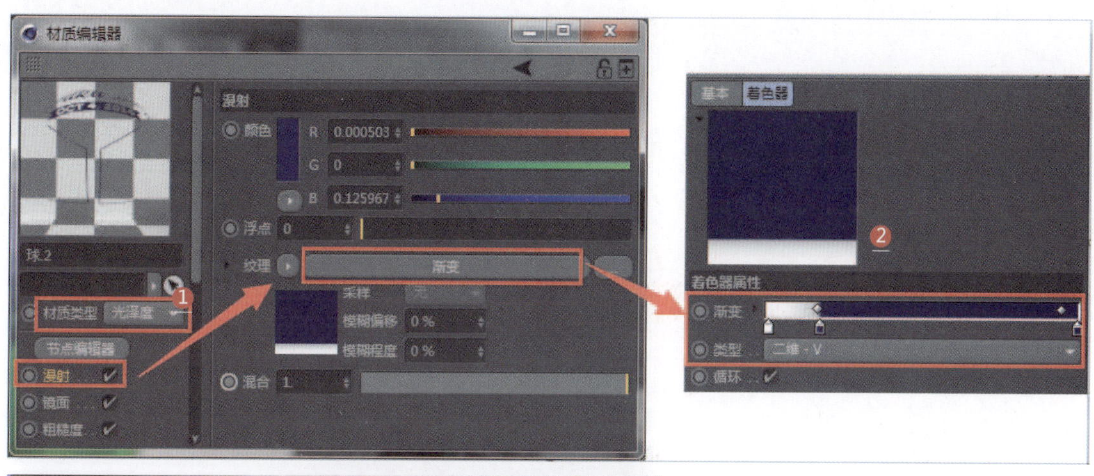

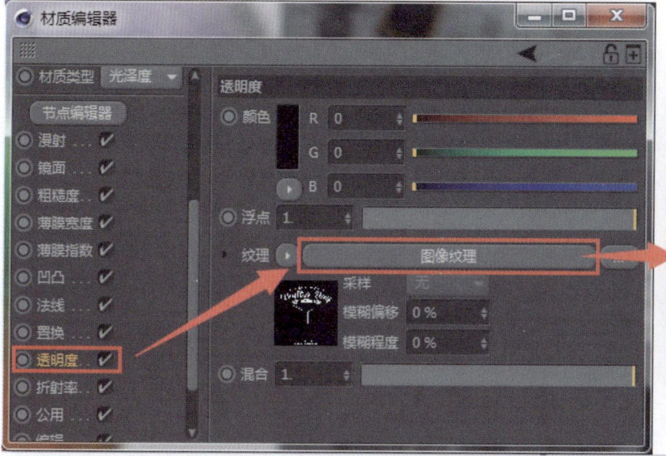

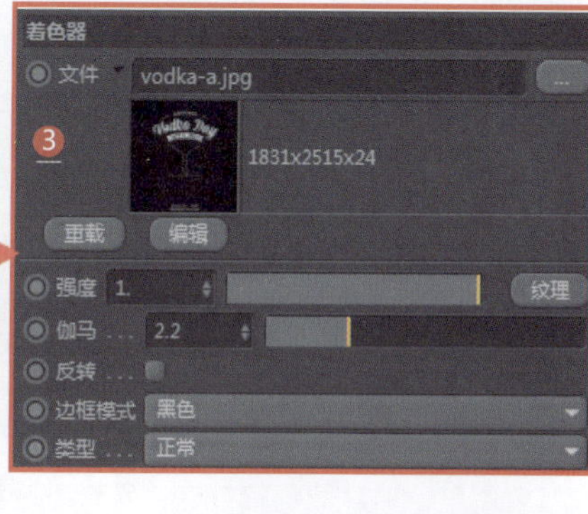

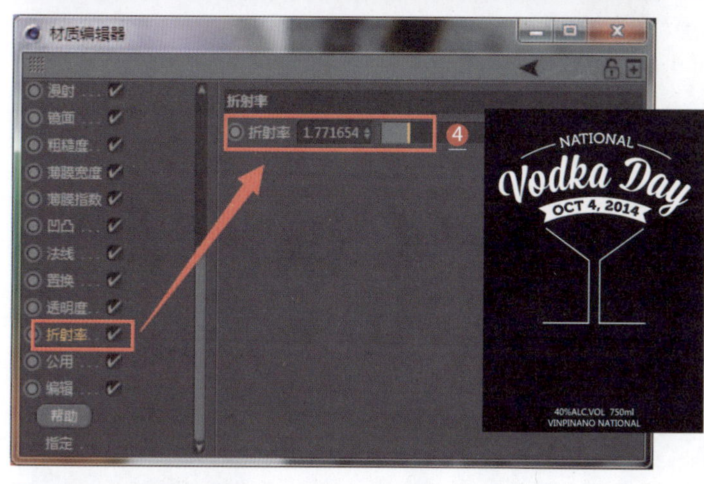

1 设置材质类型为光泽度（镂空标志材质）

2 设置漫射通道的纹理为渐变，在着色器中设置渐变为蓝色渐变

3 利用透明度通道设置镂空标志贴图

4 设置折射率

5 酒瓶标志渲染效果

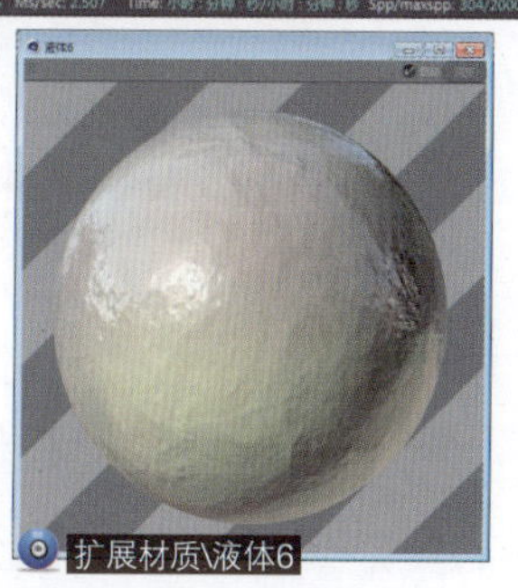

B F H J K L M Q S T X Y

103 渐变玻璃材质

应用领域：电商材质

技术要点：

利用镜面材质类型制作玻璃瓶材质；利用传输通道的渐变贴图制作香水材质；利用镂空贴图制作香水瓶上的标志。

思路分析：

设置玻璃瓶材质+设置香水材质+设置镂空贴图材质。

难度系数：★★★★☆

工程：材质文件\Y\103

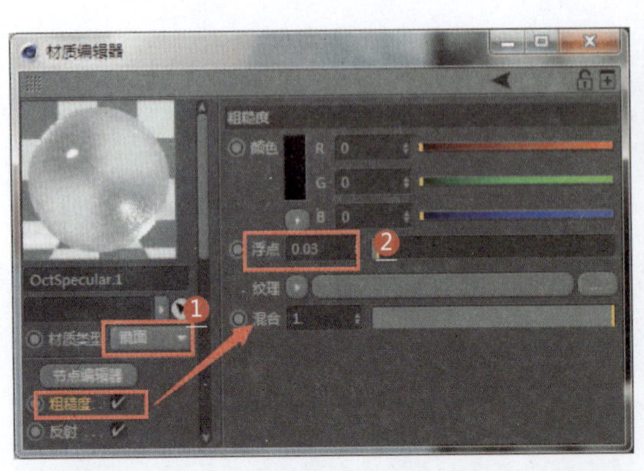

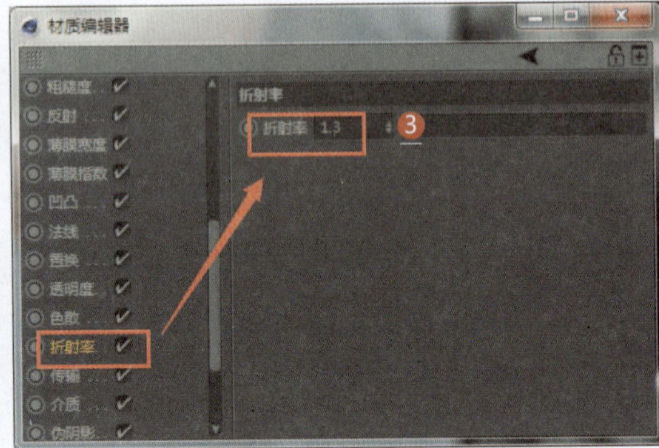

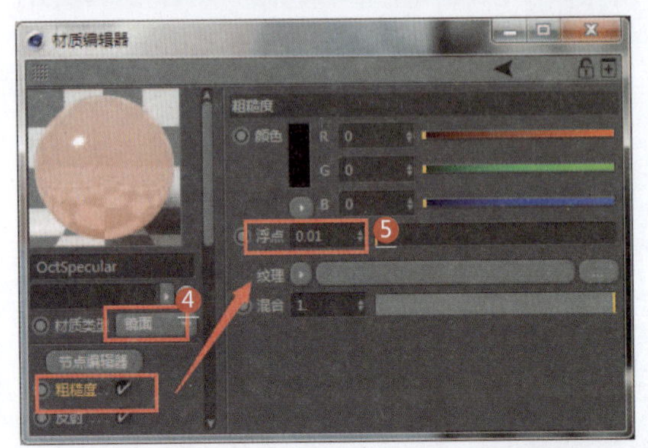

1. 设置材质类型为镜面（玻璃瓶材质）
2. 设置粗糙度参数
3. 设置折射率
4. 设置材质类型为镜面（香水材质）
5. 设置粗糙度参数
6. 设置香水的渐变颜色

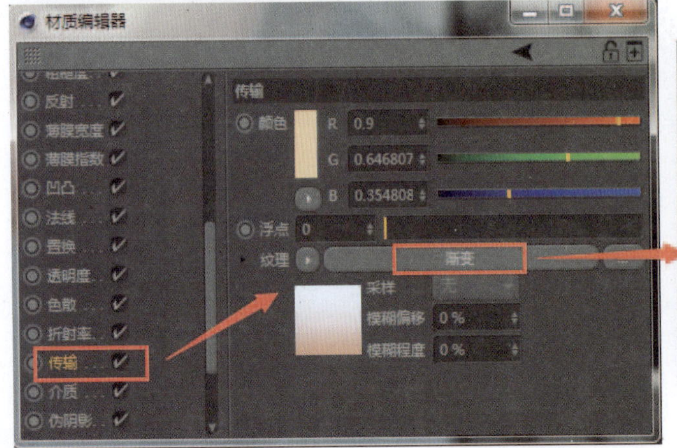

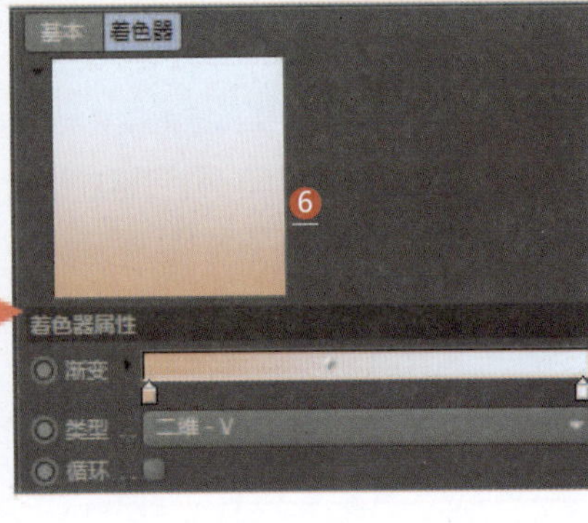

1. 设置折射率
2. 设置介质通道的纹理为散射介质
3. 设置密度和体积步长参数（控制香水的透明效果）
4. 设置吸收为浮点纹理（控制香水的内部阴影）
5. 设置散射为浮点纹理（控制香水的透明度）
6. 设置发光为纹理发光（使香水显得更透亮）
7. 设置纹理为渐变贴图
8. 设置材质类型为光泽度（镂空贴图材质）
9. 设置镜面通道的颜色为淡黄色

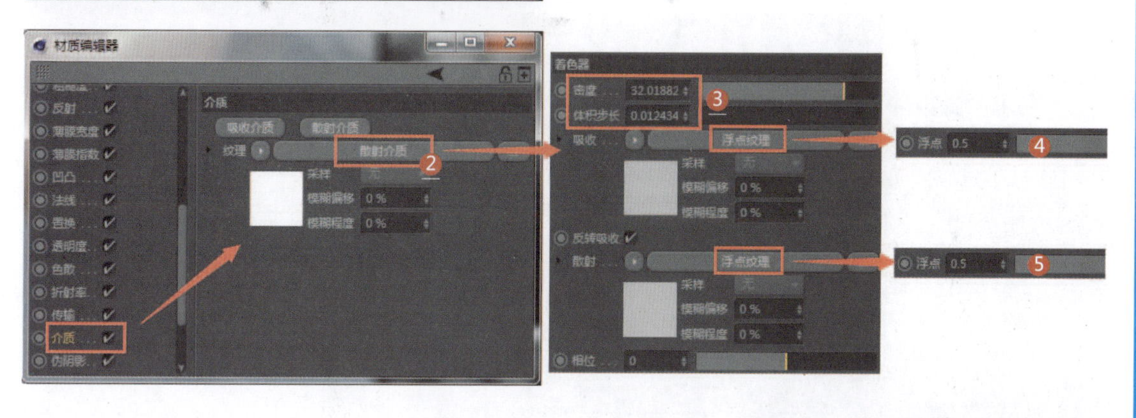

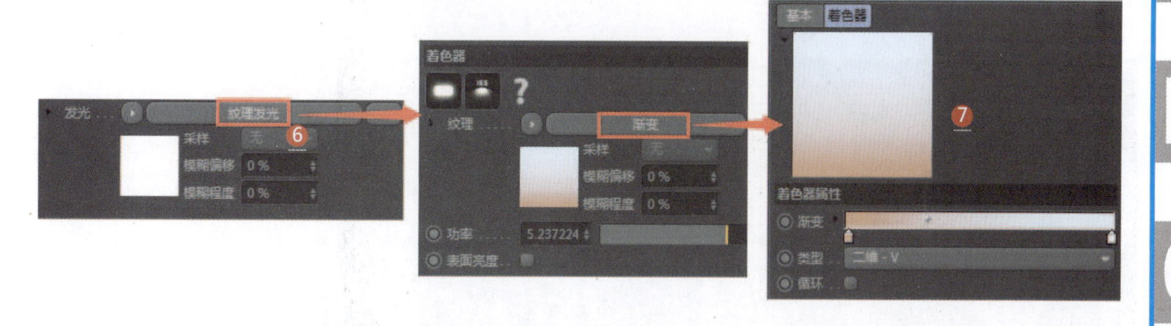

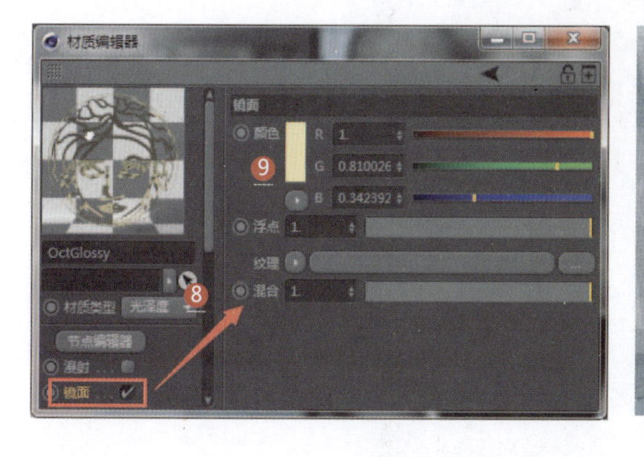

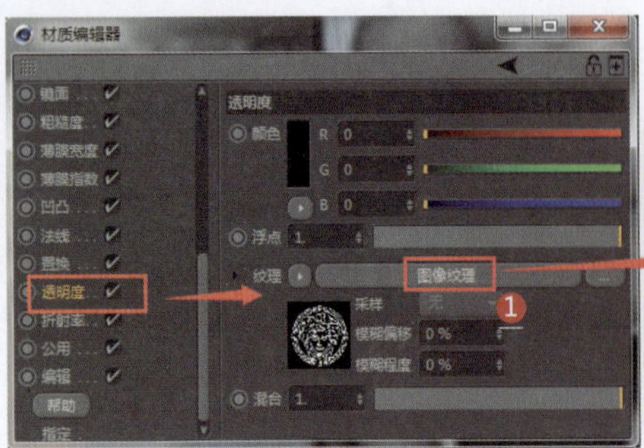

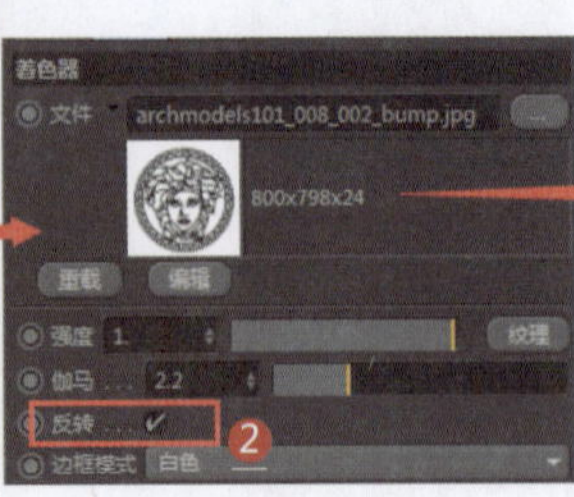

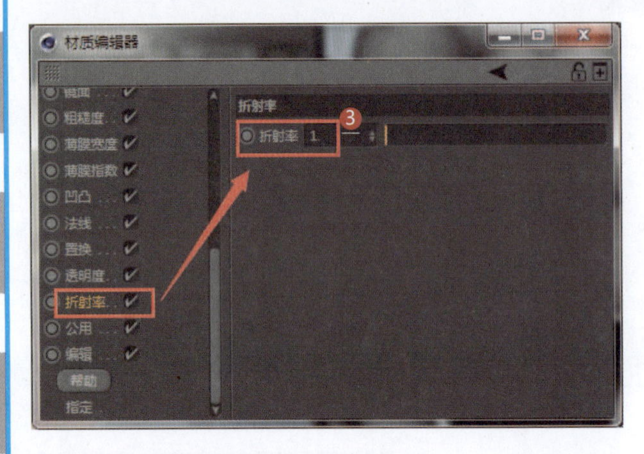

1. 在透明度通道设置镂空贴图
2. 勾选“反转”复选框设置图像反转（白色部分透明，黑色部分不透明）
3. 设置折射率
4. 选择香水瓶要粘贴标志的多边形区域，将镂空贴图应用到该区域

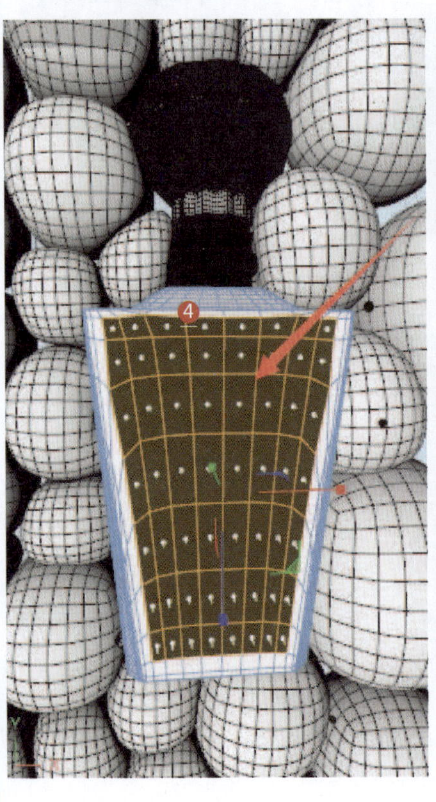

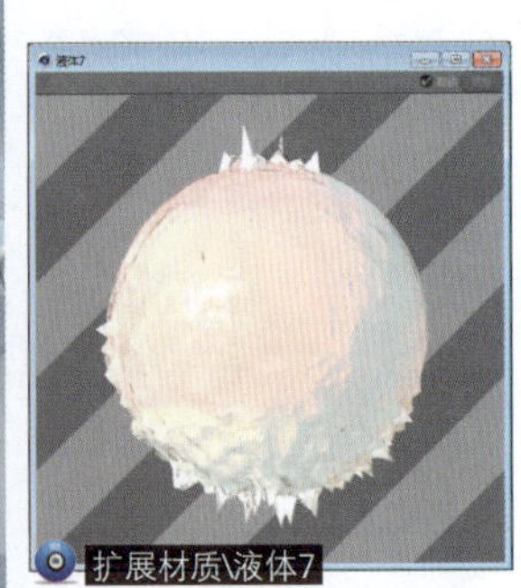

104 肥皂泡材质

技术要点：

利用透明通道设置七色光谱；利用层颜色制作气泡反射效果；利用Alpha通道制作气泡透明效果。

思路分析：

设置透明通道+设置层颜色+设置Alpha通道。

难度系数：★★☆☆☆

工程：材质文件\Y\104

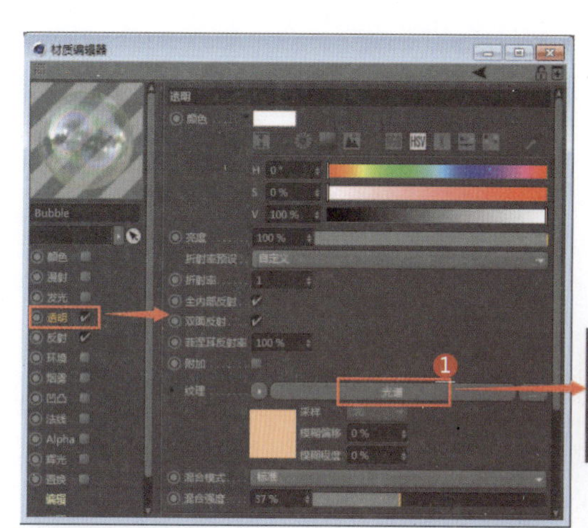

❶ 新建一个默认材质，设置透明通道的纹理为光谱

❷ 设置七色光谱

❸ 设置反射通道的类型为反射（传统）

❹ 设置层颜色的纹理为光谱，设置七色光谱

❺ 气泡渲染效果

❻ 在Alpha通道中勾选“柔和”复选框和“图像Alpha”复选框

❼ 设置纹理为光谱

❽ 最终气泡渲染效果

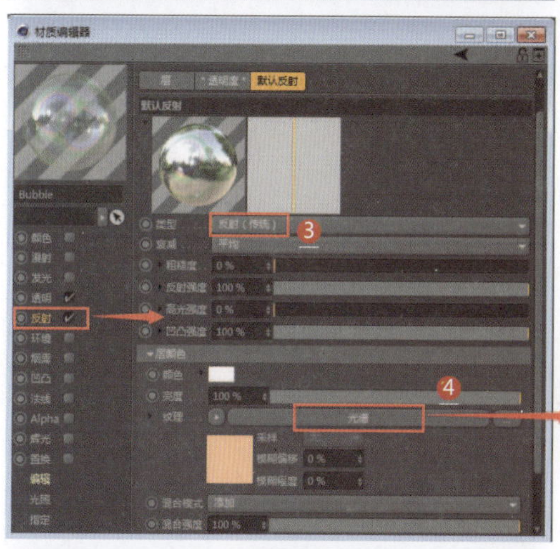

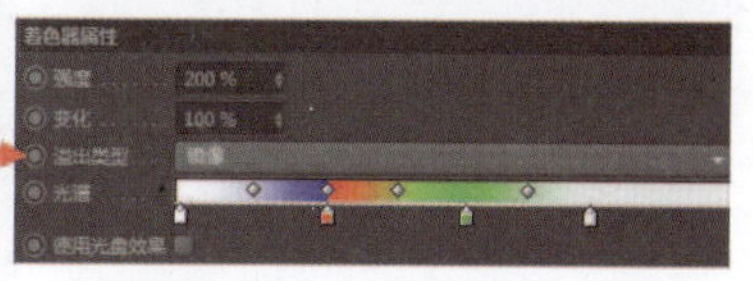

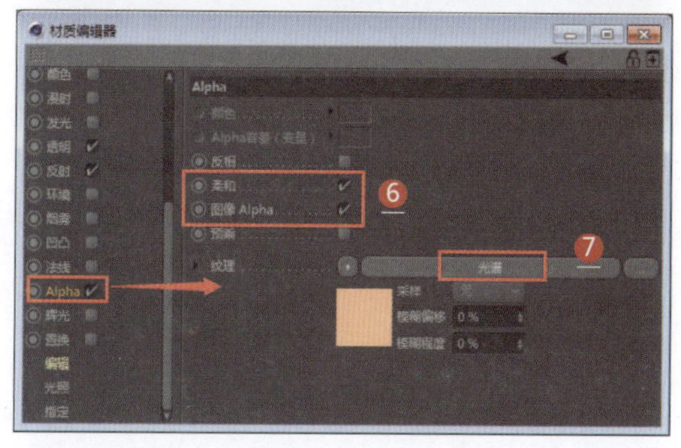

第 2 篇

布光篇

布光案例——001~016

本章主要介绍室内及其他空间的灯光的制作方法，并通过案例介绍每个场景是如何运用不同的灯光来表现的，在不同的环境中应该使用哪些灯光。希望本章的讲解能给读者带来一定的收获，并帮助读者制作出更精美的作品。

001 玻璃布光

应用领域：陈设品装饰

技术要点：

利用弧形背景和黑色面片制作黑色反光板；在玻璃周围放置黑色反光板，使玻璃的边缘发生变化；创建一盏灯光并通过设置灯光为玻璃瓶布光；在灯光设置面板中，将纹理设置为渐变，并设置渐变颜色和类型，使布光产生柔和的照明效果。

思路分析：

搭建弧形背景+创建黑色面片+创建灯光和设置渐变灯光。

难度系数：★★★☆☆

工程：布光文件\B\001

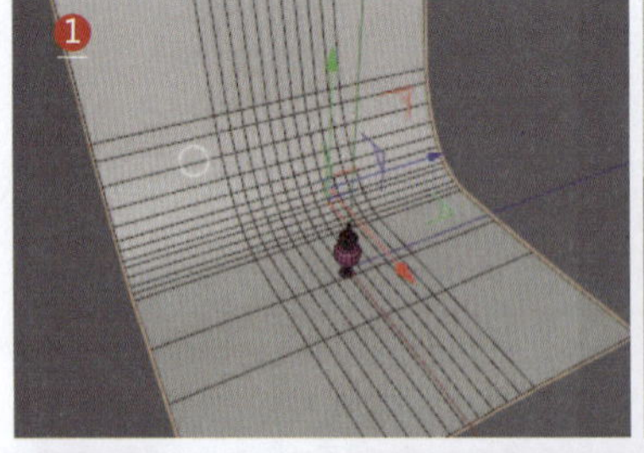

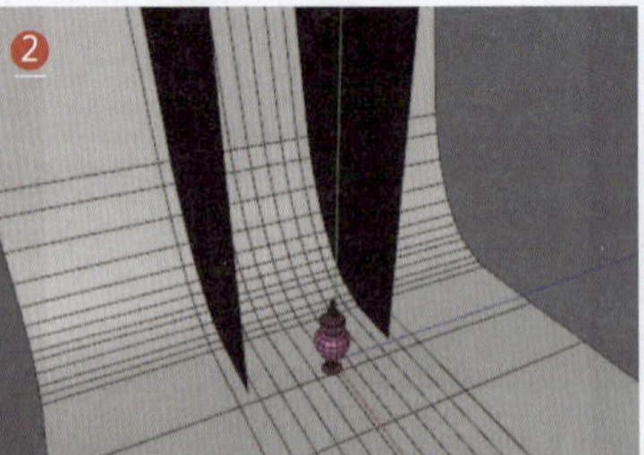

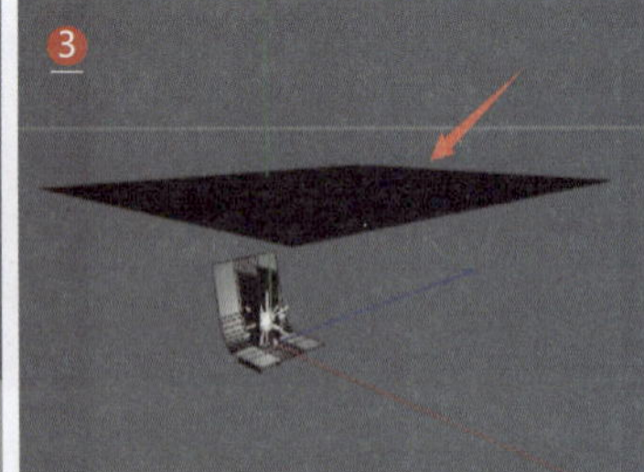

❶ 在场景中为玻璃瓶搭建一个弧形背景

❷ 在玻璃瓶两侧创建黑色面片（玻璃可以反射黑色）

❸ 在玻璃瓶顶部放置一个黑色面片（玻璃瓶顶部的反射）

❹ 创建一盏灯光，照亮背景

❺ 勾选“漫射可见”复选框（产生背光）

❻ 设置纹理为渐变

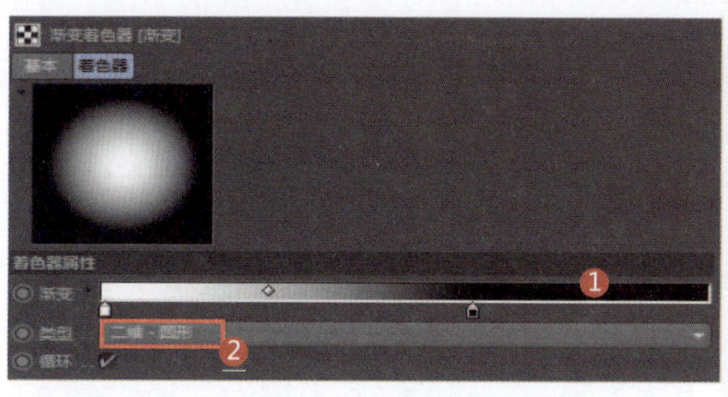

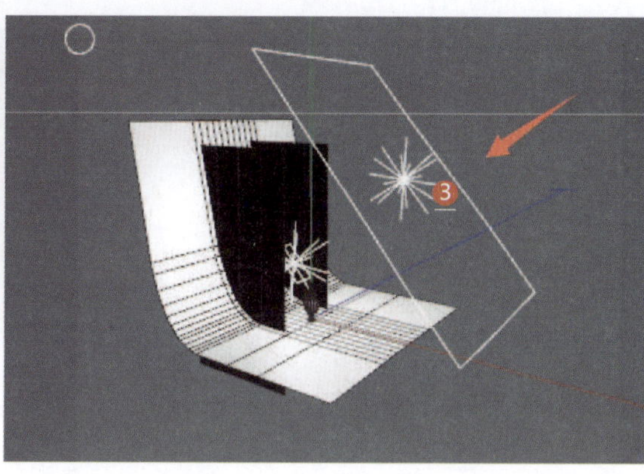

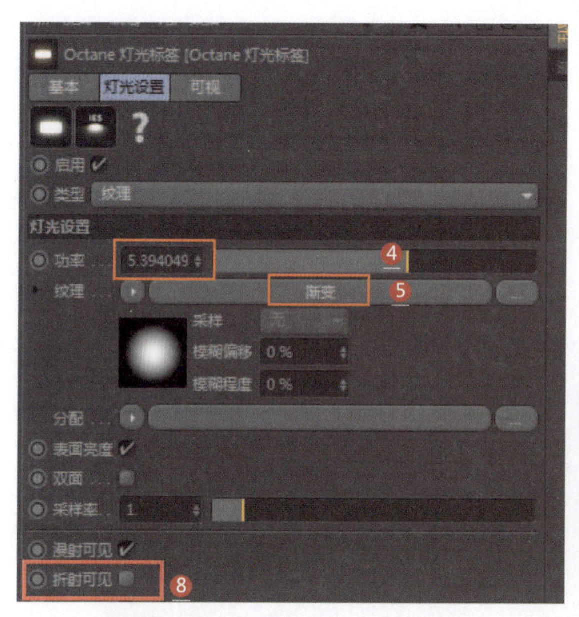

1 设置渐变颜色为黑白渐变
2 设置渐变类型为二维-圆形（背景产生圆形渐变）
3 创建一盏灯光，照亮玻璃瓶
4 设置灯光功率
5 设置纹理为渐变
6 设置渐变颜色为黑白渐变
7 设置渐变类型为二维-圆形
8 取消勾选“折射可见”复选框（玻璃不会反射出灯光的影像）

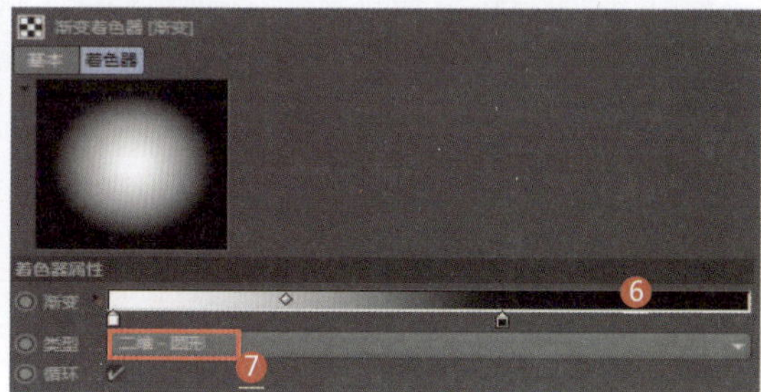

002 产品布光

应用领域：电商设计

技术要点：

通过创建一盏灯光为产品布光；通过设置灯光功率调整产品的布光效果。

思路分析：

创建一盏灯光+设置灯光功率。

难度系数： ★★★★☆

工程：布光文件\B\002

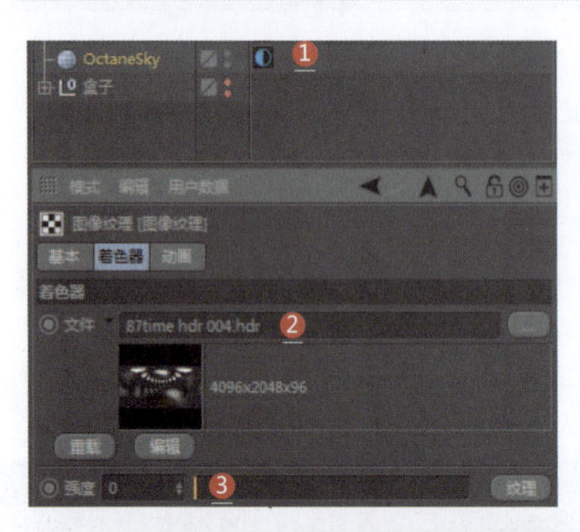

1. 新建一个OctaneSky
2. 设置OctaneSky的HDR贴图
3. 设置强度参数为0（产生没有系统默认光的纯黑照明）
4. 创建一盏灯光
5. 设置灯光功率（微弱一些）
6. 勾选“漫射可见”复选框和“折射可见”复选框
7. 设置透明度参数为0（灯光自身在场景中不被渲染）
8. 此时的光照效果（右上角产生渐变照明）
9. 在产品左边创建一盏灯光
10. 设置灯光功率，产品左边产生轮廓光效果

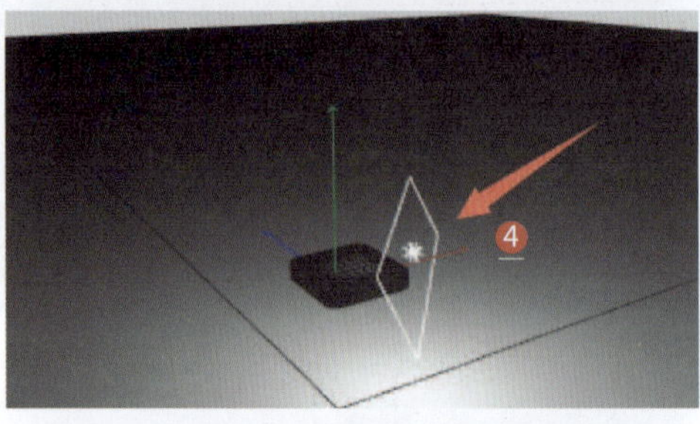

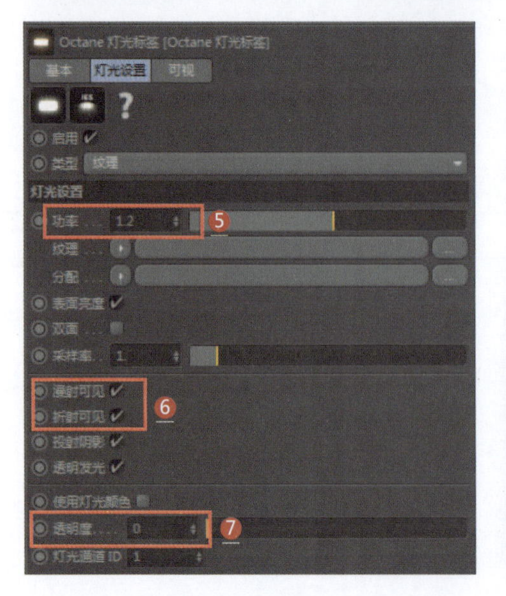

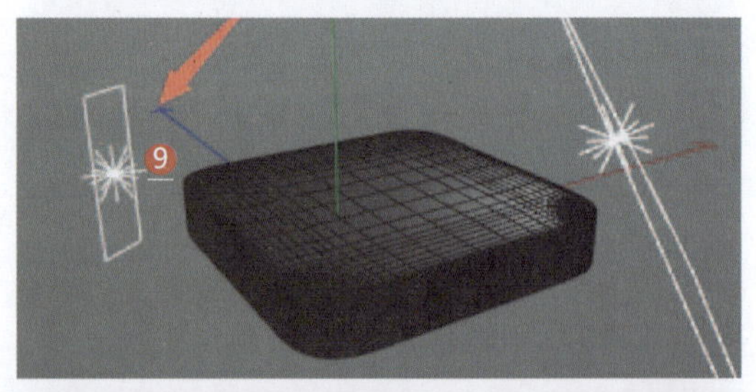

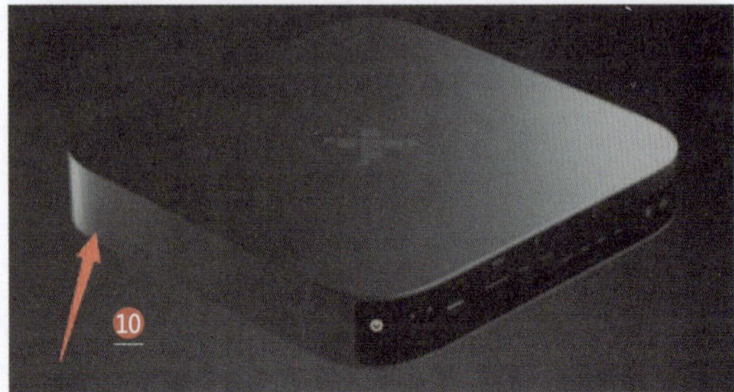

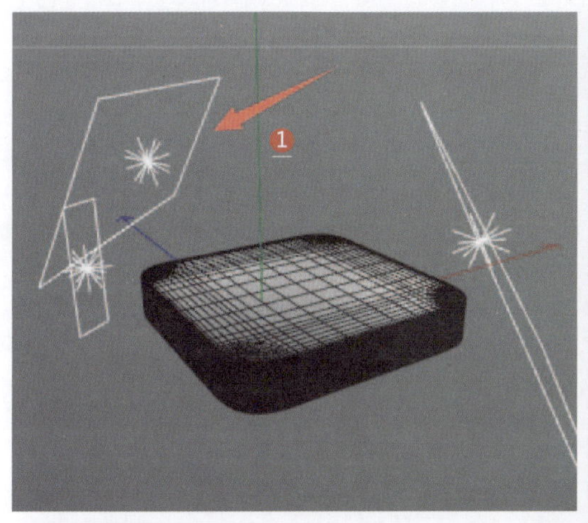

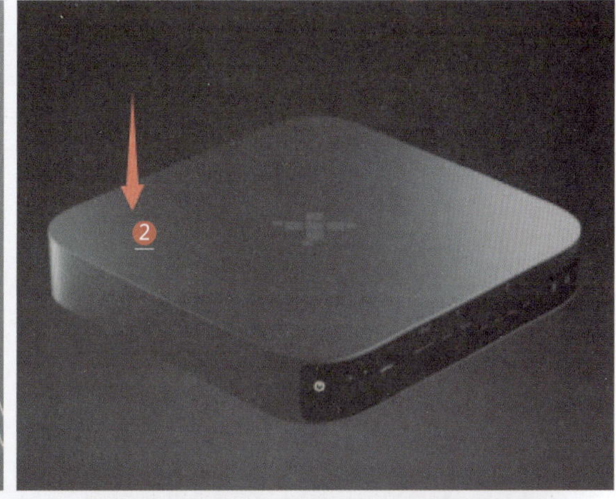

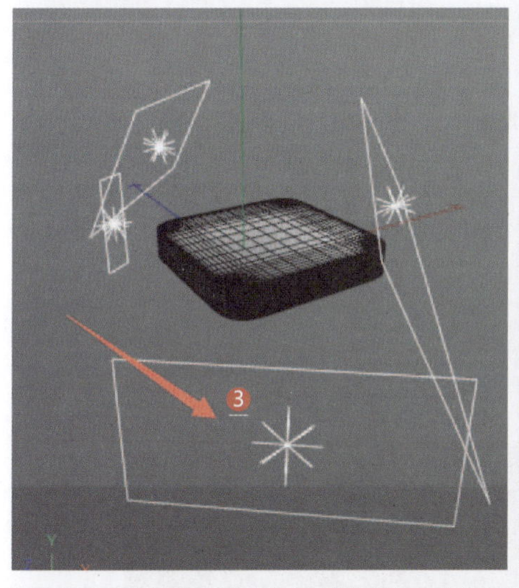

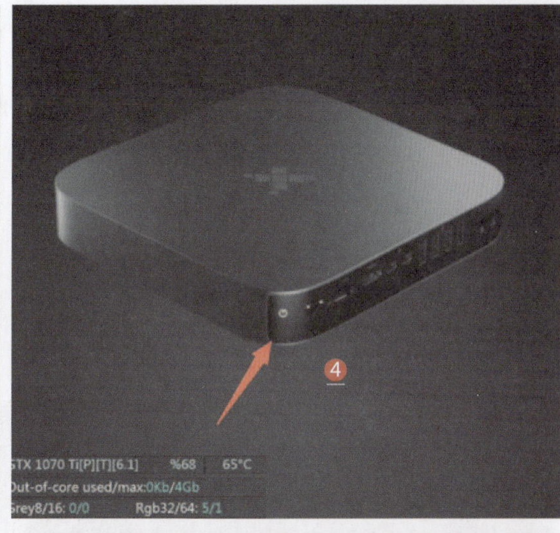

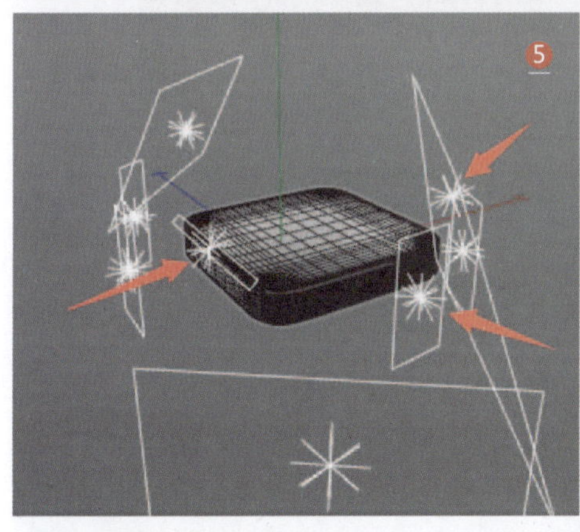

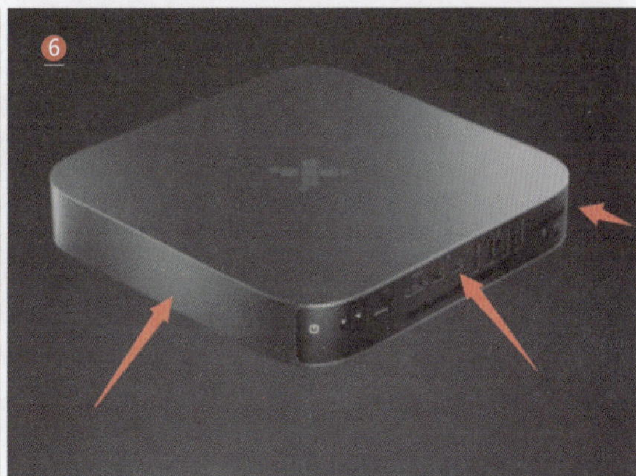

1. 在产品左上角创建一盏灯光
2. 设置灯光功率，产品左上角产生渐变光效果
3. 在产品前方创建一盏灯光
4. 设置灯光功率，产品前方产生结构光效果
5. 在产品棱角处分别创建三盏灯光
6. 设置灯光功率，产品棱角产生结构光效果

003 HDRLight插件布光

应用领域：电商设计

技术要点：

利用HDRLight插件生成玻璃瓶两侧的高光；

保存HDRI贴图，以备永久使用。

思路分析：

设置高光+保存HDRI贴图。

难度系数： ★★★☆☆

工程：布光文件\B\003

1. 打开场景文件
2. 打开HDRLight插件
3. 单击Add Prebuilt Hook按钮，添加场景。单击Start按钮，打开HDRLight插件。
4. 单击▶按钮，在弹出的对话框中选中Generate and import geometry（产生和导入模型）单选按钮，单击Import（导入）按钮
5. 此时在插件视图中出现了玻璃瓶模型
6. 分别单击按钮和按钮，然后在玻璃瓶左侧单击，灯光就会照射到被单击的区域（制作玻璃瓶左侧光源）

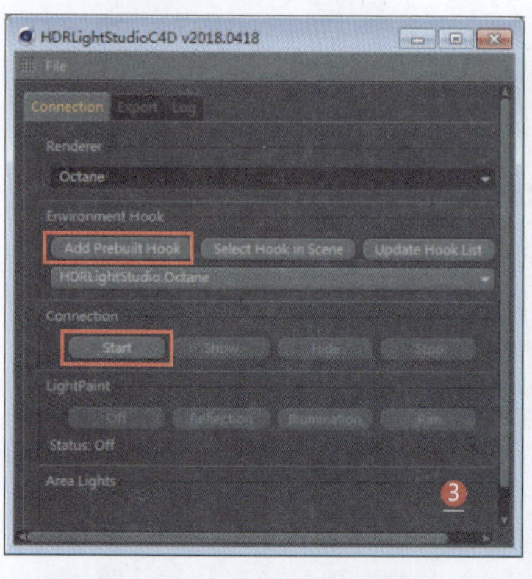

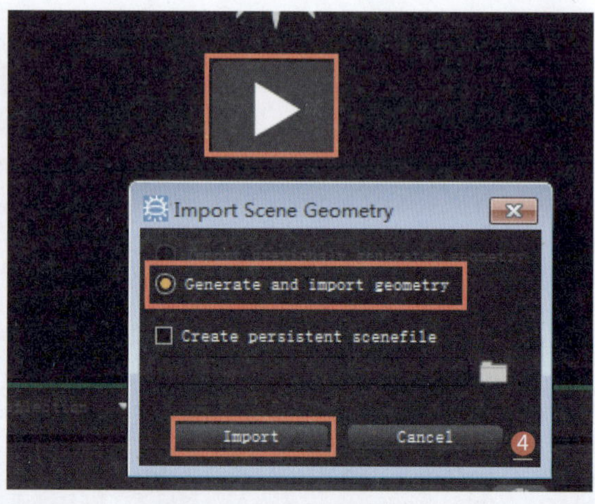

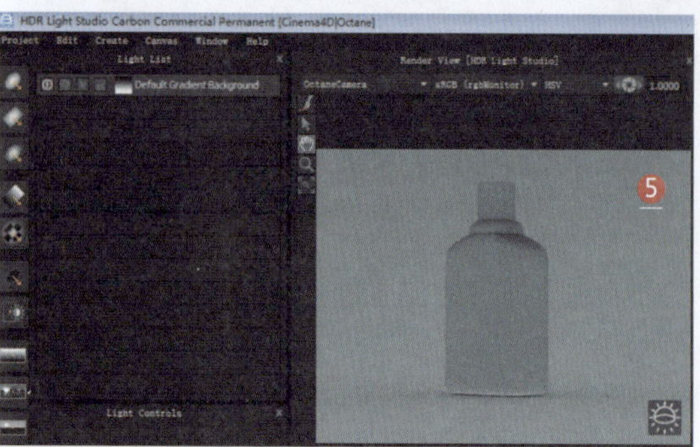

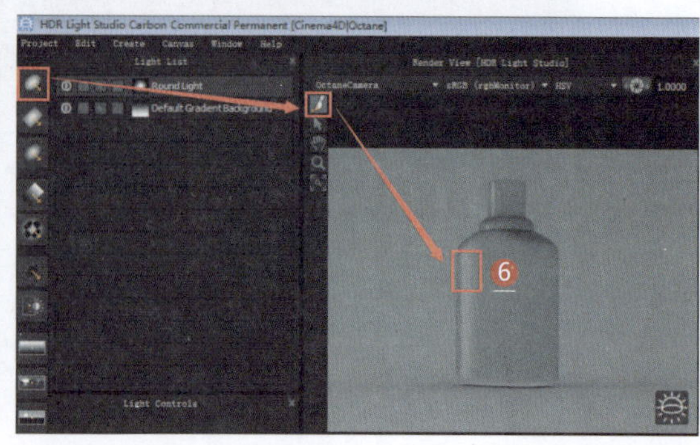

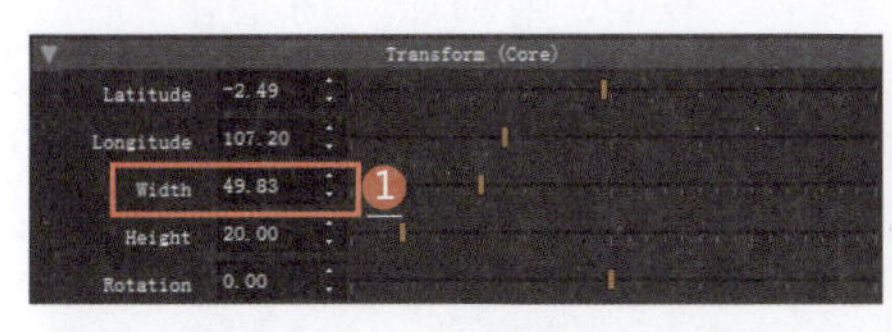

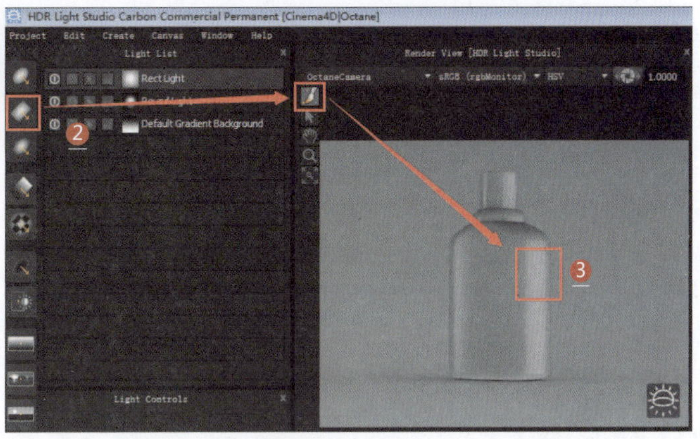

扩展案例\032

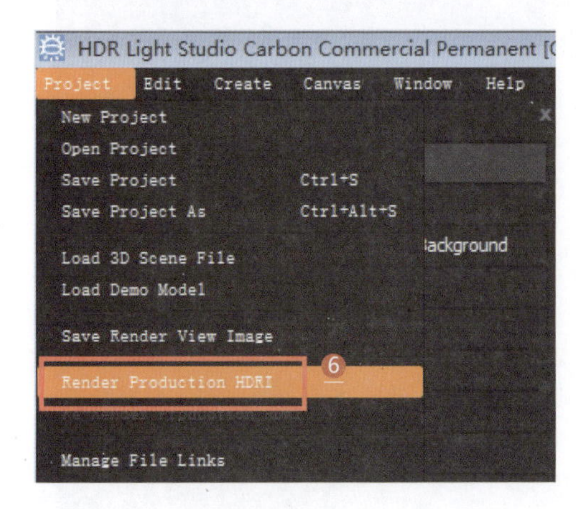

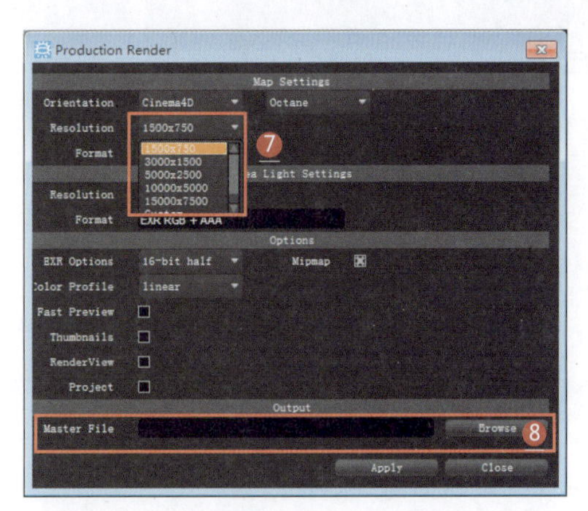

1. 在参数框中，设置灯光的Width（宽度）参数（确保玻璃瓶上的光源合适）
2. 分别单击按钮和按钮
3. 然后在玻璃瓶右侧单击，灯光就会照射到被单击的区域（制作玻璃瓶右侧光源）
4. 此时玻璃瓶两侧都产生了光源（可调整光源的亮度、大小等参数）
5. 此时场景中自动生成了插件光源对象
6. 在使用插件时，不要关闭插件窗口，否则制作的灯光将不再关联到Cinema 4D中。解决方法是生成HDRI贴图，可以永久使用插件，选择“Project | Render Production HDRI”命令，生成HDRI贴图
7. 设置HDRI贴图的分辨率，分辨率越高，HDRI贴图效果越细腻
8. 设置生成的HDR贴图的名称和保存路径（要求为英文路径），最后单击Apply按钮即可

004 Octane HDRI环境布光

应用领域：陈设品装饰

技术要点：

利用HDRI贴图产生真实照明和反射；通过设置不同的贴图产生不一样的照明效果；利用功率和旋转X的轴向来改变光照方向。

思路分析：

设置HDRI贴图+设置功率和旋转X的轴向。

难度系数：★★★☆☆

工程：布光文件\B\004

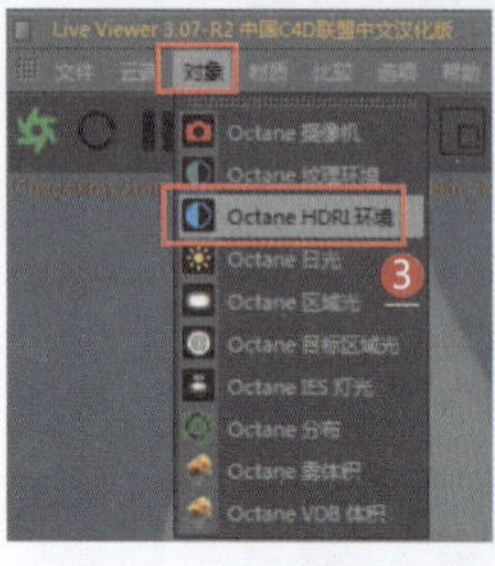

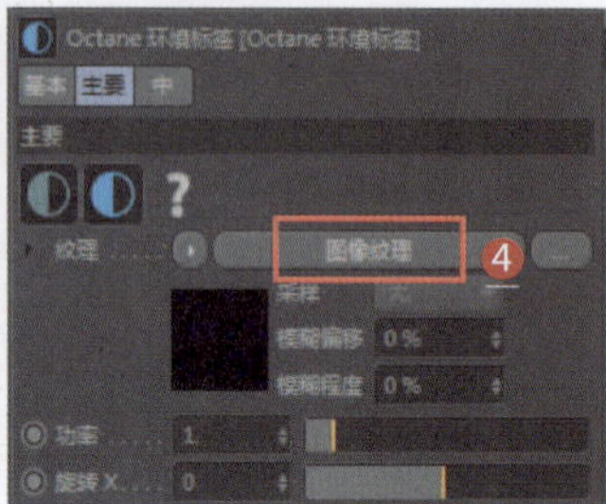

1. 打开场景文件（背景是弧形背景）
2. 默认渲染效果（系统提供了自带光效）
3. 选择“对象|Octane HDRI环境”命令，设置一个Octane HDRI环境
4. 设置纹理为图像纹理
5. 在标签面板中，选择HDRI贴图标签
6. 按Shift+F8组合键，打开“内容浏览器”对话框，将准备好的HDRI贴图拖动到文件路径中
7. 此时的渲染效果（产生了HDRI光照效果）

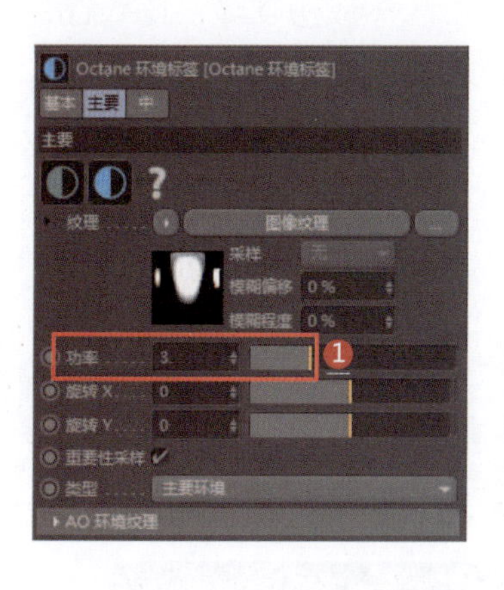

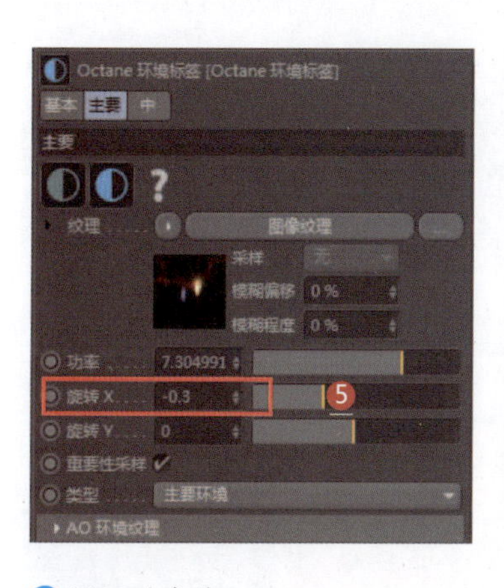

❶ 设置功率为3
❷ 此时会产生高亮度照明效果
❸ 重新添加一种HDRI贴图
❹ 此时会产生不同的色调（HDRI贴图会根据自身的贴图颜色产生不同色调的照明效果）
❺ 设置旋转X的轴向（HDRI贴图的水平方向）
❻ 此时HDRI贴图会产生不同方向的反射和照明方向

扩展案例\029

B F H J K L M Q S T X Y

005 默认HDRI环境布光

应用领域：陈设品装饰

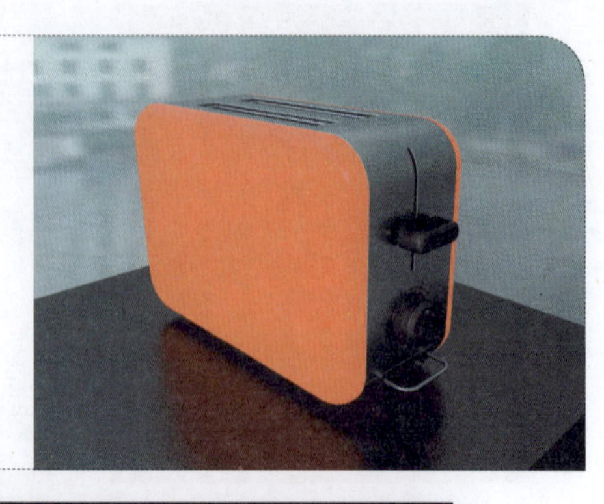

技术要点：

利用天空物体添加HDRI贴图产生真实光照效果；设置合成标签可以删除背景；通过设置Gamma参数提高画面整体亮度。

思路分析：

创建天空物体+设置HDRI贴图+设置合成标签+设置Gamma参数。

难度系数： ★★☆☆☆

工程：布光文件\B\005

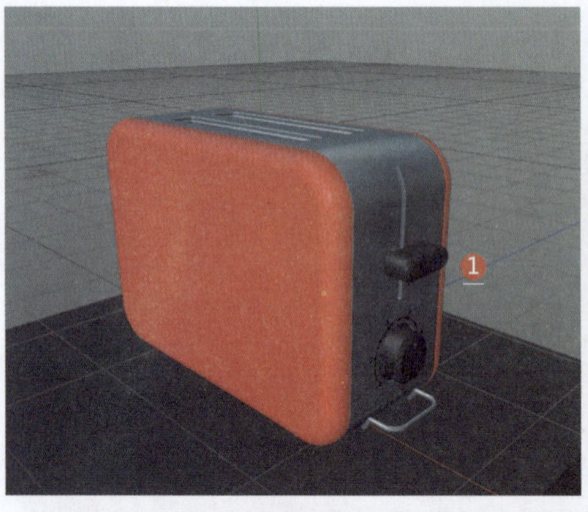

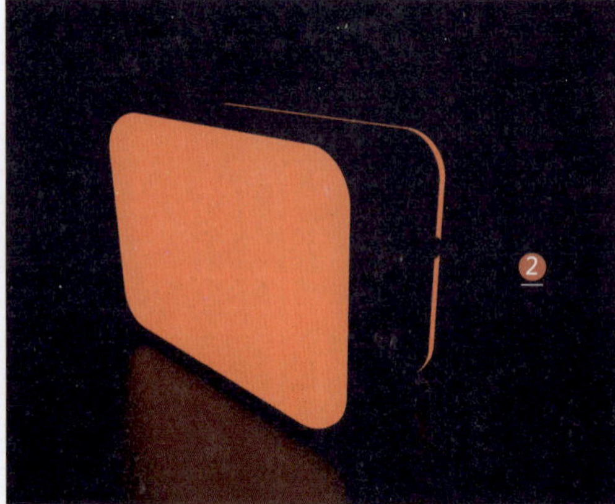

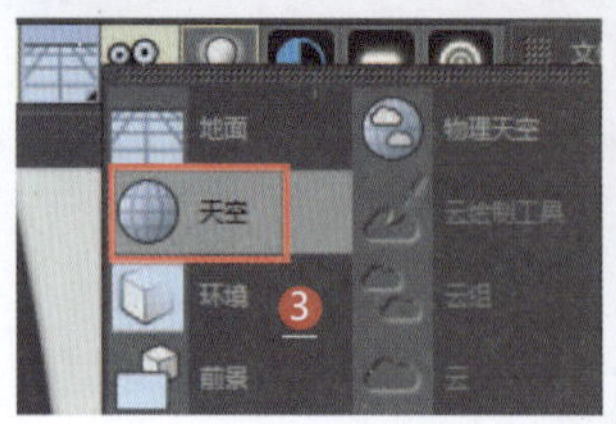

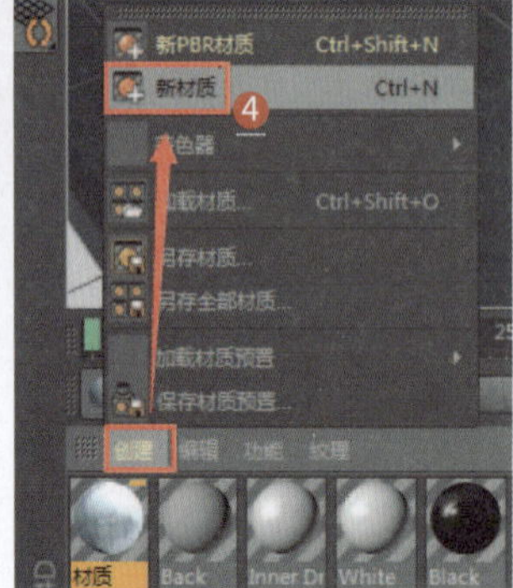

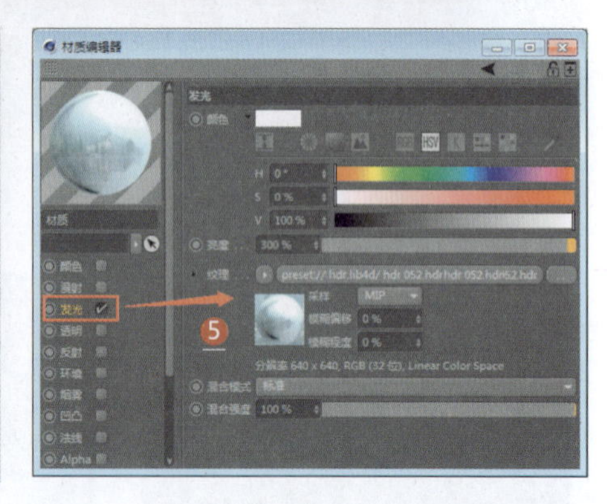

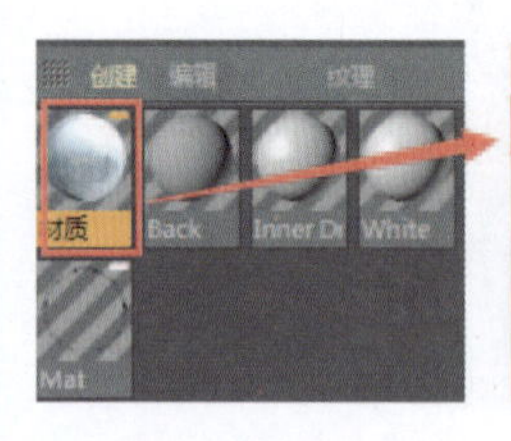

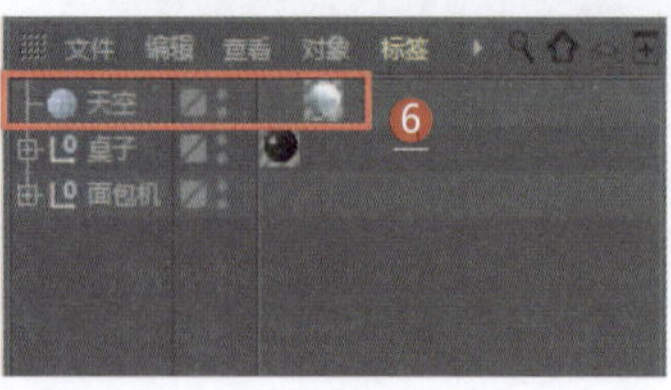

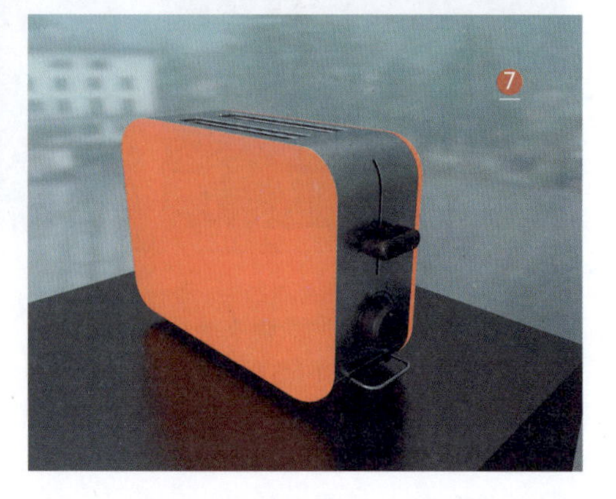

1. 打开场景文件（面包机）
2. 默认渲染效果
3. 创建一个天空物体
4. 新建一个默认材质
5. 设置发光通道的纹理为HDRI贴图
6. 将材质应用到天空物体
7. 此时的渲染效果（产生HDRI照明）

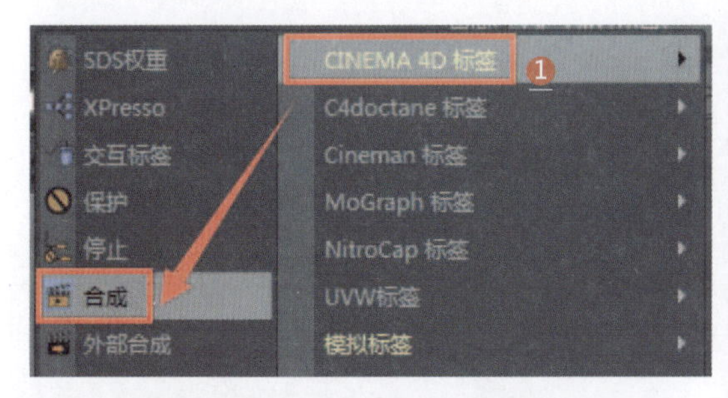

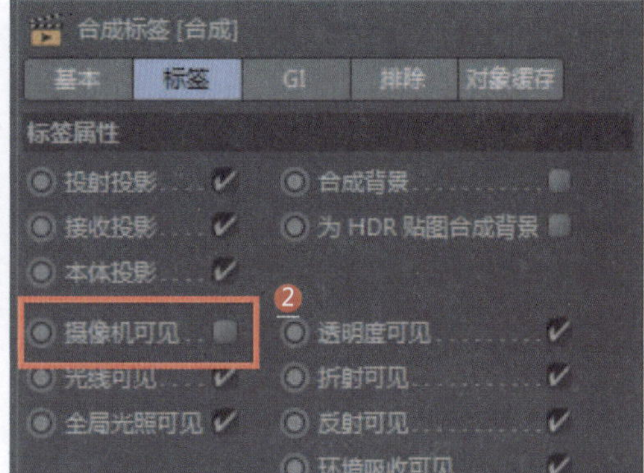

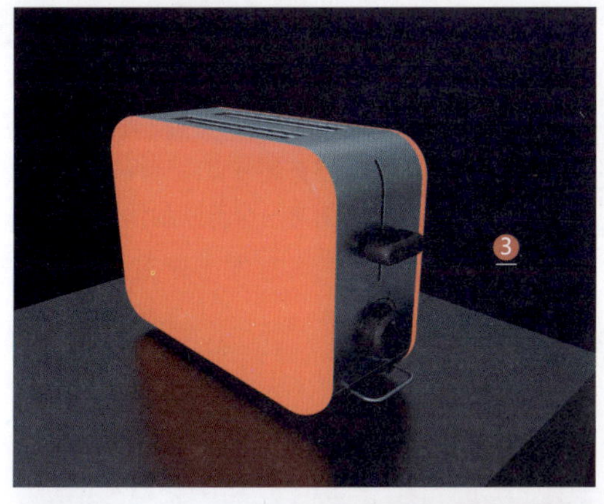

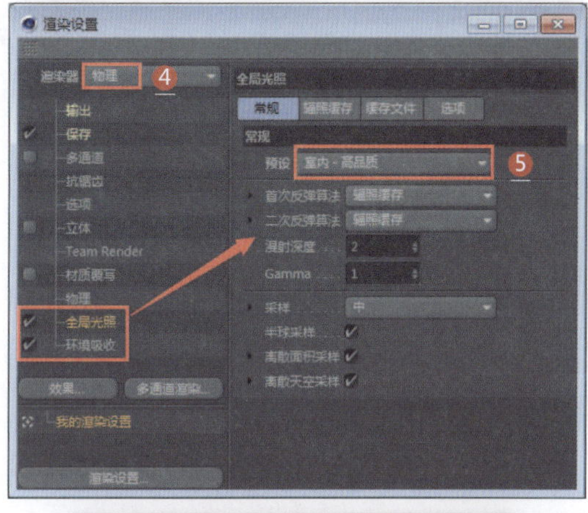

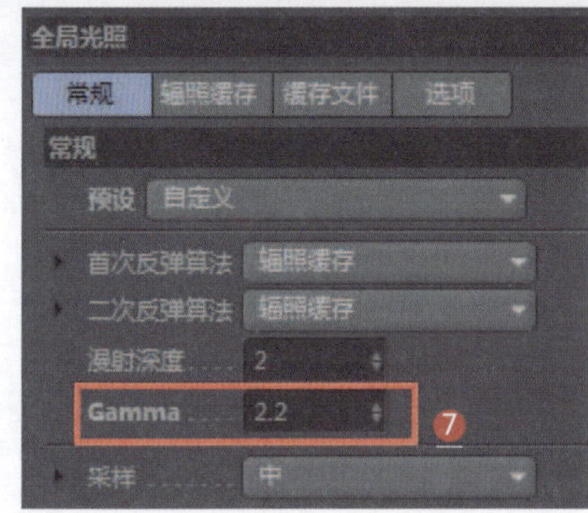

❶ 选择“标签|CINEMA 4D标签|合成”命令，给天空物体设置一个合成标签

❷ 取消勾选“摄像机可见”复选框

❸ 此时在HDRI照明渲染中删除了背景

❹ 打开“渲染设置”对话框，设置渲染器为物理

❺ 勾选“全局光照”复选框和“环境吸收”复选框，在“全局光照”选区中设置渲染预设为室内–高品质

❻ 此时的渲染效果（材质效果更加逼真，画面效果更加细腻）

❼ 设置Gamma参数为2.2（提高画面整体亮度）

006 白天室外环境雾布光

应用领域：CG影视

技术要点：

利用渐变贴图和全局照明制作天空照明；利用远光灯制作阳光；利用泛光灯进行补光；利用环境物体制作雾效，并设置雾的浓淡效果。

思路分析：

设置场景照明+制作雾效和设置雾的浓淡效果。

难度系数： ★★★★☆

工程：布光文件\B\006

1. 打开场景文件（汽车场景）
2. 创建一个天空物体
3. 新建一个默认材质，设置发光通道的纹理为Gradient
4. 设置渐变贴图为天空的渐变颜色
5. 将渐变贴图应用到天空物体，完成天空的制作
6. 打开“渲染设置”对话框，设置渲染器为物理
7. 勾选“全局照明”复选框（产生真实渲染效果）
8. 设置预设为室内–高品质

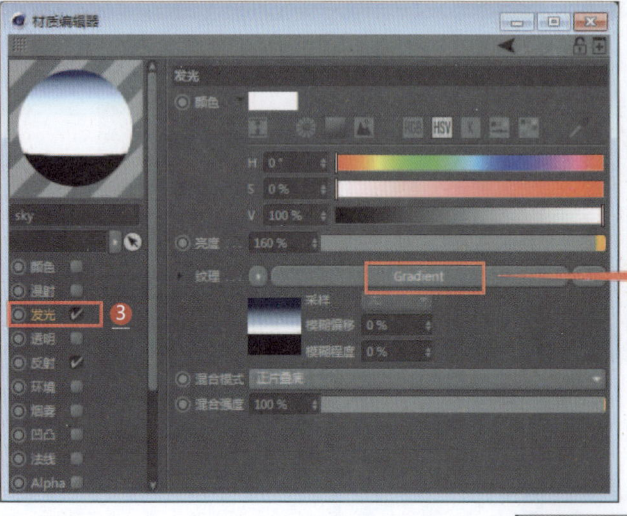

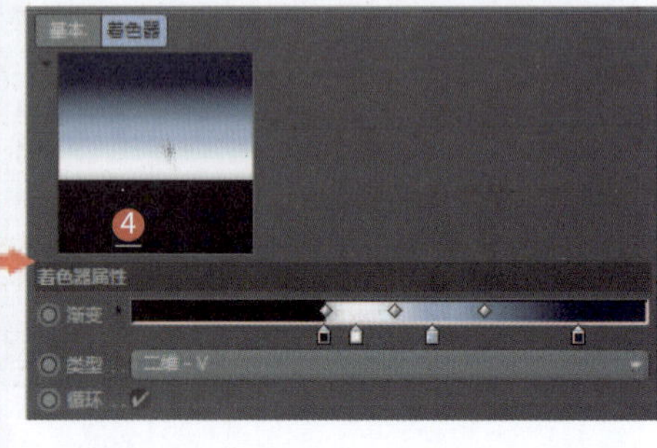

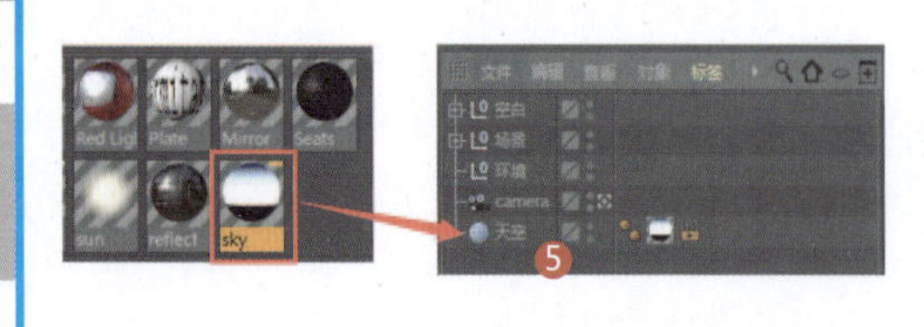

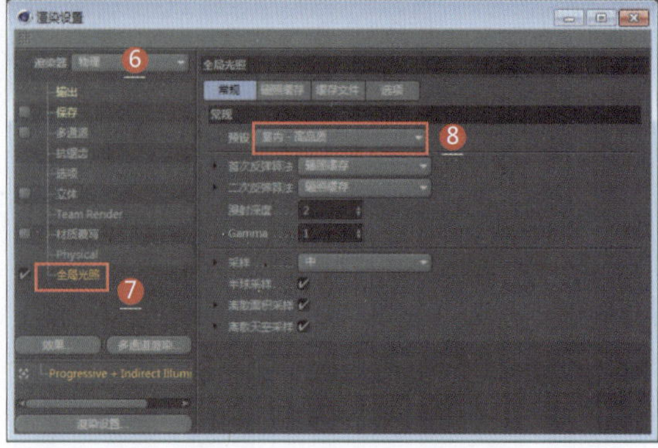

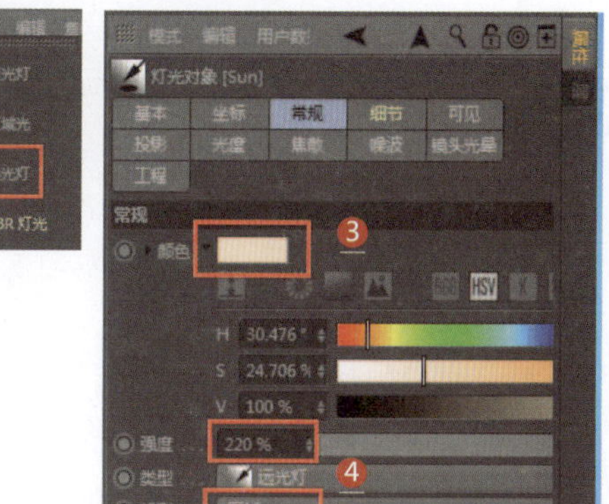

1. 天空的渲染效果
2. 创建一盏远光灯
3. 利用“常规”选区的颜色设置灯光的颜色（暖色阳光）
4. 设置灯光的强度和投影
5. 此时的渲染效果（产生了阳光投影）
6. 继续创建一盏泛光灯（放置在汽车前面，给汽车补光）
7. 设置灯光的颜色为暖色，设置强度为50%（补光不要太强烈）
8. 勾选“使用衰减”复选框（让汽车车头部位置产生照明）
9. 此时的渲染效果
10. 添加一个环境物体（产生环境雾）
11. 设置环境颜色为白色，勾选“启用雾”复选框（设置雾为淡蓝色）

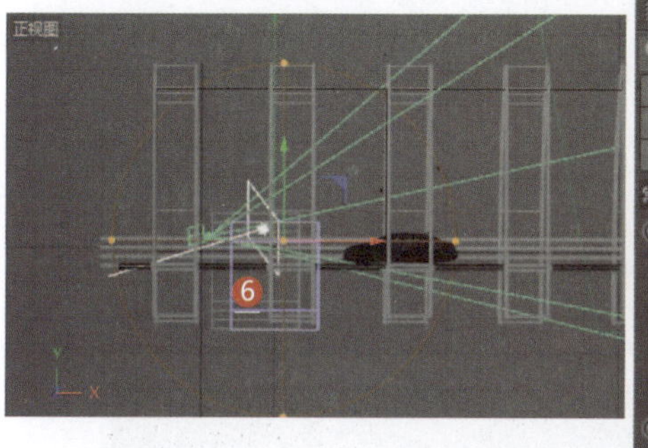

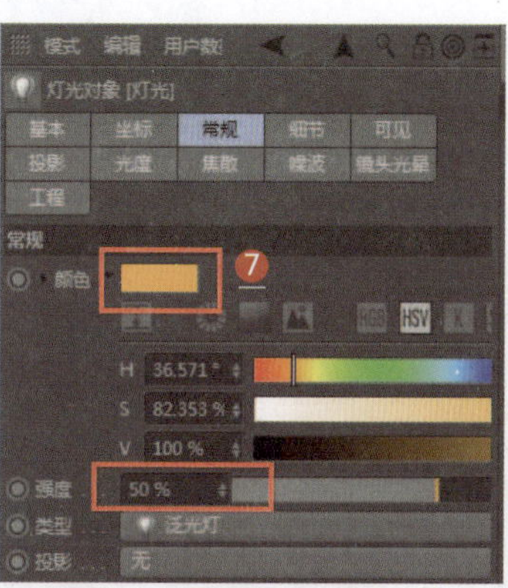

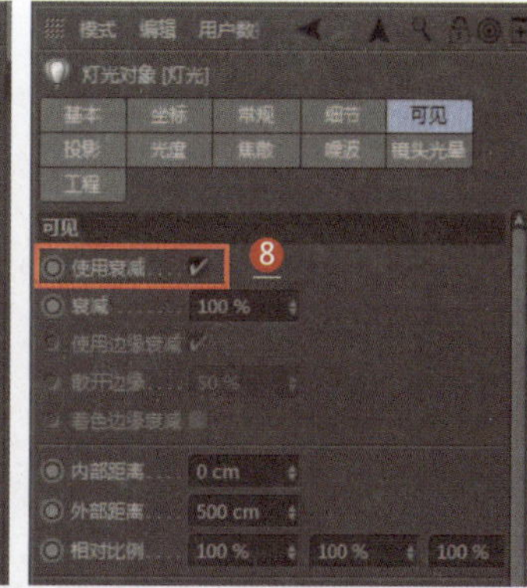

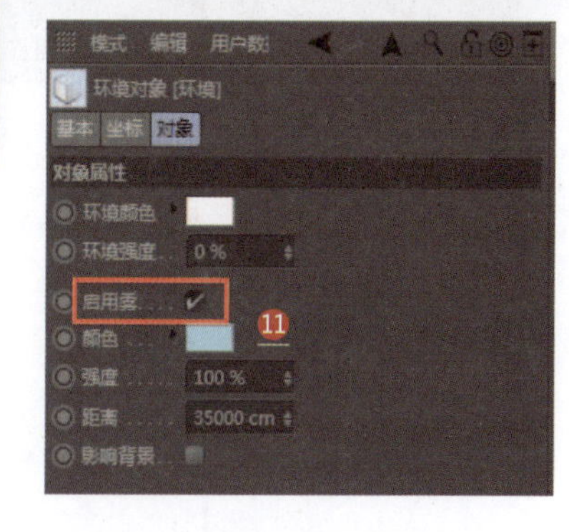

1. 此时的环境渲染效果（天空产生了薄雾）
2. 设置距离参数为5000cm
3. 此时的渲染效果（天空产生了浓雾）
4. 取消勾选“影响背景”复选框
5. 此时背景不会受到雾的影响

模式 编辑 用户数
环境对象 [Fog]
基本 坐标 对象
对象属性
环境颜色
环境强度 0 %
启用雾 ✔
颜色
强度 100 %
距离 5000 cm
影响背景 ✔
2

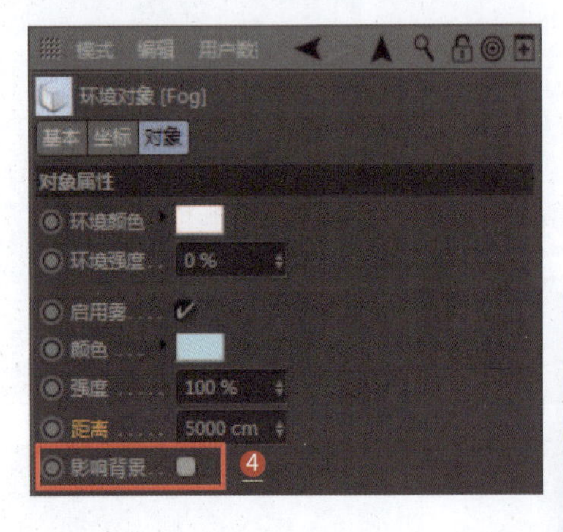

扩展案例\078

007 夜景环境布光

应用领域：CG影视

技术要点：

利用天空预置设置夜色；利用发光通道的颜色制作月色；利用灯光的衰减属性制作亭子和船舱内的光晕。

思路分析：

创建物理天空和载入天空预置+设置默认材质+设置灯光照明。

难度系数：★★★☆☆　　工程：布光文件\B\007

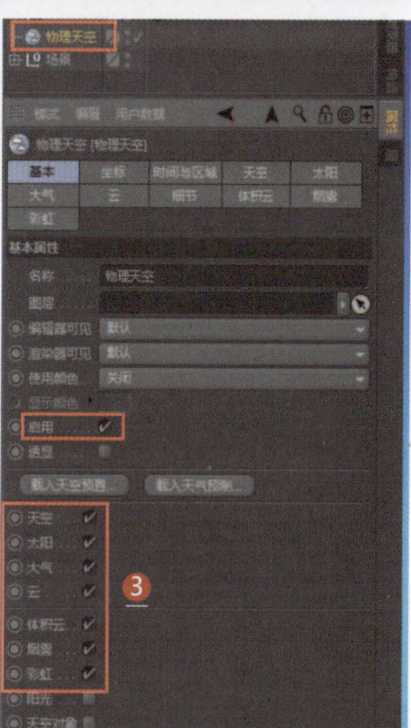

❶ 打开场景文件（一个多边形场景）

❷ 创建一个物理天空

❸ 勾选“天空”“太阳”“大气”等复选框（设置物理天空的元素，产生天空、太阳、大气等）

❹ 单击“载入天空预置”按钮，在弹出的下拉列表框中选择相应的选项（产生夜晚天空效果）

❺ 新建一个默认材质，设置发光通道的颜色（月色）

❻ 设置亮度参数

❼ 将刚才创建的默认材质应用到月亮物体（使月亮产生自发光月色）

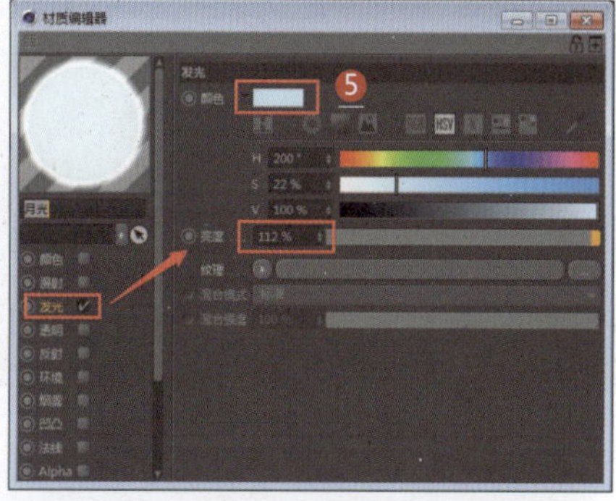

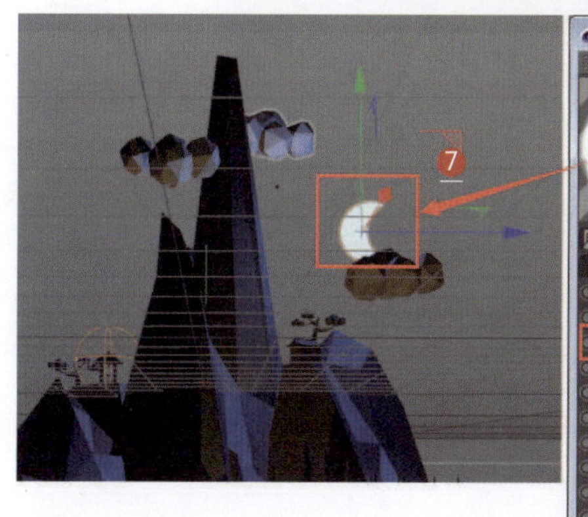

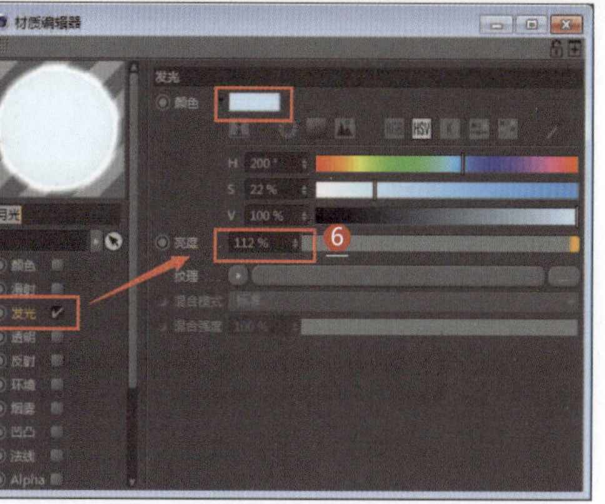

B F H J K L M Q S T X Y

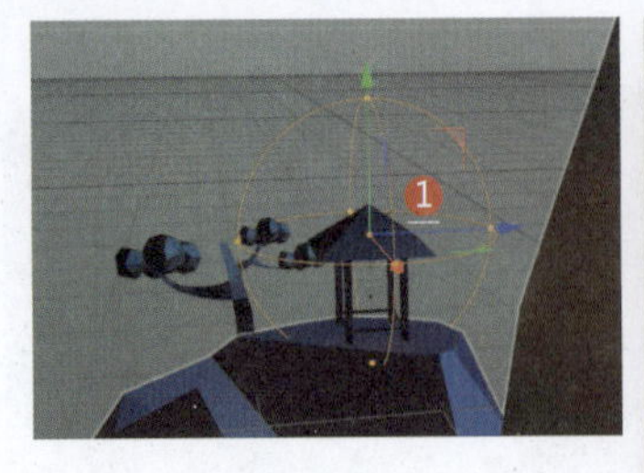

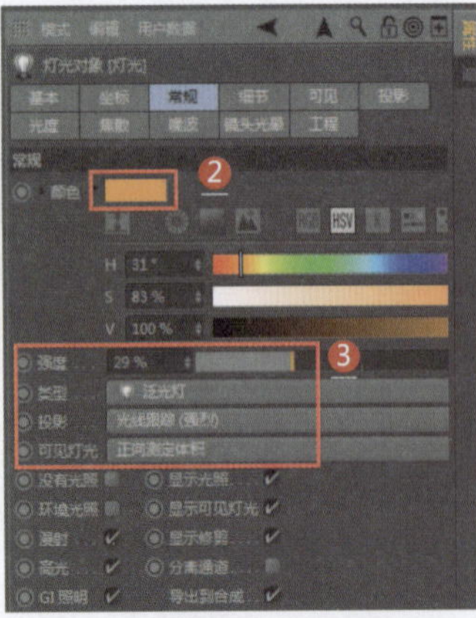

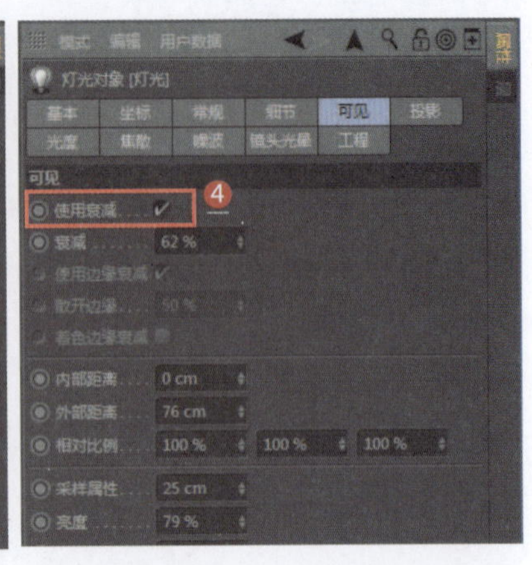

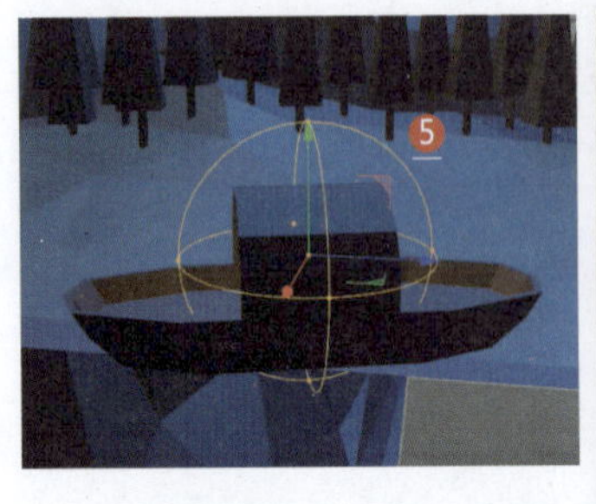

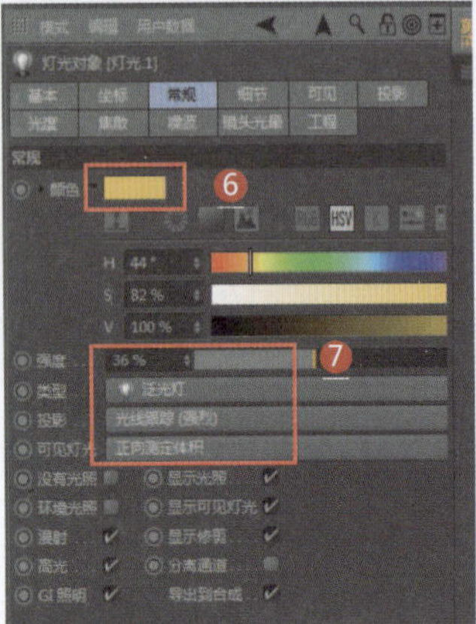

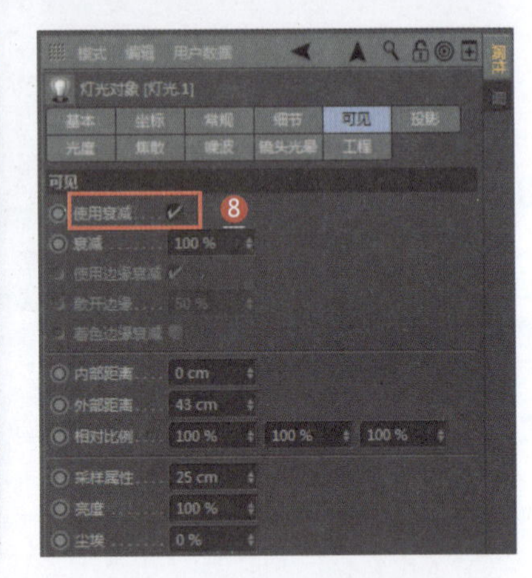

1. 在亭子内创建一盏泛光灯
2. 利用“常规”选区的颜色设置灯光的颜色（暖色）
3. 设置强度、类型、投影和可见灯光选项（产生光晕）
4. 勾选“使用衰减”复选框，让灯光照射在亭子范围即可
5. 在船舱内创建一盏泛光灯
6. 利用“常规”选区的颜色设置灯光的颜色（暖色）
7. 设置强度、类型、投影和可见灯光选项（产生光晕）
8. 勾选“使用衰减”复选框，让灯光照射在船舱范围即可
9. 此时的渲染效果（夜色效果）
10. 改变天空预置可产生不同的照明效果

008 IES筒灯布光

技术要点：

利用IES文件制作灯光的造型；通过设置不同的色温，产生不同颜色的光效。

思路分析：

设置IES灯光+设置色温。

难度系数：★★★☆☆

工程：布光文件\B\008

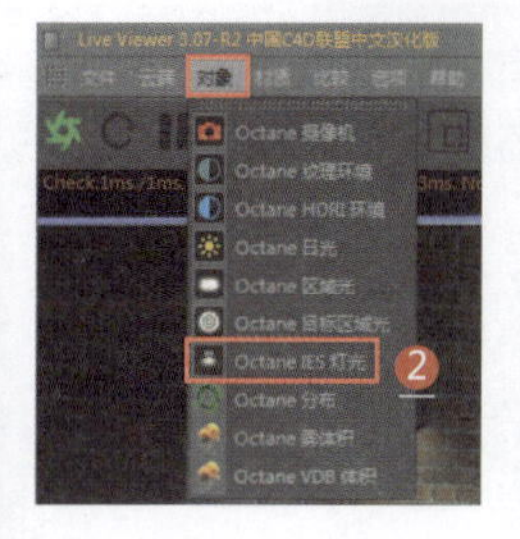

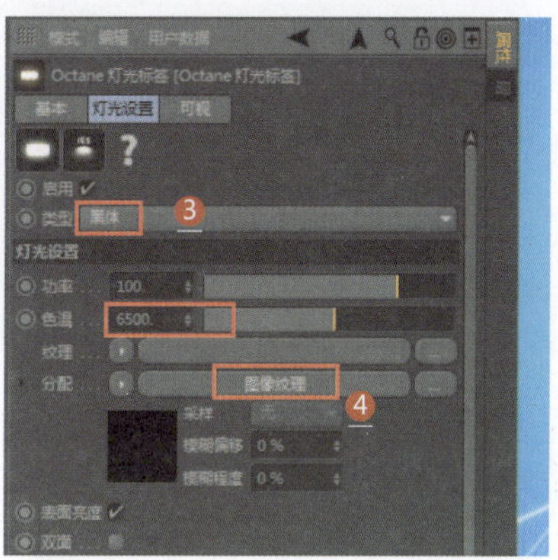

1. 打开场景文件（墙面场景）
2. 选择“对象|Octane IES灯光”命令，创建一个Octane IES灯光
3. 设置灯光类型为黑体，设置色温为6500（数值越高颜色越冷）
4. 设置分配通道为图像纹理
5. 设置IES文件（灯光文件）
6. 复制另外两盏灯光，设置不同的色温
7. 设置三盏不同灯光的渲染效果（为每盏灯光设置了不同的色温）

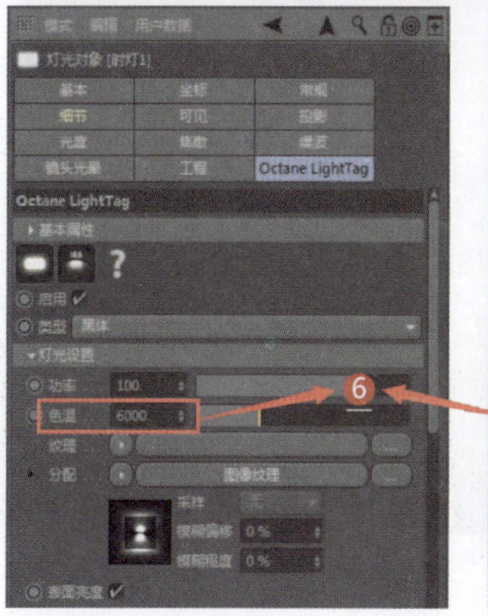

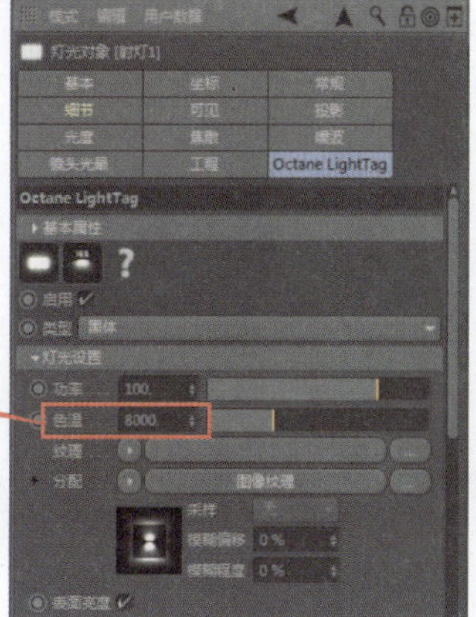

009 墙上树荫投影布光

应用领域：电商设计

技术要点：

利用Octane区域光使树叶产生柔和的投影；通过勾选“阴影可见性”复选框制作墙上树荫投影布光效果。

思路分析：

设置Octane区域光+勾选“阴影可见性”复选框。

难度系数：★★☆☆☆

工程：布光文件\B\009

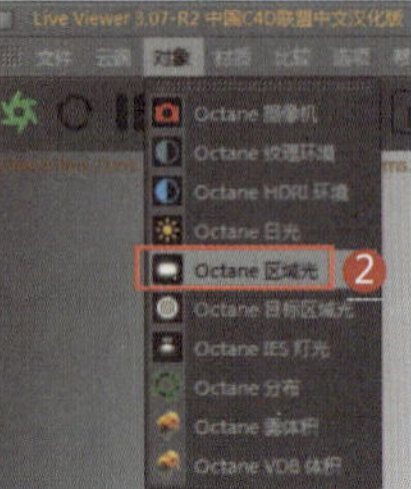

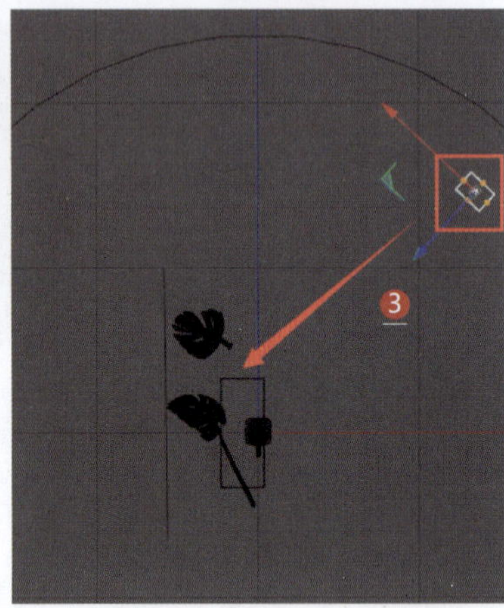

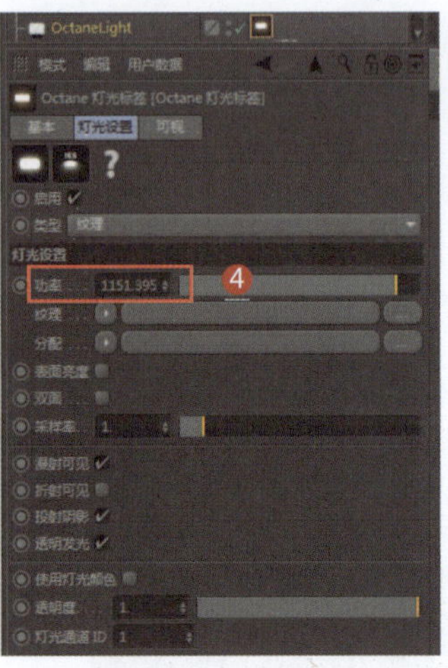

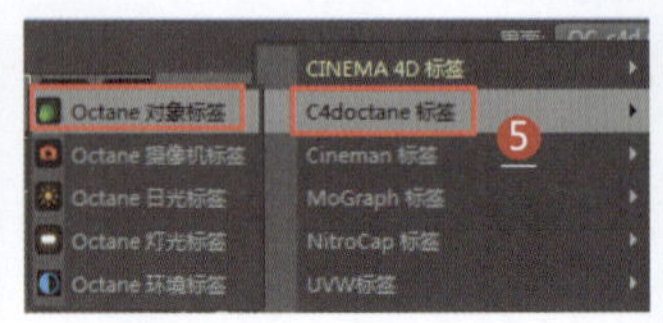

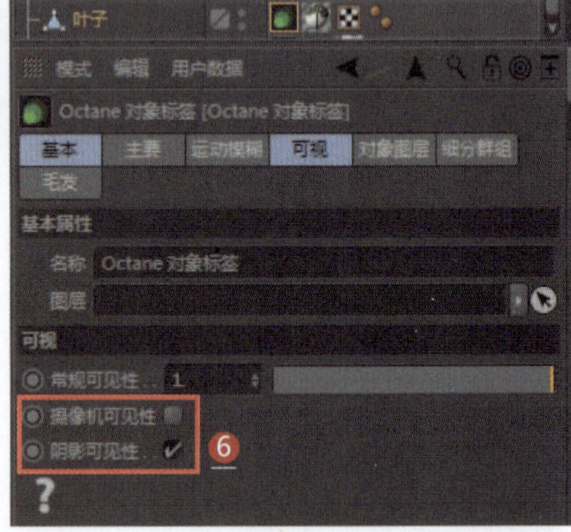

❶ 打开场景文件（树叶模型位于墙体前面，用于制作墙上的投影）

❷ 选择“对象|Octane区域光”命令，创建一盏Octane区域光

❸ 将灯光放置在场景前面（给树叶照明）

❹ 设置功率

❺ 选择“标签|C4doctan标签|Octane对象标签”命令，给叶子添加Octane对象标签

❻ 取消勾选“摄像机可见性”复选框和勾选“阴影可见性”复选框

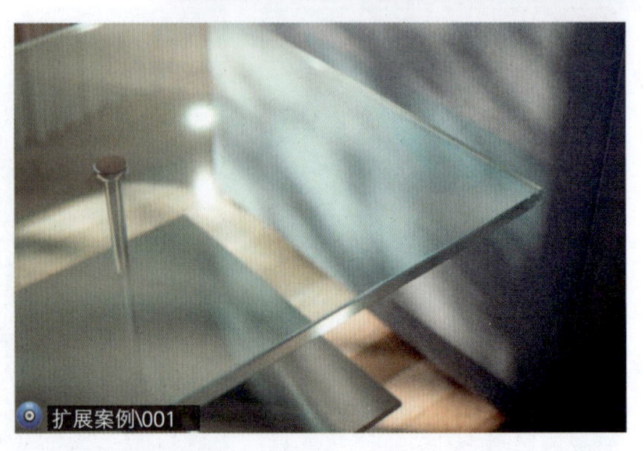
扩展案例\001

010 镂空贴图投影布光

应用领域：电商设计

技术要点：

利用透明度通道的图像纹理制作镂空贴图；通过勾选“阴影可见性”复选框制作镂空贴图投影布光效果。

思路分析：

制作镂空贴图+勾选“阴影可见性”复选框。

难度系数：★★☆☆☆

工程：布光文件\B\010

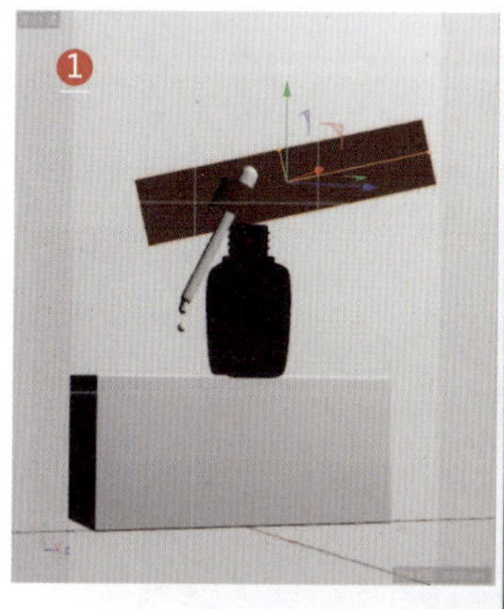

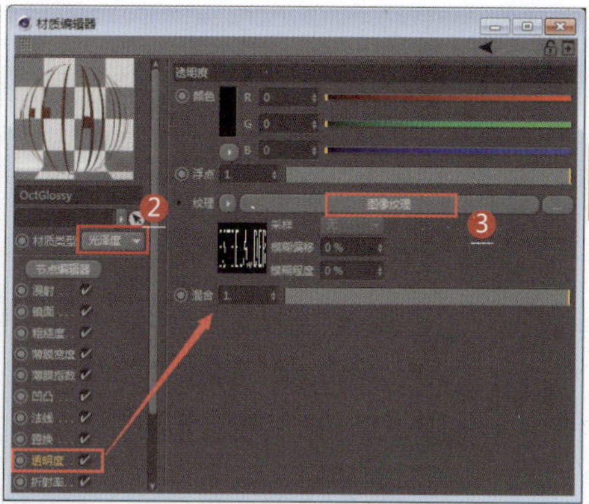

ESTEE LAUDER

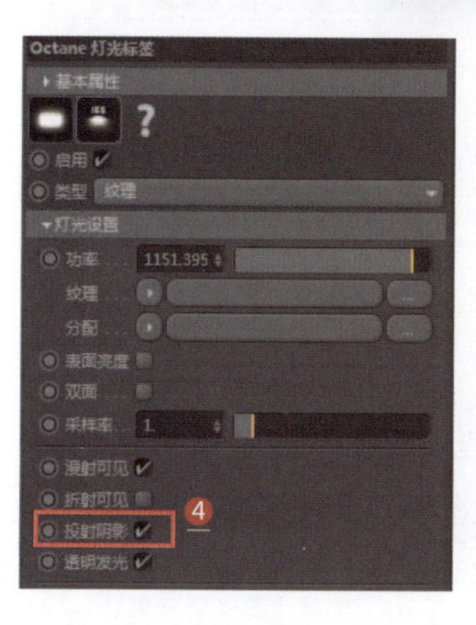

1. 打开场景文件（面片模型位于墙体前面，用于制作墙上的投影）
2. 设置材质类型为光泽度
3. 设置透明度通道的纹理为图像纹理（镂空贴图），将镂空贴图应用到面片
4. 勾选“投射投影”复选框
5. 镂空贴图的渲染效果
6. 选择“标签|C4doctane标签|Octane对象标签”命令，给面片物体添加Octane对象标签
7. 取消勾选“摄像机可见性”复选框和勾选“阴影可见性”复选框
8. 镂空贴图投影布光效果

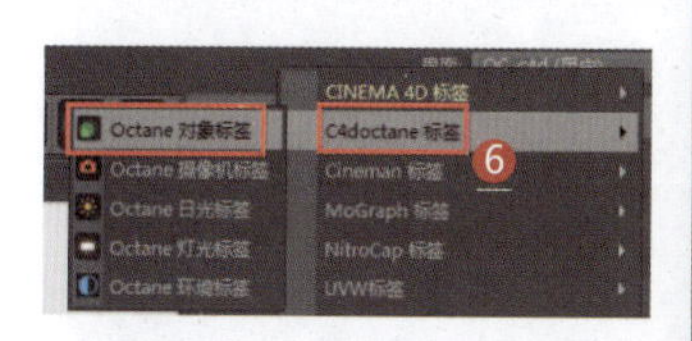

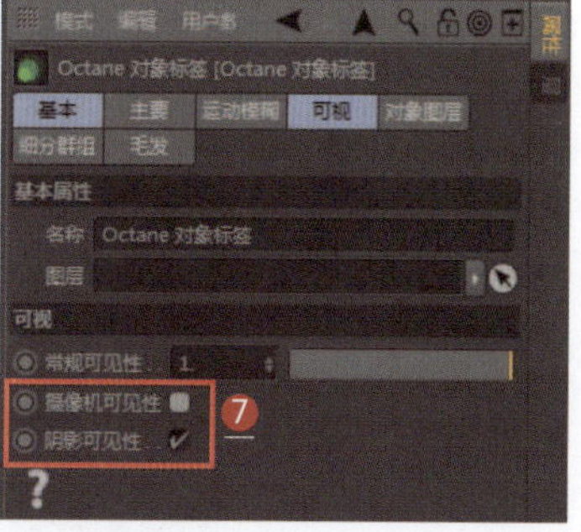

011 发光贴图布光

应用领域：电商设计

技术要点：

利用渐变贴图制作发光材质；通过设置不同的功率，场景产生不同亮度的主光源和辅助光源效果。

思路分析：

设置渐变贴图+设置不同功率的光源。

难度系数： ★★★☆☆

工程：布光文件\B\011

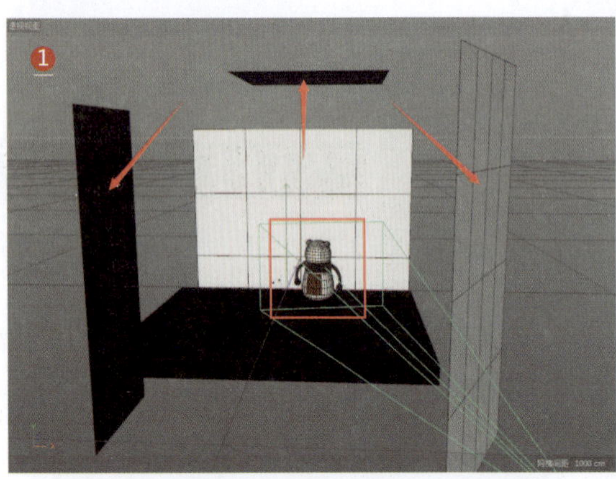

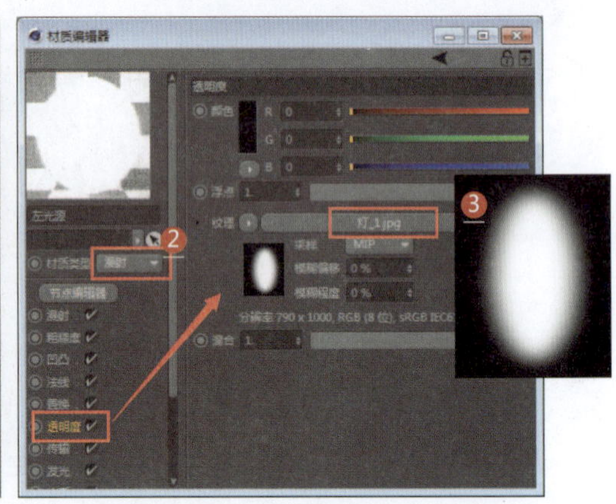

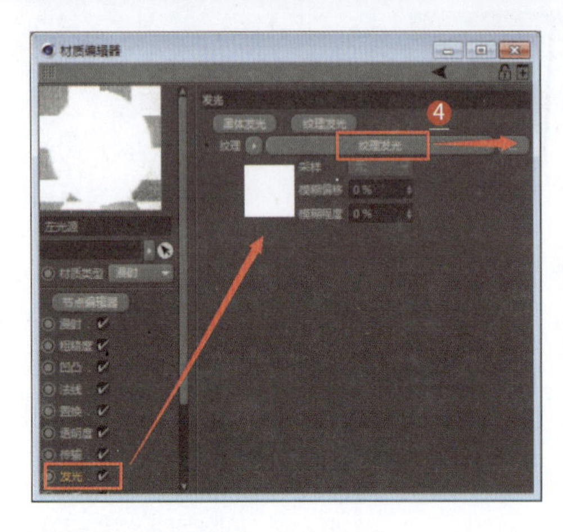

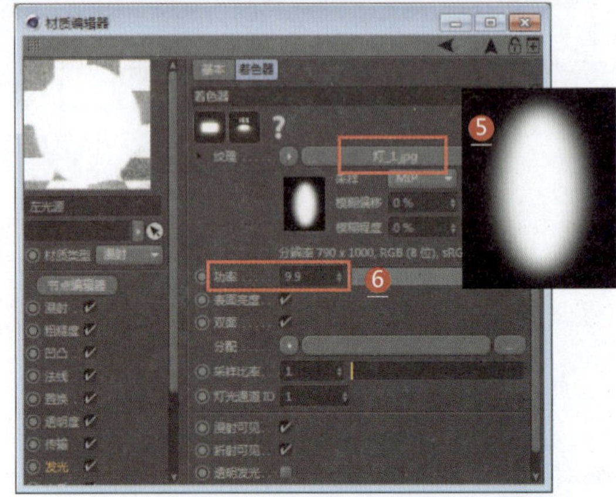

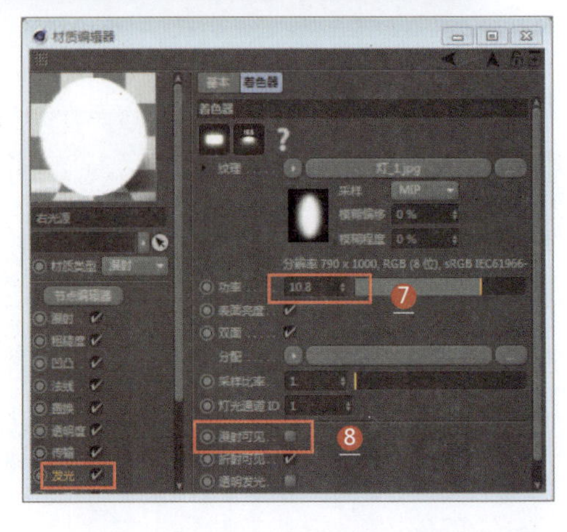

1. 在场景中，玻璃瓶顶部和左右两侧均设置了反射面片
2. 设置材质类型为漫射
3. 设置透明度通道的纹理为渐变贴图（产生渐变反射）
4. 设置发光通道的纹理为纹理发光
5. 设置纹理为渐变贴图
6. 设置功率，将渐变贴图应用到玻璃瓶顶部和左边的面片
7. 复制一个同样的材质，设置功率为10.8（产生主光源）
8. 取消勾选“漫射可见”复选框（仅产生反射效果，不会产生场景照明效果）

012 窗帘透光效果

应用领域：电商设计

技术要点：

利用漫射通道的图像纹理制作窗帘贴图；设置窗帘的自身发光和对物体产生影响的属性。

思路分析：

制作窗帘贴图+勾选“漫射可见”复选框和“折射可见”复选框。

难度系数：★★☆☆☆   工程：布光文件\B\012

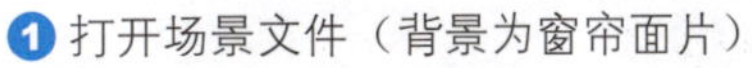

1 打开场景文件（背景为窗帘面片）

2 设置材质类型为漫射

3 设置漫射通道的纹理为窗帘贴图

4 设置发光通道的纹理为纹理发光

5 设置纹理为窗帘贴图

6 设置功率（发光大小）、勾选“表面亮度”复选框（产生自身发光效果）和“双面”复选框（产生两面发光效果）

7 勾选“漫射可见”复选框（产生场景照明效果）和“折射可见”复选框（对玻璃物体和桌面产生反射效果）

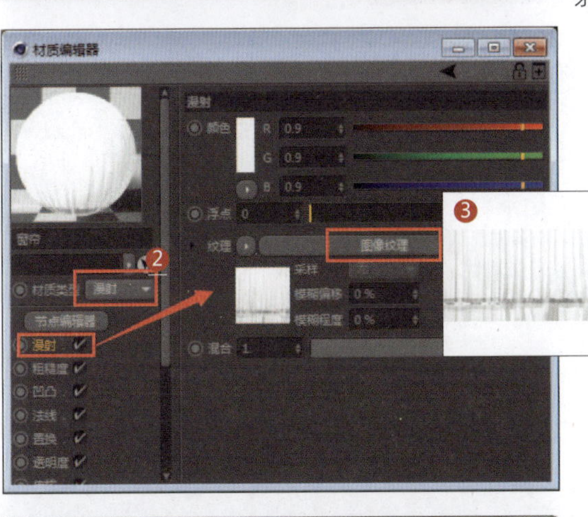

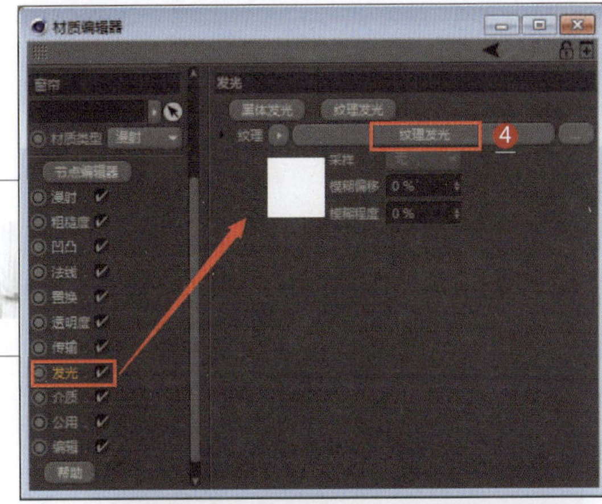

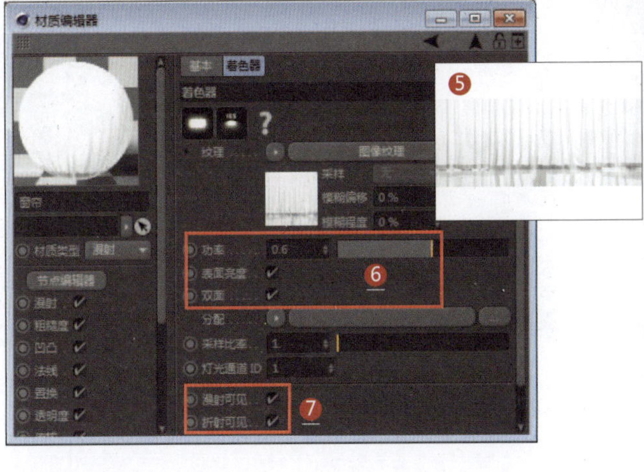

013 焦散效果

应用领域：陈设品装饰

技术要点：

创建一盏目标聚光灯照亮镯子；在透明通道中，通过设置折射率、吸收颜色和吸收距离控制镯子在灯光照射下产生的颜色和透明度；通过设置焦散面板的属性制作焦散效果。

思路分析：

设置折射率、吸收颜色和吸收距离+设置焦散面板的属性。

难度系数：★★☆☆☆

工程：布光文件\B\013

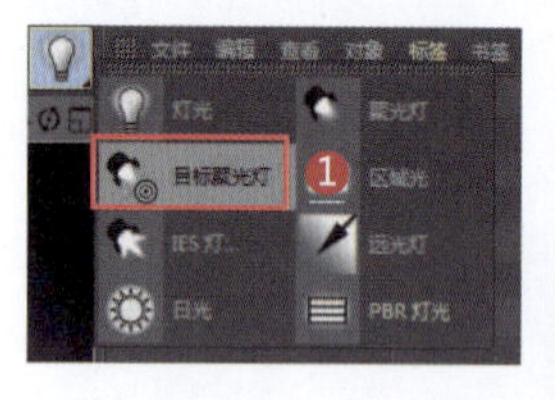

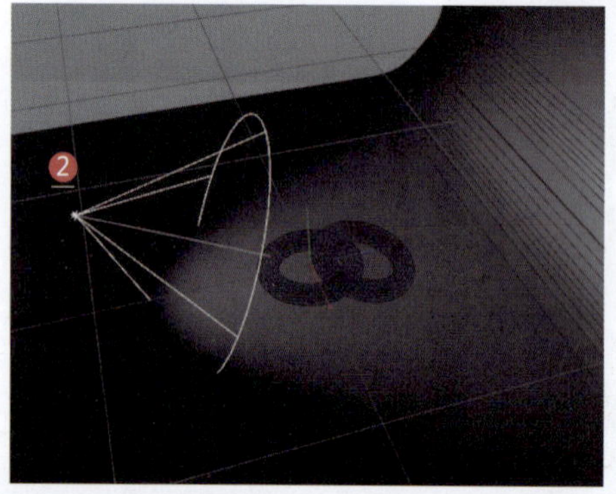

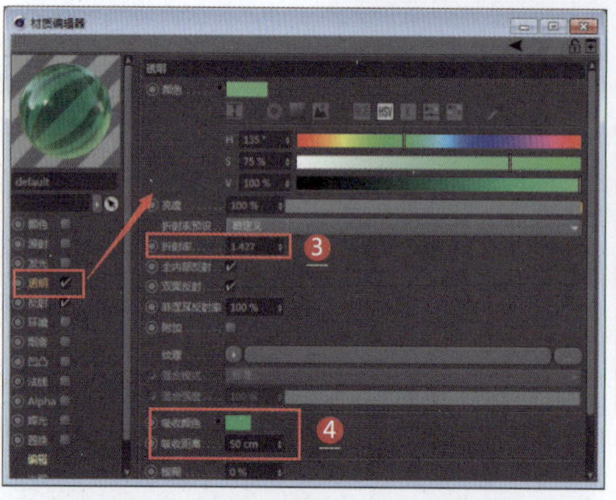

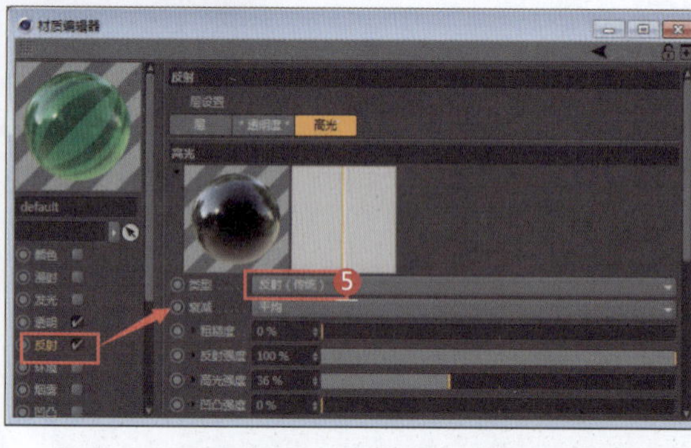

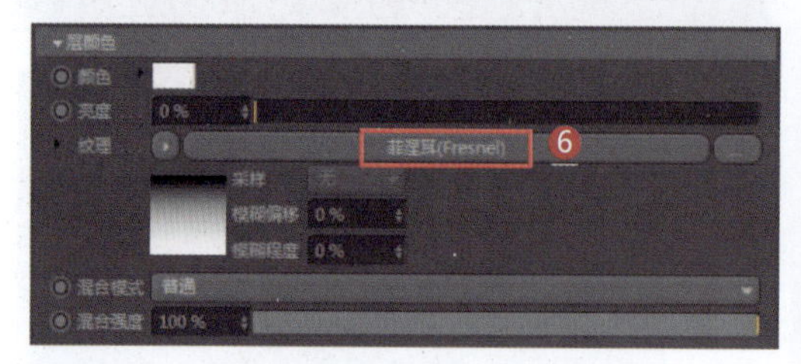

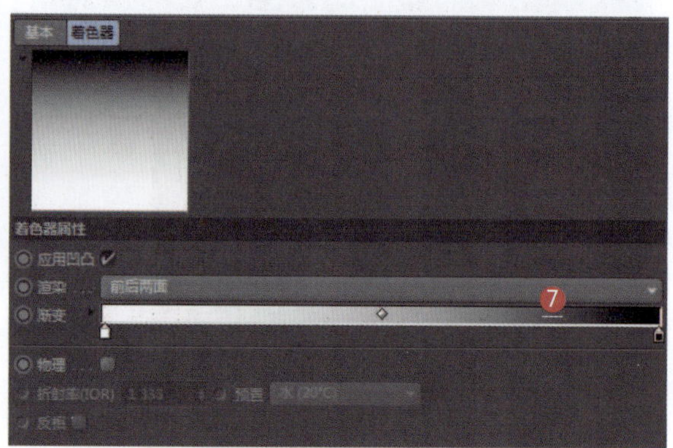

1 创建一盏目标聚光灯
2 利用灯光照亮模型（镯子）
3 新建一个默认材质，设置折射率
4 设置吸收颜色（玻璃的颜色）和吸收距离（镯子的透明度）
5 设置反射通道的类型为反射（传统）
6 设置层颜色纹理为菲涅耳（Fresnel）
7 设置渐变颜色为黑白渐变（产生真实反射效果）

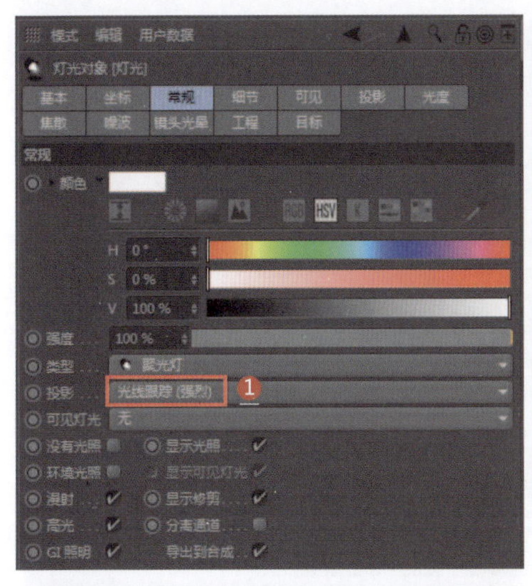

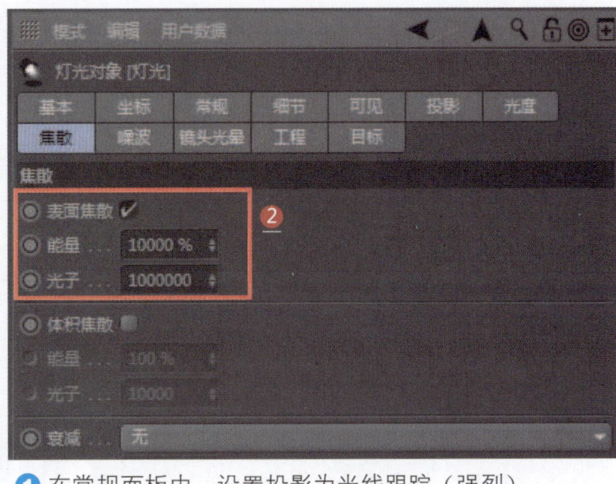

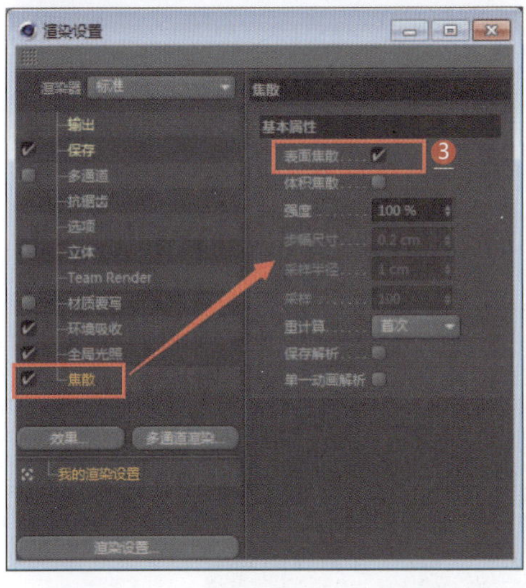

❶ 在常规面板中，设置投影为光线跟踪（强烈）

❷ 在焦散面板中，勾选“表面焦散”复选框，设置焦散的能量和光子（数值越大焦散越强烈）

❸ 在“渲染设置”对话框中，勾选“焦散”复选框，打开“焦散”选区，并勾选“表面焦散”复选框

❹ 焦散渲染效果

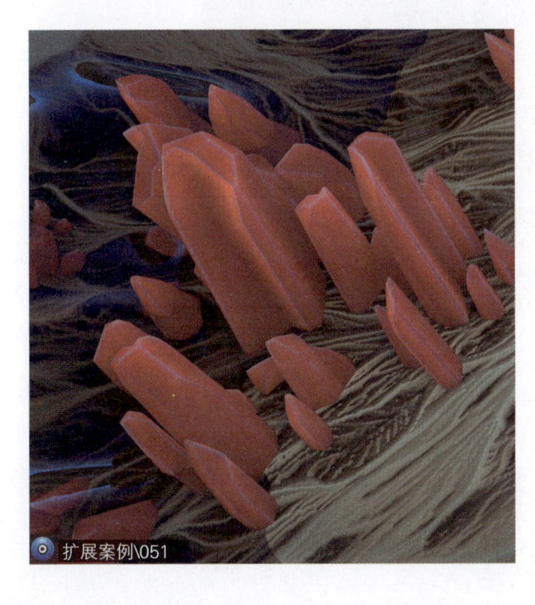
扩展案例\051

扩展案例\052

014 迷雾效果

应用领域：CG影视

技术要点：

创建一个物理天空；通过设置天空面板的属性制作迷雾效果；在太阳面板中，利用预览颜色使太阳呈现出浅黄色，增强迷雾的层次感。

思路分析：

创建物理天空+设置天空面板的属性+设置预览颜色。

难度系数：★★★☆☆

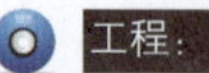

工程：布光文件\B\014

1. 打开场景文件
2. 创建一个物理天空
3. 勾选“天空”复选框和“太阳”复选框（设置物理天空的元素）
4. 设置天空面板的属性
5. 通过预览颜色设置太阳的颜色
6. 渲染效果

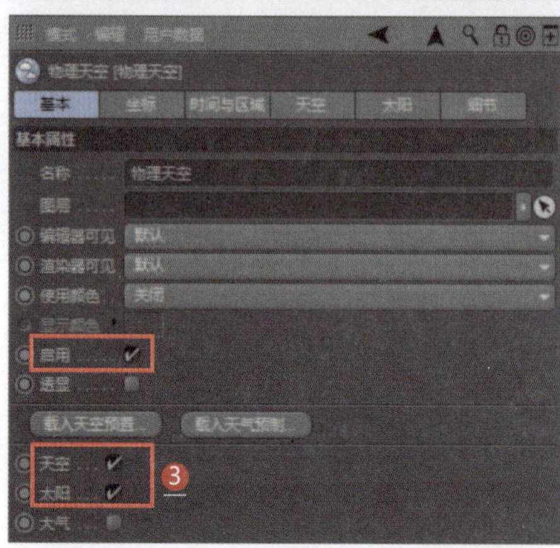

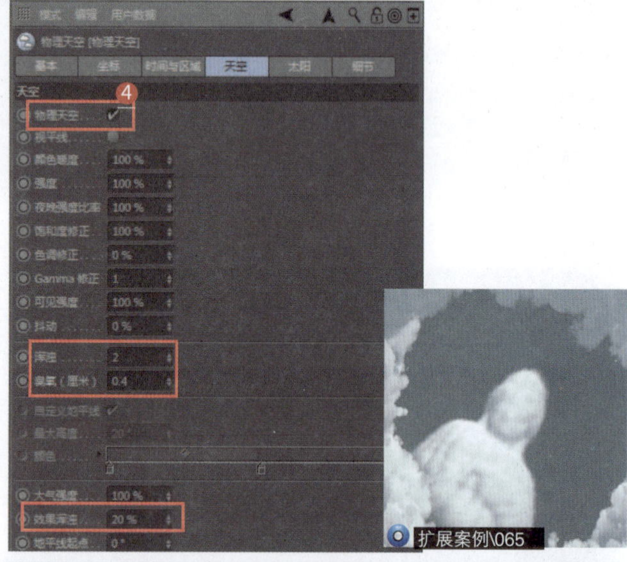

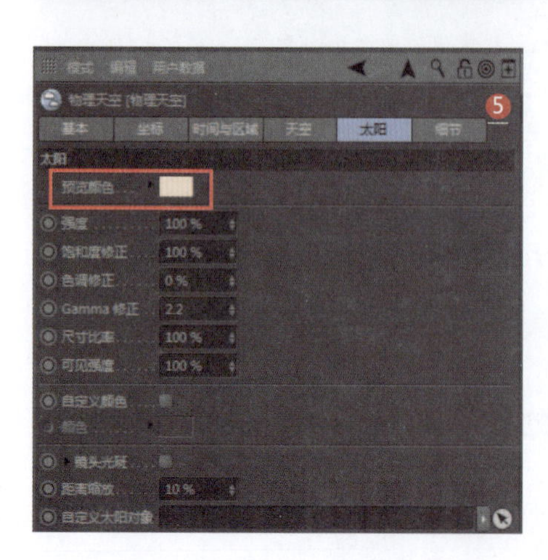

015 日落效果

应用领域：CG影视

技术要点：

创建一个物理天空；通过设置天空面板的属性、时间与时区面板的属性制作日落效果；利用太阳面板的属性和大气面板的属性使太阳呈现出深黄色，增强落日层次感。

思路分析：

创建天空+设置天空面板的属性+设置太阳面板的属性+设置大气面板的属性。

难度系数：★★★☆☆  工程：布光文件\B\015

1. 打开场景文件
2. 创建一个物理天空
3. 勾选“天空”“太阳”“大气”复选框（设置物理天空的元素）
4. 设置天空面板的属性
5. 设置时间与时区面板的属性（自动产生天空光照）
6. 设置太阳面板的属性
7. 设置大气面板的属性

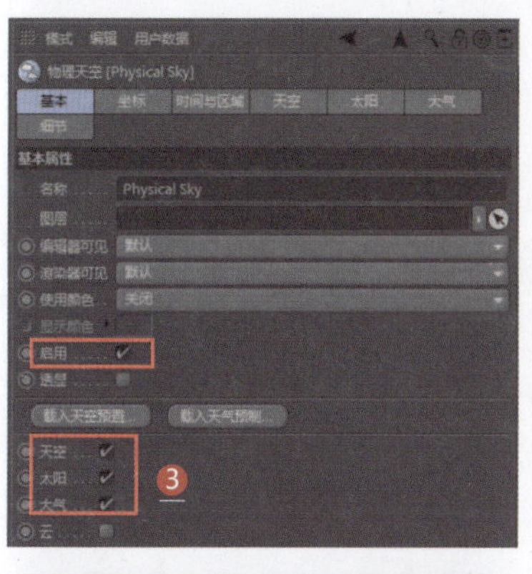

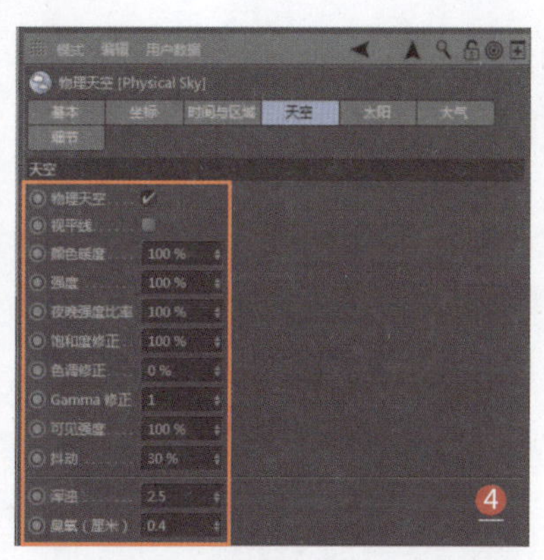

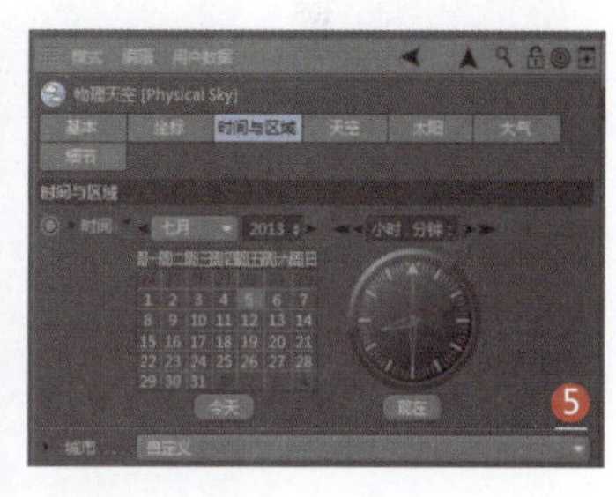

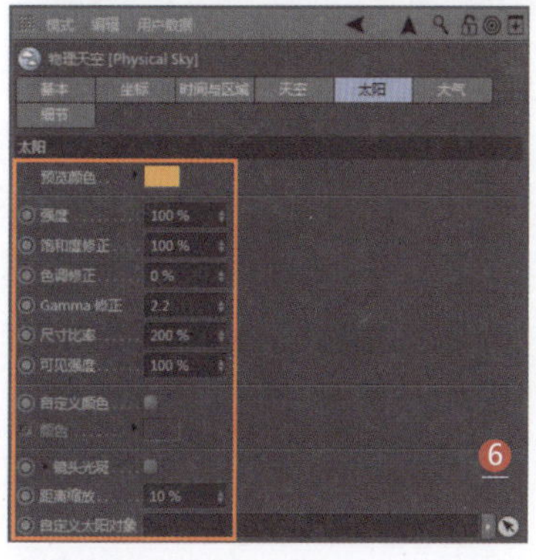

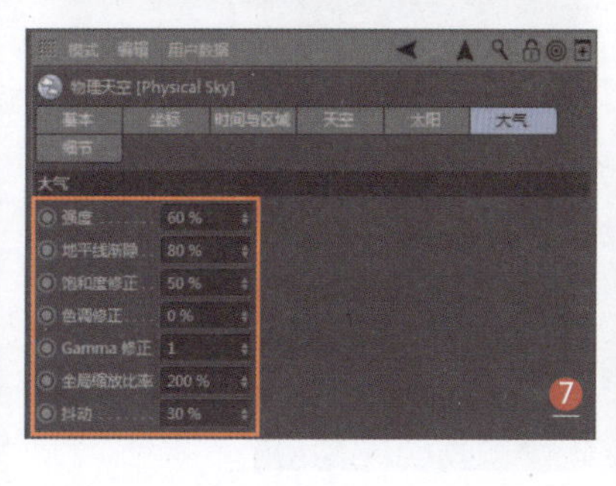

扩展案例\010

016 超级干净渲染

应用领域：陈设品装饰

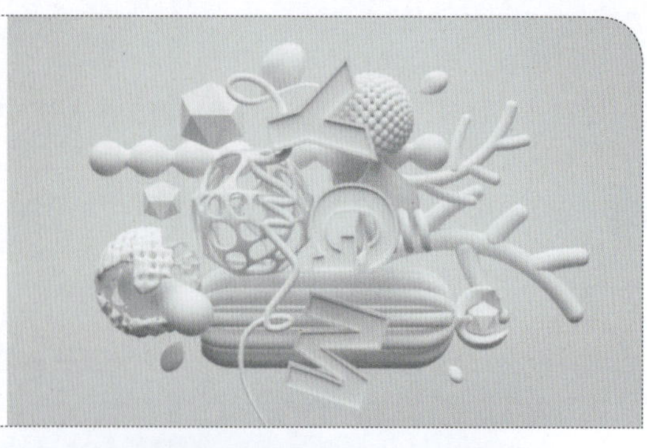

技术要点：

利用“Octane”对话框对场景进行精细渲染设置；通过设置高光压缩值渲染出较为干净的画面。

思路分析：

设置“Octane设置”对话框+设置高光压缩。

难度系数：★★★☆☆

工程：布光文件\B\016

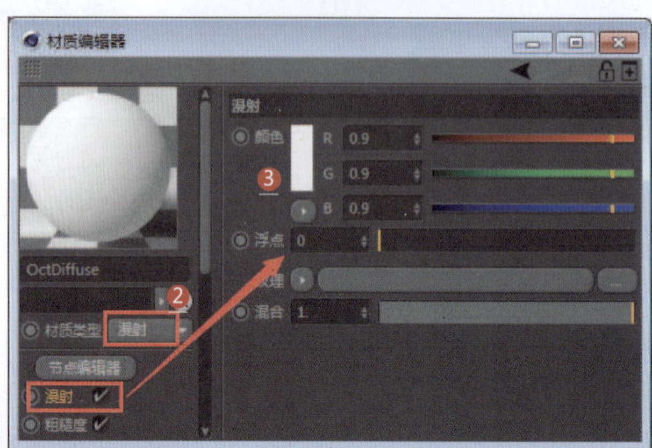

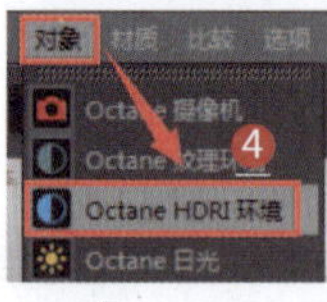

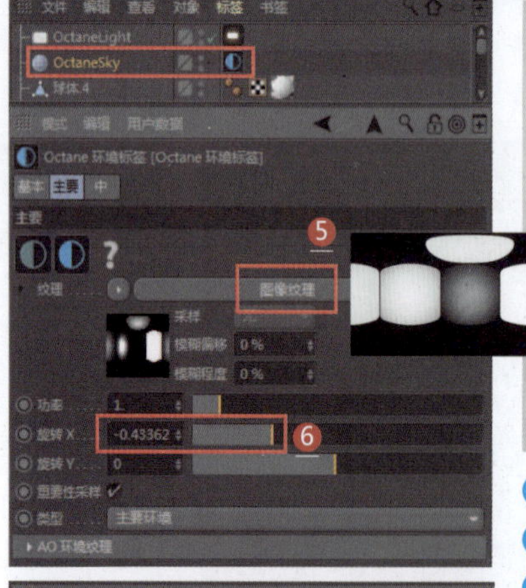

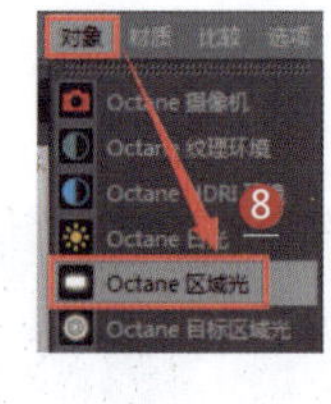

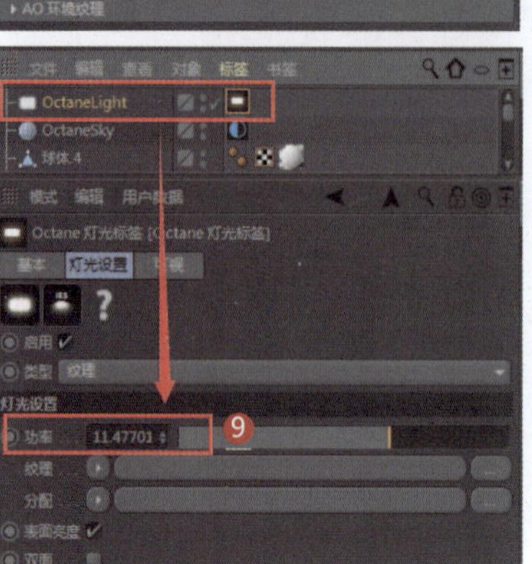

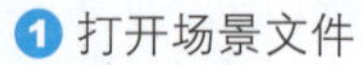

1. 打开场景文件
2. 设置材质类型为漫射
3. 设置漫射通道的颜色为白色（将该材质应用到场景中的所有物体）
4. 选择“对象|Octane HDRI环境”命令，创建一个Octane HDRI环境
5. 设置纹理为图像文件（设置HDRI贴图）
6. 设置旋转X的轴向，选择一个比较好的光线角度
7. 此时的渲染效果
8. 选择“对象|Octane区域光”命令，创建一个Octane区域光
9. 设置灯光的功率

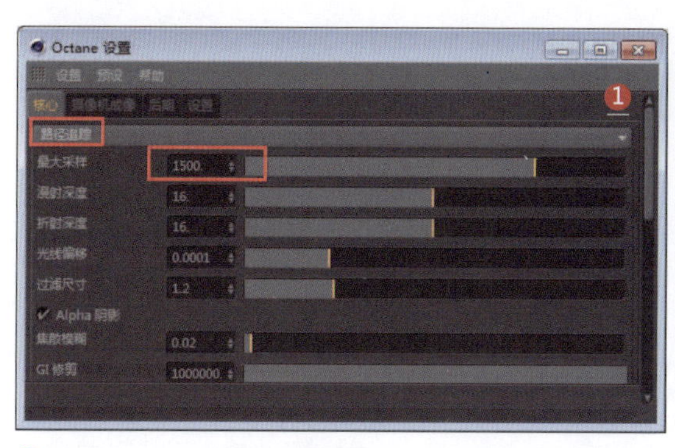

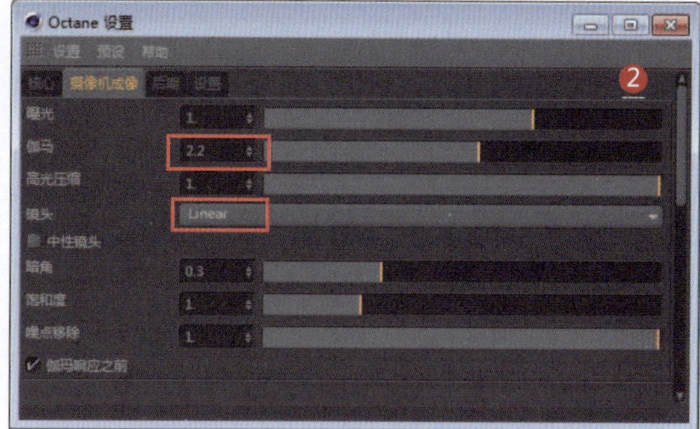

❶ 在“Octane设置”对话框中，设置最大采样参数（数值越大，渲染效果越细腻，渲染时间越长）

❷ 设置伽马值为2.2（控制画面整体亮度），设置镜头为Linear（产生比较稳定的渐变效果）

❸ 此时的渲染效果

❹ 设置高光压缩的值为0.5（如果将高光压缩的值设置为1，则会产生正常曝光的场景；如果将高光压缩的值设置为小于1时，则会产生曝光过度的场景。）

❺ 白色场景曝光过度效果

❻ 其他材质的渲染效果，显得画面较为干净

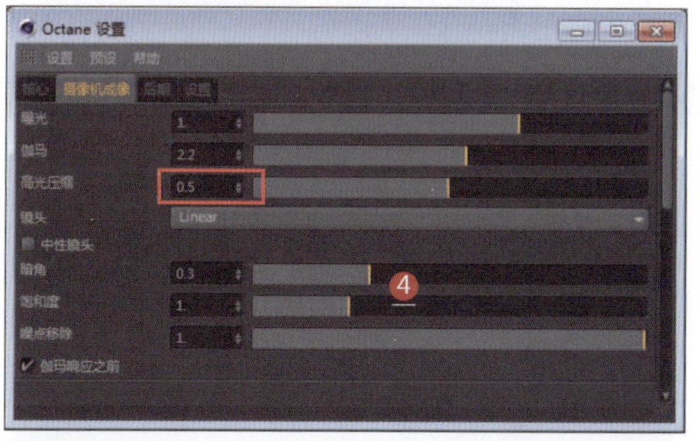